民國建築工程期刊匯編

MINGUO JIANZHU GONGCHENG QIKAN HUIBIAN

5

《民國建築工程期刊匯編》編寫組 編

广西师范大学出版社
GUANGXI NORMAL UNIVERSITY PRESS
·桂林·

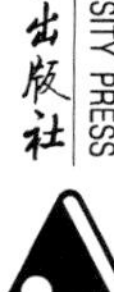

第五册目録

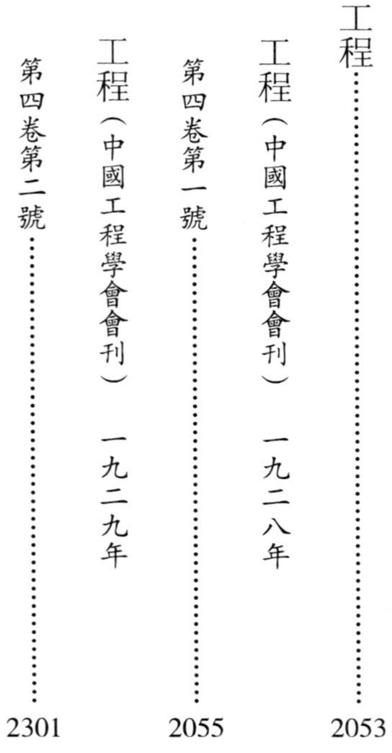

工程

中華郵政特准掛號認爲新聞紙類

中國工程學會會刊

THE JOURNAL OF THE CHINESE ENGINEERING SOCIETY

第四卷 第一號 ★ 民國十七年十月

Vol. IV, No. 1. October, 1928

中國工程學會發行

總會會所：上海甯波路七號

新通公司

SINTOON OVERSEAS TRADING CO., LTD.

SOLE AGENTS FOR

CROSSLEY BROTHERS, LTD., MANCHESTER

PREMIER GAS ENGINE COMPANY, SANDIACRE

克勞司萊一潘爾亞廠

無空氣注射

狄賽爾式柴油引擎

製造堅固　用油極省　管理便利

最合於電燈廠及工廠之用

總公司　上海九江路廿二號　電話 六六五一九
六一五〇五

分公司　天津法中街七號　電話三三三七五

電報掛號　**Navigatrad**　四六四六

請聲明由中國工程學會『工程』介紹

中國工程學會會刊

季刊第四卷第一號目錄 ★ 民國十七年十月發行

總編輯 陳章　　總務 袁丕烈

本刊文字由著者各自負責

中國工程學會發行

總會通訊處：— 上海中一郵區江西路四十三號B字

總會辦事處：— 上海中一郵區甯波路七號三樓二〇七號室

電話：— 一九八二四號

寄售處：— 上海商務印書館

定價：— 零售每册二角　預定六册一元

郵費每册本埠一分　外埠二分　國外八分

中國工程學會會章摘要

第二章　宗旨　本會以聯絡工程界同志研究應用學術協力發展國內工程事業爲宗旨

第三章　會員

(一)會員　凡具下列資格之一由會員二人以上之介紹再由董事部審查合格者得爲本會會員

(甲)經部認可之國內外大學及相當程度學校之工程科畢業生幷確有一年以上之工業研究或經驗者

(乙)曾受中等工業教育幷有五年以上之工程經驗者

(二)仲會員　凡具下列資格之一由會員或仲會員二人之介紹並經董事部審查合格者得爲本會仲會員

(甲)經部認可之國內外大學及當相程度學校之工業科畢業生

(乙)曾受中等工業教育幷有三年以上之工程經驗者

(三)學生會員　經部認可之國內外大學及相當程度學校之工程科學生在二年級以上者由會員或仲會員二人之介紹經董事部審查合格者得爲本會學生會員

(四)永久會員　凡會員一次繳足會費一百元或先繳五十元餘數於五年內分期繳清者得被推爲本會永久會員

(五)機關會員　凡具下列資格之一由會員或其他機關會員二會員之介紹並經董事部審查合格者得爲本會機關會員

(甲)經部認可之國內工科大學或工業專門學校或設有工科之大學

(乙)國內實業機關或團體對於工程事業確有貢獻者

(六)名譽會員　凡捐助巨款或施特殊利益於本會者經總會或分會介紹並得董事部多數通過可被舉爲本會名譽會員舉定後由董事部書記正式通告該會員入會

(七)特別名譽會員　凡於工程界有成績昭著者由總會或分會介紹並得董事部多數通過可被舉爲本會特別名譽會員舉定後由董事部書記正式通告該會員入會

(八)仲會員及學生會員之升格　凡仲會員或學生會員具有會員或仲會員資格時可加繳入會費正式請求升格由董事部審查核准之

第四章　組織　本會組織分爲三部(甲)執行部(乙)董事部(丙)分會、本會總事務所設於上海)

(一)執行部　由會長一人副會長一人書記一人會計一人總務一人組織之

(三)董事部　由會長及全體會員舉出之董事六人組織之

(七)委員會　由會長指派之人數無定額

(八)分　會　凡會員十人以上同處一地者得呈請董事部認可組織分會其章程得另訂之但以不與本會章程衝突者爲限

第六章　會費

(一)會員會費每年五元入會費五元

(二)仲會員會費每年二元入會費三元

(三)學生會員會費每年一元

(四)機關會員會費每年十元入會費二十元

承辦塘柴

通利公司

柴排爲治水聖品

本公司承辦柴料歷廿餘載

經驗充足　信用昭著
貨質優良　梱頭長大
價值低廉　交貨迅速
全國各處　均可送達

國內各大埠如上海煙台通州澳門等處柴料，均由本公司供給．

通利公司

上海北京路清遠里二十一號　電話中一〇七七號
上海馬霍路三十號　電話西六三五五號

請聲明由中國工程學會『工程』介紹

梧州短波無線電台

梧州短波無線電台之近觀

梧州電力廠內部

英國茂偉電機廠

Power Plant

Motors & Dynamos

Control Gear

Transformers

Instruments & Meters

Switch Gear

茂偉電廠最著名之出品爲透平發電機各項大小馬達變壓器配電器及各式電錶全英國効率最高之發電廠爲擺囒而該廠之發電機全係茂偉出品上海楊樹浦電廠在東亞首屈一指其

中有三座二萬基羅華德之茂偉發電機他若天津北京奉天香港均裝置茂偉機器總共茂偉電機在中國裝置已達十萬基羅華德以外如蒙承詢一切無不竭誠計畫

中國獨家經理

安利洋行

分行

天津　漢口　北京

總行

上海九江路六號

電話六五五八八

分行

香港　哈爾濱　奉天

請聲明由中國工程學會『工程』介紹

本刊之現狀與希望

編　者

本刊發行迄今,方告四載,其間經先後編輯及發行同人努力從事慘淡經營,於會務之進展,或不無微勞,而於全社會之貢獻,未能盡如人望,此則本刊同人不得不向全體會員及讀者諸君深自引咎者也.方今本會會員漸衆,會務日繁,國家社會之期望於本會者日殷,而本刊旣爲本會之喉舌,全國工程界之結晶,其所負使命之重大,蓋與日而俱進.同人等自維鞋材,限越時虞,用敢將本刊之現狀與日後之希望,爲全體會員及讀者諸君告,以求共同之合作而促進其發展焉.

本刊現定每年發刊四次,而歷來發行,常患愆期,其最大困難,在稿件之缺乏,往往日期已屆,而稿未及半,會員雖責難紛至,而編輯者已計窮力盡,發行方面,廣告營業,不易招攬,故所入不敷印費,銷數雖已增至一千六百,然分寄會員及贈送各機關外,定閱有限.編輯發行同人莫不身負其他公務,關於本刊工作,類多於公暇晨夕行之,其不能全力以赴之,亦自有故.此本刊之現狀,不得不求會員及讀者諸君充分諒解者也.

至於本刊之希望,可分編輯及發行二端言之.編輯方面首則擴充篇幅,增添門欄,前期篇幅已增至百四十頁,新闢工程調查及工程新聞,以記錄我國工程事業之進展,卽本此意.次則於最短期內,實行酬稿,使投稿者增厚興趣,編輯者徵文較易.惟此有關於本刊經濟狀況,非統籌全局,足以持久,不易實行.發行方面最初以按期出版,爲鵠的,一年以後改爲每年六期,二或三年後改爲月刊,五年後各項工程分類刊行.廣告及銷數於可能範圍內,盡力整頓,以期兩者收入,足敷印費酬稿而有餘,經濟獨立,以減輕本會經濟上之負擔,此本刊日後之希望,不得不求會員及讀者諸君瞭解者也.

抑又有進者,本會會員達千人,包含全國土木,機械,電機,化工,冶金以及其他各項工程專家而謂不能維持一季刊之出版,雖編輯同人之疏懶或不能辭其咎,國內工業凋疲,建設事業方告肇始,無足記述,或非無故,而會員之未能通力合作,共負責任,實爲其最大原因也.是以本刊之現狀,如何改進,本刊之希望,如何實現,決非本刊區區三數同人所能盡力,非我會員及讀者諸君同情協助不爲功.我會員諸君類皆國內工程界學識深邃之士,凡關於發揮建設事業之偉論,研究工程實施之經驗,探討工程科學之新理,報告各地工程之進展,盡量供給本刊,逐一發表,其他關於徵求廣告,推廣銷路,尤望我會員隨時隨地與本刊同人合作協助,而本刊同人,自當益加淬勵,爲刊努力,以期不負我會員全體及董執二部期望之盛意也.

◻本刊每年四期◻

對於閱者諸君

本刊爲吾國工程上唯一刊物.發揮建設事業之偉論.研究工程實施之經驗.探討工程科學之新理.報告各地工程之消息.

本刊爲吾國工程界之喉舌.閱者諸君.有深奧的學理.實驗的記錄.準確的新聞.良善的計劃.務望隨時隨地.不拘篇幅.寄交本會.刊登本刊.使諸君個人之珍藏.成爲中華民族之富源.

對於廣告商家

本刊除分發本會一千餘會員工程師外.寄贈全國各機關各團體各學校各報館各藏書樓各工程局所等.並託各大書坊寄售.銷數甚廣.

披閱本刊之人.均屬力行建設.具有購買力量指揮權能.在本刊上之廣告.能將其所欲推銷之物品.直捷表現於購買者之眼前.效率之高非他種廣告所能比擬.倘蒙賜登.請與本會總務袁丕烈君接洽.

工程事業最近壹百年來之回顧

著者：黃　炎

今年六月四日,倫敦土木工程師會舉行百週紀會,盛極一時.彼邦人士,著有長篇文字,敍述百年來工程事業之突飛猛進,閱之極堪驚異.茲摘錄數語,以供吾人借鑑焉.

民事工程 Civil Engineering (卽今之土木工程) 之名,與軍事工程 Military Engineering 相對待.軍事工程,專事建砲台,設險固,進攻防守之具者也.民事工程師之名號,世人咸信爲 Smeaton 所創.當其設計建造 Eddy stone 燈塔時,始於工程師上冠以民事二字,用以自別於一般軍事工程師.

民事工程師職業之定義,在百年前該工程師會皇家註册案內,注明爲「導御天然物力利用厚生之技術」(The art of directing the great sourses of power in nature for the use and convinience of man) 以上定義,羣目爲泰爾福 Thomas Telford 所作,歷百餘年而不未有一字之增減.曲來柯爾特 Thomas Tredgold 復補充其義,「民事工程之範圍與效用,每視哲理上之發現而推廣.其力源將隨機械與化學上之發明而增進, (The scope and utility of Civil Engineering will be increased with every discovery in philosophy, and its resources with every invention in mechanical or chemical science), 洵屬名言.

一百年前,英之泰晤士河, Thames, 美之赫特生河, Hudson, 其下均無可通之隧道也.泰晤士隧道,成於一八四三年,赫特生隧道則在十九世紀之末.

一百年前,海洋汽船,尙屬創聞.在一八一八,美船 Savannah, 裝置汽機,助佐風帆,自紐約駛至利物普.猶非全恃汽力推進也.至一八三八年始有之.

一百年前,在英可謂無鐵路.僅有 Stockton & Darlington 長十二英哩之一綫,在一八二五年通車.

2073

一百年前,街上無電車,無汽車;無電報,電話;無發電廠;無潛水艇,無飛行機.標準法 Standardization 製造,未曾想見;探搜 Research 工作,人所不知;用有組織的心力,向無何有中開拓出世界來,更爲當時人所未嘗夢及.

在此一百年中,民事工程所包含之範圍,日漸推廣,至今可大別之如下:

(1) 便利改善國內之交通—— 道路,橋樑,鐵路,電車路,河道,運渠,電信等

(2) 海岸掩護水陸交通—— 商港,船塢,壁岸,破浪堤,海牆,燈塔等

(3) 橫海交通—— 軍艦設計,造船,製放海底電纜.

(4) 土地之墳高,灌溉,排洩,水災之防免,河流之節制.

(5) 食水供給,陰溝處置,燈亮及街衢之改良.

(6) 高大房屋,及其科學與機械之設備.

(7) 採礦及冶金,兼用新式機械.

(8) 原動力機—— 蒸汽機,水輪,水車,風車,電力馬達,內燃油機.

(9) 規劃,造作,施行各項機械的工具於實用之途.

(10) 創設製成一般重要的金屬搆造,戰爭所用之大砲藥彈等.

此外如發力廠,潛水艇,飛船,無綫電,等等均可一一列入,更爲廣博.

然則此後當如何?將來之一世紀,是否更能進步?觀 Sir James Alfred Ewing 之演說,略可窺測一斑.其詞曰:『科學發達之動機,歸源於工藝與工程之需求,而各項應時之發明,實足以啓拓科學之前途而與以探討之新利器.今者學理與實踐,早已揉和並進,誰復能辨其孰先與孰後.若以戰勝天然爲進步之標度,則此過去之世紀,將空前而絕後.何以言之,名葩美苞,潛滋暗長,及其成熟,忽焉開放.工程學術之進步,迨亦始是.雖將來交通,雖必更便利,空航必更安全,能力 Power 之分佈,必更普遍.然謂未來工程人士,能發展天然物力,利用厚生,足與前人比擬者,則大可疑問也.

『况近今社會劇烈之變向,已見端倪,人類之智力,或將改換方向,另趨他途.夫與天然奮鬭之結果,今已大告成功,吾人因之獲得新才能,新享用,與新智

慣.然而人類之德性仍卑處於底綫而無所提升.自其外觀之,新理新物之發明,天然奥秘之打破,權能之自覺,腦筋之運用,無限利益之可能,當足以改善人之品格.然而大戰勃發,物質文明道德上之失敗,昭然若揭矣.

『爲工程師者,往往力學勉行,孜孜於技術,而不知其所獲之物質成就,實有超越人類道德步之現像.自今以後其與社會人士,共同促進心靈之甦醒,毅力之長成,以免去才智聰明之誤用乎.嗟彼工師,勞神力作,日以增進人類之幸福爲務,孰知釀成天地間可驚可歎生殺毁滅之大權,不知不覺之間,移置於貪而無厭,無所顧忌者之手,不亦大可悲哉.』

由此觀之,歐美工程事業,殆已及名花盛放之期.將來之一世紀,雖不至毫無進步,然不能與近百年來之成績並論,不難想見.蓋文化進步,必有止境,如在吾國,至周大備,秦漢以降,鮮足稱道.一斑淺見者流,自詡歐人之心思才力,發明推演,足使蒸蒸日上,直無止境,豈其然哉.

返觀吾國,工程事業,尙在萌芽時期.試就民事工程所含十項,一一觀之,則第一吾國內部之交通,亟待改善;全國鐵路,寥寥數綫;道路橋樑,尙屬創始;河道運渠,須從新整理;電信,電車路等,均有推廣設置之必要.第二,國內海岸掩護水陸交通之工程,今多爲外人所把持,其由吾人自力經營者,實鮮.第三,横海交通,吾國工程界內,幾全無之.第四,灌漑,排洩,防災,節流,吾國行之數千年,今所需者,爲應用科學的方法,而推廣其範圍;第五,各大城市之食水,陰溝,燈亮,街衢等之改良,實爲迫不及待之需求.第六,高大房屋及機械之設備,除租界外,內地尙不多見.第七,採礦冶金,每多失敗,大權旁落.第八,原動力機之製造,僅數年間事,然微不足道.第九第十,更屬幼稚.是以處今日而言吾國之工程事業,殆與百年前歐洲之情形相似.倫敦之工程師會自創立迄今,實已經過一百一十年,而本會則僅有十一年之歷史.彼此相懸,則爲百年.惟在此未來之百年中,吾人實負建設全國之重任,其各奮勉努力,直前勇往,庶幾本會慶祝百年紀念時,得與西方先進並駕齊驅歟!

中華民國權度標準一二三制之研究

著者：吳承洛

按權度標準,已由工商部根據徐鳳石先生與洛之擬議,並其他提案,呈請國民政府審核,經推定蔡院長元培,孔部長祥熙,薛部長篤弼,鈕委員永建,王局長世杰,組織審查委員會開會數次,並請原擬議人到會陳述,當將審查經過及結果,由孔部長再提出國府會議,經詳述討論之後,一致贊成採用原擬之一二三制;中華民國權度標準,至是始有合於科學原理,萬國通律,並本國民衆習慣與心理之變通制度.關於中華權度新舊各制之討論,已詳前期拙著中,今再將一二三制之理論,約略分別詳述,以供研究.惟國府通過之案,係仍以十六兩爲一斤,較更合乎習慣,而洛等之原議,則絕對採用十進制,爲不同耳.

(一) 一二三權度制之原議

我國度量衡制度之應採用萬國公制(即米突制),正如曆制之應採用陽曆;民國肇建之第一新猷,即爲規定陽曆,度量衡問題,未始不可同樣解決.惟按民國四年所定,公尺過長,公斤過大,不合於國民習慣與心理,正副兩制,同時並用,而其間無簡單之比例以表之,故舊制仍未革除,統一仍未成事實.今先以米突制與營造庫平制相比較,可得下之結果:

(一) 按營造尺等於〇·三二米突(公尺),即一公尺等於三·一二五營造尺;今若以公尺之三分一長爲我國之通用尺,則一通用尺等於 $\frac{3.125}{3}$ 即一〇四一七營造尺,其長度乃介於營造尺與海關尺之間.(參觀附表一)

(二) 按一庫平斤等於五九六·八格蘭姆(公分),即一公斤等於二六八庫平兩,今若以公斤二分之一重爲通用斤,則通用斤之重量,爲 $\frac{26.81}{2}$ 即一

三・四庫平兩,其重量乃介於英磅與漕秤斤之間.(參觀附表二)

(三)按營造升等於一・〇三五五公升,即一公升等於〇・九六六營造升,今若即以公升爲通用升,則與營造升相差,至爲幾微.

故可決定中國通用度量衡之標準如下:

(一)單位尺爲公尺之三分一,以公尺一尺摺之爲三,即爲一通用尺.

(二)單位升爲等於一公升,一公升即爲一通用升.

(三)單位斤爲公斤之二分一,以公斤一斤折半,即爲一通用斤.

採用以上標準,是不啻採用米突制,而與舊有之制度,不甚相遠,民必便之.

今將茲所定之通用權度,與舊制及公制比較,如下表:

(一)長度		營造尺	通用尺
公釐	Millimetre	0.003125 尺	0.003 尺
公分	Centimetre	0.03125 尺	0.03 尺
公寸	Decimetre	0.3125 尺	0.3 尺
公尺	Metre	3.125 尺	3 尺
公丈	Decametre	31.25 尺	30 尺
公引	Hectometre	312.5 尺	300 尺
公里	Kilometre	3125 尺	3000 尺

(二)地積		營造畝		通用畝	
公釐	Centiare	97.65625 平方尺	0.0016276 畝	90 平方尺	0.0015 畝
公畝	are	9765.625 平方尺	0.1627604 畝	9000 平方尺	0.15 畝
公頃	Hectare		16.2760417 畝		15 畝

按通用畝,如沿用舊制,以六千方尺爲一畝,則舊畝與通用畝之比率爲16.27604 比 15(即上表所列),即爲1.085 與 1 之比;若以五千五百平方通用尺爲一畝,則舊畝與通用畝之比率,爲16.27604 比 16.36364,故通用畝與舊畝,相差至爲幾微,是不啻保留舊畝之面積;惟以六千平方通用尺爲一畝,則通用

畝與公畝之比率,爲簡單整數,而用五千五百平方通用尺時,則其比率爲複雜零數;但苟以五千平方通用尺爲一畝,則舊畝與通用畝之比率,爲16.27604比18,而通用畝與公畝之比率,乃爲整數,但不免變更舊時之習慣.

(三) 容量		營造升	通用升
公撮	Millilitre	0.0009657 升	0.001 升
公勺	Centilitre	0.0096575 升	0.01 升
公合	Decilitre	0.0965746 升	0.1 升
公升	Litre	0.9657461 升	1. 升
公斗	Decalitre	9.657461 升	10. 升
公石	Hectolitre	96.574614 升	100. 升
公秉	Kilolitre	965.746143 升	1000. 升

(四) 重量		庫平斤兩	通用斤兩
公絲	Milligramme	0.0000268 兩	0.00002 兩
公毫	Centigramme	0.0002681 兩	0.0002 兩
公釐	Decigramme	0.0026809 兩	0.002 兩
公分	Gramme	0.0268089 兩	0.02 兩
公錢	Decagramme	0.2680893 兩	0.2 兩
公兩	Hectogramme	2.6808933 兩	2 兩
公斤	Kilogramme	26.8089327 兩 1.6755583 斤	20 兩 2 斤
公衡	Myrigramme	16.7555829 斤	20 斤
公石	Quintal	167.555829 斤	200 斤
公噸	Tonne		2000 斤

按通用衡,應採用革命手段,以十兩爲一斤,則一斤爲五百格蘭姆,而一兩爲五十格蘭姆,(上表據此).考庫平兩,等於三十七點三〇一格蘭姆,以十六兩爲一斤,今之通用斤,如仍照舊採用十六兩制,則通用兩爲等於三

十一點二五格蘭姆.

根據以上標準,則中國權度,不啻爲單一制度,論原理則完全萬國公制,論方法則合乎本國習慣,比他說之主張創造新制,及兼顧舊制者,似有較易通行而裨實用之處.惟通用制驟觀之似有二種困難:

(一)我國田地契張,無一不用舊畝計算,(每畝爲六千平方營造尺,合通行制•九二一六畝),今於全國田契未經更換之前,驟行新制,則田產之賣買,完糧之標準,能不多所糾紛乎.不知欲解此困難,亦殊易易,卽地契轉讓與完稅,暫用舊畝,惟可註明合通行畝若干,以便將來換契時,易歸一律.

(二)我國衡制,向以十六兩爲一斤,貴重物品,均以兩計,不啻認兩爲單位;今驟改十兩爲通行斤一斤,得毋與習慣不符,且用於金銀毋乃太重乎.不知中國之斤,本無一定,有十二兩爲一斤者,有十四兩爲一斤者,有十八兩爲一斤者,亦有二十兩爲一斤者,故十六兩之制度,早無保存之價値.若夫金銀珠玉,則儘可用格蘭姆計算之,絕無困難,郵局秤信,已有先例矣.(是卽根據徐鳳石君與洛之意見書)

(附一)　各種度制比較表

度制	公分(生的米突)	通用尺
中國各地方用尺之最短者	23.9268	0.7163
日本法定尺	30.303	.907
英尺	30.47945	.9126
俄尺	30.48	.9126
營造尺	32	.9581
通用尺	33.33334	1.
海關尺	35.8	1.0718
日本鯨尺	37.8787	1.1341
中國各地方用尺之最長者	45.798	1.3711

故通用尺,介於營造尺與海關尺之間,並與英尺相差有限,實合全國民衆之習慣與心理.

(附二) 各種衡制比較表

衡制	公分(格蘭姆)	通用斤
俄磅	409.5	0.819
英磅	453.592909	0.9072
通用斤	500	1.
漕秤斤	586.5056	1.173
庫秤斤	596.816	1.1936
日本斤	600	1.2
廣秤斤	601.1696	1.202
關秤斤	604.531	1.2001

故通用斤,介於英磅與漕秤斤之間,實合全國民衆之習慣與心理.

(二) 一二三權度制之申論

吾人最初草創一二三之通用制,後名市制,本會充分考慮,經商家學者贊同稱許.顧議者以爲一二三制中之以⅓公尺爲市尺,有除不盡之小數爲病,謂於折合公制時,頗感不便,其實不然,折合時只須記明此三分之一,論面積則爲九分之一,論容積則爲二十七分之一,至爲簡單.譬如有一千五百公尺,以三乘之卽爲四千五百市尺,反之若有四千五百市尺,以三除之卽爲一千五百公尺;又如有二百四十三平方市尺以九除之即得二十七平方公尺,反之如有二十七平方公尺,以九乘之,卽得二百四十三平方市尺;又如有二百四十三立方市尺,以二十七除之,卽得九立方公尺,反之如有九立方公尺以二十七乘之,卽得二百四十三立方市尺,故與公制互折時,並無應用三除不盡之循環小數之處.故公尺與市尺之關係,乘有整數的比率,並有整數的折

合時,則互折時全無困難,試比較之:

(甲) $\frac{1}{2}$, $\frac{1}{3}$, $\frac{1}{4}$ 及 $\frac{1}{5}$ 制既有最簡單整數的比率復有整數的折合

(乙) $\frac{30}{100}$, $\frac{35}{100}$, $\frac{40}{100}$ 及 $\frac{45}{100}$ 制則只有整數的比率並無整數的折合

只有整數的比率而無整數的折合時,則公尺與市尺之相互折算,必甚複雜,其小數循環,比採用 $\frac{1}{3}$ 制時,更爲常見.細覩下表,則 $\frac{30}{100}$, $\frac{35}{100}$, $\frac{40}{100}$ 及 $\frac{45}{100}$ 之三制其折合公尺,無論爲長度爲平方爲立方,均有最討厭之小數及複數.以視三分縮尺之比較簡便爲何如耶?故或者以十分之三或十分之四爲較善者,殆未經詳細計算,其以公制三分一長度,九分一面積及二十七分一容積爲一二三制病者,抑知正其長處.苟用十分之三,則折合公制面積時,須用百分之九,而折合容積時,須用千分之二十七爲折合因數,則更煩瑣矣.至十分之三爲英尺之長,用於我國未免過短,而十分之四,則未免過長.至於製造市尺時,恐不能十分精確,若所量者爲地畝,則其錯誤爲累積數,關係甚大爲慮者,抑知精密測量,在科學準用公尺公分公釐,市尺如能製成合於 33,334,則應用於科學上.其錯誤亦在於「錯誤限制」(Limit of error)之中,但市尺係量布疋等家常便用,其不須若是精確也明甚,至量地畝,應用皮尺,一量數十尺或數百尺不等,必不用此短尺丈量,似可不必過慮.

關於以萬國公制之長而定本國權度標準,美日均先已行之.考美國一八六六年七月二八日法律及一八九三年四月三日政令,規定萬國權度長制爲基本標準,而本國制度卽由此確定,其長度以碼爲單位,等於萬國權度公會所製定鉑銥公尺原器,在百度寒暑表零度三九三七分之三六〇〇,參照一九一四年華盛頓標準局所發布之權度單位表,計一碼合〇·九一四四〇一八公尺,一公尺合一·〇九三六一碼.但實際上,英美均以一碼之三分一爲單位尺,今取公尺三分一爲市尺,亦未嘗無例可援,但美國之碼,其長度本有原來標準,故不能以碼長等於公尺之長,我國情形不同,原來之尺,本無標準,今卽以公尺之三分一,取其長度合習慣而又合公制,洵一舉兩得也.

公尺與各議市尺之比率折合計算表

	公尺與市尺之比率	以公尺幾分之幾為一市尺	市尺長度合若干公分	公尺合若干市尺	每平方市尺合若干平方公尺	每立方市尺合若干立方公尺	每平方公尺合若干平方市尺	每立方公尺合若干立方市尺
最簡之比率鑒數之折合	1:5	$\frac{1}{5}$	20	5	$\left(\frac{1}{5}\right)=\frac{1}{25}$	$\left(\frac{1}{5}\right)^3=\frac{1}{125}$	$(5)^2=25$	$(5)^3=125$
仝上	1:4	$\frac{1}{4}$	25	4	$\left(\frac{1}{4}\right)^2=\frac{1}{16}$	$\left(\frac{1}{4}\right)^3=\frac{1}{64}$	$(4)^2=16$	$(4)^3=64$
仝上	1:3	$\frac{1}{3}$	33.33+	3	$\left(\frac{1}{3}\right)^2=\frac{1}{9}$	$\left(\frac{1}{3}\right)^3=\frac{1}{27}$	$(3)^2=9$	$(3)^3=27$
仝上	1:2	$\frac{1}{2}$	50	2	$\left(\frac{1}{2}\right)^2=\frac{1}{4}$	$\left(\frac{1}{2}\right)^3=\frac{1}{8}$	$(2)^2=4$	$(2)^3=8$
簡單比率	3:10	$\frac{30}{100}$	30	3.333+	$\left(\frac{30}{100}\right)^2=\frac{900}{10000}=\frac{9}{100}$	$\left(\frac{30}{100}\right)^3=\frac{27000}{1000000}=\frac{27}{1000}$	$(3.333+)^2=11.109$	$(3.333+)^3=36.7259+$
仝上	7:20	$\frac{35}{100}$	35	2.857	$\left(\frac{35}{100}\right)^2=\frac{1225}{10000}=0.1225$	$\left(\frac{35}{100}\right)^3=\frac{42875}{1000000}=.04287$	$(2.857)^2=8.1624$	$(2.857)^3=22.5088$
仝上	4:10	$\frac{40}{100}$	40	2.5	$\left(\frac{40}{100}\right)^2=\frac{1600}{10000}0.16$	$\left(\frac{40}{100}\right)^3=\frac{64000}{1000000}=.064$	$(2.5)^2=6.25$	$(2.5)^3=15.625$
仝上	9:20	$\frac{45}{100}$	45	2.222+	$\left(\frac{45}{100}\right)^2=\frac{2025}{10000}=0.2025$	$\left(\frac{45}{100}\right)^3=\frac{91125}{1000000}=.091125$	$(2.222+)^2=4.937+$	$(2.222+)^3=10.97+$

(三) 一二三權度制之定位

(一) 長度單位定位法

長之基本單位爲市尺,合公尺之三分一長.

其倍數爲丈,爲引;

一丈十尺;　　一引百尺.

其分數爲寸,爲分,爲釐;

一尺十寸;　　一寸十分;　　一分十釐.

量道路者可用公里,三千市尺爲一公里;每一公里之長,約合舊中國里二里,按舊里等於一點一五市里.

如欲留存市里,則一市里爲一千五百市尺,與舊里之觀念相當.

(二) 面積單位定位法

面積基本單位爲市方尺,單稱方尺.

方尺者,一正方形之面積,其邊長等於一尺也.

方尺之倍數爲方丈,方引:

方丈者,一正方形之面積,其邊長等於一丈也;

方引者,一正方引之面積,其邊長等於一引也;

一方丈爲百方尺;

一方引爲一百方丈,即一萬方尺.

其分數爲方寸,方分,方釐:

方寸者,一正方形之面積,其邊長等於一寸也;

方分者,一正方形之面積,其邊長等於一分也;

方釐者,一正方形之面積,其邊長等於一釐也;

百方寸爲一方尺;

百方分爲一方寸;

百方釐爲一方分.

量田地者,可用六千市方尺爲一市畝,與舊營造畝之觀念相當.

舊畝合〇·九五六市畝.

每十五市畝爲一公頃.

(三) 容積單位定位法

容積基本單位爲立方市尺;

立方尺者,一立方形之容積,其邊長等於一尺也.

立方尺之倍數,爲立方丈,立方引:

立方丈者,一立方形之容積,其邊長等於一丈也;

立方引者,一立方形之容積,其邊長等於一引也;

一立方丈爲千立方尺;

一立方引爲千立方丈,即百萬立方尺.

其分數爲立方寸,立方分,立方釐:

立方寸者,一立方形之容積,其邊長等於一寸也;

立方分者,一立方形之容積,其邊長等於一分也;

立方釐者,一立方形之容積,其邊長等於一釐也.

千立方寸爲一立方尺;

千立方分爲一立方寸;

千立方釐爲一立方分.

但容積以立方名,均係千進.

商賈通用在中國常有斗升等,在萬國公制亦有公升等之十進容積制:

計 一石十斗; 一斗十升;

一升十合; 一合十勺.

一升合一公升; 一升合二十七方寸;

一立方公寸合二十七立方寸; 一立方公尺合二十七立方尺.

(四) 重量單位定位法

重量之基本單位爲斤,爲公斤之二分一重,卽合五百公分重.

斤之倍數爲公斤,爲十斤,爲百斤,爲千斤,爲公噸.

二市斤之重量爲一公斤;　　百市斤之重量爲一石或一擔;

二千市斤爲一公噸.

斤之分數爲兩,爲錢,爲分,爲釐:

十兩爲一斤;　十錢爲一兩,每兩合五十公分,每二兩合一公兩;

十分爲一錢;　十釐爲一分.

(附定位表四種)

市用一二三制單位定位表

(一) 長度單位定位表

(一市尺合三分之一公尺,爲舊南北通用尺之平均長,一公里合三千市尺,一市里與舊里相當,等於舊里 87% 長)

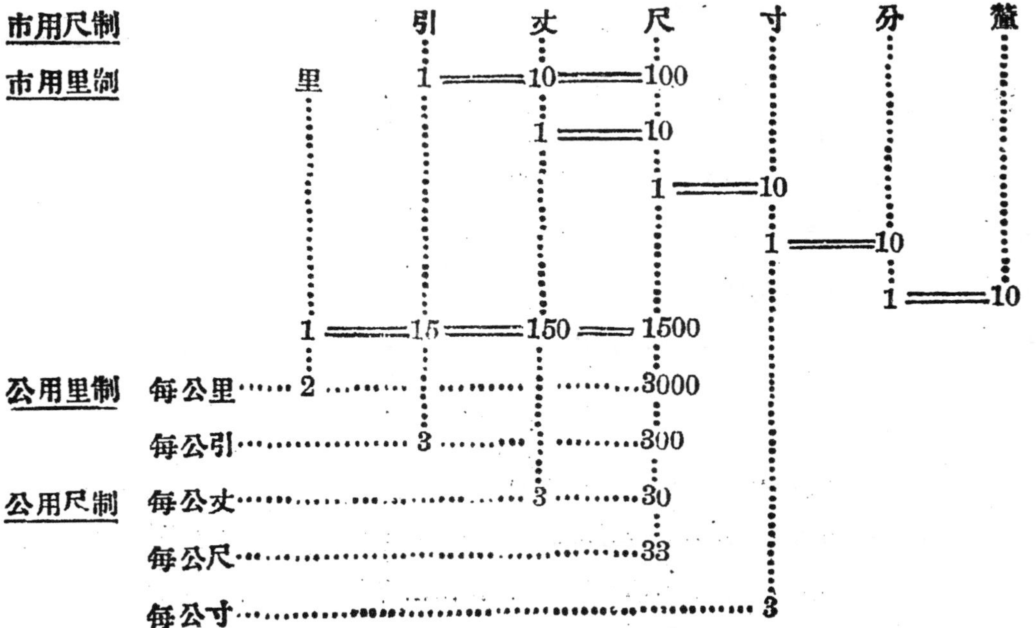

市用尺制
引 丈 尺 寸 分 釐
市用里制
里
1 10 100
1 10
1 10
1 10
1 10
1 15 150 1500
公用里制
每公里 2 3000
每公引 3 300
公用尺制
每公丈 3 30
每公尺 33
每公寸 3

(二) 面積單位定位表

(每公方尺合(3)² 即九方尺;依舊制定六千方爲一畝,與舊畝相當,按舊畝等於市畝之 96%,如直接採用公畝,可以九千方爲一公畝.)

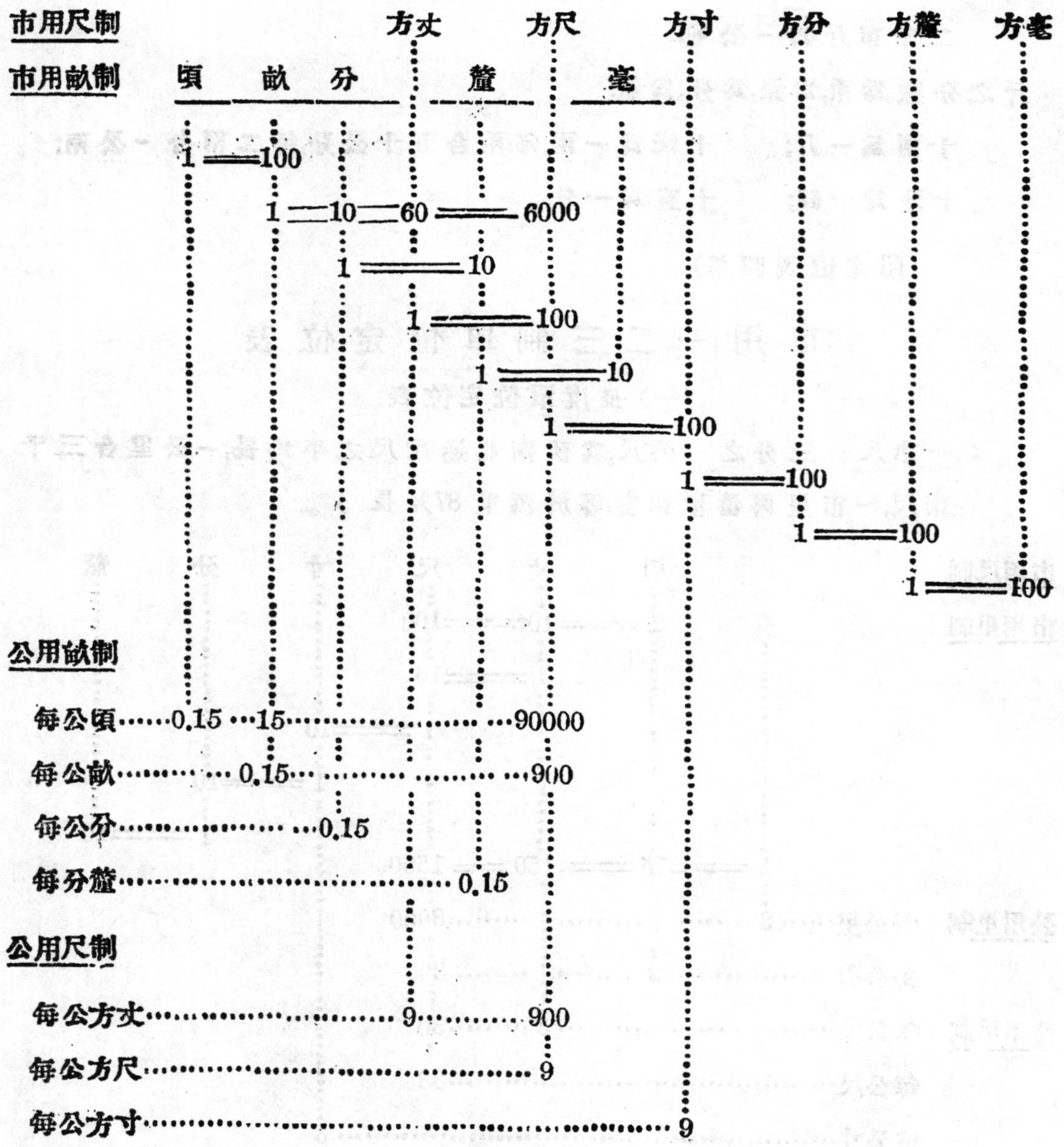

(三) 容積定位表

(一升即一公升,等於舊升之96%;一升合二十七立方寸,此數即三之三乘方,因一市尺等於公尺之三分一.)

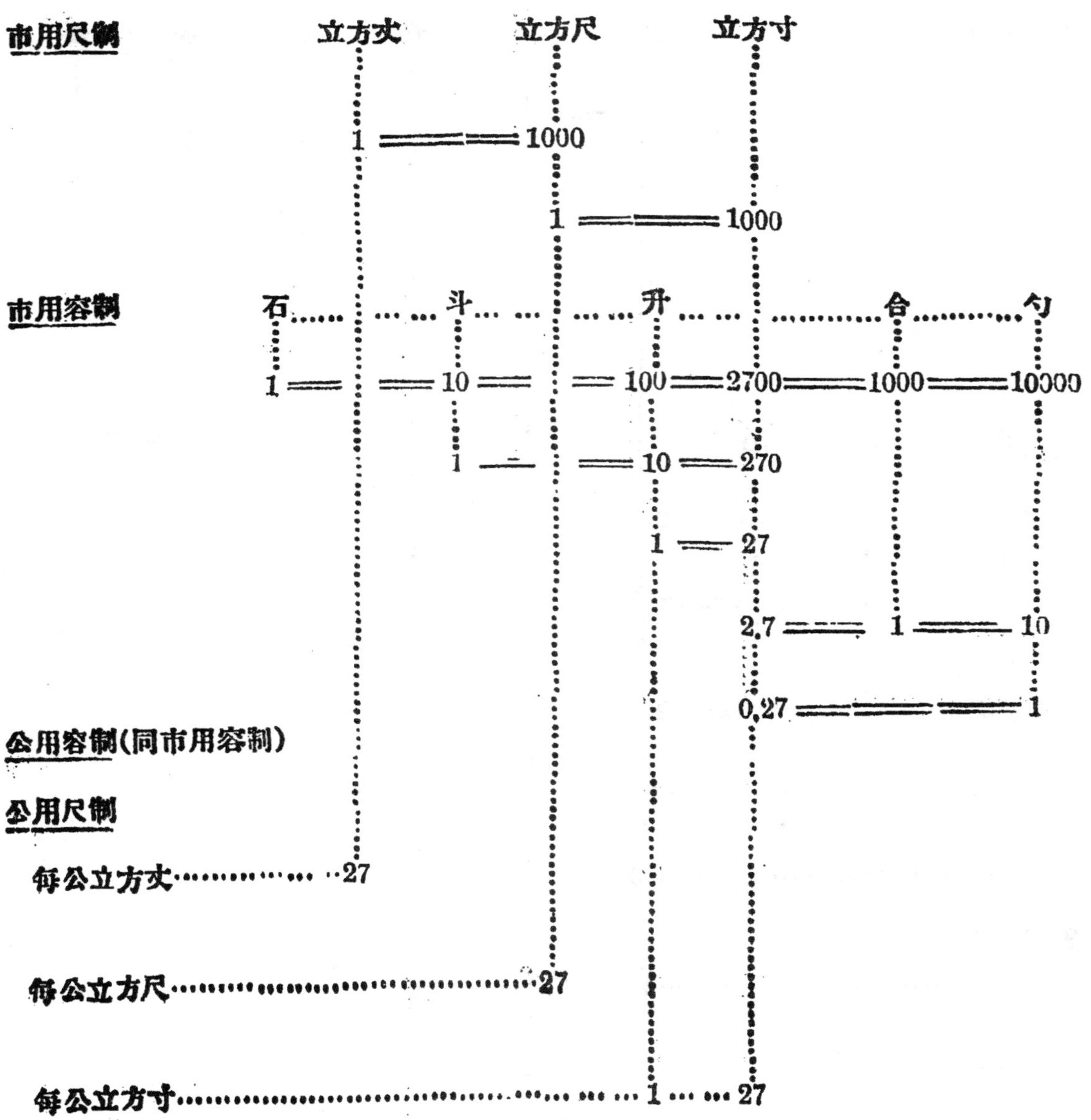

(四) 重量單位定位表

(一通用斤等於半公斤,比漕秤較少,即一漕秤斤合通用斤一斤又一兩七錢三分;一通用兩,等於半兩公,比漕秤較大三分之一,一噸等於一公噸,因中國舊無噸制.)

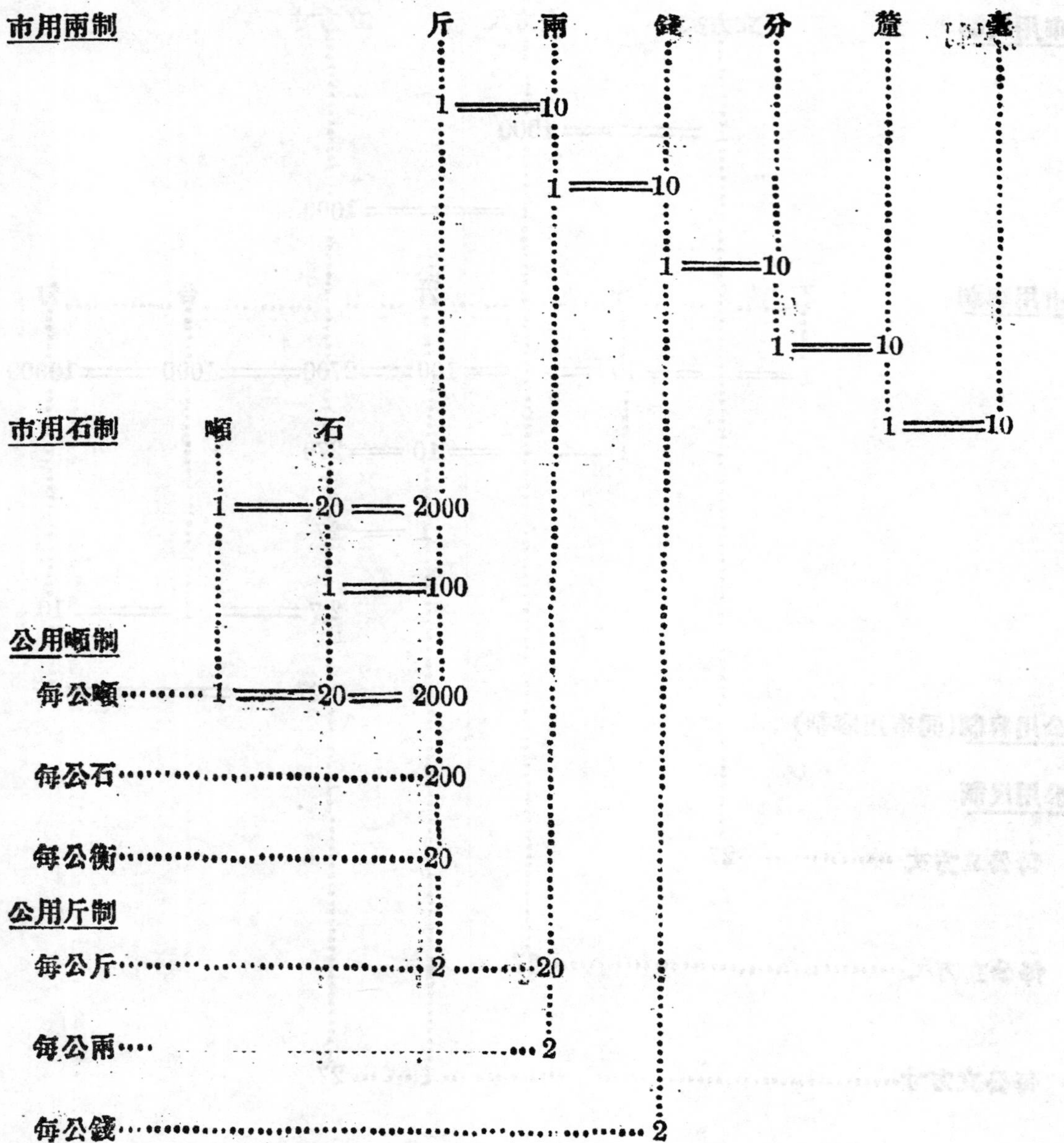

(四) 一二三權度制之應用

難者曰:「萬國公制,多數民衆,未能了解,直接採用,固不可能,間接採用,如擬一二三市制者,勢必每遇權度相互之計算,均先轉成公制而爲之,是農工商先須具有公制之學識,而後可以應用間接制度,恐於所希望之便利,適得其反.

例　設知一煤油箱之高闊深,爲一尺乘五寸乘六寸,內貯比重等於0.8之煤油,問箱內之油共有若干升,其重量幾何?

此種通常例題,勢必將高闊深之尺寸,轉成公尺之數,後得升之數,由升之數,乘比重而後得公斤之數,再由公斤之數,以二除之,而後得斤之數.此所謂權度相互之計算,均先轉成公制而爲之,豈不更覺繁重耶?然則採用一二三制時,公制不可不有,而且不可不知………」等等.

竊按此說甚有價值,可分別討論之:

(一) 吾人之主張採用一二三制,即不啻採用萬國公制;

(二) 一二三制之與公制並非兩制並行;

(三) 一國之權度,不宜兩制並行,應採用單一制,一二三制之與萬國公,實而二二而一者也;

(四) 一二三制並非創造之新制,實即公制之變通用法;

(五) 一二三制之原理,制度與標準,完全爲萬國公制;

(六) 一二三制,在市面時,變通應用之方法者,所以合乎民衆之習慣與心理,即所以補救難者所謂「直接採用固不可能」之困難也.

(七) 一二三制所以與公制有最簡單之整數折合爲標準者,一方面在合乎民衆之習慣與心理,他方面並訓練民衆對於公制之觀念.

(八) 公制不可不有,本是吾人之主張,誠如難者所云.

(九) 至於難者所謂民間必須先具公制之學識,而後能採用一二三制,則並不然.

（十）民衆採用一二三市制時,直視爲一獨立制焉可也.

（十一）民衆採用一二三制時,因其長度,面積,容量,重量之單位,均與舊制不相上下,其實際應用時,無異應用舊制.

（十二）舊制無標準,故立定標準以爲繩.

（十三）民衆遇必要時,有需折合公制之處,只須明瞭一二三之最簡單整數之比率,即可互變.

如以市尺一尺二寸,變爲公尺,即將1.2÷3=0.4公尺;一尺三寸,變爲公尺,即將1.3÷3=0.433+公尺;又如以公尺變爲市尺,祗須以3乘之即得,其便利爲何如!

（十四）一二三制有須與公制互變時,並無須應用圖表之助,如英制與我國舊制之變爲公制然,其互相之數至爲繁複,有非可能記憶者.

（十五）權度相互之計算,並無須如難者所謂「勢必將高闊深之尺寸轉成公尺之數而後得升之數.」

蓋據定義,升爲一正立方形之容積,其邊長爲三立方寸,故三之三乘方,即二十七立方寸之容積爲一升;故以高闊深相乘得若干立方寸,以二十七除之即爲升數.

（十六）市升即爲公升,故以升之數乘比重,可直接得公斤之重量,欲將公斤重量變爲市斤時,只須以二斤乘之即得;此層正所以表示一二三制之長,並非其短,有如難者所云.

（十七）故採用一二三制時,所有科學上工程上之常數表,可以容易應用,無須另製新表.

（十八）一二三制中之市尺市斤,可視爲一種縮尺與縮斤如英制之工程師尺與建築師尺,並非另一種長度,不過公尺之一種縮尺而已,爲用具之別名,而非長度之新制也.（據茅以昇君之意見.）

(十九) 凡縮尺均有其特殊之應用,一二三制中之縮尺,如必須折合公尺,或公尺必須折合縮尺時,亦祇以三除或乘之,因無應用小數之必要,三分公尺爲無盡小數,不足爲病.

(二十) 以一二三制計算,甚爲簡便,茲舉劉晉鈺君所擬例題,解答如左:

(1) 有一尺二寸厚之牆十六方丈,用 $2\times4\times8$ 寸之磚組成之,問磚數幾何?

(解) 16方丈爲 1600 方尺;

故牆之容積爲 1600×1.2 等於 $1920\times$ 立方尺;

但磚一塊之容積爲 $0.2\times0.4\times0.8$ 等於 $\frac{64}{1000}$ 立方尺,

故磚數爲 $\frac{1920}{\frac{64}{1000}}$ 即 30000,

答磚數爲三萬塊.

(2) 有船艙長五尺闊四尺深三尺,問艙可容米若干斗?

(解) 艙之容積爲 $5\times4\times3$ 即 60 立方尺,但一斗等 270 立方寸,即 0.27 立方尺,

故艙可容米 $\frac{60}{.27}$ 即 222 斗強.

(3) 有銅匠製箱以貯煤油,其邊爲五寸六寸及九寸,問箱能貯油幾何?

(解) 箱之容量爲 $0.5\times0.6\times0.9$ 即 0.27 立方尺.

故箱容爲 0.27 立方尺,即一斗

(4) 設前題所云之煤油箱,以某金屬片製之,問箱須用金屬片若干方尺?

(解) 箱有六面,相對之面,兩面相等,故箱之總面積爲 $2\times(0.5\times0.6+0.6\times0.9+0.5\times0.9)$ 等於 2×1.29 即 2.58 方尺故每箱須用金屬片二方尺又五十八方寸.

(5) 設前題所云之煤油箱,金屬片有一厘之厚,該金屬之比重爲7.5問每只空箱重量若干?

（解）依前題每箱應用金屬片258方寸,但片爲一厘,即$\frac{1}{10}$方寸.

故金屬片之體積爲$258\times\frac{1}{100}$即2.58立方寸,按27立方寸合一升

即一公升,而比重係一公升爲根據.

故空箱之重量爲2.58÷27

即$\frac{258}{27}\times7.5=0.716$公斤

即2×0.716等於1.432斤

即十四兩三錢二分重或一斤四兩三錢二分重

（6）設煤油之比重爲0.8,問一斗之油重量幾何?

（解）比重係以公升即升算,每升之水重爲一公斤,其油重即爲0.8公斤.

一斗爲十升,其容油重爲八公斤,以二乘之即爲十六斤重.

（7）設有一磚牆高二丈,厚一尺二寸,磚之比重爲2.5,問每方尺之地載重若干?

倘地面抵抗力,每方尺不得過三千斤,則牆基應闊幾何?

（解）因牆高爲二丈,即20尺,故每方尺之地,載有20立方尺即20000立方寸之牆.

按27立方寸爲一升容,

故20000立方寸應爲$\frac{20000}{27}$升容.

但磚之比重爲2.5,

故20立方尺之牆應重:

20000÷27×2.5即1851公斤強

以二乘之卽得3700斤强

但牆厚一尺二寸,故每方尺之地,應有牆長$\frac{1}{1.2}$即0.833尺

倘地面抵抗力,每方不得過三千斤,則3702斤之重,須有地$\frac{3700}{30000}$即$\frac{37}{30}$方尺以載之,

故牆基之闊,須爲$\cfrac{\frac{37}{30}}{\frac{1}{1.2}}$

即$\frac{37}{30}\times 1.2$約等於1.5

故牆基應闊一尺五寸

(8) 有三合土一方,高闊深爲五寸×8寸×1尺,重爲一百斤,問其密度若干?

(解) 三合土之體積爲$5\times 8\times 10$即400立方寸,

按每二十七立方寸爲一升.

故四百立方寸應爲$\frac{400}{27}$升

一百斤合五十公斤,

故密度應爲$\frac{50}{\frac{400}{27}}$即$50\times\frac{27}{400}$

即3.375

故三合土之比重爲3.375

(廿一) 據上列諸例,則採用一二三制,即不啻採用公制,所有公制之係數常數,均可沿用,而同時養成民衆公制之觀念與用法,並可兼顧國民之習慣與心理,便孰甚焉.

(五) 一二三制權度之長處

(甲) 以三分一公尺爲市用尺之長處

(一) 採用萬國公制並同時兼顧民衆之習慣與心理.

(二) 以公尺爲標準之長度,其可能之提議不外50,$(\frac{1}{2})$,45,40,35,33.331土1 $(\frac{1}{3})$ 30,25 $(\frac{1}{4})$,20 $(\frac{1}{5})$公分之八種.

(三) 爲與公斤折算便利計,市尺之長,應與公尺有最簡單整數的比率,並有最簡單整數的折合.

(四) 以公尺$\frac{1}{2}$,$\frac{1}{3}$,$\frac{1}{4}$,$\frac{1}{5}$爲市用尺時,其與公尺有最簡單而整數的比率,並有整數的折合.

(五) 若以30,35,40,45公分爲市用尺時,其與公尺雖有簡單而整數的比率,但無整數的折合,(參觀公尺與各議市尺之比率折合計算者.)

(六) 且以五十公分四十公分與四十五公分爲市尺,均嫌過長,不合民間習慣;三十五公分雖近於南方之長度觀念,究違背北方長度觀念.(南尺較長北尺較短.)

(七) 三分一公尺爲市尺,長度適宜,合於南北各通尺之平均數,最近習慣(南尺平均爲三十四公分北尺平尺爲三十三公分.)

(八) 英美長度,以碼爲標準上之單位,我國長度,以公尺爲標準上之單位,其長頗爲相當.

(九) 英美市用尺長度,以碼之三分一爲一尺,我國市用尺長度,以公尺三分一爲一尺,意義與方法相同.

(十) 量布時適用三倍市尺之公尺,正合通商口岸用碼之舊習慣.

(十一) 量地時,適用套尺或帶尺(俗稱皮尺(Tape)絕無不盡小數之累積錯誤.

(十二) 且丈量地畝頗有主張直接應用公制者.

(十三) 據美國權度標準法,尺之准許錯誤 (Tolerance) 爲三十二分之一,即合百分之三寸,今市尺可以製成使合於 33.33±1 公分,在製造上絕無問題.

(十四) 三分一爲除不盡之數,在用此小數時既極少,即有之,亦無甚關係如計算尺 (Slide rule) 亦不過計算大概是其例也.

(十五) 故三分一之循環小數,不足爲病.若以30或35或40公分爲市尺,則其與公制互折時,循環小數之爲累,則繁不勝繁矣.(參觀公尺與合議市尺之比率折合計算表)

(十六) 最精密之科學測量,適用公制之公尺公寸公分公厘,絕無疑義.

(十七) 民間採用市尺時,彼此既同以市尺往來,即無折合公尺之必要.

(十八) 必須與公尺互算時,只須記明此三分一;以公尺數用三乘之,即可變爲市尺數;以市尺數用三除之,即可變爲公尺數;固無應用小數之必要.

(十九) 面積之折合,亦至爲便利,只須記明三分一之平方即九分之一,以平方公尺數用九乘之,即可變爲平方市尺數,以平方市尺,用九除之,即可變爲平方公尺數;若採用30公分爲市尺,則此因數爲百分之九,不易記憶.

(二十) 容積之折合,亦無不便,只須記明三分一之立方即二十七分之一;以立方公尺數,用二十七乘之,即可變爲立方市尺數;以立方市尺數,用二十七除之即可變爲立方公尺數;若採用30公分爲市尺,則此因數爲千分之二十七,更易混亂矣.

(廿一) 以公尺之三分一爲市尺時,不啻將公尺分爲三十寸.考英美制,爲應用於工程上便利起見,常有各種分尺,如十分尺,二十分尺,三十分尺,四十分尺,五十分尺,六十分尺等均以寸以下爲十進者;又如 $\frac{1}{2}$, $\frac{1}{4}$, $\frac{1}{8}$, $\frac{3}{4}$, $\frac{3}{8}$, $\frac{3}{16}$, $\frac{3}{32}$ 等分尺,均於寸下再分爲若干分之幾,以便繪圖之用,英尺雖有種種分法不能視爲另種新制之尺,正如市尺之不能視爲公尺以外之一,另種新制之尺也.

(廿二) 故市尺之對於公尺,可視爲工程師或建築師用之縮尺,可名之爲三分一縮尺 (One third Scale),不能視爲另一種新制之尺.

(廿三) 市尺者可視爲用具之別名,而非長度之新制也.

(廿四) 凡縮尺皆有其特殊用途,所以免除計算上之困難,如量地圖時所用縮尺,如適與比例尺脗合,則絕無計算之煩.

(廿五) 我國如果直接採用公尺,而民間之舊尺長度,因頗合實用,不便廢除,則各種舊尺所量之長度,勢須折合公制,方能劃一,其間折算之繁瑣,自不可計,今取一縮尺,其長度與舊制相等,用爲替代計算之器具,其便利爲何如.

(廿六) 用三分一市尺時所有科學上工程上普通教科上普通計算上之常數 (Constants) 及係數 (Coefficients) 表,均可沿用,並無須另制新表.

(廿七) 以立方尺或立方寸與斗升互折時,只須記明二十七立方寸爲一

升(Litre)之關係(即二十七立方分為一立方公分 Cubic Cenimetre, Cm³)

(廿八)所以比重密度等之以水之比重等於一或空氣之比重等於一為標準者,可以容易間接利用.

(廿九)三分一公尺為市尺,實兼具萬國公制英美通制以及我國舊制之種種長處,並可補救各制之短處.

(三十)「公尺過長」之弱點,亦如此補救之.

(乙)以二分一公斤為市用斤之長處

(一)採用萬國公制,並同時兼顧民衆之習慣與心理.

(二)公斤之二分一,其重量近於市用各斤之重,合於習慣.

(三)市斤雖以漕秤合586公分為標準,但實際上皆為八五折以至九折,即合500至520公分故與公斤之二分一愈為相近.

(三)以公斤之二分一為市斤,當無疑義.

(四)以公斤之二分一為市斤,可免「公斤過重」之弊.

(五)以公斤之二分一為市斤,易與公斤折合,以二除或以二乘即得.

(六)以公容制之比重,而得某容之重,可以直接算得之數,用二乘之即得.

(七)故以公斤之二分一為市斤時,所有公制之常數及係數表可以完全沿用.

(八)市斤雖合於民衆習慣,但市兩成為問題.

(九)今擬以十兩為一斤,在貫徹十進之主張.

(十)以十兩為一斤,十分為一兩,易與公兩公分相折合,為其長處.

(十一)惟中國之兩,尋常為合三十七公分,今不免變重.

(十二)市兩比舊兩較重三分之一兩,即市兩一兩合舊兩一兩又三分之一兩.

(十三)但在實用時,與舊兩折合之約數亦最易記憶,即五兩為半斤,二兩半為四分之一斤.(即舊制四兩)

（十四）沿用十六兩制，在實用時，尚留有「斤求兩」「兩求斤」之永久痛苦.

（十五）改用十兩制，即爲要解除此種痛苦.

（十六）與舊制斤折合時，既可如十三條所舉，以若干分斤之幾爲言，則亦無不便之處.

（十七）不以舊兩折市兩，或市兩折舊兩，而以斤之幾分之幾，互相折合，即稍有不便，亦不過保暫時的.

（十八）即欲以舊兩與市兩互相折合，則根據第十三條所舉，亦不至十分不便，蓋須折合之機會實甚少.

（十九）金銀珠寶可以不用兩，而用分爲單位，公分過輕，若市分則倍之，約合舊庫平半錢，實爲貴重物品之適用單位.

（二十）不然，金銀珠寶，亦可直接以公分爲單位，二公分即一市分，四舊庫分約合一公分.

（廿一）輕便物品，直接用公分計算，郵政秤信已有先例可援，實爲便利.

（廿二）小數方面之銀兩，既爲虛本位，且爲廢兩用元之聲浪甚高，必無不便之處.

（廿三）笨重物品，直接採用公斤，鐵路上已通用，兩市斤即爲一公斤，故市斤與公斤，可以並行.

（廿四）市斤與公斤並用，實爲單一制度，公斤取其大同，市斤合乎習慣，而又易與大同之制相折合.

（廿五）故與其仍採十六兩制，留斤兩相求之永久不便，不如毅然改爲十進制，民衆之觀念，既可以一斤，半斤，四分一斤等等與舊制兩相折合，而金融上，珠寶上，又可以直接採用公分或市分爲單位.

（丙）以公升爲市升之長處

（一）與習慣相合.

（二）舊制器具，可以於檢定後完全留用.

(三) 度量衡之互相折合時,因市升係等於公升,多數理化上,工程上之常數及係數,均由一公升水之密度等於一爲標準,故折合甚爲便利.

(四) 市升既等於一公升,故三分一公尺,與二分一公斤之間,有最便宜之聯絡機關.

(五) 市升市斤與市尺,其與萬國公制之關係,成爲一二三制.

(六) 一二三權度制,即爲公制之變通用法,並非另立新制或兩制並行.

(六) 一二三權度制之議決

一二三制之採用,曾經上文詳細研究而定,民國四年北京農商部以萬國公制爲乙制,而保留舊制之一爲甲制,是完全兩制並行;此次工商部提案,乃根據以萬國公制爲標準之一二三及一二四制,經審查結果採用萬國公制爲標準制,而一二三制爲市用制;至國民政府所議決公布之案,則廢除審查案中量地所用之井制,去中醫配方暫得兼用舊制之規定,而改十兩制爲十六兩制,俾市用制得完全合於民間習慣;又畝制亦仍舊制.茲錄工商部提案,蔡院長等審查案,國府公布案如左:

(一) 一二三制之提案

爲提議事:案查我國權度舊制,向不統一,民國二年工商部舉行全國工商會議,雖有度量衡法,完全採萬國公制之議決案,惜未見諸實行;民國四年農商部頒布權度法,以前清末年工部所定之營造尺庫平制爲甲制,萬國權度公制爲乙制,兩制同時並用,亦僅於短期間試行於北京及山西兩處,公私權度,仍是紛歧,始終未能劃一;我國民政府,建都南京以來,各省及特別市,先後呈請國府劃一標準,以蘇民困;嗣後工商部成立,曾奉國府交下各案,當即派定負責人員,開始研究,一月以來,根據各方面之提議,及新舊各制之比較,詳加討論,擬定方案如左:

辦法一: 請國府明令全國通行萬國公制,其他各制一概廢除.

辦法二：定萬國公制爲標準制，凡公立機關，官營事業，及學校法團等皆用之，此外另以合於民衆習慣，且與標準制有簡單之比率者，爲市用制；其容量：以一標升爲升，重量以標斤之二分一爲市斤，（十兩爲一斤，）長度以標尺之三分一爲市尺，（一千五百市尺爲一里，六千平方市尺爲一畝。）

辦法三：以標尺之四分一爲市尺，（二千市尺爲一里，一萬平方市尺爲一畝），餘與辦法二同。

三種辦法之中，據本部研究所得，似以辦法二爲萬國公制有最簡單之一二三比率，且其尺與本國通用舊制，最爲相近；惟辦法三市尺之長，雖較舊制輔尺爲特短，然其畝（一萬平方尺）與舊畝相近，故欲貫澈十進制，此法似亦可用，究應採取何制，敬祈　公決。　　工商部長孔祥熙

（二）一二三制之審查案

前奉國民政府第七十二次委員會議決，推定元培等審查工商部提議之劃一權度案，業經祥熙負責召集全體委員，開會審查兩次，除將原議案及研究書，詳細審核外，並調集各方面之意見書，比較表等，悉心研究，反覆討論，僉謂全國權度，亟宜劃一，民間習慣，亦當兼顧，茲採用工商部原案之第二辦法，擬定權度標準方案，臚陳左方，是否有當，敬候　公決。

蔡元培薛篤弼孔祥熙王世杰鈕永建

中華民國權度標準方案

（一）標準制　定萬國公制（即米突制）爲中華民國權度之標準：

長　度　以一公尺（即以米突尺）爲標尺；

容　量　以一公升（即一立特或一千立方生的米突）爲標升；

重　量　以一公斤（即一千格蘭姆）爲標斤。

（二）市用制　以與標準制有最簡單之比率，而與民間習慣相近者爲市用制：

長　度　以標尺三分之一爲一市尺，一千五百市尺爲里（等於一

公里二分之一）計算地積時,以六千平方市尺爲畝,九畝爲井（一井卽等於六千平方標尺.）

容　量　卽以一標升爲升;

重　量　以標斤二分之一爲市斤,（卽五百格蘭姆）,一斤分爲十兩,（每兩等於五十格蘭姆）;惟中醫配方,暫時得兼用舊制.

（三）　二三制之公布案

據國府秘書處函接准貴部函送審查權度標準報告書一件,現經常務委員修正公布,並奉諭由工商部趕製度量衡標準器,頒行各部院會處局,各省市政府,一體遵行等因,相應函達,并請查照辦理.此上工商部.

十七年七月

中華民國權度標準方案（國府公布）

（一）標準制　定萬國公制（卽米突制）爲中華民國權度之標準:

長　度　以一公尺（卽以米突尺）爲標準尺;

容　量　以一公升（卽一立特或一千立方生的米突）爲標準升;

重　量　以一公斤（卽一千格蘭姆）爲標準斤.

（二）市用制　以與標準制有最簡單之比率,而與民間習慣相近者爲市用制:

長　度　以標準尺三分之一爲一市尺,計算地積時,以六千平方市尺爲畝;

容　量　卽以一標準升爲升;

重　量　以標準斤二分之一爲市斤,（卽五百格蘭姆）,一斤爲十六兩（每兩等於三十一格蘭姆又四分之一）.

（四）附民二工商會議議決案

一.中華民國度量衡完採用密達制.

二.採用密達制,自參議院議決後,大總統頒發命令之日起,期以八年,通行全國.

三.(1)先由部將度量衡新制模型,及詳細說明書,頒行各省行政長官,責成各該地方自治機關,農工商會,協同體察地方情形,將該地各種度量衡器,按照新制折合比例,限文到後三個月內,造具精確圖表,呈部核定;一面邀集商民,詳細解說,並隨處張貼.以資利導.製造度量衡廠,除由中央酌設模範工廠數處外,得由商民設廠仿製,但須經政府之檢定.

(2)模範製造廠,附設檢查員養成所,由各省遴送合格生徒若干名,入廠學習,以備檢查新器之用;並准各省人民考試,入廠學習製造.

(3)各省官署局所,應用新器之件數,責成各該省實業行政官查明報部,轉飭中央模範製造廠,估計製成期限,頒發應用.

(4)商辦製造廠,須呈請地方官,咨商本部核明,果符定章,即於註册給照,准其製造;並須經檢查之後,方准發售.

(5)商民有願販賣及修理度量衡器者,須由地方官核准,報部註册給照,方准營業.

九.分年籌備事宜

第一年	籌款.	購機.
	設中央模範製造廠.	頒發新制說明書.
	由教育部將比較表及密達圖說,編入中小學教科書及曆書,並令各地宣講所隨時演說.	
第二年	籌備檢查員養成所.	籌設分廠.
	中央模範製造廠開工.	
第三年	實行第三條辦法.	分廠開始製造.
第四年	頒發新量器,禁造舊量器.	
第五年	實行新量器,禁售舊量器.	頒發新衡器,禁造舊衡器.
第六年	實行新衡器,禁售舊衡器.	頒發新度器,禁造舊度器.

第七年　　實行新度器,禁售舊度器.

第八年　　全國通行新制,自六月後,違者按律處罰.

(七) 一二三權度制之名稱

權度名稱,可分兩種辦法討論如左:

(一) 原理　以西文原名爲標準以定名

(1) 標制完全採用譯名,(譯時以分爲十分之一)而市制則沿用舊名.

	(原名)	Km	Hm	Dm	m	dm	Cm	mm
長度	(標制)	粁	粨	籵	米	粉	糎	粍
	(市制)	里	引	丈	尺	寸	分	厘

(分與粉之單位不一致)

	(原名)	T	Q	oyg	Kg	Hg	Dg	g	dg	cg	mg
重量	(標制)	[illegible]	[illegible]	[illegible]	兛	兡	兙	克	兝	兣	兞
	(市制)	噸	石	衡	斤	兩	錢	分	厘	毛	

(分與兝之單位不一致)

	(原名)	Kl	Hl	Dl	l	dl	cl	ml
容量	(標制)	竏	竡	竍	立	竕	竰	竓
	(市制)	秉	石	斗	升	合	勺	撮

(容量市制無分故可用)

	(原名)	Ha	a		Ca	
地積	(標制)	[illegible]	[illegible]		[illegible]	(厘與[illegible]一致合用)
	(市制)	頃	畝	分	厘	

(2) 若補救分與粉單位不一致之弊,可以標制完全採用譯名,而以譯名分之上加「成」,成義爲成分,作爲十分之一,而分作爲百分之一,若市制則沿用舊名.

	(原名)	Km	Hm	Dm	m	dm	cm	mm
長度	(標制)	粁	粨	籵	米	[illegible]	粉	糎
	(市制)	里	引	丈	尺	寸	分	厘

(分與粉之單位一致可用)

	(原名)	T	Q	myg	Kg	Hg	Dg	g	dg	eg	mg
重量	(標制)	[illegible]	[illegible]	[illegible]	兛	兡	兙	克	兝	兣	兞
	(市制)	噸	石	衡	斤	兩	錢	分	厘	毫	絲

(分與兝之單位更不一致)

	(原名)	Kl	Hl	Dl	l	dl	cl	ml	
容量	(標制)	竏	竡	竍	立	竕	竰	竓	(可用)
	(市制)	乘	石	斗	升	合	勺	撮	

	(原名)	Ha	a		Ca	
地積	(標制)	栢	稫		粉	(分與粉反變爲不一致)
	(市制)	頃	畝	分	厘	

(3) 更補救分與兝單位不一致之弊,只保存市制中長度之分厘毛,而改變重量分厘毛絲之名稱爲粒沙塵埃四字,意義相連,又有表示重展之意.

長度　(仝前)

	(原名)	T	Q	Myg	Kg	Hg	Dg	gd	g	cg	mg
重量	(標制)	[illegible]	[illegible]	[illegible]	兛	兡	兙	克	兝	兣	兞
	(市制)	噸	石	衡	斤	兩	錢	粒	沙	塵	埃

容量　(仝前)

	(原名)	Ha	a		Ca	
地積	(標制)	栢	稫		粉	(於市制畝下加「成」,則分
	(市制)	頃	畝	成	分	與禾分可以一致)

(4) 惟兛兡兙等不合於中國原名,今更將譯名略爲變通,俾與市制之名可以相當有如下列.

	(原名)	Km	Hm	Dm	m	dm	cm	mm
長度	(標制)	粴	粨	粀	粎	籿	粉	糎
	(市制)	里	引	丈	尺	寸	分	厘

	(原名)	T	Q	Myg	Kg	Hg	Dg	g	dg	cg	mg
重量	(標制)	[illegible]	[illegible]	[illegible]	[illegible]	[illegible]	[illegible]	[illegible]	[illegible]	[illegible]	[illegible]
	(市制)	噸	石	衡	斤	兩	錢	粒	沙	塵	埃

	(原名)	Kl	Hl	Dl	l	dl	cl	ml
容　量	(標制)	竡	竡	竍	竔	竕	竓	竰
	(市制)	秉	石	斗	升	合	勺	撮

	(原名)	Ha	a		Ca
地　積	(標制)	𥡴	𥟖		䅚
	(市制)	頃	畝	成	分

(5) 標制完全採用譯名,似於民間不大便利,可仍依前北京標度法公制之名更詳,爲比較列表於左.

	$\frac{1}{1000}$	mm	粴	粴	公厘	標厘	厘
	$\frac{1}{100}$	cm	粉	粉	公分	標分	分
	$\frac{1}{10}$	dm	粆	粆	公寸	標寸	寸
長　度	1	m	米	粎	公尺	標尺	尺
	10	Dm	籵	粀	公丈	標丈	丈
	100	Hm	粨	粡	公引	標引	引
	1000	Km	粁	粴	公里	標里	里

	$\frac{1}{1000}$	mg	兞	兞	[illegible]	公毫	標毫	毫
	$\frac{1}{100}$	cg	兝	兝	[illegible]	公釐	標釐	釐
	$\frac{1}{10}$	dg	兣	兣	[illegible]	公分	標分	分
重　量	1	g	克	克	[illegible]	公錢	標錢	錢
	10	Dg	兙	[illegible]	[illegible]	公錢	標錢	錢
	100	Hg	兡	[illegible]	[illegible]	公兩	標兩	兩
	1000	kg	兛	兛	兛	公斤	標斤	斤
	10kg	myg	兢	[illegible]	[illegible]	公衡	標衡	衡
	100kg	Q	[illegible]	[illegible]	[illegible]	公石	標石	石
	1000Kg	T	[illegible]	[illegible]	[illegible]	公噸	標噸	噸

	$\frac{1}{1000}$	ml	竓	⿰立撮	公撮	標撮	撮
	$\frac{1}{100}$	cl	竕	公撮	公勺	標勺	勺
	$\frac{1}{10}$	dl	竰	⿰立勺	公合	標合	合
容　量	1	l	立	⿰立升	公升	標升	升
	10	Dl	竍	⿰立斗	公斗	標斗	斗
	100	Hl	竡	⿰立石	公石	標石	石
	1000	Kl	竏	⿰立秉	公秉	標秉	秉
	$\frac{1}{1000}$						厘
	$\frac{1}{100}$	Ca	⿰禾分	⿰禾分	公分	標分	分
	$\frac{1}{10}$						成
地　積	1	a	⿰禾畝	⿰禾畝	公畝	標畝	畝
	10						
	100	Ha	⿰禾頃	⿰禾頃	公頃	標頃	頃
	1000						

(二) 原理　以舊有市制原名爲標準

完全沿用習慣,而不顧分厘毫對於單位之地位

長　度	(市制)	里	引	丈	尺	寸	分	厘	毛		(市制俗名)
	(標制)	粴	⿰米引	⿰米丈	⿰米尺	⿰米寸	粉	糎	粍		(標制學名)
重　量	(市制)	噸	石	衡	斤	兩	錢	分	厘	毛	(市制俗名)
	(標制)	⿺克噸	⿺克石	⿺克衡	⿺克斤	⿺克兩	⿺克錢	兝	兣	兞	(標制學名)
容　量	(市制)	石	斗	升	合	勺	撮				(市制俗名)
	(標制)	⿰立石	⿰立斗	⿰立升	⿰立合	⿰立勺	⿰立撮				(標制學名)

此種辦法中之粉與兝在西文字義上雖意義不同,因兝應爲克,乃單位,而

粉則粎之百分之一,但就米突小單位而言,卽C. G. S. (C 爲生的米突,G爲克蘭姆,S爲秒單位,粉指生的米突,而兝指克蘭姆,其位置實屬相當.

結論 按第一辦法最爲精審,合於科學繙譯並合於中文意義,但稍遷就習慣.而第二辦法,完全合於市用習慣,並合於科學原理,但稍遷就西文原名之意義.欲進行權度名詞之革命,須採用前法,欲少事紛更,利便民衆,須採用第二辦法.究應如何,現已由洛輿鳳石先生提交大學院譯名統一委員會及工商部工商設計委員會討論矣.

今有兩種之定名,擬表明之如左:

第一辦法之各擬名稱

	長				度		
標制	1000	100	10	1	$\frac{1}{10}$	$\frac{1}{100}$	$\frac{1}{1000}$
	Km	Hm	Dm	m	dm	cm	mm
	粁	粨	籵	米	[illegible]	粉	糎
	粴	粌	粀	粎	籿	粉	糎
	公里	公引	公丈	公尺	公寸	公分	公厘
	標里	標丈	標引	標尺	標寸	標分	標厘
市制	里	引	丈	尺	寸	分	厘
	容				量		
標制	1000	100	10	1	$\frac{1}{10}$	$\frac{1}{100}$	$\frac{1}{1000}$
	Kl	Hl	Dl	l	dl	cl	ml
	竏	竡	竍	立	[illegible]	竕	竓
	[illegible]	䇐	[illegible]	竔	[illegible]	[illegible]	[illegible]
	公秉	公石	公斗	公升	公合	公勺	公撮
	標秉	標石	標斗	標升	標合	標勺	標撮
市制	秉	石	斗	升	合	勺	撮

第一辦法之各擬名稱

	重				量					
標制	1000 Kg	100 Kg	10 Kg	1000	100	10	1	$\frac{1}{10}$	$\frac{1}{100}$	$\frac{1}{1000}$
	T	Q	myg	Kg	Hg	Dg	g	dg	cg	mg
	[illegible]	[illegible]	[illegible]	[illegible]	[illegible]	[illegible]	克	[illegible]	[illegible]	[illegible]
	[illegible]	[illegible]	[illegible]	[illegible]	[illegible]	[illegible]	克	[illegible]	[illegible]	[illegible]
	[illegible]	[illegible]	[illegible]	[illegible]	[illegible]	[illegible]	[illegible]	[illegible]	[illegible]	[illegible]
	公噸	公石	公衡	公斤	公兩	公錢	公粒	公沙	公塵	公埃
	標噸	標石	標衡	標斤	標兩	標錢	標粒	標沙	標塵	標埃
市制	噸	石	衡	斤	兩	錢	粒	沙	塵	埃

	地			積			
標制	1000	100	10	1	$\frac{1}{10}$	$\frac{1}{100}$	$\frac{1}{1000}$
		Ha		a		ca	
		栢		稫	(秡)	秎	
		稹		稫	(械)	秎	
		公頃		公畝	(公成)	公分	
		標頃		標畝	(標成)	標分	
市制		頃		畝	成	分	厘

第二辦法之各擬名稱

		長			度				
標制	學名	粴	粌	粀	粎	籿	粉	糎	粍
	通名	公里	公引	公丈	公尺	公寸	公分	公厘	公毛
		標里	標引	標丈	標尺	標寸	標分	標厘	標毛
市制	俗名	里	引	丈	尺	寸	分	厘	毛

		重				量				
標制	學名	⿺走噸	⿺走石	⿺走衡	⿺走斤	⿺走兩	⿺走錢	⿺走分	⿺走厘	⿺走毛
	通名	公噸 標噸	公石 標石	公衡 標衡	公斤 標斤	公兩 標兩	公錢 標錢	公分 標分	公厘 標厘	公毛 標毛
市制	俗名	噸	石	衡	斤	兩	錢	分	厘	毛

		容			量		
標制	學名	⿰立石	⿰立斗	竔	⿰立合	⿰立勺	⿰立撮
	通名	公石 標石	公斗 標斗	公升 標升	公合 標合	公勺 標勺	公撮 標撮
市制	俗名	石	斗	升	合	勺	撮

		地		積	
標制	學名	⿰禾畝	秎	⿰禾厘	秏
	通名	公畝 標畝	公分 標分	公厘 標厘	公毛 標毛
市制	俗名	畝	分	厘	毫
		1	$\frac{1}{10}$	$\frac{1}{100}$	$\frac{1}{1000}$

(八) 一二三權度制之立法

茲擬中華民國權度法草案以供採擇如左.

第一條 中華民國權度,以萬國權度公會所制定鉑鉉原器爲標準.

第二條　中華民國權度,採用萬國公制爲標準制;並暫時設一輔制,通行民間,名曰市用制.

第三條　標準制,長度以一公尺爲單位,重量以一公斤爲單位,容量以一公升爲單位.

一公尺等於公尺原器在百度寒暑表零度時首尾兩標點間之長;一公斤等於公斤原器之重;一公升等於一公斤純水在其最高密度,及七百六十公釐標準氣壓時,所佔之容積,尋常即作爲一立方公寸.

第四條　標準制之名稱及定位法如左:

長　度	公釐(粴)	0.0001	公尺		公分(粉)	0.01	公尺	(10公釐)
	公寸(籿)	0.1	公尺	(10公分)	公尺(米)	單　位		(10公寸)
	公丈(籵)	10	公尺		公引(粨)	100	公尺	(10公丈)
	公里(粴)	1000	公尺	(10公引)				
地　積	公釐	0.01	公畝	(1平方公尺)	公畝	100	平方公尺	
	公頃	100	公畝					
容　量	公撮(竰)	0.001	公升		公勺(竼)	0.01	公升	(10公撮)
	公合(竕)	0.1	公升	(10公勺)	公升(竔)	單　位		(1立方公寸)
	公斗(斟)	10	公升		公石(竡)	100	公升	(10公斗)
	公秉(竏)	1000	公升	(10公石)				
重　量	公絲(甈)	0.000001	公斤		公毫(毸)	0.00001	公斤	(10公絲)
	公釐(甅)	0.0001	公斤	(10公毫)	公分(瓰)	0.001	公斤	(10公釐)
	公錢(甔)	0.01	公斤	(10公分)	公兩(兡)	0.1	公斤	(10公錢)
	公斤(瓩)	單　位		(10公兩)	公衡(兙)	10	公斤	
	公石(硒)	100	公斤	(10公衡)	公噸(瓲)	1000	公斤	(10公石)

第五條　市用制長度,以公尺之三分一爲一市尺,(或簡作尺)重量以一公斤之二分一爲一市斤,(或簡作斤)容量以一公升爲一市升,(或簡作升).

第六條 市用制,定二分一公里,即一千五百市尺為一里,定六千平方市尺為一畝,十六兩為一斤.

第七條 市用制之名稱及定位法如下:

長度	毫 0.00001 尺	釐 0.001 尺 (10毫)
	分 0.01 尺 (10釐)	寸 0.1 尺 (10分)
	尺 單位 (10寸)	丈 10 尺
	引 100 尺	里 1500 尺
	毫 0.001 畝	釐 0.01 畝 (10毫)
	分 0.1 畝 (10釐)	畝 單位 (六百平方尺)
	頃 100 畝	
容量	(與萬國公制相等)	
	撮 0.001 升	勺 0.01 升
	合 0.1 升 (10勺)	升 單位 (10合)
	斗 10 升	石 1000 升 (10斗)
重量	絲 一百六十萬分之一斤	毫 一十六萬分之一斤 (10絲)
	釐 一萬六千分之一斤 (10毫)	分 一千六百分之一斤 (10釐)
	錢 一百六十分之一斤 (10分)	兩 十六分之一斤 (10錢)
	斤 單位 (16兩)	石 100 斤

第八條 市用制與前北京農商部營造及庫平制之比較列下:

長度	釐 等於 1.04167 營造釐	分 等於 1.04167 營造分
	寸 等於 1.04167 營造寸	尺 等於 1.04167 營造尺
	丈 等於 1.04167 營造丈	引 等於 1.04167 營造引
	里 等於 0.8699 營造里	
地積	毫 等於 1.085069 營造毫	釐 等於 1.085069 營造釐
	分 等於 1.085069 營造分	畝 等於 1.085069 營造畝

	頃	等於	1.085069 營造頃				
容量	勺	等於	0.96575 營造勺	合	等於	0.96575	營造合
	升	等於	0.96575 營造升	斗	等於	0.96575	營造斗
	斛	等於	0.96575 營造斛	石	等於	0.96575	營造石
重量	絲	等於	0.8388 庫平絲	毫	等於	0.8388	庫平毫
	釐	等於	0.8388 庫平釐	分	等於	0.8388	庫平分
	錢	等於	0.8388 庫平錢	兩	等於	0.8388	庫平兩
	斤	等於	0.83778 庫平斤	石	等於	0.83778	庫平石

第九條　市用制與標準制之比較列下:

長度	釐	等於	三分一公釐	分	等於	三分一公分
	寸	等於	三分一公寸	尺	等於	三分一公尺
	丈	等於	三分一公丈	引	等於	三分一公引
	里	等於	三分一公里			
地積	釐	等於	三分之二十公釐	畝	等於	三分之二十公畝
	頃	等於	三分之二十公頃			
容量	撮	等於	1 公撮	勺	等於	1 公勺
	合	等於	1 公合	升	等於	1 公升
	斗	等於	1 公斗	石	等於	1 公石
	秉	等於	1 公秉			
重量	絲	等於	萬分之三一二五公絲	毫	等於	萬分之三一二五公毫
	釐	等於	萬分之三一二五公釐	分	等於	萬分之三一二五公分
	錢	等於	萬分之三一二五公錢	兩	等於	萬分之三一二五公兩
	斤	等於	二分一公斤	衡	等於	二分一公衡
	石	等於	二分一公石	噸	等於	一公噸

第十條　標準制中西名稱之對照列下·

長度	公釐	Millimetre	糎	公分	Centimetre	粉
	公寸	Decimetre	籿	公尺	Metre	粎
	公丈	Decametre	粀	公引	Hectometre	粌
	公里	Kilometre	粴			
地積	公釐	Centiare	程	公畝	Are	稙
	公頃	Hectare	穎			
容量	公撮	Millitre	瓼	公勺	Centilitre	瓝
	公合	Decilitre	瓵	公升	Litre	瓩
	公斗	Decalitre	㪷	公石	Hectolitre	䂙
	公秉	Kilolitre	𤬾			
重量	公絲	Milligramme	䞝	公毫	Centigramme	毬
	公釐	Decigramme	𨇍	公分	Gramme	𩾋
	公錢	Decagramme	𧾷	公兩	Hectogramme	𧺆
	公斤	Kilogramme	䞹	公衡	Myrigramme	𧽺
	公石	Quental	䂙	公噸	Tonne, Millier	𧿸

第十一條　權度原器,由工商部保管之.

第十二條　工商部應依原器製造副原器若干份,以一份存本部;又內政部,財政部,交通部,農鑛部,大學院,建設委員會,蒙藏委員會,僑務委員會,各省及各特別市工商主管機關,各存一份.

第十三條　工商部應依副原器製造地方標準器,經由各省及各特別市,頒發各縣市鎮鄉供地方檢定及製造之用.

第十四條　副原器每屆十年,須與原器檢定一次;地方標準器每屆五年,須與副原器檢定一次.

第十五條　公立機關之主管事務,以及科學,工程,測繪,丈量,金融,並國際交涉及貿易等,均適用權度公制,

第十六條　市用制之應用,只限於民間買賣交易.

第十七條　公私交易,契約,字據,及一切文告所列之權度,不得用第四條及第七條所規定以外之名稱.

第十八條　公私契約,字據,及一切文告之列有權度者,均應用小字載明本法第五條條文於其末.

契約等項之關於土地者,並應同樣載明本法第六條之條文.

第十九條　因製造權度標準之必要,工商部得設權度標準製造所,其組織法另定之.

第二十條　因劃一權度之必要,工商部得於權度標準製造所內,附設權度檢定所,各省及各特別市,得設省市權度檢定所,各縣或普通市之檢定事務,由縣行政機關,或市政府工商主管機關兼理之.

第二十一條　全國公私所用之權度器具,非依法令檢定,附有印證者,不得販賣使用.

前項檢定之程序另定之.

第二十二條　權度器具,人民得以承製,惟須呈請工商部特許;人民欲以販賣或修理權度器具為業者,須呈請該管地方特許.

權度營業特許法另定之.

第二十三條　凡營業上使用之權度器具,須受檢查,其程序另定之.

第二十四條　權度器具之種類,式樣,物質,公差,及使用之限制,另以細則規定之.

第二十五條　凡經特許製造,販賣,或修理權度器具之營業者,有違背本法之行為時,該管政府得取消或停止其營業.

第二十六條　意圖供行使之用,而製造,販賣,行使,或持有違背本法規定之權度制者,適用中華民國刑法第十三章第二百十八條至第二百二十三條之規定處罰之.

第二十七條　本法自公布六個月後施行之.

國際無線電會議在華府開會之概況

著者：汪啟堃

國際無線電會議於客歲十月四日在華盛頓之全美商會開會,距一九一二年在倫敦開會時已十有五年,其間無線電之長足的進步,誠令人有隔世之感.因之,國際無線電報條約及其附屬之業務規則頗多需修正之處;而赴會各國所提出之議案,亦逵二千件之譜.連續所開之總會議,委員會,小委員會,及小小委員會,共計二百五十餘次,亘四十一日,而於十一月廿五日第九次總會議內宣告閉會.參加會議者共七十三國;此外無線電報公司以及與無線電有關係之團體,亦應美國政府之邀請,派代表四十七人出席;我國當時由北京政府派王景春張宜等為代表,合之各國所派之總分代表,共計四百二十餘人.

會中因求議事之進行,設九分科,及萬國信號特別委員會,全權委任狀審查委員會;九分科為條約,一般規則,流動及特別業務,固定及其他業務,密碼,電費及字數之計算,技術,條文起草,及國際總理局業務.會議時以法國語為公用語,惟便宜可用英國語,實際上以英法兩語互相翻譯;在小委員會內則照當時情形,僅用英語或法語.

此次會議所議決之條項中,關於技術及業餘(Amateur)無線電之事項,茲舉其大要如左:—

1. 電波之表示方法

電波之表示,宜用波長(Wave Length)抑宜用週率(Frequency)?一般技術者固贊成採用週率,然在習慣上,波長之表示方法較形利便,此問題遂爭持莫決.卒以週率之表示法不獨宜於學理,於實用方面亦頗有利益,始決定以週率表示電波,而附註相當之波長.至於電波之傳播速度,則定為每秒鐘

300,000 公里.

2. 電波之類波

電波分爲等幅電波 (Continuous Wave) 與減幅電波 (Damped Wave) 兩種.等幅電波又析分爲三種,(1)不變調等幅電波,即其振幅或週率因電鍵之動作而變化者;(2)成音變調等幅電波,即持續電波因周期的音聲而變調者,係指間斷續等幅波(I. C. W.)與變調電波(M. C. W.)而言;(3)電話電波,即因聲音或音樂通過顯微音器 (Microphone) 而變調之等幅電波.

上列諸類以外之變調電波並非禁用,例用電傳攝影等所用之不規則變調電波,經其所屬之主管官廳認可後,即可自由使用.

3. 關於發射電波之規定

各無線電局所採用之各週率,與實際上所發射之週率,不免稍差異.此次會議並未確定國際間應以百分之幾爲可許的範圍,惟聲明各主管官廳自行決定範圍,隨技術之進步,力求其縮小.一電台占有之波長帶則照通信之種類及型式,亦由各主管官廳隨技術之進步,自定其週率帶,會中並未規定數目.

一種業務所採用之週率帶內之各有關係局,須擇距此項週率帶兩端較遠之週率,以減少與他種業務混擾之機會.

一般技術家對於減幅電波之使用,素多倡限制之說;近則因廣播 (Broadcasting) 無線電話之發達,更擬完全廢止.此次各國所提出之議案中,亦頗多涉及此事之限制及禁止者.但現在世界航業大半皆設火花式(Spark System)發報機,倘一律禁用,經濟上所受之影響,非可輕視;蓋由火花式改爲等幅電波式,約需五千萬金也.故航業中人宣稱禁用減幅電波後,對於廣播無線電話之混擾,固可減降;但減幅電波式收發電報極形簡便,貿然全禁,非所贊同.雖然,減幅電波苟無限制採用,則無線電之利用範圍,將被縮小,是以協議之結果,加以左列各項限制:—

(甲) 週率逾375基羅週(Kilo-cycle)之減幅電波,除不生國際的混擾及已設之陸上局外,自一九三〇年一月起禁止使用.

(乙) 一九三〇年一月一日以後船舶上及航空機上不得新設減幅電波之發報機,惟發報機之電力在300華德(Watt)以下者不在此限.

(丙) 一九四〇年一月一日以後,各種週率之減幅電波,一律禁用,惟發報機之電力在300華德以下者不在此限.

(丁) 陸上局及固定局禁止新設減幅電波發報機,自一九三五年一月一日起,陸上局禁用減幅電波.

次之,弧光式(Arc System)發報裝置因易惹混擾而應禁用,以及除去空間(Space)電波,採用交連電路(Coupled Circuit)等事,雖皆有提案,並未議定具體的條文以限制或禁止之;惟作抽象的規定,凡發射之電波,須力求純粹,而發射電波之占有帶,須隨技術之進步而求縮小.

4. 週率之分配

關於週率之分配,各國所提之議案,皆照本國無線電之發達情形而定,務求利於本國,其內容及型式皆互異;故以英美日意四國之提案為基礎,作成草案,復參以德法兩國之提議,而作最後之協定.其大要如下表:—

週率分配表

基羅週	類　別	基羅週	類　別
10—100	固定業務	100—110	固定及流動業務
100—125	流動業務	125—150	(註一)專用於辦理公衆通信之海上流動業務
150—160	流動業務	160－194	(註二)(1)廣播　(2)固定業務　(3)流動業務
184—285	(註三)(1)流動業務　(2)固定業務　(3)廣播	285—315	無線標識
315—350	(註四)專用於航空流動業務	350－360	不辦理公衆通信之流動業務

頻率	業務	頻率	業務
360—390	(1)測定無線電方位 (2)流動業務但以不妨礙無綫電方位之測定為條件	390—460	流動業務
460—485	流動業務(除減幅電波及無線電話)	485—515	(註五)流動業務(遇難,呼出等)
515—550	不辦理公衆通信之流動業務(除減幅電波及無線電話)	550—1,300	(註六)廣播
1,300—1,500	(1)廣播 (2)海上流動業務(限220公尺)	1,500—1,715	流動業務
1,715—2,000	流動業務,固定業務,非職業	2,000—2,250	流動及固定業務
2,250—2,750	流動業務	2,750—2,850	固定業務
2,850—3,500	流動及固定業務	3,500—4,000	流動業務,固定業務,非職業
4,000—5,500	流動及固定業務	5,500—5,700	流動業務
5,700—6,000	固定業務	6,000—6,150	廣播
6,150—6,675	流動業務	6,675—7,000	固定業務
7,000—7,300	業餘	7,300—8,200	固定業務
8,200—8,550	流動業務	8,550—8,900	流動及固定業務
8,900—9,500	固定業務	9,500—9,600	廣播
9,600—11,000	固定業務	11,000—11,400	流動業務
11,400—11,700	固定業務	11,700—11,900	廣播
11,900—12,300	固定業務	12,300—12,825	流動業務
12,825—13,350	流動及固定業務	13,350—14,000	固定業務
14,000—14,400	業餘	14,400—15,100	固定業務
15,100—15,350	廣播	15,350—16,400	固定業務
16,400—17,100	流動業務	17,100—17,750	流動及固定業務
17,750—17,800	廣播	17,800—21,450	固定業務
21,450—21,550	廣播	21,550—22,300	流動業務

22,300—23,000	流動及固定業務	23,000—28,000	分配無
28,000—30,000	業餘及實驗	30,000—56,000	分配無
56,000—60,000	業餘及實驗	60,000	分配無

「註零」短波長(週率數6,000—23,000基羅週)電波之於長距離通信,公認爲非常有效,故此項電波帶以分配於固定地點間業務爲通則,而加以勸告焉.

「註一」143基羅週之電波,在設有波長等幅電波之流動局用以爲呼出用電波.

「註二」此項週率帶之使用,照下列之地域的協定:—

300基羅週以下之週率在已設廣播無線電話之地 —— 概屬於廣播局

其他地域 —— 固定及流動業務

「註三」此項週率帶之使用,照下列之地域的協定:—

歐洲,
(1)航空流動業務
(2)航空固定業務
(3)在250至285基羅週之週率帶內,爲不辦理公衆通信之固定業務.
(4)在160至224基羅週之週率帶內,用於廣播.

其他地域,
(1)流動業務,惟商業用船舶不在內.
(2)航空固定業務
(3)不辦理公衆通信之固定業務.

「註四」333基羅週之電波,係航空業務之國際的呼出用電波.

「註五」500基羅週之電波,係國際的呼出及遭難用電波.

「註六」500至1300基羅週之電波帶,得用於流動業務,惟以不妨礙廣播無線電話爲條件.

5. 週率之使用原則

週率之使用原則,大要如左:—

(甲) 締約國之主管官廳可將無論何種周波數及電波型式,分配於所轄之無線電局,惟須不妨礙他國之業務.

但按照無線電局之性質,其易於惹起國際的混擾者,應照週率分配表辦理.

(乙) 關於新設局及已設局之事項.

對於週率分配表之精神,須徹底遵守.將來建設新局,固須依表辦理;其已設局之不合於該表者,須考慮其設備之現狀,於不減低其機能之範圍內,迅速改良.

(丙) 關於廣播局之事項.

此次會議因鑑於廣播無線電最易妨礙他項業務,議決凡用於300基羅週以下電波之已設局而不合於週率分配表之規定者,最遲於新業務規則實行後一年內,須從事改造.其新設之局,雖在160至224基羅週之週率帶內,亦不得賦予某種週率,致妨礙他局使用中之週率及照本項規則而變更波長之局.至於已設局之使用300基羅週以下者,不得將現用電力增加;蓋550至1300基羅週之廣播週率帶,須供世界的使用也.歐洲諸國現仍以300基羅週以下者用於廣播,則規定以160至224基羅週爲限.

(丁) 電波型式之使用方法.

因實行電波分配表而將電波型式之使用加以限制一事,各國國情互異,致生種種困難.除最易惹起混擾之減幅電波已限制使用外,其等幅電波中之成音等幅電波及電話電波,亦每妨礙他項通信,故亦予以下列各項限制:—

(子) 100至160基羅週帶內,禁用電話電波.

(丑) 100至150基羅週帶內,禁用成音持續電波;惟100至125基羅週帶內,用於報時信號者不在此限.

上項限制之主旨,爲上列週率帶係航業之必要品;倘用等幅電波,須求不妨礙船舶通信.

(戊) 固定局所賦得之波長.

固定局所賦得之110 基羅週以下之週率,在原則上該局須備有此項週率之發報機;而爲求週率之經濟的使用起見,該局因固定業務而賦得之週率,可利用之以廣播或發送他項業務.然在短波長並無一局一週率主義;亦無何種規定,蓋短波長通信可依晝夜或季節而變更週率也.

6. 業餘無線電台 (Amateur Stations)

近年以來,短波長之利用日廣,業餘無線電台遂隨之而銳增,今後且有繼增之趨勢.此等通信每與一般無線電報及廣播無線電話相混擾,歐洲各國犬牙相錯,所受妨礙尤鉅.各國雖知其然,顧於具體的取締方針,仍難期一致;經數次審議結果,照波長分配表所定之範圍,由各主管官廳審查而認可之.至其可用之最大電力,則於裝設者之能力及目的,加以考慮而核定之.國際條約及業務規則之各條文,亦適用於業餘無線電台.爲求發射電波極端安定起見,亦不宜用高週率;而發射時每隔一短時間,須發其呼出符號.又私設實驗電台之國際的通信交換,倘關係國之一方面聲明反對時,應即禁止;而除關係國間特別協定外,其通信須用普通語,且以實驗性質爲限.至於通信職員之通信術及管理機械之技能,則由各主管官廳自定規程以取締之.

上海市政府撥欵本會補助建設材料試驗所

本會建議設立材料試驗所條已多年,徒因國內多故,募款未足,久未興辦,曾呈請上海市政府撥款與設,以期早日實現.現在已蒙市政府批准撥給三千元,在十七年度預算內分二期撥付.際此建設方始,材料試驗所,急不容緩,倘望各界賜以援助,早日成立也. (編者)

津浦鐵路黃河橋毀壞情形及修繕意見

著者：王節堯

津浦鐵路黃河鐵橋自被炸以來,各方報告,至不一致.有謂非一年半載不能修理完工者,有謂非數十萬元不能恢復原狀者,大抵皆道聽塗說之誤,未可盡信.今王節堯君以實地觀察所得,著爲是篇,彌覺可貴.至其所擬修理方法及所估費用,是否詳盡無遺,必須俟全部精密檢查後,始克斷定,王君亦旣自言之矣.　　編者

津浦鐵路黃河橋,自十七年五月一日晨被炸後,其毀壞程度,傳說不一,加以五三案後,該處劃爲警備區域,以致當局修繕無從,良用憤慨.惟津浦路爲津滬要道,而黃河橋又爲該路命脈,則一旦外交解決,該橋有迅速修復之必要.爰將個人於六月九日,實地調查及攝影所得,參以修繕意見,披露於后,藉供一般關心路政者之參考焉.惟作者當時逗留橋上,爲時僅一小時又四十五分鐘,且寓處又無詳細藍圖可資引證,下所論列,掛漏孔多,閱者諒之.

橋工概說　津浦鐵路黃河橋,爲國內僅有之建築物,建自西歷一千九百零九年,迄一千九百十二年竣工,爲德人所設計,位於洛口濟南間,全橋共長一千二百五十五公尺二,計簡單桁梁橋(Simple Truss Bridge)九孔,每孔長九十一公尺半,懸臂橋一座(Cantilever Bridge)長四百二十二公尺一公寸.懸臂橋之組成,爲懸橋(Suspended Span)長一百零九公尺八公寸,懸臂(Cantilever Arm)長二十七公尺四公寸五,繫臂(Anchor Arm)長一百二十八公尺一公寸,全部桁梁之結構,係分間華倫式(Subdivided Warren Type)橋身寬度九公尺四,所以預備將來鋪設雙軌之需.目下路綫在橋之中間通行,兩傍空處則設有人行道各一,將來安設複綫時,僅須將人行道移去,添製縱梁(Stringer)二行,加固橫梁(Floor Beam)及添加桁梁於原有桁梁之傍,(見照片一)該橋即能

2123

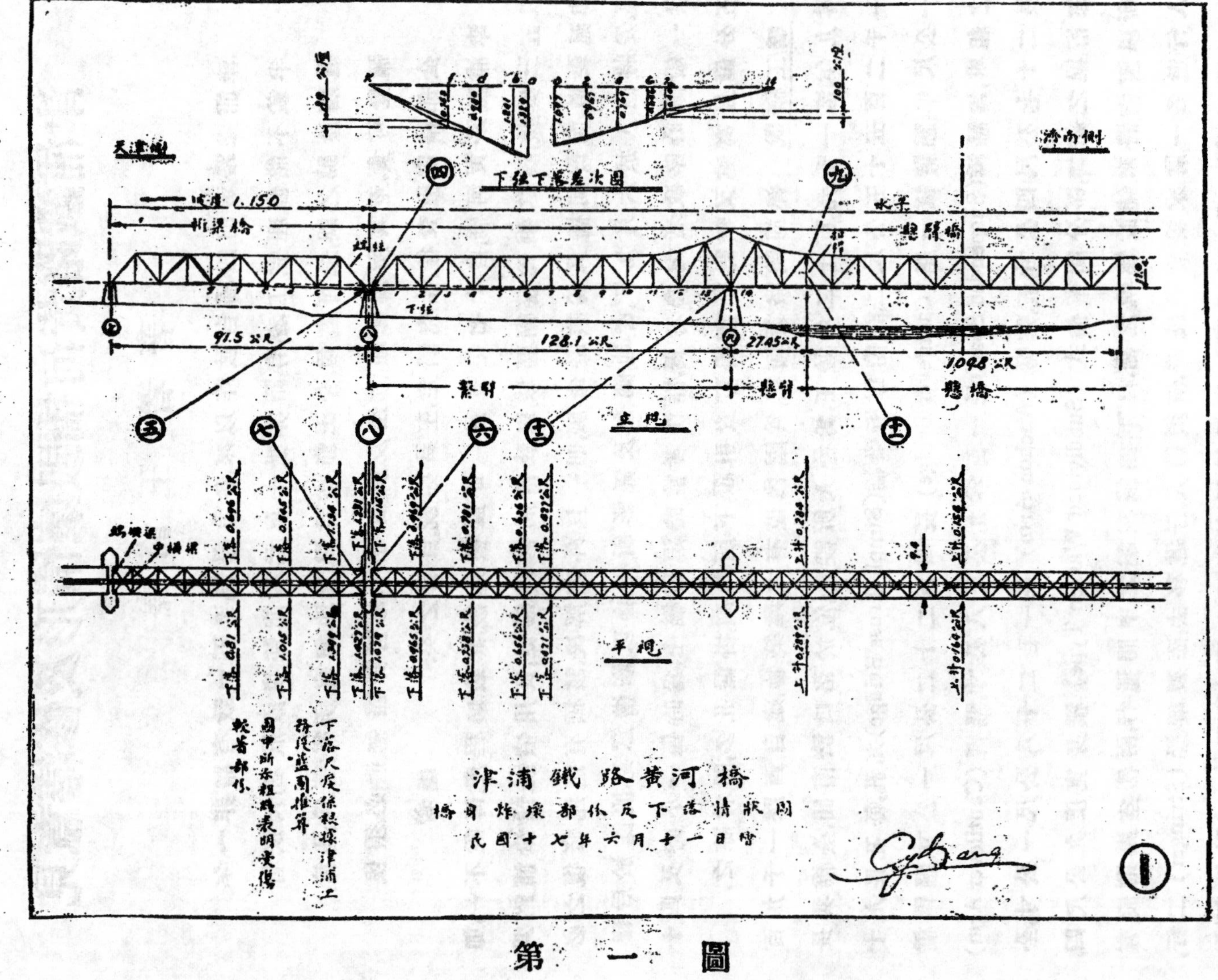
天津側
濟南側
下弦下落差次圖
折梁橋
懸臂橋
水平
91.5 公尺
128.1 公尺
27.45公尺
109.8 公尺
錨臂
懸臂
懸橋
立視
平視
下落尺度係根據津浦工務段藍圖推算
圖中斷線粗線表明受傷較着部份
津浦鐵路黃河橋
橋身炸壞部份及下落情狀圖
民國十七年六月十一日繪

第一圖

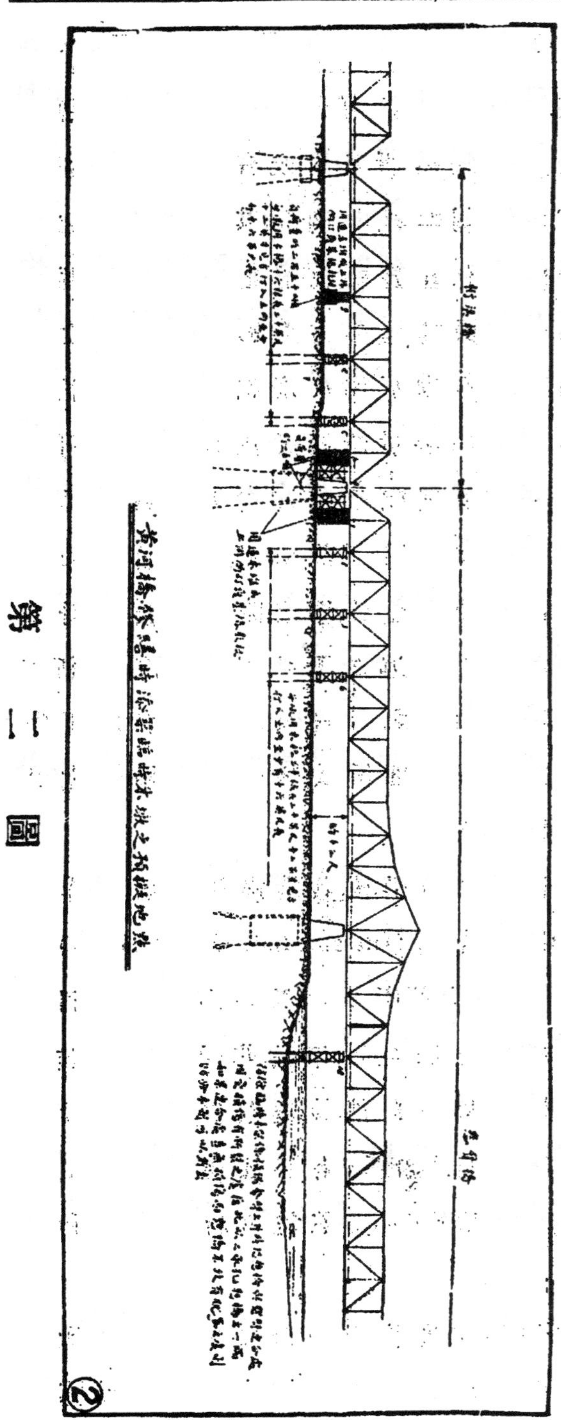

第二圖

負荷雙軌之重量,全橋總重計八千六百五十二噸,爲德國孟阿恩橋梁公司所承辦,其設計時之活動荷重,據推算所得,每英尺約合四千五百磅.

炸毀情形　十七年五月一日晨,北面第八橋墩頂部,暗埋炸藥,通電炸毀,結果該橋墩頂部毀壞深約一公尺許,上承之橋韡四箇完全炸去,懸臂橋之北端繫臂,與附近桁梁之端,下落於殘破墩上,(見照片五)繫臂之下陷最甚之處,爲一公尺一一五,而桁梁橋則爲一公尺四二七,其他各部下落尺度,差次不等,其詳見第一圖,茲將各部份毀壞情形,分別概述如左:

(一)懸臂橋　懸臂橋北端繫臂之下弦靠近炸毀橋韡處,東西兩方面均被炸壞,現狀彎曲破裂,根本補救,此節下弦(Botton Chord)須另行換新,(見照片六)橋端橫梁(End Floor Beam)因受炸力影響,上下邊角(Flange Angles)及本身,激成波浪形,惟尚未破裂,爲妥善計,亦應更換,東西兩端柱(End Post)就目力所及,尚無彎曲狀態,惟近下弦處邊角受碎鋼片衝擊,掀起多處,此則稍加修理,當可復原,橋端縱梁尚無顯明損傷,懸臂全部,因橋端下落,相繼陷沉,就視察所及,尚未有顯著不平正之狀態,北端高塔(Tower)因受橋端下落牽制,略往北傾向,其下面靠西之搖鑑橋韡,(Rocker)發現北傾狀態,其差度約有五公釐之譜,北面懸臂及懸橋之連合處,本爲活動式,所以備橋身因氣候或其他外方之影響,有伸縮之餘地,此次因受懸臂下落之故,其東西兩面連合處展開尺度,就目力推測,約有四五英寸之譜,至該連合處內部有否受損,因限於時間及無詳細藍圖可資考鏡,無從臆斷,若根據懸臂下落尺度推算,其展開限度亦爲九十四公釐半(約合四英寸許)是其連合處開展原因,純爲懸臂下落所致,故內部即使受有暗傷,其修理當甚易易,南面連合處,並未發見變化,原來開口尺度約計二英寸,綜觀懸臂橋其他各部,殊少可疑之處,除上述之下弦端橫梁,須從新更換外,其他接近炸毁橋墩處之斜撑,修理橋梁用之行台,及承托該台之工字梁一部,亦須加以修理,或局部更換.又其他重要部份及接楯處之帽釘,尤其接近被炸之端者,須加以極精密之檢視與修理.

(二)九十一公尺半桁梁橋　接近懸臂之桁梁橋,其端橫梁因感受炸力,屈曲多處,似須更換,其距橋端最近之中間橫梁,(Intermediate Floor Beam)西端腰板(Web Plate)爲炮彈洞穿,本身微現彎折,亦應重換,又南端下弦及斜撑(Bracing)其炸毁情狀,與懸臂所受之損傷相同,此節下弦,非換新不可,該橋下落尺度,(見第一圖),其第 f 節下落狀態,極不自然,該處帽釘,想必鬆動甚多,其附近各部有無損傷,非經詳細檢驗不可.統觀橋身各部,尚無其他損傷,將來修理時,須預先將該橋主要部份,詳細檢驗一過,然後再行抽換鬆動帽釘及施行修理工作.

(三)橋墩及橋韡　第八橋墩頂部,炸毁深度,約有一公尺之譜,該橋墩之建築,係用花崗石砌面,內實混凝土.該項修繕工程,尚不甚難.至炸去橋韡四個,(見照片八) 可做照現有橋樑鑄製,如有詳細藍圖則模造更易着手.

(四) 結論　橋身因受炸力之衝動,及急遽下陷之影響,剎那間各部份自不免有相當極强之應力,此項應力,如超出於該部份鋼質彈性以外,其結果,即爲該部之變形,上述之繫臂及桁梁端之損壞部份,即變形中之惡化者也.考變形之狀態,依關係之深淺,可分爲二.一爲統體的,一爲局部的,局部的變形,即該部所組成之角鐵或鋼板局部的變相,此種變相,稍加修繕或局部更換,而該部即能致用如初.至統體的變形,其尋常狀態,爲該部之伸長或縮短,而影響所及,即能使橋身呈過分的下陷或上升彎度,此種過分彎度之表現,其附帶證候,爲各部接榫處帽頂之鬆動,及油漆之掀起,與夫連接處之移動痕跡是也.依視察所及,黃河橋之受炸橋孔,其接榫處並無有移動之痕跡,(至各接榫處帽釘鬆動程度若何,則尙待詳細調查).而各部份又少彎曲可疑之點,再按橋身下落尺度,除桁梁橋之第 f 節及繫臂之第七節,稍有過分之彎度外,(即使所量尺度與確可靠,則此項彎度,推其極亦不過四英寸許,與橋身長度高度相比例殊不重要).其他各節下落尺度,極其自然,(至原來橋身拱度之有無,尙待調查).則所謂各部變形之說,殊少根據.橋身各部,旣少變形之事實,則目下最急切之問題,即如何將上述損傷部份,用極經濟方法於極短期限內,施行局部更換及修理是已.

修繕方法　在機械設備完善之歐美鐵路,此項修繕工事,自屬不成問題.惟在吾國鐵路,相當機具,旣感缺乏,而財政艱窘,尤異尋常,此種重要工事,修繕方法,極有伸縮之餘地,苟事前無審愼之硏究,則其結果難免爲外人造機會也.今假定應行更換及修理部份,一如上述,而可供起重用之極強千鈞頂,其力量爲一百噸,依作者經驗及理想所及,則下述步驟,實爲比較最經濟之方法也.

鋼料之配造及裝置,可由就近鐵路工廠之有是項設備者負責籌備,至所需一切詳細尺度,如無藍圖可資模仿,則可丈量而得.

繫臂之起高,可於繫臂之一,二,四,六,十八等接榫處,建設臨時木墩五座,(見第二圖) 次將第六節處帽釘剷除,使繫臂改短,該處用五十噸千鈞頂二個,即可將繫臂提升於以前位置,而同時使懸臂下降於規定高度(為預防懸橋與懸臂脫離關係起見,於第十八接榫處下,預設臨時木墩一座)。

繫臂之賸餘一部,即〇—六接榫之間,可當作簡單桁梁橋待,用千鈞頂於一,二,四,六等接榫處整個或拆開,將該部桁梁頂起於指定高度,計在二,四接榫處,每處至少用一百噸千鈞頂二個.一,六等接榫處,每處用五十噸千鈞頂二個,如各該部份接榫處帽釘驗有鬆動,則與其整個頂起,不如拆開輕而易舉.

九十一公尺半桁梁橋之起高,可於該橋之第 b, c, e, g 接榫處,建樹臨時木墩四座,將該橋在 g 處帽釘剷除,使該橋拆而為二,然後將 g—a 部份桁梁整個或分節用千鈞頂同時頂起於預定高度,計在 e, c 接榫處,每處用一百噸千鈞頂二個,g, b 接榫處,每處用五十噸千鈞頂二個.

橋身既經提升至預定高度,則一方面可從事於裝置及修理工作,一方面可將炸毀橋墩頂部,着手改建,預計全部修繕工事,自開工之日起,如無其他變故,當不出五十日可以蕆事.(搜集材料機具時日不在其內) 據熟悉該地情形者言,黃河水流之靠近第八橋墩處,雖在秋汛大水期內,並不洶湧,是該項修繕工事,即在兩期以內進行,亦無妨礙,或曰修繕工事,可在通車後舉辦,此則期期以為未可.蓋橋梁本身,既經受有重創,於未修復以前,遽以重機往復行駛,則內部之受傷,當更劇烈.且行車期內,對於各項工作,勢必多所顧忌,其結果非工事進行速度減少,即修繕費用增多,而行車安全之難於維持,更不待言矣.故仍不若先事設法將橋梁完全修整,再行通車之為上策也.茲將預估修繕所需之最低用費,及重要機具開列如下.

預估費用

(假定更換橫梁三根,下弦四節,橋靴四個,及其他零星局部更換及修理)

第一項　應需工料機具約價

(一)鋼料(供給製造裝置)　洋一萬八千元　(二)木料　洋九千五百元
(三)枕木(約二千五百根)　洋七千五百元　(四)橋墩工料　洋二千元
(五)一百噸千鈞頂八個　洋六千四百元　(六)人工及油漆　洋五千元
(七)工程費及雜項　洋五千六百元

共洋五萬四千元

第二項　舊料收回作價

(一)木料(六折收回)　洋五千七百元　(二)枕木(八折收回)洋六千元
(三)千鈞頂　洋六千元

收回舊料機具共　洋一萬七千七百元

以上二項相抵計實需工料洋三萬六千三百元

重要機具

(一)十五噸起重機一架　(二)一百噸千鈞頂八座
(三)五十噸千鈞頂十座(可由膠濟路借用)　(四)捷樁機一架
(五)其他裝置橋梁用必要機具不詳

(一)黃河橋之概觀其一
橋墩頂上所露出之橋樑一部即預備將來承托附加桁梁之用

(二)懸臂橋之繫臂與桁梁橋下路之情狀

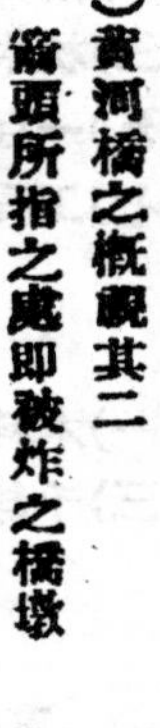
(三)黃河橋之概觀其二
箭頭所指之處即被炸之橋墩

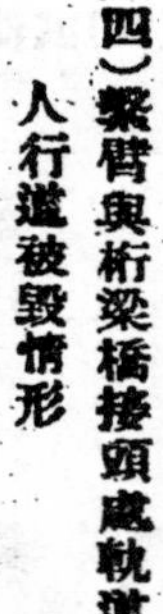
(四)懸臂與桁梁橋接頭處軌道及人行道被毀情形

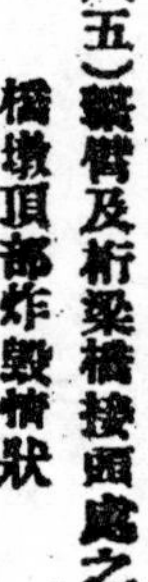
(五)懸臂及桁梁橋接頭處之橋墩頂部炸毀情狀

（六）繫臂端之下弦及端柱炸壞情狀

（七）桁梁橋之端橫梁與端柱之炸傷情形

（八）未被炸毀前之橋梓
（甲）為繫臂下之滑動橋梓
（乙）為桁梁橋之固定橋梓

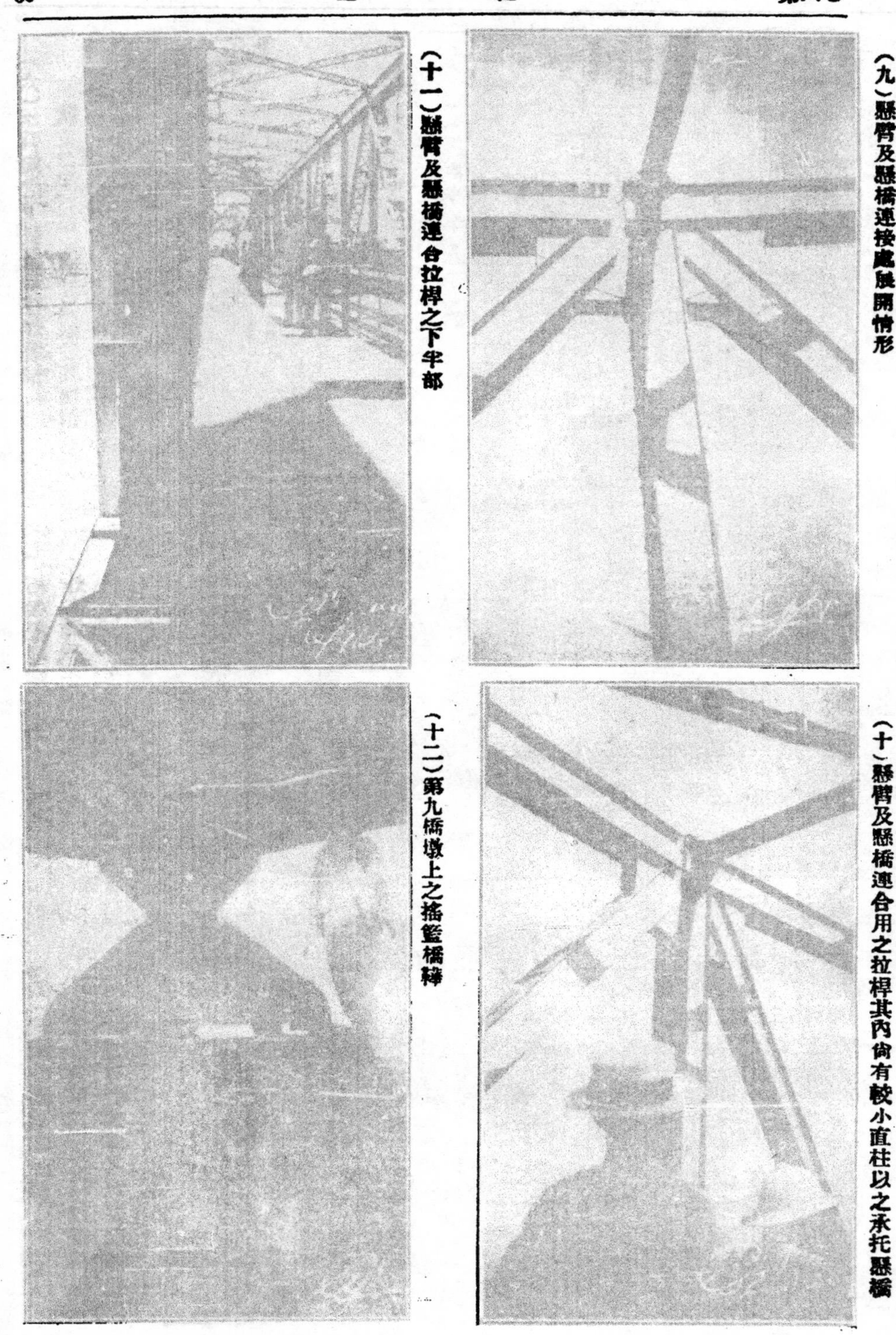

（九）懸臂及懸橋連接處展開情形

（十）懸臂及懸橋連合用之拉桿其內尚有較小直柱以之承托懸橋

（十一）懸臂及懸橋連合拉桿之下半部

（十二）第九橋墩上之搖籃橋樑

統一上海電廠之計劃

著者：錢福謙

(十七年五月三十一日在工程學會演講)

現在上海特別市內,電廠可謂多矣,在閘北有閘北水電公司,在南市有華商電氣公司,在浦東有浦東電氣公司.此外尚有翼如,翔華,寶明諸公司,合之公共租界工部局電氣廠及法商電車電燈公司,已有八處.而鄉鎮之小電廠,猶不計焉.今姑就華界各電廠言之,此多數之電廠中,除華商閘北兩公司資本各三百萬元外,餘均資本薄弱,規模狹小,此多數小規模之電廠,各自營業,各不相謀,營業既不經濟,管理尤多失當,論其缺點,一言難盡.茲就管見所及,述其最顯著者如下:

(甲)發電之不經濟　電廠之規模雖小,而舉凡發電機原動機,皆備具焉.機械之効率,視容量之大小而異,容量小者,其効率低下,而發電之不經濟,蓋亦彰彰明已.

(乙)人工之浪費　電廠分立各處,勢必多用職員,多僱工人,此增益之薪工,實為無謂之浪費.

(丙)力率之損耗　現在市內用電由各廠分別供給,因之各廠負荷小而力率低,力率之低,卽示損耗之大.

(丁)發電率之太低　機械設備,須留備件,以防不虞.但現在各廠之負荷過小,視其全廠機械之總容量,相差太大,以致多數機械,擱而不用,利息折舊,均歸損失.試就華商電氣公司言之,其所有機械之總容量為二萬開維愛,而現在所用者,尚不滿三分之一,卽言預備,一萬已足,則對於其餘部分之利息折舊,均屬損失.

(戊)電價之參差　同一市區之內,電價宜歸一律,甲廠貴而乙廠廉,則廠主與用戶間易起爭執.今就本市區之電燈價言之,華商電氣公司每度取費一角八分,閘北水電公司每度取費二角二分,而浦東電氣公司寶明電氣公司翼如電氣公司,則每度取費二角五分,以與華商電氣公司相較,相差七分,電價之廉貴,原視營業之狀况而異,未可強同.然同一市區之內,而電價參差不一,使用戶有廉貴不平之感.

(己) 設備之不全 各電廠規模狹小,設備簡陋,一切重要之檢驗設備,多付缺如,即或有之,亦至不完備.例如因燃料化驗設備之缺如,每年損失,爲數可觀.譬如某電廠欲購每噸十五元之甲種煤,其每磅中含熱量一萬三千熱單位(B. T. U.) 而煤商與以每磅中僅含九千熱單位之乙種煤,即差四千熱單位,今假定該電廠每二十四小時用煤一百噸即二十萬磅,每磅中之熱量既差四千單位,則二十萬磅即差八萬萬單位,仍以每磅一萬三千熱單位計算,則每二十四小時計差六萬磅,即三十噸.以一年計算,差一萬零八百噸,即損失十六萬二千元,其數可謂鉅矣.他如因鍋爐熱氣分析器之缺如,燃煤狀况,無從隨時調整,致燃料消耗於無謂,損失亦不在少數.其他因設備之不全而損失者,尤不勝枚舉.

(庚) 不能調劑負荷及救濟危急 各廠分立,毫無連絡,平日負荷,不能互相調劑,一旦障礙發生,發電停頓,更屬無法救濟.

(辛) 指導管理之不易 電氣爲公用事業之一,市政當局,爲用戶及電廠雙方利益計,自必盡力指導,然以現在各廠分立,組織龐雜之故,管理指導,俱感不便.

以上所述,不過其缺點中之顯著者耳,至於細小之缺點,更非一言能盡,欲圖改良,除設法統一外,恐無他法,所謂統一者,即使發電工程,集中於一處是也.但各電廠規模雖小,開辦已有年所,均有相當之歷史,相當之成規,統一云云.事非簡單,必須不偏不頗,平允無私,方爲得計,玆再就管見所及,略述統一之辦法如下.

(甲)促成閘北發電廠 閘北地方遼闊,工商業方興未艾,就大勢所趨以觀,將來事業之發達,閘北必先於南市,因而閘北之需電量,亦日增月盛而未有已.閘北水電公司,迄今尙無發電能力,所需電量,完全取給於租界,今則訂購機械,建立新廠,積極進行,吾人深望其早日觀成,一新面目,俾成爲閘北之大電廠.

(乙)聯絡南北兩電廠 閘北發電廠落成後,南北兩市,各有一規模較大之電廠,其第二步辦法,卽謀南北兩電廠之聯絡.聯絡之法,卽將南市之架空電線,直通至閘北,而與閘北電廠之電線相連,閘北之架空電線,直通至浦東,再與南市之電線相連,以收調劑負荷.救濟危急之效.

(丙)處置小電廠 除南北兩電廠外,其餘各廠,資本雖屬薄弱,然均有相當之歷史,相當之成規,前已述之矣.苟使其合併或變更,必致惹起不可解之糾紛,然長此放任,則統一計劃,永無實現之一日,兩全之策,惟有使各小電廠,停止發電,依據地點之便利,分向南北兩電廠購電,經變電設備,以銷售於用戶.南北兩電廠規模既大,發電自必經濟,小電廠向其購電,可斟酌情形,減低電價,營業不受影響,而其固有之營業區域,亦無妨礙,若是則發電工程,可集中於南北兩廠矣.其進行辦法,莫如各小電廠今後如有添置機器擴充設備之必要時,卽改換方針,向兩電廠購電,俾電廠統一之計劃,得於不知不覺之中,漸次實現也.

上述之統一辦法,各廠如能洞悉利弊,互相諒解,次第進行,亦非難事.果能見諸實行,利益不可勝言,今試舉其大者言之如下:

(甲)南北兩廠可以調劑負荷 兩廠負荷之調劑,甚爲重要.將來之閘北新電廠,有渦輪發電機兩台,總容量爲二萬啟羅華特,一台爲備用.又華商電氣公司,現有發電機三台,三千二百啟羅華特者一台,六千四百啟羅華特者二台,今假定閘北新電廠之負荷爲一萬一千啟羅華特,僅用一台則不足,倘兼用兩台,則既不經濟,又無備件,今若兩廠連絡,則此一千啟羅華特,可由華商擔負,旣無須開動備件,而發電亦可經濟.

(乙) 南北兩廠可以救濟危急　南北兩廠,旣連絡電線,則可互救危急,互爲備用,如甲廠發生障礙,不能送電,前由乙廠救濟,若是則電廠雖遇困難,而用戶不受影響.

(丙) 外人越界輸電可以遏止　外人於本市區各種權利,其慾逐逐,其視耽耽,日伺我旁,思得間以自逞,越界輸電,其一端也.統一電廠之計劃實現後,南北兩廠,環繞租界,接通電線,實爲根本之圖,蓋障其外緣,潰突不得也.

(丁) 機械効率可以增高　機械之効率,隨其容量之大小而異,容量愈大,効率愈高,効率愈高,則成本愈輕,電廠統一後,發電集中,規模擴大,機械効率增高,成本減輕,電價自可低廉,在公司營業旣有起色,而用戶擔負,亦可減輕.

蒸汽渦輪機熱効率表

蒸汽渦輪機之容量(開維愛)	50000	20000至22000	20000以下
熱效率 (百分數)	25	20至22	18以下

(戊) 燃料試驗設備可期完備　電力成本之高下,與燃料之是否經濟,最有關係,則燃料之檢驗,重要可知.以檢驗設備之不全,而受重大之損失,前已舉例過之矣.惟現在各廠規模狹小,設備難期完善,須俟統一計劃實現,規模擴充,是項設備,乃有完善之望.

(己) 燃料效率可期增進　鍋爐燃煤,若隨時測驗熱之温度,並分析其成分,而加以調整,則經濟程度,可增百分之十,故在大規模之發電廠,應裝置高温度紀錄器或熱氣分析器,或二者兼備,隨時調整燃煤,以期經濟,現在市內各電廠,以規模狹小,是項設備,尙付缺如,必須電廠統一,方有設置完備之望.

(庚) 洗煤及研煤可望設置　煤中灰量多,則阻礙燃燒,故各國大電廠除檢驗灰量外,幷有洗煤裝置之設備,利用比重之不同,以提取純粹之煤質,又鍋爐之燃煤效率,最高不過百分之八十,卽就燃燒後之煤灰而分析之,其劣者約有百分之二十五至三十之煤質,尙未燃燒.卽以百分之二十五計算,若每晝夜燃燒一百噸,即損失二十五噸,以每噸十五元計算,每年損失十三萬五千元.改良之法,莫如用研煤機械,研煤成粉,以期燃燒之完全,此項工程,美國最爲流行,歐州各國,亦次第做行.燃煤效率,約可增至百分之九十,以上洗煤機及研煤機之設備,於燃煤經濟上大有裨益,而亦必俟諸電廠統一規模擴大以後也.

(辛)電表校驗可期精確　計算電費,全憑電表,則電表之是否準確,關係至大.但電表久經使用,則轉動或緩或速.度數即不準確,普通速者較少,而緩者實多,蓋以阻力增加,而轉動遲緩故也.故電表必須常加檢驗,普通每隔二三年檢驗一次,加以校正,其大者尤須勤加校驗.本市各電廠以經費關係,此項設備,尚付缺如,即或有之,亦至不完備,無形損失,不在少數,將來電廠統一,規模擴充,此項設備,可期完善.

(壬)電壓電價可以劃一　現在用戶電壓,有爲二百二十伏爾脫者,有爲二百伏爾脫者,同一市區之內,而電壓參差不齊,檢驗殊感不便.至電費之參差,前已言之矣.電壓電價之劃一,亦必俟電廠統一以後也.

(癸)指導取締容易着手　現在本市區內,電廠散處四方,情形複雜,指導取締,俱感不便,且資本有限,改良計劃,難期實行.若任其自然,更非所以改進公用事業之道,統一計劃實現後,一切均有系統,指導取締,當可便利,且營業既增,規模既大,改良計劃,亦易實行.

以上所述之利點,不過其顯著者耳.統一電廠,既有此許多之利點,則此次計劃之實現,實爲要圖.況現在世界各國,發電每用水力,電本之輕,非用燃料者可比.在此種趨勢之下,統一電廠,減輕成本,尤不容緩.惟以上所述之統一辦法,將發電工程集中於南北兩廠者,原以目下情形爲根據,論其性質,尚不過一過渡辦法耳,未可稱爲澈底之統一,將來市政完全統一,市內無特殊之區域,自應將全市電力,集中於規模最大地點最宜之一廠,俾成爲發電總廠.其餘各廠,仍可照上述之辦法,改爲變電廠之性質,向總廠購電,經變電設備,再銷售於用戶,營業不受影響,發電既集中於一處,則效率更可增進,設備更可完全,電價更可低廉,管理更有系統,且電廠統一,規模擴大,負荷自能調劑,危急自能救濟,更於總廠與各電廠之間,設置電線,繞成環形,互相連絡,一線發生障礙,可由他線給電,使停電之事,不復發生.例如總廠與閘北電廠間之電線,發生障礙,不能送電,則可由眞茹一線,繞道輸送.如總廠與眞茹間之一線發生障礙,則可由閘北繞道輸送,若是則發電工程,既集中於一處,而全市區內之給電狀況,井然有序,統一電廠而達此境,方爲澈底也.

附上海電廠營業區域圖,上海特別市電廠統一計劃圖.(甲)上海特別市電廠統一計劃.(乙)上海特別市電廠統一後電線連絡圖各一張.

趙祖康君來函

(上略)敝局中現在進行工程,計新築馬路四五線.其他則中山紀念堂,七軍烈士公墓,大學雙十門,大學碼頭.或已開掘土方,或已動工建築,尙有三和土混合工場,自來水廠等均在籌備中.……弟更擔任局中同人研究部講習市政工程學,弟現趁此便,擬編成實用市政工程學講義一部,凡二三十萬言現在每星期約寫五千言,一年當可畢事.……來書主張廣徵實貿文字,甚是甚是.否則通篇空話,誠所謂洋八股而已矣!……弟以爲社論亦不可少,此社論與空論不同.有似乎外國雜誌之Editorial類,如美國此次Hoover得爲候選總統,在美國固爲第一遭,在世界工程界上,亦屬難得之事.不妨著爲短論,藉資鼓勵.尙有一點,弟以爲本會可以辦者,卽關於Cost Dota等,可由編輯部製成調查表分發各地工程機關調查填註是也.中國工程界,不肯將自己經驗所得,公布於人,固是缺點,然而中國學術界專喜剽竊他人,以爲己有,凡引用人之句語者,不肯註明出處,此未始非有經驗者秘不告人之一原因也.會中倘能製表發填,彙造統計發表時,將塡表者之姓名一一披露,或亦鼓勵人投稿之一法也.(下略)

上海特別市電廠統一後電線連絡圖

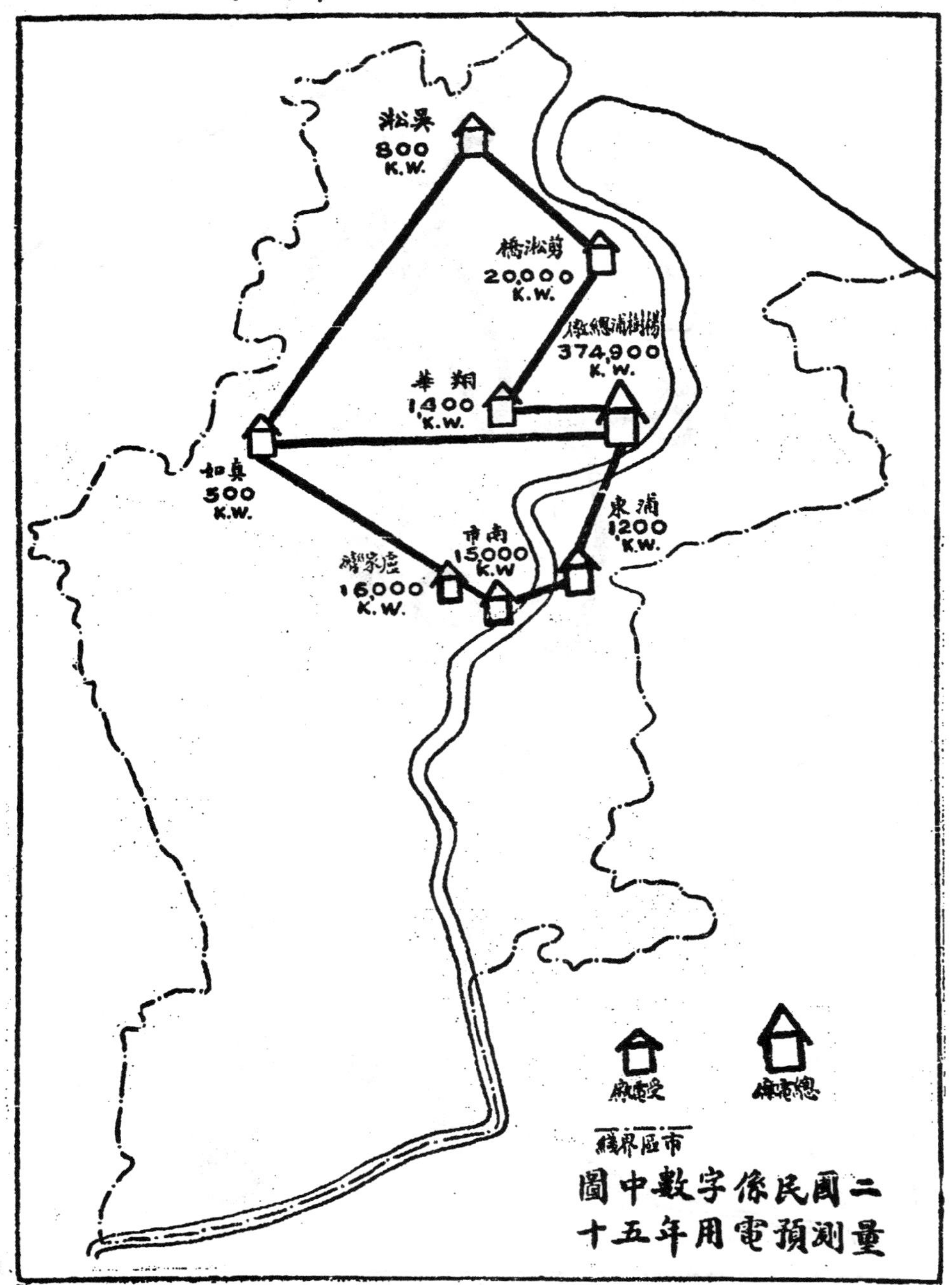

上海特別市電廠統一計畫圖(甲)

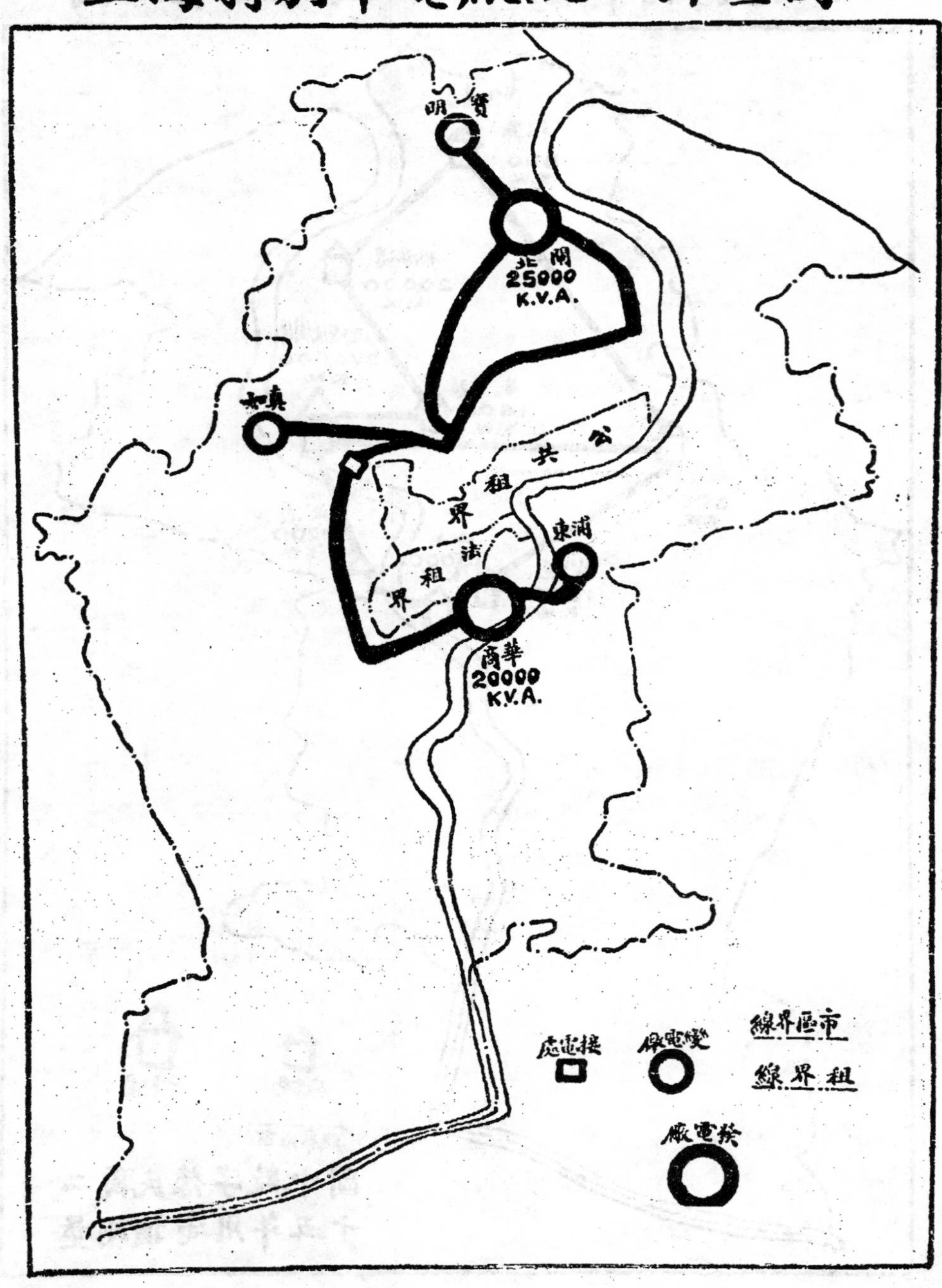

上海特別市電廠統一計畫圖（乙）

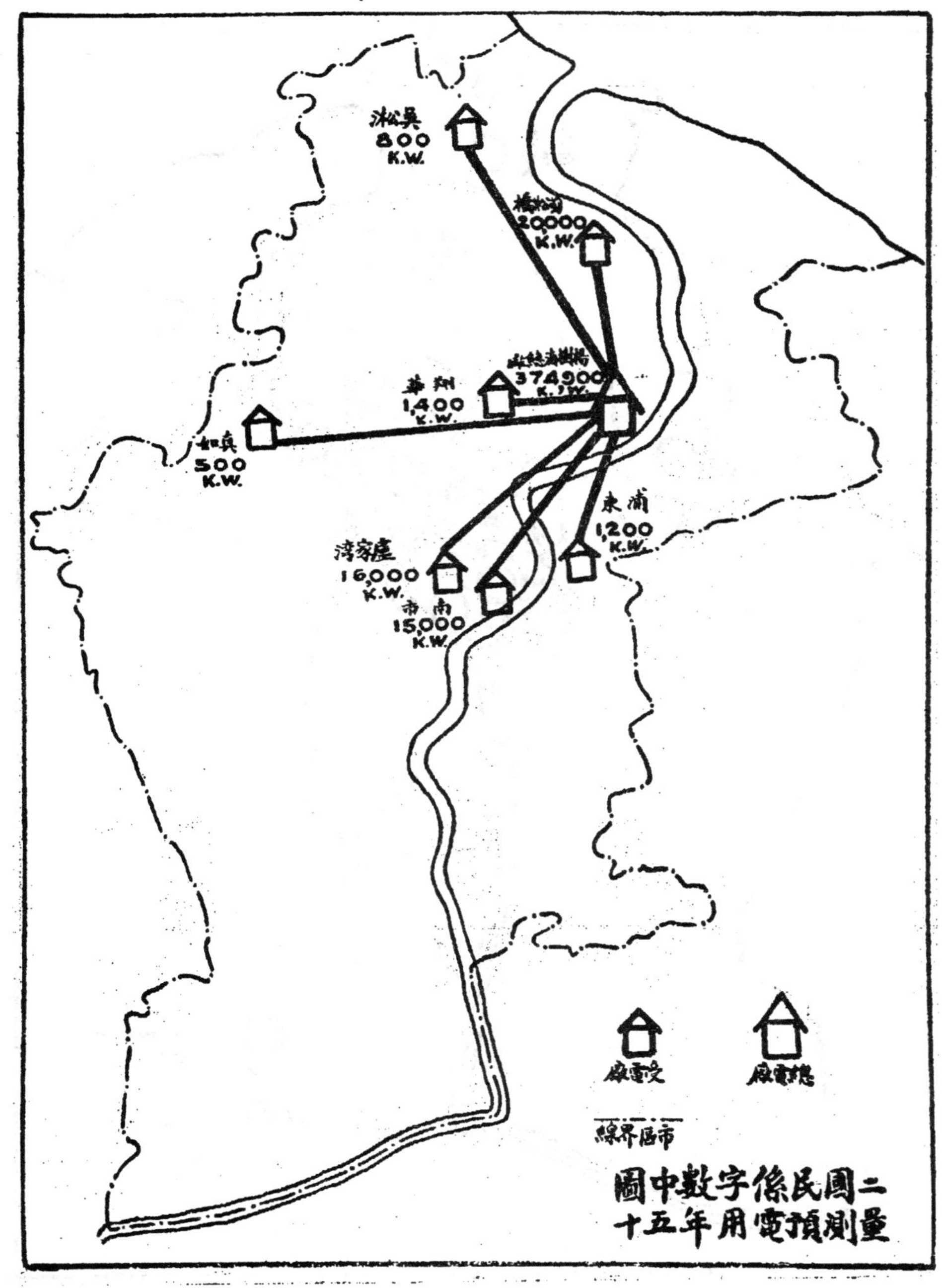

上海電廠營業區域圖

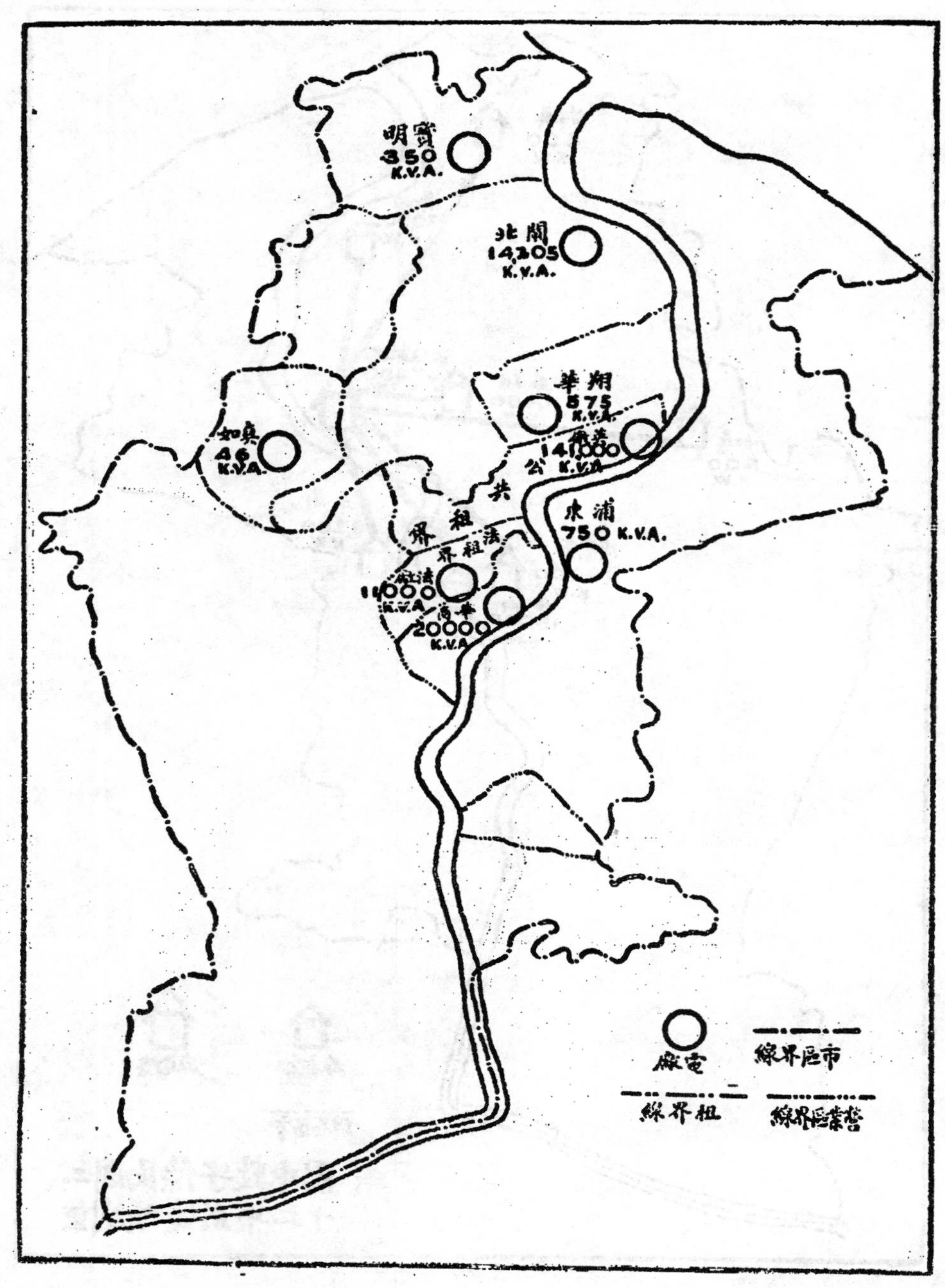
寶明
350
K.V.A.
閘北
14,205
K.V.A.
翔華
575
K.V.A.
真如
46
K.V.A.
141,000
K.V.A.
公共租界
浦東
750 K.V.A.
法租界
11000
K.V.A.
華商
20000
K.V.A.
電廠
市區界線
租界線
營業區界線

灌溉工程續論

著者：黃　炎

本篇所用照相圖畫銅版鋅版,均係新中工程公司惠借.

時至今日,生存競爭,相煎益烈,考其原因,不外科學發明之所致.溯自一七八一年,瓦特氏領得專利,以機械之力,傳達於圓軸,工程人士,始知此物,旋動不已,實含有神秘之價值,一般人民,見工廠中輪盤皮帶,運轉如飛,莫不相顧而驚異.嗣後逐漸推廣改良,處處應用天然之力,於種種省力省時之機器,以代人工,於是而演成十九世紀之工業革命,與二十世紀之工業競爭.

工業發達之效果,引起許多新事業之發現,與人生以愉快.至今各種發明,方且層出不窮,人生物質上之享用便利,日益增進.西洋各國,即一普通之工人,其飲食起居之舒適,擬諸數百年前之帝王.

雖然,物質文明,無論發展至如何程度,而一究人生生活之原泉,仍不外食毛踐土,衣食住行之需,仍須取給於地之所產,中外古今,實無二致也.

土地所供給於吾人者,可分二類:—

(一) 農植物品.

(二) 礦產.如油煤,五金之屬.

第一類屬地面之生產.苟經營合法,種植得宜,年年取給,可歷久遠.第二類屬於地下之蘊藏.一經開掘,即歸消滅.

然而科學工業所憑藉,仍不外土地以供給之物產已.

例如美國天產豐富,工業發達,至今成爲世界最強盛之國家.上下人民,莫不競事於天產之發展,以爲人用.惟物產過豐,遂多糜費,取之惟恐不速,用之惟恐不奢,開掘數千萬年聚積地下之寶藏,盡情揮霍,取快一時,殊可惜也.

吾國礦產甚富,以科學不發達,不知採用之方,故深藏未啟,數千年來所賴以生養者,實僅恃地面之農產.故在野者,勠力隴畝,耕織自給,在上者,勸導農桑,視爲國本.勤工儉用,流傳迄今.且吾農民,深知墾田之道,節省地力,凡所取於土者,必施以適當之肥料以補償之,故懸熟之地,年年生長,而不致竭蹶.彼自號爲文明之邦,貪得務多,祇知榨取,耕種不數年,而地方告盡,便歸荒廢.此種景像,美利堅及其他諸國多有之,其視吾國之老農,賢不肖相去爲何如耶.

洎乎晚世,生齒日繁,人滿爲患,飢寒交迫,鋌而走險.於是內亂頻仍,連年不

食糧輸入表

	年份	進口數量(擔)	進口價值(關平銀)
		萬	萬
米	民國十三年	1319,8054 擔	6324,8721 兩
	十四年	1263,4624	6104,1505
	十五年	1870,0797	8984,4423
小麥	民國十三年	514,7367	1768,9749
	十四年	70,0117	965,4747
	十五年	415,6378	1796,5194
其他雜糧	民國十三年	7,3216	34,1697
	十四年	13,6733	61,0220
	十五年	143,2517	364,4701
麵粉	民國十三年	657,6390	2968,7612
	十四年	281,1500	1490,4833
	十五年	428,5124	2371,2503
雜糧粉	民國十三年	8,6248	46,7364
	十四年	7,4658	42,9534
	十五年	6,6071	43,8197
共計	十三年	2508,0275	1,1143,5143
	十四年	1635,7632	7964,0839
	十五年	2864,0887	1,2560,5018

（見明徐光啓農政全書）

戽斗.挹水器也.唐韻云.戽抒也.凡水岸稍下.不容置車.當旱之際.乃用戽斗.控以雙綆.兩人挈之.抒水上岸.以漑田稼現今蘇屬農家.每於春間暇時.夾取湖蕩中水草埿汚.裝滿船中.運至田所.戽抒入田.岸稍高者.分二程抒戽.四人同作.兩戽齊舉.間雜婦人.動作嫺熟.此非漑田實施龔也.今離心抽水機.抽水之外.能提取泥沙.蘇屬農人.盍試用之.

已.哲學家言,戰爭實爲限止人口必須之方法.德國人迷信適者生存之論,故視戰爭爲使最適者獨存於世而淘汰不適者之手段.夫戰爭人類之大敵也,慘酷無道,滅絕禮義,戕賊生命,消毀能力,使文化建設,倒行逆施,終歸烏有.此種手段,施之於禽獸,尙覺殘暴,而乃聽其循環推演,於吾四萬萬同胞之間,自相殘殺以至於盡耶.

是以爲目下吾國生存計,首須謀劃如何增加農產,以贍養吾國人口,使人人得食,然後內爭可息,工業可興.即使眼前工業驟然發展,內政頓致清明,而民食問題,亦當從速解決,蓋素以農立國之大民族,斷不能永賴外糧以生存也明矣.

夫工程之設施,足以防禦災害,推廣耕地,增加產量,前篇已詳言之矣.本篇所及,述吾國風雨氣候之變化,古今灌漑之工程,各地水利之情形,以明農業爲吾民族生存之要務,而灌漑尤爲不可不講求之學術.苟以近世應用的科學,實施於吾國根本之農事,則民生問題之解決,庶過半矣.

吾國之風雨氣候

吾國境內及沿海之風,大致視亞洲大陸之氣壓爲變移.在寒季自陽歷十月至三月,亞洲北部廣大之高原,貝加爾湖一帶,十分嚴寒.空氣因冷而重,壓力大增,與他處同緯度之地,相差甚鉅.其地成高氣壓之中心,向四面逐漸輕減,以致釀成大氣之流動,環中心而繞行.其方向與鐘表之指針同,漸朝外展,厥名反旋風.

時當暑令,自陽歷四月至九月底,西藏高原,廣漠無垠,夙昔暴露於嚴寒中者,今在烈日之下,受極強之熱.其與地面相接觸之空氣,輕而上騰,自成一低壓力之中心.四週之氣,環繞而動,其向與鐘表之指針相反,有逐漸向內縮之傾勢,厥名旋風.此高原寒暑極端之變異,自零點下七十度,達零點上九十度,釀成大氣之回盪,影響所及,直達洋海.

准上以觀,大氣之兩種流動途徑,瞭如指掌矣.夏季空氣,而西藏高原急進.冬季,從西比利亞被驅逐而直下.如此一往一來,宛如亞洲巨物之一呼一吸也.推此呼吸盈虛,而西南與西北二種候風以生.而其勁勢,則視其地氣壓之遷移而消長焉.

除上述之二種候風,劃分寒暑,此外一地一時,常有雷雨陣雨,與夫其他不測之風雨.驟然觀之,神異莫測,要非氣候之正經,而無關氣節.不外乎驟寒驟熱,山澤鬱蒸,其地上空氣之平衡,因被衝破,立見低陷,變象乃生.此氣壓低陷之範圍,有時常存一處,有時向各處移動,不能預測.總之空氣之變動,亦自有定理.不觀夫水乎,其性向下,無孔不入.氣亦如是,覓向壓力低處阻力少處進展而已.

兩季候風,雖能興雲作雨,然而吾國各地之雨量,全賴海洋中蒸騰之汽,由颶風吹送而來,凝結下降者也.颶風俗名破帆風,或名風潮,七八月間常有之.茲將其行動狀態,簡述如下.

颶風爲極巨之旋回氣流,圍繞較窄小而安靜之空間,卽颶之中心點也.在東半球,此氣流旋轉之方向是左手旋.除旋流之外,全部氣體,向前進行.所經之軌,多循拋物線形,可分爲二.卽屬太平洋與屬中國領海二者是已.屬太平洋者,從未越過經度一百二十四度而西,與吾人可謂無關,存而不論.今所述者,屬於中國領海之一派.

颱風進行之途徑

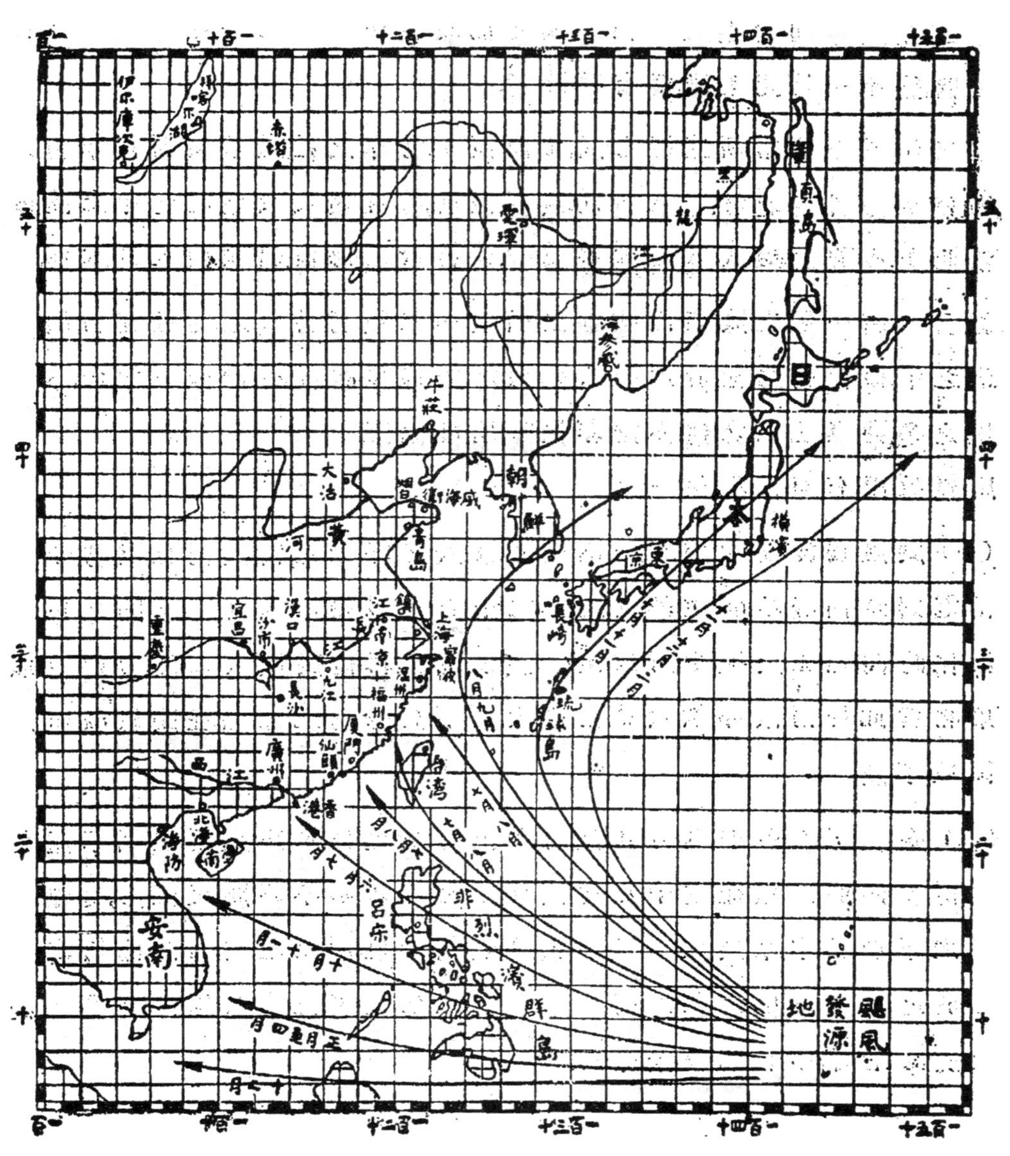

常年各月份之大風,視季候之差異,可分爲三類.每類各自具特性.陽歷十二,一,二,三月之颶,爲第一類,四,五,十,十一月之颶,屬第二類.六,七,八,九月之颶,爲第三類.

第一類颶,常見於黃海以南,能保有原來朝西偏北之方向,其剌入大陸之點,在安南之東南境.

第二類颶,略向北進,其風向爲西北,而略帶西,其入大陸,在安南北部與廣東之間,然十一月間之颶,鮮有登陸者.

第三類爲吾人常所感遇之颶,風向西北.時季之始,風常侵吾國沿海之南部,節氣愈深,風愈北移.七八月間,颶風最盛,或在廣東及朝北海岸上陸,或沿海濱北上,或旋向以入黃海,朝鮮海峽,或自台灣海面,斜剌而入日本海.

總言之,第一類之颶,無拋物線之軌途.屬二類者嘗有之,往往在台灣以南,領海之中,徐徐轉向.至於六七八九月之颶,每多灣行,在此數月之中,不僅見颶風之多,而其北上之遠,亦迥非他時,所可比擬.

颶風致雨,有兩種現象:—

(一) 颶風在洋海中進行,一雨一止,如人之呼吸然.當其雨也,其勢傾盆,而無雷電.同時因凝結而生熱,其旋轉之中心,益以得勢.大雨之後,隨之以極強之汽化時間,補充颶風中所放出之濕氣,以備再雨.颶風入大陸,力猶足以轉向東北者,此種雨景,亦數數見.雨雖大而不久,降雨之地,顯在颶風軌道之中,而區域不廣.

(二) 颶風深入內地,其力式微,行將消滅.於斯時也,距淫雨之期不遠矣.其始也雨多而間斷,厥後空中熱度漸降,雨勢亦綿延不絕.颶風既息,自無汽化補濕之舉,即其本來所挾多量之汽,亦盡情傾吐而出之矣.由此而得之霖雨,常見於近海九百里內之地,而尤以楊子以南爲多.然有時即遠在黃河灣處,與夫漢口附近,亦有此種景像焉.

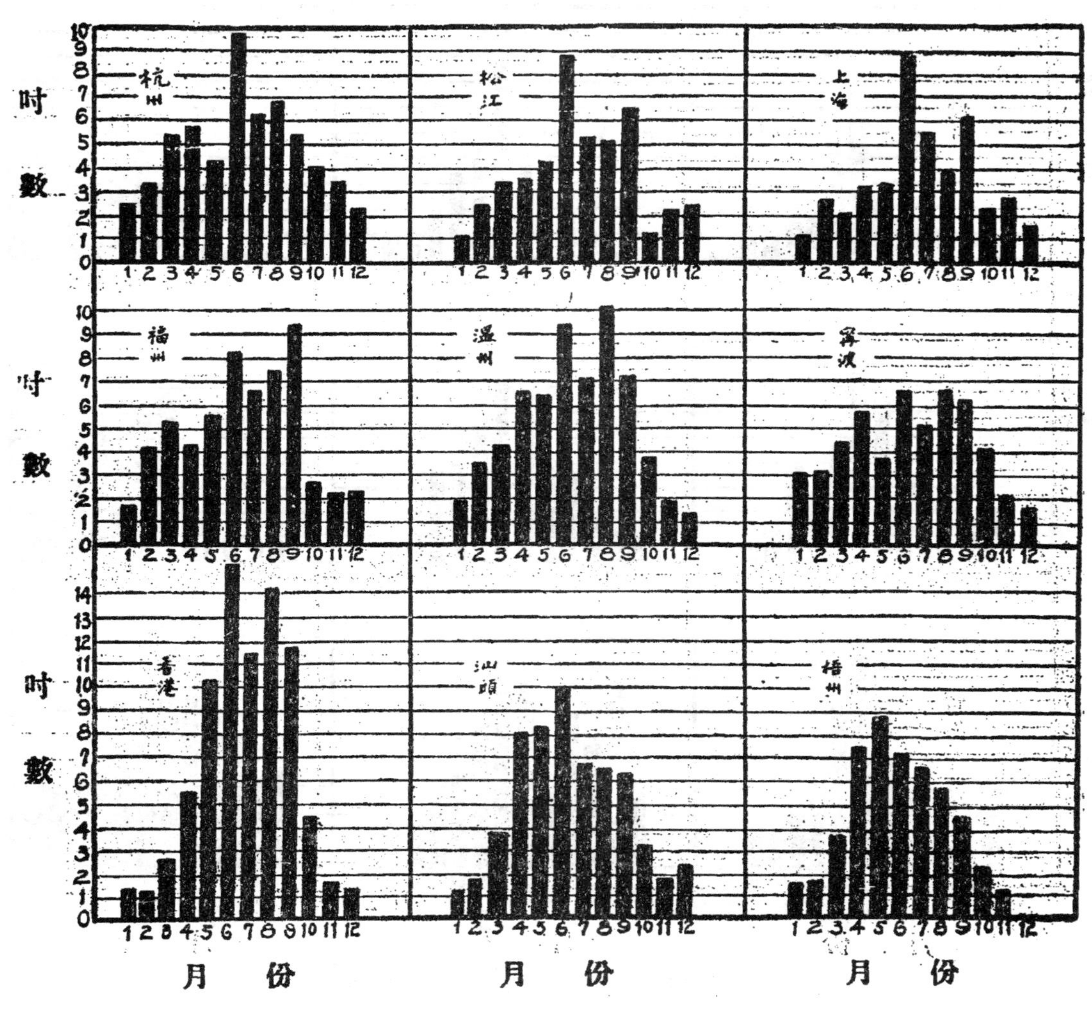

各地十來年平均雨量

湖北地面,雖爲颶風所不及,而當地霖雨,亦常爲颶風所釀成.風勢既熄,雷雨消散,陰濕之空氣,彌漫廣博.於是大陸之上,有時成低壓之中心,其勢漸向東北偏東流動,此則颶風所未經之各地,亦同受多量之雨矣.

颶風所經,往往天地晦冥,雞犬不甯,廬舍田稻,多被損傷.而不知其爲送雨之媒,嘉惠吾人者實 多.試觀各地平均雨量之比較可知矣.

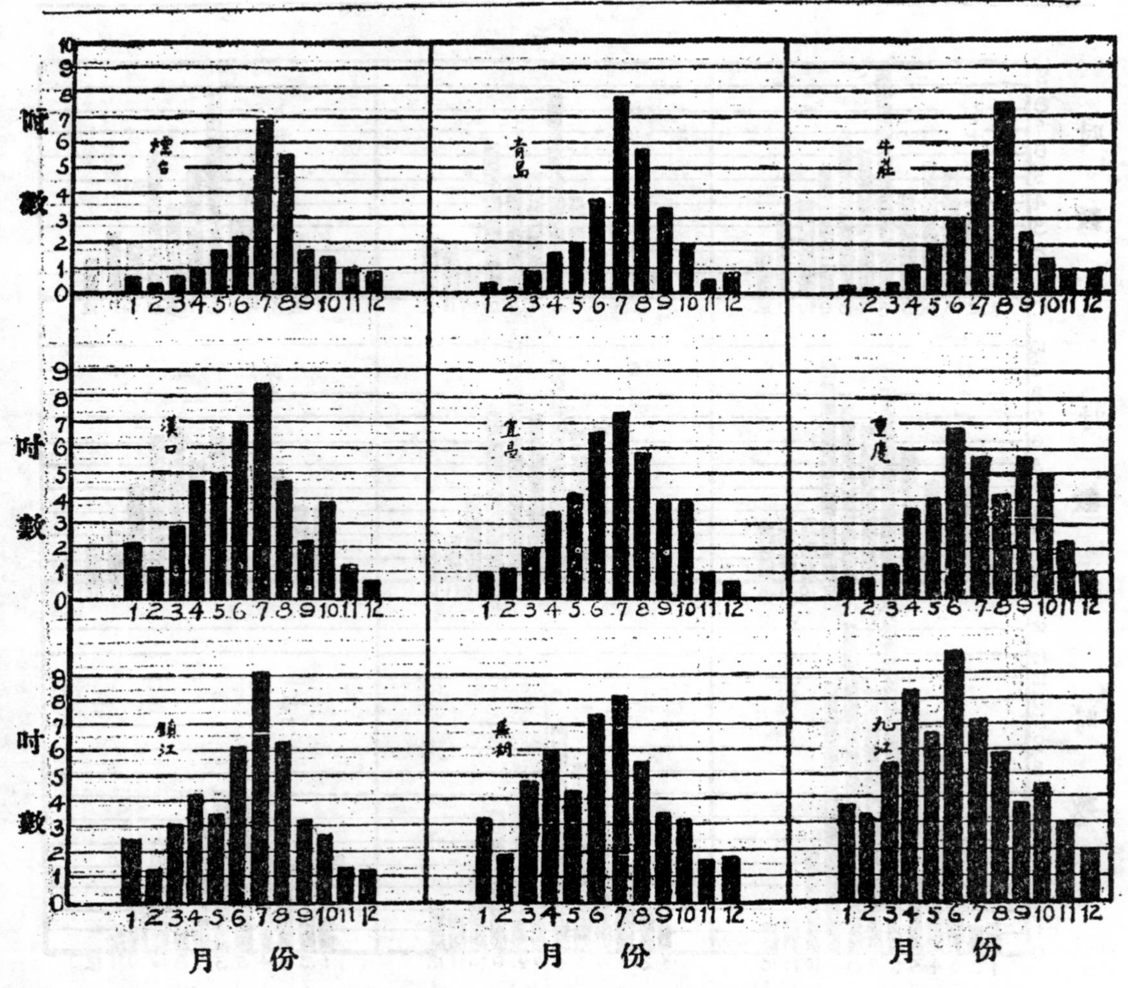

各地十來年平均雨量

西蜀水利

我國歷代講求水利,古人所經營之事業,穿鑿之河渠,載諸史册,彰彰可考.如鄭國白公之渠,李冰文翁穿江之迹,均屬不朽之業,蓋世之功,流傳至今,猶有存者.不惟衣食萬民,嘉惠後世,而工程浩大,亦足誇示新進,為吾民族增無上之光榮.因不憚瑣,彙而錄之,以備稽考.

灌縣風景之佳勝,在於河流之縈繞,吾人若知其為純係人工所造成,則無有不欲一探其原委者矣.岷江導源於岷山;有二流至漩口,合爲一.東南流會合尤谿溝與白沙河,至灌縣分注各渠,灌溉原野.岷江會合支流之水,聲勢浩大,夏季水漲,急湍奔放,時含礦中煤屑,而水色全黑,時挾樹木沙石飄流水面.數年前,有 Hodgkin 及 Silcock 者,見而奇之,因察看經過灌縣南門之河流,寬可二百二十五尺.每秒鐘流量可一萬七千1,7000 Cu. ft/sec 立方尺.此皆分注於成都之平原,而用於農事者也.

明徐光啓農政全書.流水筒車.利用流水之力.激轉筒輪.乘筒兜水.次第傾於岸上所横之木槽.以灌田稻.日夜不息.此圖所示.即此類也.現今美國灌溉機械中.亦有此制.名曰下射水輪.其大者.徑三十呎.受水板計十六.長六呎至十呎.入水二呎.木軸徑五吋.木筩長六呎.寬廣各四吋.每分鐘二轉.每轉起水七十五伽倫.功效頗著.印度舊法.則以陶器.繫於輪上.以代筩.又用驢馬之力以轉輪軸.

灌縣旁山築城,山脈至城址,分爲二支.東支之上,縣城之西門在焉.西支爲外屏,亦建門於其上.兩支間馬啼之地,名鳳棲窩,屬理番土司管轄.在西歷紀元前二百年 200 B. C. 太守李冰,切割西支山脈之盡端,至今石岩壁立,痕跡宛然.穿鑿東支山嶺而過,留遺孤阜,名曰離堆,伏龍觀在焉.於是開掘水渠,經過灌縣之南門,轉趨東南向.

朝西近二王廟處,江分爲二流.其一流過此鑿成之山峽,曰內江,另一支仍循舊河床行,名曰外江.外江稍下改名正南河.再下分三支,第一支曰安江,溉灌縣雙流及温江等縣之一部,行經新津而達江口,有船可通.第二支曰黑石河,第三支曰沙溝河.此二支灌潤崇慶州之田畝.會合西河全馬河石魚河等支流,經新津而至江口.

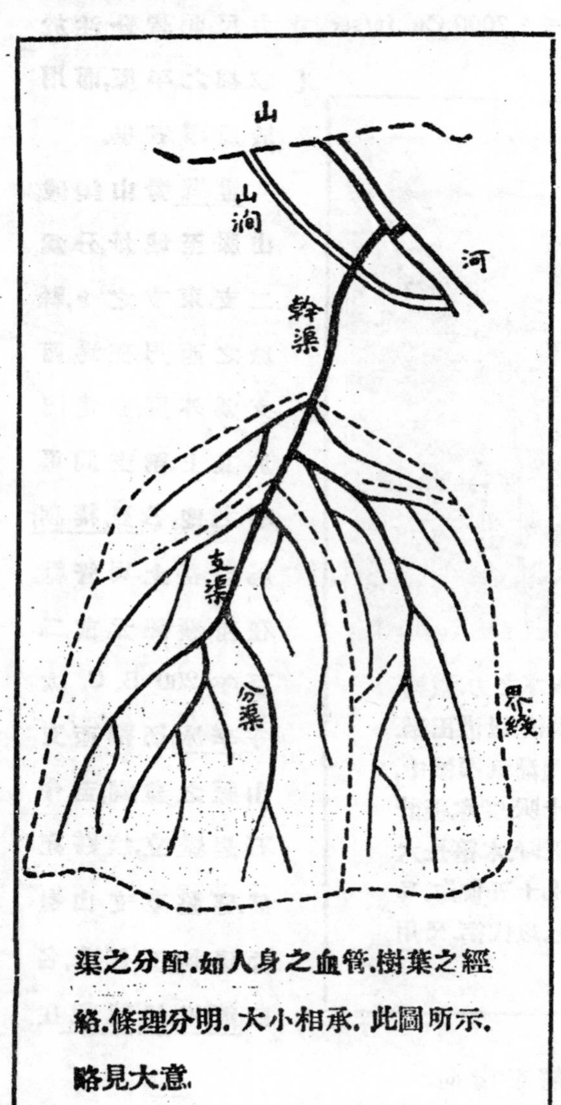

渠之分配.如人身之血管.樹葉之經絡.條理分明.大小相承.此圖所示.略見大意.

內外江之分流處,建有堤堰,外盛竹簍,中盛卵石.內河之水,導經山峽過灌縣之南門,至東門而分爲三支.第一支名走馬河.溉灌郫縣温江之一部,達成都之南門.第二支名柏條河,溉崇甯新繁新都等縣,而達成都之北門.繞城之東,而與第一支在城之東南角相會,復南流至江口,又與外江遇.此段自成都至江口,名爲府河.第三支離灌縣向北流,再折向東,溉彭縣新繁新都漢州金堂等縣.在金堂復經一峽,會中江南流經簡州資州,至瀘州而入揚子,距灌縣已九百里矣.

上述各河,處處有堨堰,橫截江流,壅水入渠,以溉禾稼.或環流村坊間,以供日用.每當四五月之間,船隻行旅,均阻絕不通,附近農民,實爲江上之一霸,苟有敢損及其堨堰上之一土一石者,必干衆怒.由此可見農田水利之重要矣.

2156

內江水流量之節制,賴於人鑿之峽與洩㕃水道Over flow二者.㕃水道在峽之西.當盛夏河漲時,過多之水,即從㕃水道滾下,放入外江,不復經峽而入內江,故山峽實灌縣之門戶也.

當李冰太守治水時,遺有良規,後世遵守不替.曰深淘灘,低作堰.此理正與治黃江之增築堤防,河身日積,正是相反,而西蜀水利,保存迄今者,賴有此耳.

故每當冬季水涸之時,西蜀之民,將外江堵塞,引水併入內江,從事淘灘之工作.外江淘峻,堵內江而浚之.年年如是,勿令淤塞,河之兩岸,更換新籠,壘以卵石,以作掩護.

堵江之法,先立圓木三脚架,下置石籠,貫以橫木使固.然後在三脚架之上水面,懸掛竹席,以阻水,培以泥土,使毋滲漏.一架樹成,接以第二第三架,繼續前進,以達對岸.三脚架下,舖一板路,挑運泥土,木架等料,則用船載.工成之後,絕少滲漏,洵良法也.

淘河夫役,最先係向各縣徵集,後改爲畝捐.而視用水之情形而定等差.如灌縣崇寧之田,得水利之全者,每畝徵銀一錢五,其他得水利之半者,每畝徵一錢.今沾溉潤之益者不下十縣,田畝何止二萬五千,然近來此徵水捐之總數,年不過一千兩,較之工程之費,僅八分之一耳.其他七千,則由水利府從地丁錢糧支取彌補焉.

嘉善鄉間,用小引擎,拖動木車,而以一鄉女管理之.

陝西灌溉情形

關西鄭國白公六輔之渠,範圍廣博,利及萬民,其工程之偉大,今世之西方工程人士,贊嘆不止.近年以來,華洋義賑會有陝西渭北灌溉工程之規劃,就鄭國渠原有之區域,引涇河之水而溉之.一切測量規劃預算等等,均已擬定,惟以戰禍綿延,致此富國利民之謀,無從實現,深可慨也.

依渭北工程主課工程師李協之考據,鄭國之渠,在耶穌紀元前246 B.C.開成,溉涇河流域之平原四百萬400,0000 畝,歷時 130 年.此渠爲吾國歷史上最早而最完善之建設,惜至116 B.C. 河流湍急,所築瓓口之堰,被水冲拼,河底深下,水不及渠,而其工遂廢.

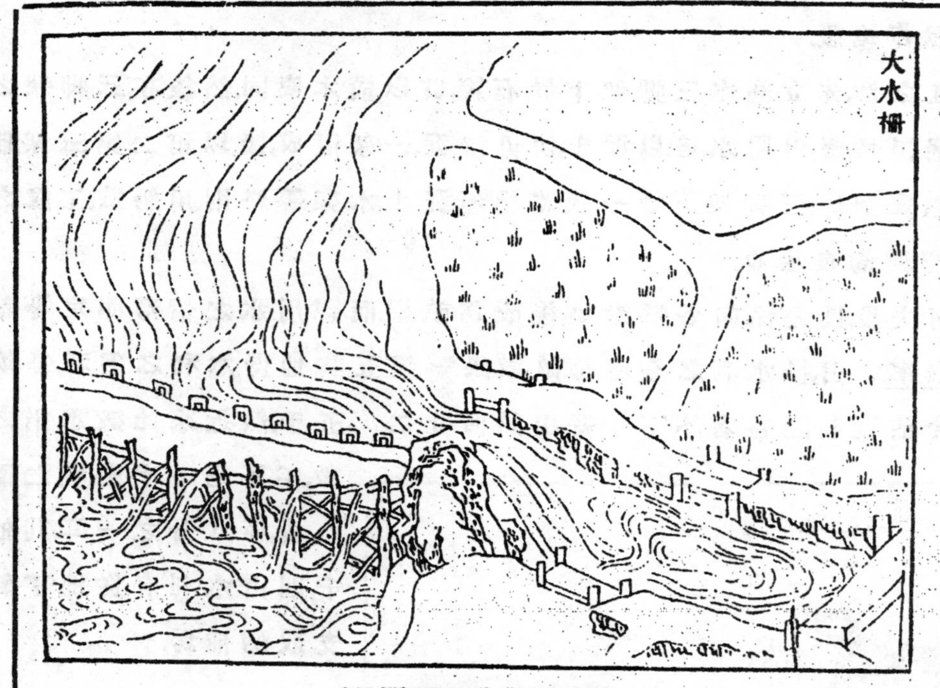

(見明徐光啟農政全書)

水柵.排木障水也.若溪岸稍深.田在高處.水不能及.則於溪之上流.作柵遏之.使之旁出下溉.以至田所.如秦塗之地.拒遏川流.深植椿木.列置石囤.長或百步.高可尋丈.所溉田畝.計千萬.號爲陸海.

至95 B.C.白公在鄭國渠較上之處,另開一渠,引涇水以資灌溉.惟其所及,僅四十五萬45,0000 畝,視鄭國渠之溉四百萬畝,相去遠矣.

白公之後，繼之者，雖不乏人，然終未有恢復鄭國之業者。白公渠亦年久失修，

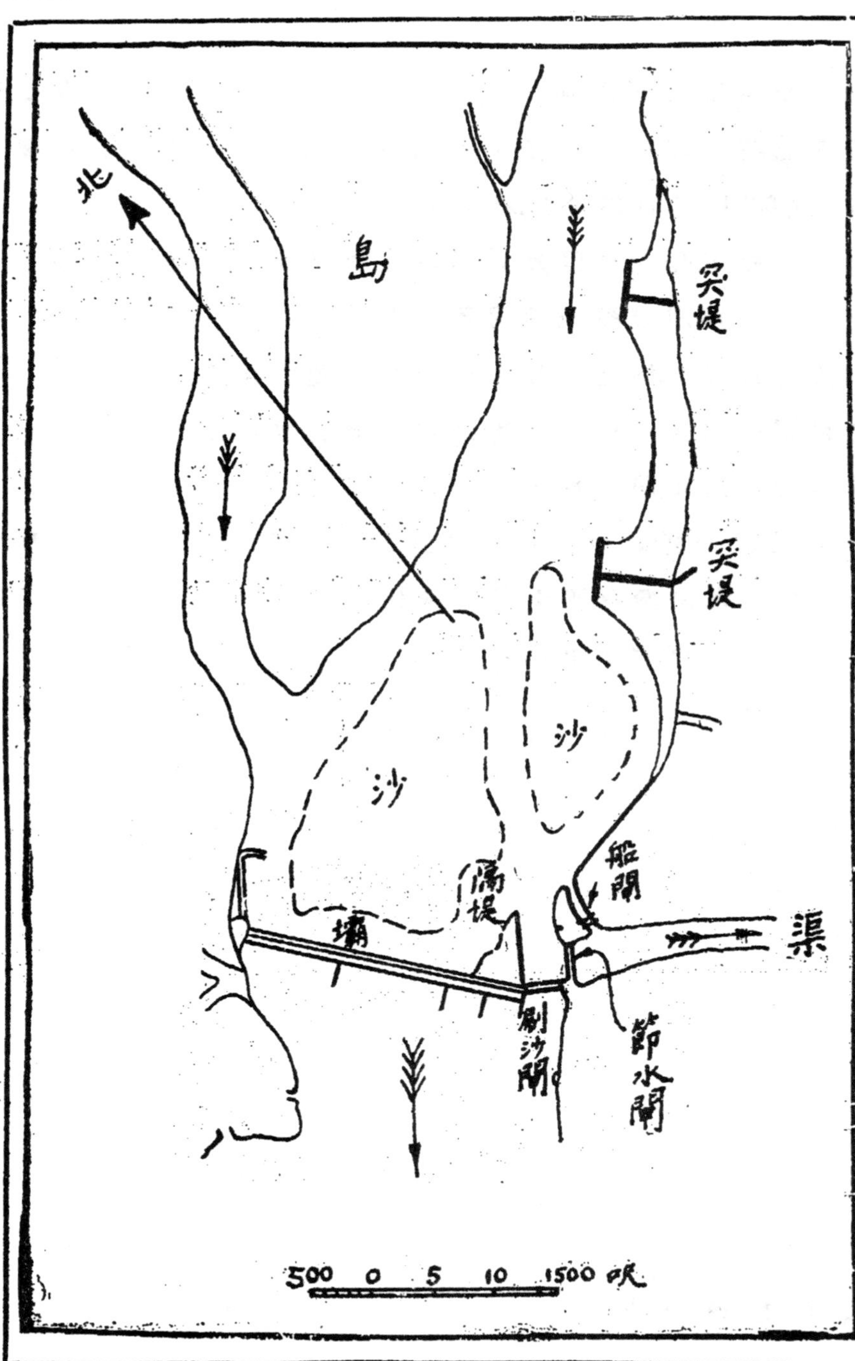

右圖爲印度曳輿特渠口之工程。設備完善。渠寬二〇〇呎以上。深逾十呎。流量每秒七〇〇〇立方呎。河中浮泥甚重。初開行時。渠口積淤甚厚。幾至堙沒。嗣後多方研究。在壩上面建一隔堤。長七一〇呎。使渠口前成一深淵。河水稍清之時。將刷沙閘關閉。通水入渠。浮泥在淵中沉澱。大水之時。河泥較重。將渠關閉。洩水壩下。浮泥不得停滯淵中。採行以後。功效大著。頗堪師法。

至 776 A.D. 年,所溉面積,僅及六千畝,以後河底益降,水利愈失.至今僅有數段.尚堪利用.

灌溉渠之廢棄,大柢由於河底之刷深,水位低降,不能入渠.終至愈刷愈深,兩岸石壁浚峭,後人雖有良謀,亦無從措手.迨夫遜清,山麓發現泉水,於是導入田間,溉三萬五千3,5000 畝,而舊渠口,終湮沒無聞矣.

昔時關中,富饒甲天於下.今亢旱廢棄,民不聊生.蓋鄭國之渠,能轉四百萬畝之田,爲膏腴之地.今賴泉水以溉潤者,尚不及昔時百分之一.而其餘百分之九十九.則全恃天雨以種植,從此可知古今興廢之此由來矣.

近年之渭北工程,完成之後,不僅恢復鄭國之大業已也,將使全省肥沃之田,均得豐收,其計劃可分二步.第一步工程,灌溉區域之南部,計田一百四十萬 140,0000 畝,建築費約計一百五十 $150,0000 至二百 $200,0000 萬元.工程內有二千五百 2500 m 米突之山洞,有四十尺高攔江壩,有停水池以沉澱浮泥,有總渠分渠等,白公渠有一百六十里,仍可用.

幹渠與分渠口之閘　印度

第二步工程,將溉目下人烟稀少,盜賊橫行之北部,計田三百萬300,0000畝,需費約二百萬200,0000元.工程有更高之攔江壩,蓄水池,另開處勢較高之渠以達北部.此二步工程,目下尙無實行之望也.若灌溉工程,一旦告成,田價每畝現值不過十元,卽可增至四十元.目下無水灌溉之乾田,每年每畝僅收五十至一百五十斤,有水灌溉之田,可收二百至三百斤,將來渠成水到,可望收三百斤.增收農產,不僅足以供給全省之所需,且可活四川河南山西一部之人口,而關中之富庶,不難恢復數千年前之舊觀.

山西水利狀況(參觀本刊一卷四期)

民國六年以後,山西省政府,提倡水利,貸款開渠,兩年之間,全省添加水地七千一百四十7140頃.增加富力$714,0000.全省共有水田5,5287頃.

山西著名之水利,省南有八大堰,省北有三大渠.汾河流至清源一帶,地勢平坦,水流和緩,人民攔河築堰,引水灌田.自清源而下,共有大堰八道.卽清源一道,文水四道,祈縣一道,平遙兩道.前清光緒年間,數縣人民,曾開水利會議,通過八大堰之章程.每年自小雪後三日起,至第二年淸明後三日,共一百三十五天,爲八大堰之水程有效期間.各道堰用各道堰的章程用水,絲毫不得紊亂.近年修理渠道,更增水利不少.

至於省北三大渠,爲三大公司所建設.一爲朔縣廣裕墾牧水利公司.資本二十三萬元.宣統三年設立,開渠三道,共長一百四十餘里.二爲應縣大應廣濟水利公司,資本三十六萬元.開渠四道,共長一百八九十里,灌田約一千頃.計每畝攤洋三元六角.三爲山陰縣富山水利公司.資本五萬元民.民國四年創辦,開渠六十五里.此外山西尙有較小之水利,不勝枚舉.

民國九年以來,提倡開掘自流井,以資灌溉.最著名者,爲虞鄉爲定襄兩縣之井,水量較多,收效較宏.

山西共有熟田五千餘萬頃.以水地與旱地比較,水地僅佔旱地百分之八.

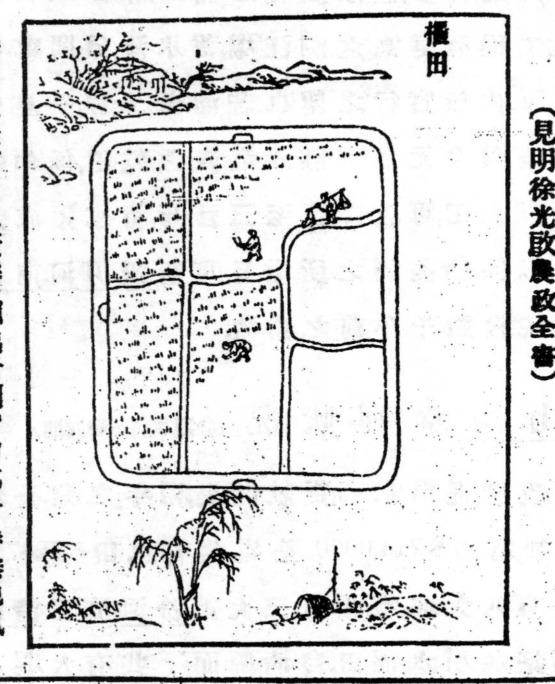

櫃田
(見明徐光啟農政全書)
詩曰.江邊有田以櫃稱.四起封圍皆力成.有時捲地風濤生.外禦衝盪如嚴城.大至連頃或百畝.內少塍埂殊寬平.牛犂展用易爲力.不妨陸耕及水耕.
此櫃田之制.甚合於今患水之區.用抽水機排水圍外.便可種植.

山西雨量,每年不足二十英寸者,有五十一縣之多,而穀植非有四十餘寸之水,難望收獲.故灌溉爲必不可少之事.

山西水源充足,大河小流,隨處多有.最著者,省北有滹沱,桑乾,省南有汾漳沁等河.什九水流暢旺,惜未能

橋與閘,併而爲一.無門,以方木豎列於橋前,上端掠樑,下端插渠底之槽,便能瀦水上升. 印度

盡量利用.汾水流至新絳一帶,地勢平緩,地面與水面之差,平均不及二丈.曾經省政府試辦,以河底沙層過深,不易安樁築壩,致無成就.此等處所,可採用抽水機械,吸取河水,再開渠道,輸送田間.

河北水利工程

河北水利之興,由來已古.漢張堪爲漁陽太守,於狐奴開稻田八千頃.民有麥穗之歌,狐奴即昌平也.北齊裴延儁爲幽州刺史,修古督亢陂,溉田百萬餘畝,爲利十倍,督亢即涿州也.宋何承矩爲河北制置使,於雄鄚霸州興堰六百里灌田,初年無功,次年大熟.其後踵而行之者,在元則有虞集托克托,在明則有徐貞明汪應蛟張國彥顧養謙左光斗諸人.清雍正年間,設立營田專官,以經理其事,濬流圩岸,獲利甚豐.

嘉善一帶農民,用小火油引擎,拖轉舊式木車,以溉稻田,亦過渡時代之景象也.

據十四年份華洋義賑會報告,河北定州,掘井三千五百七十口,皆有利於農事.每井約費六十元,可灌田二十四畝.共可溉田八萬四千畝,共費二十萬元.美紅十字會任其任其半數云.

2163

近年華洋義賑會,築堤修路,防禦水災之外,兼及灌溉水利.曾經測勘規劃者,如陝西之渭北,綏遠之河套五原.五原,八百萬畝之大區域也.其在進行中者,爲北平以西之石蘆工程,規劃完善,堪資法式,特摘薛卓斌君之文如下.

在北平附近,春夏二季之雨量,不足供植物生長之需要.華洋義賑會新近籌設灌測工程,取永定河之水,以溉從石景山至蘆溝橋間之地.工程分二步進行,第一步成後,可溉地七萬畝.第二步告成,可加溉四萬畝.

永定河行經石景山下,有二支流會合.溉灌之水,取諸東支.四五月間,最涸時,流量每杪二一〇立方呎,然尋常低水時平均可有六〇〇至一一〇〇立方呎.

該地原係廢棄之河底,故地質含沙,略帶粘土,下有冲積之卵石層,溉以永定之涸水,不僅與種植以水素,而同時能其地轉成肥沃,所謂既溉且糞,長我禾黍是已.

機動水車,出水湧旺.

該區域內種植,爲小麥,高粱,大荳,山藷,落花生等.施水用輪轉法,每日溉地十分之一,十日爲一週.每次加水二吋.一月之間.每畝地可得溉三次,合計六吋.

工程現歸義賑會辦理,完竣後,將移交一地方人士組織之團體以維持管理之.溉費以畝計算,現擬每年每畝定價四角至四角半.

工程之規劃　當取水之處,橫截永定而建一攔江堰 Weir, 以提高江流.從堰之東端,開一引水渠 Diversion Canal, 引永定之水以達渠口,長計五百六十米突.渠之進口處 Head work,設鋼閘門五座,堤下通三和土水管三支.水進門經管而入幹渠Main Canal.從幹渠分出支渠十二.在現工程中者,計六支渠,其餘俟他日添設.其第三支渠之尾,接通小河,水大之時,幹渠之水,可從此排洩,不致泛溢.每支渠均有閘門,以資宣節.將來尙須裝設電話,以通消息.

臨時性質之堰　永定河在石景山下,離山不遠,地形下傾,斜度爲一與二八〇之比.大水之時,水勢洶湧,非有極堅深雄厚之巨壩,不足以抵禦河流之衝擊.然如斯建築,費用不貲,而非此工程範圍以內所能舉辦.不得已而求其次,决採用臨時辦法,造亂石淺堰,即被大水冲去,每年春間,修建新堰,亦輕而易舉也.

攔江淺石堰之建造,用籐條編成一.五至二米突對徑,二米突高之巨籠,盛以大石塊,分作兩行,橫排河底而成.較低之處,則兩籠叠置.全堰共長約一百米突,最高處二米突.

分渠閘　　非列賓

引水渠　此渠造於河底,先沿山麓旋循河堤而行.其西岸新築石堤一條,以阻尋常漲水時河流之冲入.渠底寬二十尺.以備每秒二百五十立方尺之流量,水面斜度爲一與一千之比.渠之進口處有閘門以節流量,其下游通河,亦有閘門,可資宣洩.在幹渠口,引水渠底較三和土水管底低三尺.若將渠之首尾兩閘,同時開啟,則永定之水繞經渠道而仍歸永定.以其斜度爲一與二六〇之比,故流率甚高,能刷淸沉澱不致湮塞.

幹渠進口　此處建築,半爲水門汀三和土,半係壘石砌築 Rubble stone

（見明徐光啟農政全書）

桔槔挈水械也.說文.桔.結也.所以固屬.槔.皐也.所以利轉.又曰皐緩也.一俯一仰有數存焉.不可速也.莊子曰.子貢過漢陰.見一丈人.方將爲圃畦.鑿隧而入井.抱甕而出灌.搰搰然用力甚多.而見功寡.子貢曰.有械於此.一日浸百畦.鑿木爲機.重前輕挈.水若抽數.如沃湯.其名曰槔.又曰.不見夫桔槔者乎.引之則俯.舍之則仰.彼人之所引.非引人者也.故俯仰不得罪於人.今人有稱龍骨爲桔槔者.實誤.

Masonry,立於堅固卵石層之基上.三和土水槽五條,橫埋大堤,通堤內之幹渠.每槽高三尺寬四尺,斜度一與二百之比,流量每杪鐘六十三立方尺.槽口總閘門,係建築鋼料,接觸面配以黃銅,以減阻力.上下用齒輪盤轉,一人之力,即能啟閉.

幹渠　幹渠底寬二十尺,岸坡豎一橫二之比.斜度一與一千二百之比,全量流時水深三尺.水面至岸頂,Free board 至少二尺,流量每杪二五〇立方尺,流速率水深三尺時,每秒三尺.深一尺半時,每秒二尺.如是既不致冲塌渠身,而水中細泥,亦不致淤積.

沿渠之地勢,斜度平均爲一與三五〇之比.較渠之斜度爲峻.故在適當地點,設湃 Drop 以調劑之.每湃降下自三尺至五尺半不等.湃上亦有閘,以節制上游渠水之高低,湃之建築,爲三和土與疊石牆.

支渠及廢水道　原定支渠共十二條,現在建設中者六條.支渠所溉之地段,先從地圖上劃出之,然後從所需水量之多寡而定渠之大小.渠底之寬,自三尺六寸至六尺不等,深自二尺半至三尺,斜度大概從一與五〇〇至一與一〇〇〇之比.流量小者每秒五十立方尺,最大之渠,同時亦可用作廢水道,每秒可流九十立方尺.分渠上亦有湃,多有在道路交叉處,湃與橋幷爲一,省工省費,甚便也.支渠之水,亦有閘門,可資宣節.

利益　據農人意見,謂將來工程完竣施水以後,夏作之收成,可增一倍,秋作,亦可望增收,且可用若干地畝,以植蔬菜云.

渠中之湃　菲列賓

福州灌溉工程

年來福州人士,甚注意於稻田之灌溉,而有較大規模之設施,以下所記,係得之治閩江之友人傳述,詳細情形,尚待調查也.

離福州八十里地方,濱海有一江,水量頗旺,質淡可溉.沿海一帶,爲灘地,受海水之侵襲,廢而不耕.灘後毗連民田六萬餘畝,植稻.現地方人士,組織公司,資本三十萬,採用機械,以盡力於灌溉.在江邊設抽水站二處.第一站從河起水二十尺,流入第二站,再起二十尺入田.發動力用地賽耳引擎二座,合有四百匹馬力.係蘇爾壽供給,抽水機係離心式.田間穿總渠,再由渠旁,安設閘門,經水路,分達各處.

溉田水費,聞爲每畝每年一元二角.

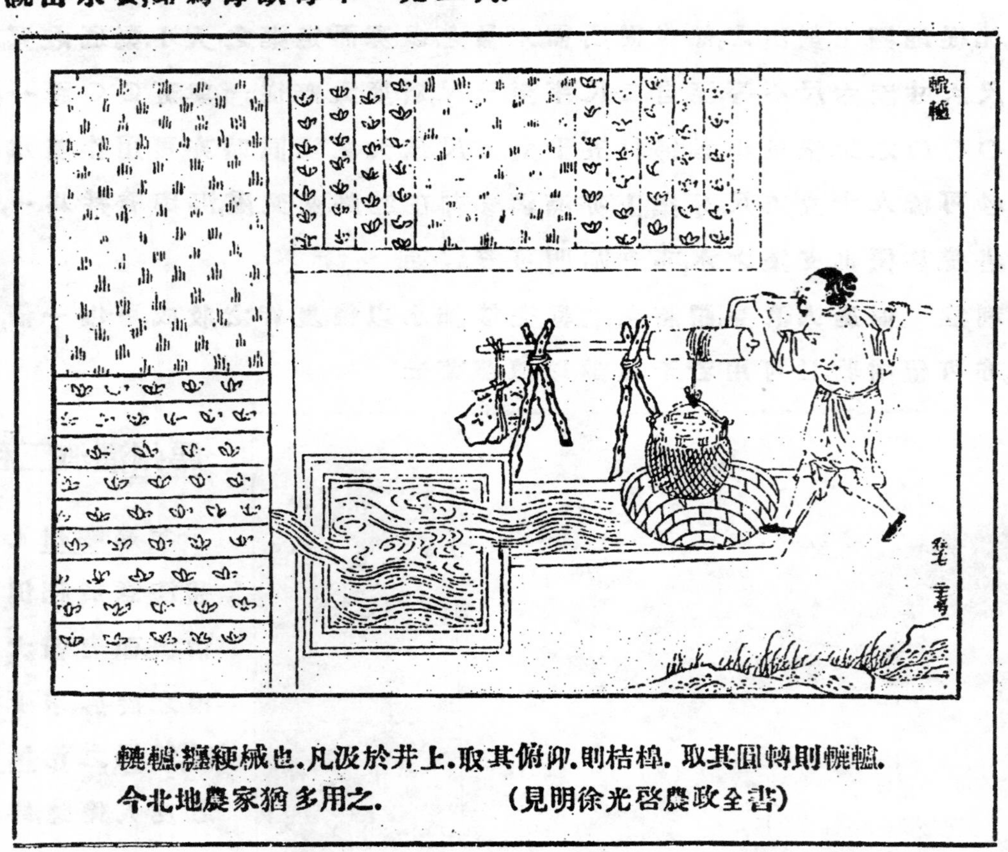

轆轤.纏綆械也.凡汲於井上.取其俯仰.則桔槔.取其圓轉則轆轤.今北地農家猶多用之.　　(見明徐光啓農政全書)

菲列賓羣島 (遠東時報十七年七月)

自美利堅治理菲列賓以還,其經濟上最大之發展,首推灌溉事業.現已告成者,共有十八處,遍十二省,受益人民五十七萬 57,0000 餘人,溉田百餘萬

菲列賓之梯田

渠口工程　菲列賓

100,0000畝.菲島近二十年來,每年自安南暹羅運入米糧三百萬300,0000擔.灌溉工程之建設,所以求本境食糧之自給,今其成功,已過半矣.

吾國築壩之方法

欲引水灌田,第一步須阻塞江流,逕水入渠.故攔江築造壩堰,爲灌溉最要之工程.古法造堰,其高大雖不足與今世所謂壩者,相提並論.然古人思想愼密,作法經濟,甚堪師法.觀乎石龕工程,純用西制,而河堰則仍古法,可以知矣.

壩之作法,有草壩石壩兩種.草壩者以葦與土爲之,取其價廉工儉也.石壩則較費而較久,今將二者之築法,引述於下.

凡築草壩,先擇地勢平坦堅實,并對河背溜之處建立.地平則緩於進水,土堅則難於衝刷,背溜則漫水上灘,回頭倒入,水力舒徐,無順流直注之勢,壩工方保平穩,此建壩之大要也.兩金牆以及迎水出水四面雁翅,俱刨深槽下埽埋頭,葦土層鑲,大椿貫項,嚴密堅實,無少空隙,否則水滲金牆,全壩俱傾矣.且壩身海漫週圍作灰土護壩,形如牆垣,每一尺用排樁四根,貼釘厚板,愈深愈堅.上用管頭橫木,密裹鐵葉,與壩面灰土相平,毋使稍有高下.並水道不平則作勢激蕩,海墁未有不受傷者.先用梅花柏釘,密下深簽,上加灰土.大夯灰少,小夯灰多.補底則用大夯,迎面則用小夯.灰性堅久,水過不滲,小夯多一層,等大夯之三層也.迎水出水二處簸箕,凡建壩皆不可少.迎水處長短尚可隨意,

攔江石壩.建於堅實之河底上.惜下游出水之簸箕太短.致有冲刷之患.

出水處,切不可短.而壩下地勢過窪,又沙土浮鬆處,更須注意.長則遠送平地,水可舒徐以進.一或短縮,瀑布斜流之勢,跌落坑坎,倏及排樁,保護難矣.至若定壩門之寬長,測地基之高下,所關最重,尤宜悉心審度於未事之先也.石壩之工料鉅費,代以草壩,其減水之功則一,而用物較省.且渾流善徙,倏遠倏近,用覆不時,草壩之制,可以隨時添減,補修亦易,最爲善制.(安瀾志).

石壩爲工甚鉅,運石購料,動逾經年,不比草壩易成,兩三月可竣.擇地建造,先於臨河圍築月隄,備料防護,以禦河水,庶便興造.次即詳計石料,務求充裕.石料有缺,剜難驟增,有誤全功.他如磚木灰柴,亦宜豫備.其法務期立基深厚,愈深愈穩,稍有浮洩,水滲入裏,必至蟄裂.梅花釘,更須密下深簽,宜防工匠之省於用力,偷削短少.砌石,最要光平.灌漿必須飽滿.四

ASWAN DAM (ACROSS THE NILE). View from east bank looking west.

上圖爲埃及尼羅河埃斯橘壩.爲世界巨工之一.長約四里.自頂至最深之趾.約九十呎.河水自冬季最低水位雍起四十六呎.其用爲積貯過剩之水.以備四五六月間農田之用.自一九〇三年落成後.農產之增加.不可勝計.

圍排樁,爲護壩之牆垣,排樁衝動,刷及灰土,而石塊墊陷,尤關緊要.至於迎水出水之兩簸箕,前後左右之四雁翅,又須詳勘內外地形之高下,以爲長短,俾水力相副而下,切忌短窄,致平土有跌刷之患.至於減水滾水,同一分洩,而制度稍異.滾水之制,壩面作魚脊形,水至脊則滾流而下.減水壩作平面.取其過水平緩,以免魚脊懸流之勢也.(安瀾志)

壩身疊砌條石,十三層至十六層不等.每層條石,丁順成砌.護壩坦坡,鋪條石一層.坦坡下脚,砌埋頭條石五層.埋頭石外,散水海墁,砌條石二層.壩身條石後,襯砌城磚,坦坡條石後,墳砌虎皮石.壩基壩身甎石後地脚,刨槽築實,打灰土素土.下碱椿釘.每寬一丈長一丈,用釘三十根.條石每塊長四尺,寬一尺五寸至二尺不等,厚一尺.每塊用鐵錠一二個.灌漿每折寬一尺長一丈,用灰四十斤,江米二合,白磨四兩.修艌石縫,每長一

ASWAN DAM (ACROSS NILE).
View shewing discharge through upper sluices.

埃斯璜壩之下面.穿過壩身.有涵洞一百四十.每洞高二十三尺.寬六呎七吋.又有洞四十.高十一呎六吋.寬六呎七吋.與第一組.高下位置消異.每洞有鐵門以啓閉之.

丈用油一斤四兩,每油灰五斤,用好麻一斤.虎皮石每折高一尺,見方一丈,用灰八百斤.城磚每塊長一尺二寸,寬六寸,厚三寸.每塊用灰一斤八兩(會典).

水　法

與灌溉水利關係甚切而常爲工程進行之梗者,厥有二端.一水源之分配,二水渠之路線.河流行經各邑,上遊之區域,農時儘量截取,下遊之民,臨江無水,坐待苗枯.於是結訟連年,爭端不息.凡開渠運水,常須行經他人之地,或有意抬價,或多方阻撓,調停無方,工程廢棄.凡此種種,不一而足.是以欲促進事業之發展,免避利益之衝突,端賴爲政者,審察習慣民情,訂定良善水法,方能興利除弊,進行無阻.做釐訂水法,均平水利,亦有不容忽視者.玆引述數事,以備參證.

清雍正年間,滏陽河發源於河南之磁州,經過直隸之廣平府.廣郡舊建八閘,數千畝之田,均受其益.嗣後磁州之民,欲獨擅其利,旣建東西兩閘,復於東閘下,建第三閘以東之.每遇三月以後,八月以前,三閘盡閉,下遊之民,思沾涓滴而不可得.官吏商民,屢詳屢告,訟歷數年,終將磁州改爲直隸管轄,由戶部議准啟放閘板章程,爭端始息.

磁州西閘,在西門外十二里.閘有七洞.每洞下板八塊,每塊以地畝尺一尺三寸爲度.積水至六板,卽可分注溝渠,至八塊而各田充足矣.准自二月三十日以後,將閘板全下.每月開放六次.放閘之法,水底留板六塊,水面去板二塊.東閘在城東二十里.閘止一洞,下板十三塊,每塊以一尺爲度.使與西閘同日啟放.水底留板九塊,水面去板四塊.每啟閘之時,委員看視,水與板平卽止.以一啟五日爲率.

其東閘下十五里,州人建有第三閘.此處地勢極低,攔河收束,水難下灌,卽拆毀此閘,不許復建.如是本地之溝水常滿,而下游之餘波不絕,旣不過水以病鄰,亦不竭上以益下.水利田功,兩受裨益.(畿輔水利)

近年來綏遠特別區自關內移殖日衆,荒地日闢,水之需要日繁,而水利之爭端以起.官廳爲免爭訟計,頒佈規條,凡農家欲開渠以溉田者,其渠經過鄰地,須給還完全地價.如有損及其鄰之利益,須照値賠償.開渠

UNDER SLUICES ON THE RIVER MOO (IN BURMA)
View up stream, sluices lowered.

Apan of each gate, 40 ft. (12.19 metres). Depth of each sluice 11 ft. (3.35 metres).

Lift. 29 ft. (8.84 metres).

上圖爲緬甸廠河壩之刷沙閘.壩身甚低.大水時水位極高.故其橋墩.亦隨之而高也.每孔寬四十尺.門高十一尺.吊起二十九尺.墩之背.懸重箱.所以平衡鐵門之重.俾起落便利也.

之先,須繪圖說明,呈請立案,河中取水.視其地之所需,不得多取.并須繳付踏勘費,每百畝一元.水費每年每百畝七元云云.(十四年中美工程師協會月刊)

華洋義賑會與辦石廬灌溉工程,渠道所經,佔用民地頗多.原定計劃,向民租用,俟工程告竣,積有餘利之時,逐漸償還地價.無如地方阻力極大,工程幾致停頓.終由鄉紳協助,購買所用各地,而糾紛始解.

年來江浙機械灌溉新法,逐漸推行.去年上虞亦有人組織源源車水局,向

ISNA BARRAGE (ON THE RIVER NILE).
View down stream shewing Barrage and Looks.

伊斯那閘壩.橫截尼羅河.在埃及辣克沙之南.閘有一百二十孔.其用爲壅尼羅上游之水.以漑田畝.兩旁有渠.渠各有閘.以資宣節.閘壩之一端.另有複閘.以備船隻升降通行之用.圖爲其下游一覽.

新中工程公司購置機器,試辦一年,今歸中輟.其故由於農民貪利,水道所經,故意毀損,令其溢漏,而坐享羨餘,車水局無法阻止,不得不停止營業焉.

結　　論

夫築堰開渠,穿江引河,利澤千里,衣食萬民.如斯大業,多在山陸之地,大河之旁.如四川陝西山西河北等省,可以鑿引者,名流數十,大可有爲.若在東南各省,形勢平衍,池塘河浜,縱橫交錯,不宜於渠制.而以機械升戽,最爲適當.

水渠灌漑,源遠流長,範圍寬廣,經費極鉅,苟得大資本經營之,一經造成,百世之利.機械灌漑,可小可大.小者潤數十百畝,大者數千畝,數萬畝.凡有水而

HOLLAND DRAINAGE PUMPING STATION EQUIPPED WITH WOOD SCREW PUMP

荷蘭華倫好夫

此係二只一三六吋螺旋邦浦.出水量每秒四八○立方呎.水頭六呎.在此低水頭之景狀.奥特螺旋邦浦之效率.較之離心式.高百分之二十五.燃煤量.每水馬力每小時不過二●四磅.所抽之水.係從六六.○○○○畝地.排洩而來.吾國如淮河流域患水之區.仿設櫃田.驅機排水.可以致富.

不能引者,必可賴機力以升之.故渠制爲地勢所限,而機械則措施較易也.

水利工程,自古所重,前人遺跡,彰彰可考.洎乎晚世,科學發明,而灌溉工程,亦相率進步.舉凡計算之法,節水之術,建築之材料,施工之器具,莫不遠勝往昔.以故各國所興舉之工程,至可贊歎.吾人考前賢之功績,覩外邦之設施,亦當知責任之所在矣.

若夫非常偉業,黎民懷懼,所貴持久,乃可有功.秦人開鄭白之渠,利及百世,而當時至欲殺水工鄭國.漢河東太守番係引汾水灌田,河渠數徙,田者不能償其種.至唐長孫恕復鑿之,畝收十石.凡始事難,成事易,賡續以終之則是,中道而棄之則非.故明手灌溉之利者,其勿畏難而中止也可.

吾國歷來君主專政,以天下爲私.然猶有不忘本者.乾隆二年七月之上諭,「自古政治,以養民爲本.而養民之道,必使興利防患,水旱無虞,方能蓋藏充裕,緩急有資.是以川澤波塘溝渠隄岸,凡有關於農事,須籌劃於平時,斯蓄洩得宜,潦則有疏導之方,旱則資灌溉之利.非可委之天時豐歉之適然,而以臨時賑恤爲可塞責」.今者天下爲公,三民主義,貫澈全國,對此致治養民之大道,尤多注意,如最近馮玉祥總司令之建議「興辦水利,爲解决農業問題之唯一關鍵,惟多工程浩大,非旦夕可辦,宜由政府發行水利公債三千萬元乃至五千萬元,專設機關,管理其事.先擇全國河流中最易治最需治者,開始動工,如淮河,如永定河,如涇渭,皆早有勘測,惟待實行.而通渠溉田,尤應力求普遍,所需工人,以兵工行之,至晉豫陝甘諸省,四野缺乏溝渠,農民最苦旱災.然各縣小河,可用以供局部之灌漑,但須多挖溝渠,及多開新式井.應從水利公債項下,撥定專款,責成各省政府,令各縣知事,視爲最要之民政,極力提倡.如有駐軍,應供給勞力,爲民服務.而省政府考察知事成績,當列水利於第一項,以昭激勸.查北方農民,幾於年年苦旱,旱則生蝗.今年黃河流域,飛蝗蔽天,災情奇重,民本無食,而蝗復食之.玉祥通令所部,爲民捕蝗,略事補救,然不能引水防旱,終非根本辦法.況因河道失修之故,無雨固旱,雨多則潦,故治水爲救農之本,尤爲救淮河黃河兩流域億兆生命之本」.

總之,吾國欲圖富强須闢利源.利源之所在,一爲地上之農產.二爲地下之鑛藏.採鑛冶金,工程師之責也.防災灌漑,以增農產,亦非工程師莫屬.吾人於此,須知使命之重大,努力奮鬭,荷戈前驅.各界亦宜切實籌劃進行,力謀建設.全國民衆,尤須改其往昔之觀念.昔以權高勢大,轄地廣博爲榮者,以後當以能建百世之功,興利民之業,爲最足稱頌.昔日某也總統,某也巡閱,以誇耀世人,今後當引頸屬望於誰能導治淮河,誰能恢復鄭國水渠,而贊揚崇拜爲蓋世之人物.庶幾上下戮力,富強可期,國勢可振矣.

短波無線電報收發機

著者: 許應期

參考書 The Radio Amateur's Handbook by A.R.R.L.

本文主旨在於說明實用短波無線電報收發機之構製,使稍受科學教育或於無線電稍有經驗者,皆能自製無線電報收發機以作消遣或研究之用,本文分以下數節:—

第一節 真空管發生振盪原理淺說

第二節 發報機線路之概述

第三節 哈脫來氏連接法

第四節 阿姆屈郎氏連接法

第五節 高爾兹氏連接法

第六節 收報機線路

第一節 真空管發生振盪原理淺說

真空管之柵電壓與屏電流之關係,有如第一圖曲線所示.柵電壓與屏電流,在發生振盪以前爲 e_{go} 及 i_{po} 假定此真空管屏電流或柵電壓之一方,因或種原因,而稍變動,一方既有變動,他方亦隨之而變動,此如圖所示兩者之關係使然也.爲解釋便利計,姑設柵電壓先生變動,其變動使柵電壓自0至1(見圖),因之屏電流乃自2至3.如屏電路與柵電路有磁感或電容關係,因此關係,屏電流之增加足使柵電壓減低.於是柵電壓乃自1而至4,然屏電流亦隨之而減低,自3而至5,此又兩者之關係使然也.屏電流之減低,則又以磁感或電容關係,使柵電壓自4而至6,如是往復循環.因真空管有放大本能,故其變動之幅愈增愈大,直至爲兩端彎曲所限,不能增加爲止.總上所言,吾人可知真空管振盪之發生,須有兩條件:—

第　一　圖

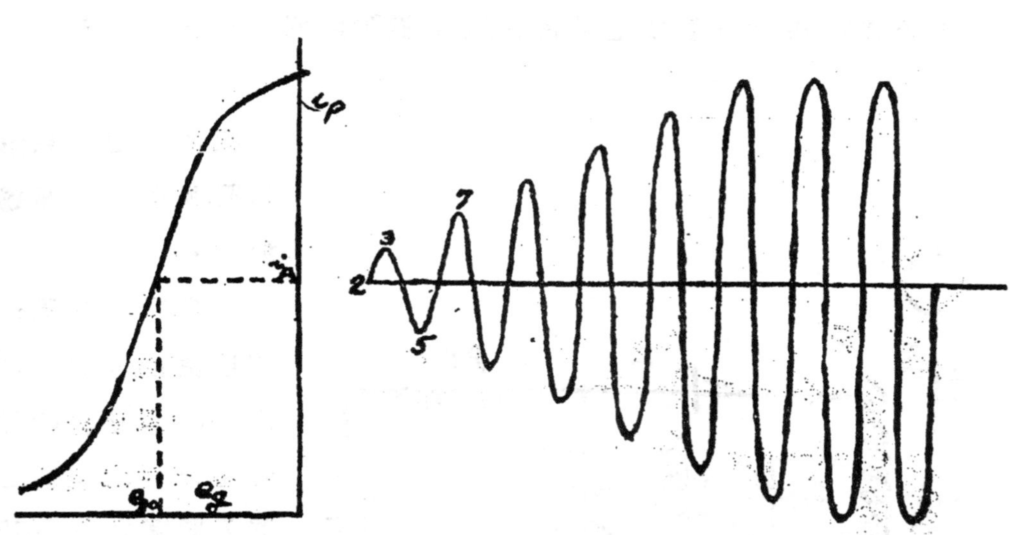

1. 真空管柵電壓與屏電流應有磁感或電容關係,而其關係必須使屏電流之增加或減少生柵感壓之降低,或升高.換言之,即兩者之交連爲負而已.

2. 兩者交連之關係,必能使變動之幅,逐漸增加,以至最高限度.

第二節　發報機線路之概述

振盪管之線路不可勝數,大別之可分二類.一類爲屏柵之間有磁感關係,又一類爲屏柵之間有電容關係是也.另一分法則分三種.一種爲哈脫雷氏連接法 (Hartley Circuit) 一種爲阿姆屈郎氏連接法 (Armstrong Circuit)一種爲高爾茲氏連接法(Colpitts Circuit).其餘各種連接法不外此三種之變化,此三種最爲簡單,而其他繁複之線路亦未見較爲有利也.茲將三種連接法分別說明,幷舉實例.

第三節 哈脫雷氏連接法

哈脫雷氏連接法爲最簡單之連接法.其須變動配置之部份最少,故管理甚易.

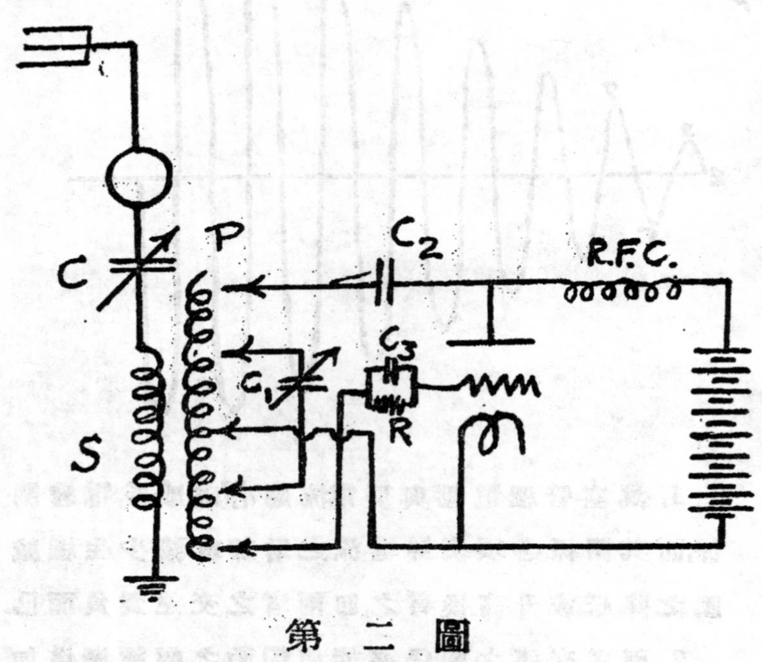

第 二 圖

線路之連接見第二圖,圖中各部簡述於下:—

R. F. C.= 射電週率阻流圈,其製法可用No.30單層線繞於直徑三吋之圓筒上.其最適宜之圈數,150至200米突波長時爲250圈,80米突左右時爲150圈,40米突時爲100圈,20米突時爲50圈. R.F.C.最好與P及S成垂直,以免發生磁感關係.

C_2 = .002 uf 定量電容用以隔離高直流電壓

C_3 = .001 uf 定量電容

R = 5000 ohm 耗阻 C_3及R須視用何眞空管而定,此係假設爲No. 210.

P與C,須視波長而定.玆列一表於下:—

波長帶	磁感量圈直徑	C_1之最高電容	¼″闊之銅條平繞圈數	兩圈間距離
150—200	5″	.0005	10½	¼″
75—85.7	5″	.00025	10—12	¼″
37.5—42.8	3½″	.00025	7	⅜″
18.7—21.4	2″	.00025	6	½″

即不照表中所示之磁感量圈與電容器大小而另外計劃,自無不可,固無須拘泥也.

再用曲線示之如第三圖.

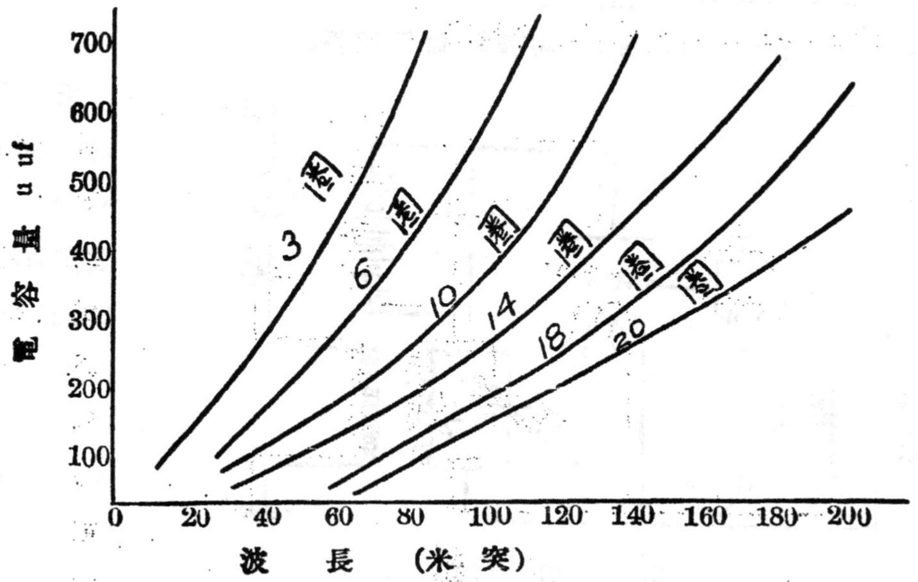

第三圖(A)直徑5"磁感應圈之諧合曲線(圈間距離=¼")

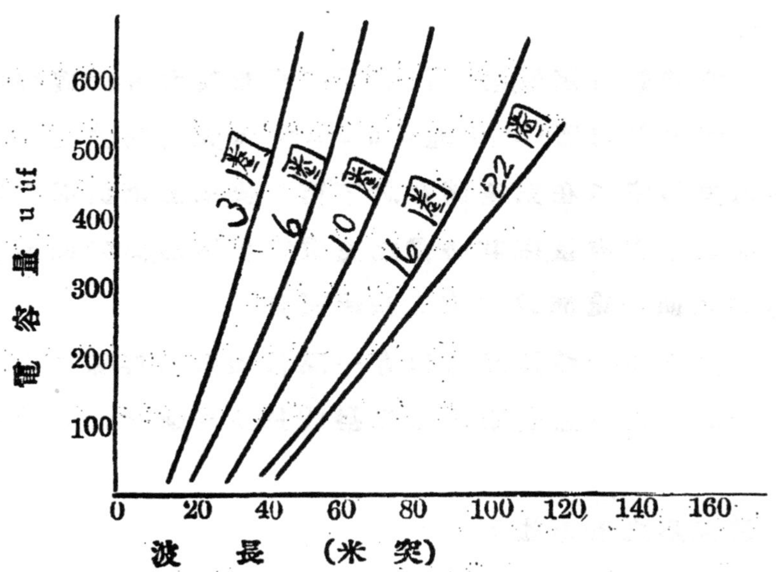

第三圖(B)直徑3½"磁感應圈之諧合曲線(圈間距離=½")

第四節 阿姆屈郎氏連接法

哈脫雷氏連接法中,欲變換波長帶 (Wave Band) 須變換磁感量圈.每次變換時之接線頗繁.若用阿姆屈郎氏連接法,可免此弊.此連接又名屏柵諧合線路 (Tuned-plate-Tuned-grid) 其線路如第四圖.

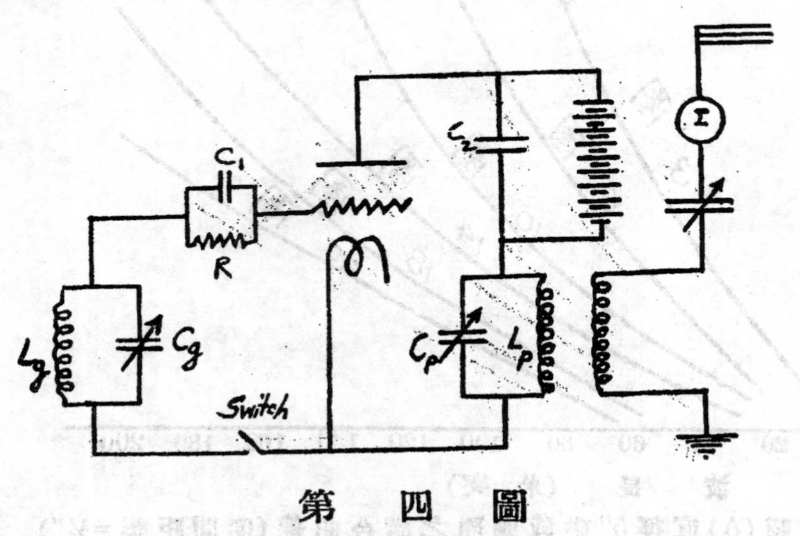

第 四 圖

第一節中曾言一眞空管之能發生振盪,必其屏柵之間有磁感或電容關係.此連接法所以能發生振盪乃因柵屏卽爲電容器之兩片,其電容關係,卽在眞空管之內部也.

用此種連接法,有時頗有困難,第一則屏電流有時甚大,其故因柵屏電容太大或屏柵上之斷流電容器(Blocking Condenser) 太大.其補救之法有二.第一即使柵線路與屏線路不在完全諧合之下.第二使柵上斷流電容器爲可變的減小.此電容器之電容量,使其必需之充電電壓增加,同時使屏柵間之充電電壓減低,亦足使屏電流減少.第二法較完善.

在波長二十米突以下,此種連接法倘有一點甚困難.卽屏線路與柵線路中電容器如並行者然,兩者之變動均足以變波長不易使之諧合於一波長之下也.

今將此項連接線路之各部述下.

屏與柵振盪線路爲簡便計,其磁感量圈與電容器,可以相同.

Cp 及 Cg = .0005 uf or 500 uuf　　C_1　100—200 uuf

C_2　100 uuf　for No. 210 tube　　R　5000 ohm　for No. 210 tube

屏柵磁感量圈可用 No. 14 或 12 磁塗銅線繞於三吋直徑之圓筒上.如波長爲40或80米突,則繞八圈如爲20或40米突,則繞3圈.兩圈間距離¼″,屏磁感量圈與柵磁感量圈應相垂直以減少相互間磁感作用.

今略述此線路之諧合手續.先使天線磁感量圈與屏磁感量圈成垂直,以除去磁感作用.柵電容器放在刻度中間(Middle of scale),捺下電鑰,速轉屏電容器,此時須注視眞空管,如其燒熱過甚,須立開電鑰.兩線路諧合之時,屏電路最低屏電容器卽放在此處,量其波長,然後漸漸移動屏電容器與屏電容器以得所欲之波長.此波長旣得,使天線磁感量圈與屏磁感量圈相交連,再稍稍移動屏柵電容器,以波長或已變動也.如此循環變動,以得最後之結果.

第五節　高爾茲氏連接法

在哈脫雷氏連接法中,屏柵有磁感應關係,在高爾茲氏連接法中,屏柵有電容關係,其最簡單之連接線路如第五圖.

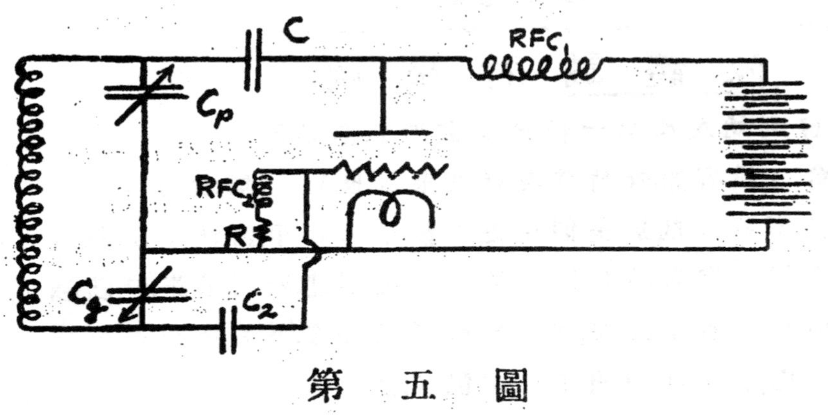

第　五　圖

此法中最須注意者,卽柵漏(Grid Leak)不能跨接於柵電容器C_2而須如圖所接,因有Cg爲阻也.

增加 Cp 之電容量足以增加波長,同時增加柵之回給電壓 (Feed back voltage) 增加 Cg 之電容量亦足增加波長,惟同時減少柵之回給電壓,如兩者置同一軸上.同時增減,則柵之回給電壓,可以不變而只變波長.

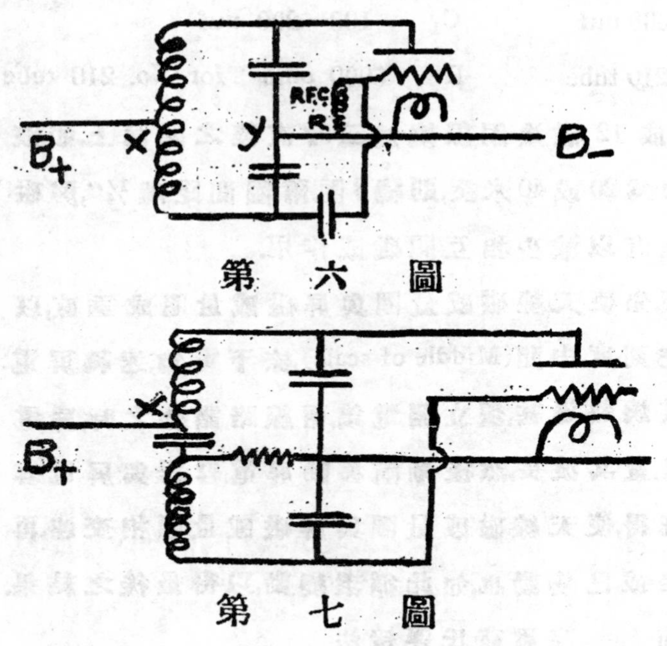

第六圖

第七圖

Cg與Cp可以相同,惟最好Cg之電容量兩倍於Cp,以此時柵之回給電壓,最爲適合也.兩電容器之電容量可以串聯之公式算出之.磁感量圈與兩電容器之大小,視波長之長短而定,已詳第三節中.

以上最簡單之高爾茲氏線路,稍加改變,可以免去屏RFC及屏斷流電容器如第六圖.因XY兩點間,無高週率電壓之故,若Cp與Cg相等則X在中間,若Cg兩倍於Cp.則X向下移至自下數上三分之一圈數.

若再加改變,可幷省去柵路RFC如第七圖.　　　　（待續）

陳體誠君來函

（陳君爲本會創始人及第一任會長,其所訊滬地建築公司一節,又多與本會會員有關,故特發表,以供衆覽也.）　編者附註

子獻學兄,別久不稔　起居奚似.弟近辭漢平鐵路事,由漢來杭,就貴省公路局總工師職.才陋責重,尙祈時錫　敎言,以匡不逮.浙省公路,近已極積進行,或官辦,或商辦,均已着手建築,河道縱橫,橋工極多.下月杭州至南京大道,卽須動工,尙有數處,橋工亦須開工.杭州包工,極乏鐵筋洋灰經驗,滬地包工,又多裹足不前.　兄在滬工程界日久,必多熟人,諳於此途.又聞新中工程公司,亦歸　吾兄主持.倘能於暇中,開列二三公司地名及規模,暨經理或總工師姓名見示,以便日後接洽,則至感謝.……

學弟陳體誠寄　　十月十五日

廣播無綫電話之有綫中繼

著者：汪啟堃

(一) 概　論

世界各國廣播無線電話之發達,近益猛進;小電力之廣播局既改用大電力,小都市內各種小容量之廣播局亦復日增.因之,大小廣播局間互以有線聯絡;不獨在美國可同時由七十餘局廣播同一節目,卽英,德,法,瑞等亦各有廣播局數所或數十所,悉以有線互相聯絡.若舉廣播局間所連結之回線之必要條件,第一爲傳送週率帶 (Band of Transmission Frequency) 須宏大.經由有線之廣播中繼,係將發自顯微音器 (Microphone) 之廣播電流,直接由回線傳至目的地;此點雖同於電話電流之由電話回線傳送,但二者間傳送電流之組成大相差異,故不得謂無論何種電話回線皆可充廣播無線電之用.電流之用於電話者,其週率帶自 200 週至 2000 週,已敷展布;現在廣播中繼則音樂所發之週率數,自數十至數千週不等,普通達 4000 週左近,非據以傳送不可.故自回線之傳送特性着想,週率帶之擴大,實最爲重要.第一圖爲各種回線之傳送特性曲線,其中以架空裸線爲最合於理想,電纜回線則以輕負荷者卽截斷週率數 (Cut off Frequency) 較高者爲佳.傳送週率帶之限制,因回線之成分而異,故各國互殊.德國所定之方針,不拘於現在情形,而以地下電纜之鉛包中心集團 (Quad) 爲中繼回線;施以特別輕負荷,其截斷週率數爲 10,000 週,添設等化裝置 (Equalizer) 後,傳送週率帶可達 7000 週.美國則因各地線路情形,分別利用電纜回線與架空線;電纜回線係四線式輕負荷回線,其截斷週率數爲 5,700.英國於幹線概用架空裸線,於特別部分用連續負荷電纜或無負荷電纜,非如負荷電纜之有截斷週率數限制,故傳送週率帶最廣;亦用等化裝置,使衰減度 (Attenuation) 均勻,可達 8000 週左近.

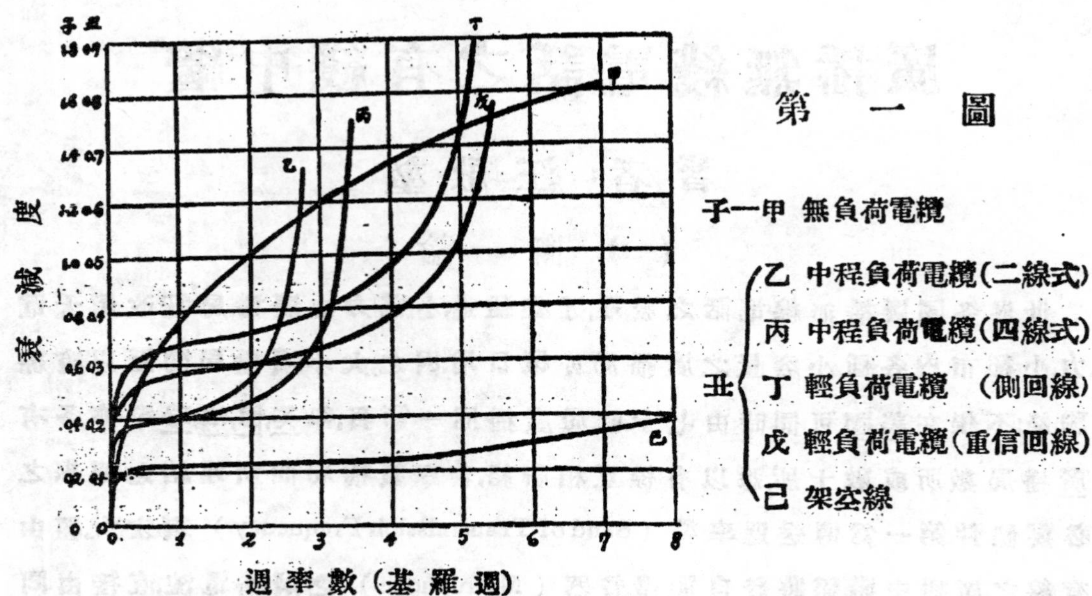

第一圖

其次重要問題爲串話及感應之妨礙,務求減少;蓋中繼線除特別情形外,皆利用普通通信線,故串話所生之妨礙中受與施兩方面,皆須加以考慮.串話愈少,則電話之電力平 (Power Level) 愈不致降低,而所受他線之妨礙亦愈少;且電力平亦不致增高,而施於他線之妨礙亦愈少.串話之程度究應如何限制,各國間亦互異,以德國爲最高,回線須常保持 12 至 13 衰減常數,幾不許稍有串話.英國既利用架空裸線,自難嚴密限制,大約以 300 串話單位爲度,換算標準電纜之通話哩數,約合 75 哩.美國則謂兩終端間之串話如在 1000 單位以下,即於廣播無礙;此數合標準電纜約65哩以上,廣播節目如係特別種類,似有被妨礙之虞.電力線之感應妨礙一事,如德國之主張全部用地下電纜回線,當然完全不致發生;在架空電纜部分內,倘鉛包接地氣不完全,易受感應妨礙;在架空裸線則因電力線電壓提高與電氣鐵道,尤以交流電氣鐵道之發達,所受之妨礙甚爲顯著.防止之道,有特別交叉 Transposition 一法,亦難期盡除.美國則謂廣播電流與發生感應之妨礙電流之比,如係50至60 T. U. (Transmission Unit, 傳送單位), 於廣播無礙.此等妨礙每因回線之不平衡而發生,故保持回線之平衡狀態一事,實甚重要.因之,在架空裸線之回線,須有高絕緣力 (Insulation) 及均一垂度,固不待言,即電路內中繼線圈 (Repeating Coil) 之中性點須完全接地氣一事,亦不可忽視.

次考傳送特性之匡正及廣播電流之增加,閱第一圖,架空裸線於100 週與5000 週以上週率數間所生衰減度之差,雖在長距離線路亦爲數甚小;無負荷電纜雖在短距離,其差甚顯著.負荷電纜則於截斷週率數左近,衰減度銳增;故在電纜部分內,欲求傳送週率帶內衰減均勻,須加設等化裝置.等化裝置或設於發電端或設於收電端,倘回線所受之妨礙甚顯著,則設於收電端,普通固應設於發電端;電纜回線通過等化裝置後,其總阻 (Impedance) 始恆定,輸出側 (Output Side) 所設之容量表 (Volume Meter) 之指示,亦始屬可靠.廣播電流之放大器 (Amplifier) 對於範圍甚廣之周波數,既須有相同之放大率,况廣播電流有限於一個方向之特質,故須加以適當之設計.廣播無線電方面則普通用 A B 兩種放大器, A放大器接於顯微音器,須合於顯微音器之總阻,且須放大率較高. B放大器將 A放大器之輸出電流,更事放大,而後送往線路;故須依此設計,放大率不必甚高,容量須有相當之宏大.電路中所設之中繼放大器雖可用 B類,亦有另行適當設計者.最後請述廣播電流之電力平,廣播電流於傳送之際,每受他線之妨礙,——即串話與電力線之感導,戰勝之道,增高傳送電流之電力平是已.但廣播中繼線概借用普通通信線,倘將自己之電力平提高,其反作用則施於他線之妨礙將隨之而增,勢不得不有所限制.因之,廣播電流之設計,須常指定於某種範圍之電力平內所應保有之發電端輸出電力平之高度及線路中之放大級數.

(二) 德英美三國有綫中繼之概要

(1) 德　國

德國現有廣播局二十三所與聽取局四所;廣播局內有收音所者九處,謂之總廣播局 (Haupt-Sender) 餘則設有放大裝置 (Amplifier) 與廣播裝置;

由有線收得總廣播局之廣播電流加以放大後再事廣播,謂之取繼廣播局(Zwischen-Sender).放大局內僅設有放大裝置.

第一表(括弧內係基羅華德(Kilo-Wall)之容量)

Haupt-sender	Entfernung von Berlin	Zwischen-sender	Haupt-sender	Entfernung von Berlin	Zwischen-sender
Berlin Magdeb. Pl. (4.5) Witzleben (10.)		Stettin	Frankfurt (9.0)	484	Stuttgart (1.5)
		Konigswustern (20.)			Freiburg
Hamburg (10.)	304	Kiel (1.5)	München (10.)	627	Nürnberg (1.5)
		Bremen (1.5)			
		Hannover (1.5)	Leipzig (10.)	168 5	Dresden (1.5)
Münster (3.0)		Dortmund (1.5)	Breslan (10.)	360.	Gleiwitz (1.5)
		Elberfeld (1.5)			
		Laugeubery	Künigsbery (1.5)		Danzig (1.5)

第一表爲總廣播局及所屬取繼廣播局之局名.聯絡各局之正式中繼廣播囘線皆利用地下電纜之鉛包中心集團,已如上述;其重信電路(Phantom Circuit)用88米厘亨利(Mili-Henry)之特別輕負荷,其截斷週率數高達10,000週;加設等化裝置後,傳送週率帶達 7000 週,而保有均勻衰減度 B=0.55.其收音室用,劇場用,電纜用等之放大器,因其所接之囘線之特性互殊,現將標準型式逐漸改良以應付之.

茲略述柏林市廣播局,其收音所設於市之中心,其節目傳送至所屬之廣播局,同時廣播.其有線聯絡之狀況,則有直達囘線接至市內之Magdeb. Bl.與市外之Witzleben兩廣播局:前者用市內電纜之中繼線 (Trunk Line),後者約長 8 公里,用特種電纜(用細線扭成直徑2.3公厘之線條);其餘兩廣播局則經由市外電話局,用市外線聯絡之.收音所距市外局約 2 公里,而於市內電纜內擇串話較少之回線,作爲廣播中繼回線;一端接於收音所內整理室之配線架,他端接至市外局,收容於特別配線架之開口 (Jack) 接頭,經交換機之繩與塞子,而接往市外線.市外線係市外電纜之鉛包中心集團所成之負荷回線,每隔 2 公里加以70米厘亨利之負荷線圈,其截斷週率數爲 3700 週.

總廣播局間之聯絡,現利用架空裸線爲之,致深受外界之感應妨礙與串話;故 Breslan Gleiwitz 兩地間,用搬送式 (Carrier System) 以中繼廣播;但搬送式所設之濾波器(Filter)將週率帶限制,不適於音樂等之廣播,故用架空線廣播音樂時,兩者並用.放大器一項,用特種以代 A B 兩種;其特長爲輸出眞空管之輸出,能自動的整理,常保持一定.

(2) 英　國

英國有總廣播局十所,取繼廣播局九所;總廣播局皆有1.5基羅華德以上之容量,自備收音室,可廣播本局節目,其中倫頓, Leeds, Glasgow 三局設有中繼裝置.取繼局係200華德左右之小局,接收總廣播局節目後,再事廣播;而全國廣播局間皆有有線聯絡,故可收得任何總廣播局之節目.各廣播局間回線之構成,則除出入於都市之小區間,利用電纜心線外,皆用架空裸銅線;而回線之種類亦不同,線徑因區間而異,如倫敦, Leeds, Glasgow 間爲 800 磅線,倫敦與 Gloucester 間爲 200 磅線, Gloucester, Plymouth 間爲 400 磅線.電纜則用均勻負荷電纜與無負荷電纜,例如倫敦, Glasgow, Daventry 間等重要回線用均勻負荷電纜,餘用無負荷之中繼電纜.各廣播局間中繼回線數之支配如第二表

第　二　表

區　間	回線數 音樂	整理用	預備	區　間	回線數 音樂	整理用	預備
倫敦—Leeds-Glasgow	2	1	3	Glasgow—Edinburg	1	1	2
„ —Nottingham	1	1	2	„ —Belfast	1	1	1
„ —Daventry	2	1	—	„ —Dundee	1	1	2
„ —Gloucester	1	1	3	„ —Aberdeen	1	—	2
„ —Bourne Mouth	1	—	2	Gloucester—Caraiff	1	—	2
Leeds—Manchester	1	1	2	„ Plymouth	1	1	2
„ —Sheffield	1	1	1	„ Birmingham	1	1	2
„ —Newcastle	1	—	3	Manchester— „	1	1	2

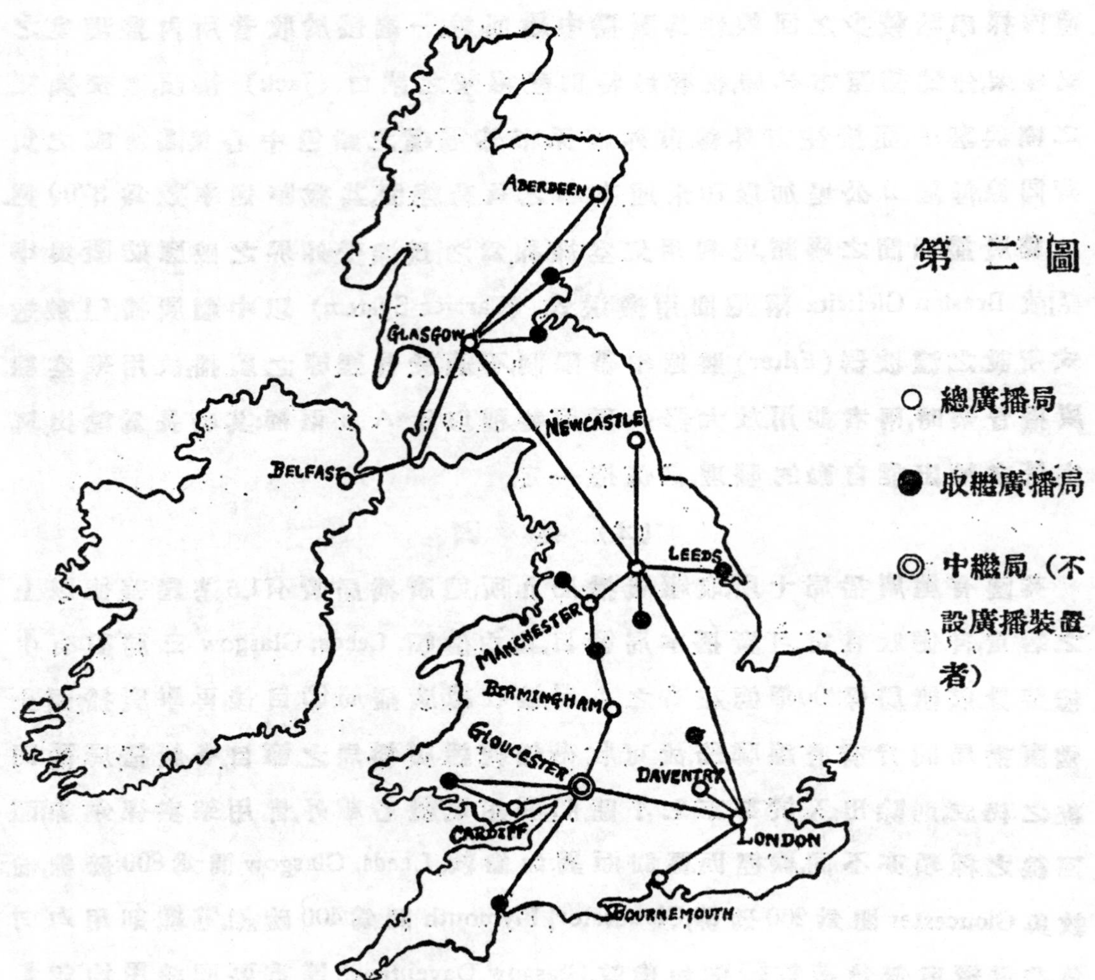

其所用之放大器於 A B 兩種外,用於輸出電路者爲輸出放大器,用於中繼局者爲中繼放大器,A 放大器係二管二級,B 放大器係五管三級,在第三級爲第三管並列,輸出放大器係二管二級,中繼放大器係三管二級,以上各放大器之各級皆聯以抵抗.用以平衡線路者爲線衡 (Line Balance), 用以使傳送特性均正者爲整理線路網 (Corection Network) 與昇進放大器 (Raise Amplifier) 二物.線衡爲總阻與抵抗直列之線路分流器 (Shunt), 於抵抗之中心點接至地氣如第三圖.整理線路網如第四圖,係含有諧振(Resonance)電路

第三圖
線衡

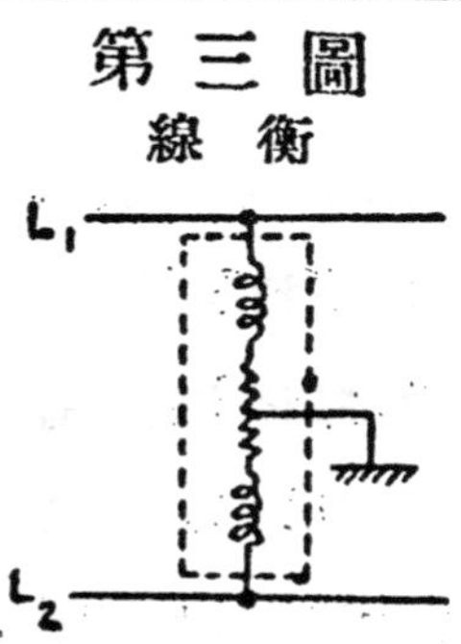

之直列線路網,能將傳送特性均正至8000週左近;線路網內之電容量(Capacity),總阻及抵抗皆可變動,因電路情影而支配之.昇進放大器對於整理線路網所生之衰減,能使之昇高.此等成分照第五圖接成中繼回線,由廣播局經市內中繼電纜而至市外局,復接於市外線.所有市內中繼電纜及市外中繼回線等皆經由廣播局之試驗台,與市內局部線路同收容於特種接續台,復導至整理交換機而接往廣播機或中繼放大器.試驗台對於市外中繼線可於廣播中繼前,從事直流及交流試驗.直流試驗係試驗回線之絕緣抵抗,導體抵抗,以及障礙等之有無;交流試驗係試驗傳送特性,就傳送週率帶之五六點,求得收電發電兩端之電流比,以之判定特性之良否.精密之試驗則每月或數月執行一次.

第四圖
整理綫路網

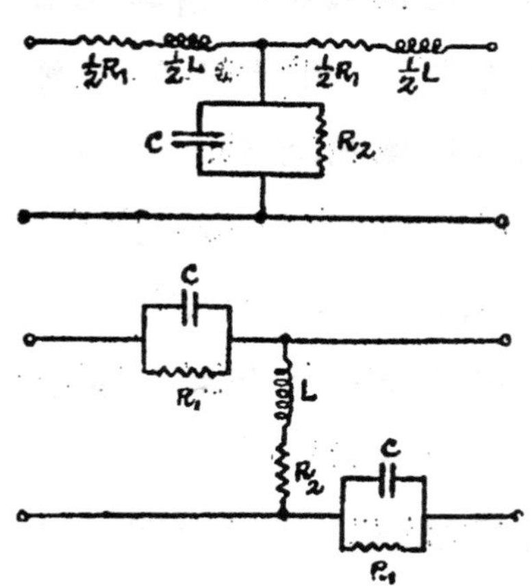

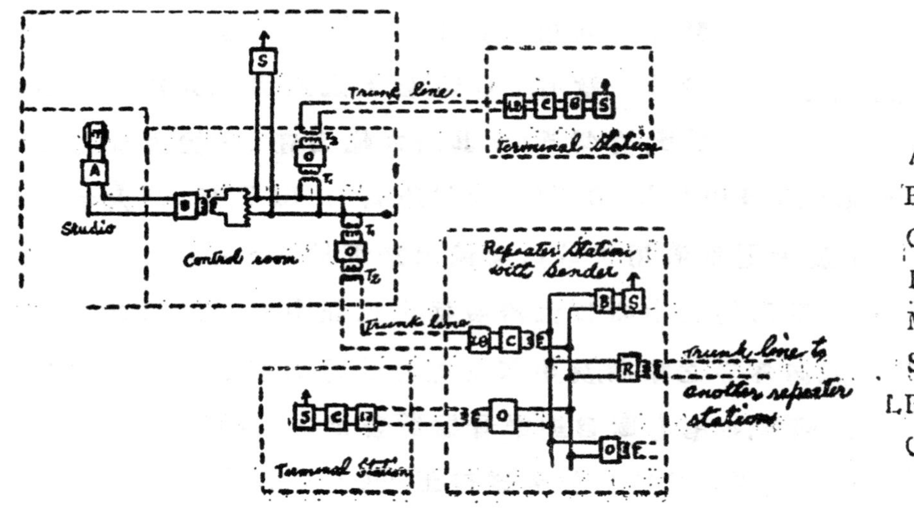

第五圖

A—A 放大器
B—B 放大器
O—輸出放大器
R—中繼放大器
M—顯微音器
S—廣播裝置
LB—線衡
C—整理線路網

(3) 美 國

美國之廣播局異常繁多,僅紐約一市,已有數十所,有名之劇場與電影場大抵備有廣播機.此等廣播局或接收大廣播局之節目後,再事廣播,或僅廣播本局節目.廣播局間之有線聯絡,在市內則利用中繼電纜,大都係無負荷回線,其距離較遠者設有等化裝置及放大裝置;相距達數十公里之遠距離聯絡,則利用市外電纜及架空裸線.電線大都係四線式回線,一對用於中繼,其他一對則作預備用.廣播局間之通信,例以電報爲之.電纜之四線式電路係輕負荷,其截斷週率數在側回線爲5600週,在重信回線爲5900週.等化裝置之用於廣播中繼者爲#1A與#2A兩種,#1A設於整理架,#2A可攜帶,皆設有共振電路之線路網.第六圖爲抵抗,電容量及感應度之聯絡圖,將共振電路之電鑰(Switch)移動,可分別接至3000週與5000週之兩種等化裝置.其直列之抵抗,有1000歐姆之一定抵抗與1100歐姆之可變抵抗(抵抗之增減以一歐姆爲單位),將可變抵抗整理,即可平衡全電線之亘長.等化裝置之功用爲在100週與5000週間,可使傳送特性不致有3T.U.以上之差異.放大器中之A放大器爲#8A,其最大輸出在130伏爾脫之屏電壓(Plate Voltage)爲+10T.U.,在350伏爾脫爲+19T.U.,最大利得(Gain)爲80T.U.B放大器則通用#17B,其輸出略等於#8A,最大利得爲35T.U.#17B用作電路內之中繼放大器.廣播電流在中繼電路內之電力平,因用電纜時有施向外界之串話,及用架空線時受電力線之感應妨礙,故須保有±6T.U.之範圍;如第七圖自顯微音器所發出之廣播電流,由#8A放大器提高至−6T.U.,復由#17B放大器提至+6T.U.而向線路傳送,在

第六圖

#1A及#2A等化裝置

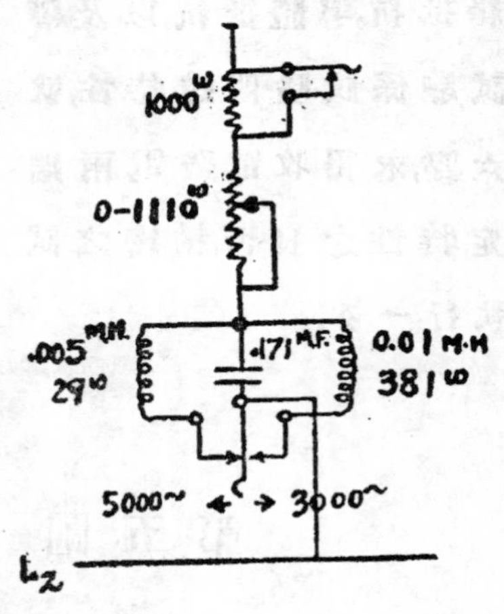

第七圖

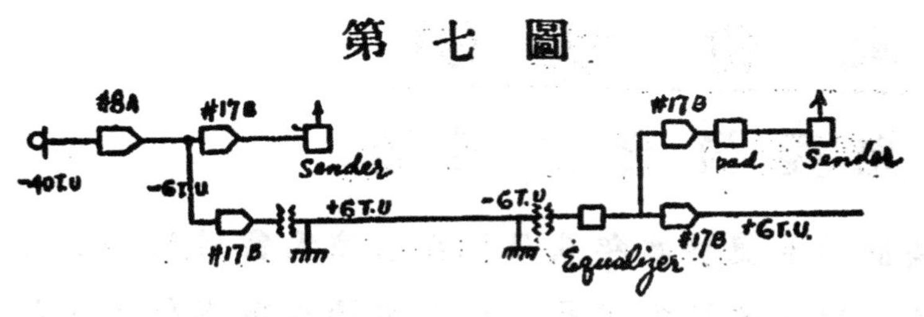

線路上大體可許衰減土12 T. U.,至中繼放大器時約有 －6 T. U.乃賦以 12 T.U. 之利得而成＋6 T.U. 遞次向電路傳送.

陳宗漢君來函

子獻先生道鑒:接誦惠書,敬聆種切,工程季刊端賴　大力撐持,凡在會員同深感佩.弟一因學識譾陋,二因俗務蝟集,亦未遑執筆,良用愧赧.赴美後,酬應較簡,聞見較多,或能勉力有所貢獻以副雅囑.同時對留學彼邦人士,亦當極力索求佳稿.至於特約撰述之名稱,一則資歷不足相稱,二則名器不可相假,殊不敢承.然職責所在,正不必居何種名義也.

弟此次赴美,先在西屋電氣公司實習一年.期滿或再圖繼續,或另入他廠一年,再轉赴歐洲,在美或德留一年.然此乃弟個人計畫,將來是否隨環境而變遷,此時殊難逆料.日前因 "Power" 雜誌,今年三月六日出版之一期P. 449有一段記載云『世界第二次原動力會議』,將於一九三〇年在柏林舉行.彼時弟或正在德國,將來工程學會如有委辦事件,當可効勞.弟自民國十年以來,先後在吳淞大中華紗廠,塘沽永利鹼廠,九江久興紗廠,吳淞廠永安第二廠,上海恒豐紗廠,均擔任原動方面之職務.此次赴西屋公司,所選科目亦爲Service及operating兩門,將來到歐,亦擬專致力於原動機械.

弟現定八月十七日乘 Pres. Madison 與清華學生同行.(下略)

弟陳宗漢謹啓　十七年七月三十一日

本會要聞

研究委員會之創設

本會爲研求學術力圖進益起見,於本年八月杪在南京大會時,議决設立研究委員會;以策進行.并定以副會長爲委員長,又土木,機械,電機,化工各科,設委員一人.今已聘定如下:—

委員長	周 琦	江西路22號益中公司
土 木	鄭肇經	西摩路錦文坊713號
機 械	杜光祖	徐家滙交通大學
電 機	裘維裕	徐家滙交通大學
化 工	徐名材	霞飛路銘德里2號
礦 冶	梁繼善	徐家滙交通大學

南京方面,會員日衆,會務日益發達,今亦自行組成研究委員會,各組主任人選如下:—

土 木	李宗侃	
機 械	周 仁	江蘇大學工學院
電 機	陸法曾	首都電燈廠
化 工	徐善祥	工商部
礦 冶	胡博淵	農礦部

至於研究之範圍,程式方法等等,正在討論起草中.其目前所定計畫,爲編訂工程規例,調查及研究工程材料及出品,介紹各國工程研究概況,徵集及審查工程建設方案,與其他工程問題,不在上列四項內者,遇必要時亦得提出.研究之研究之意義,概括言之,可分爲對內對外二者.對內爲聚集各科會員,共同研究各科之學問,交換各人之經驗,以期增進同人之智能學力.對外爲研究吾國工程界中各項問題,以貢獻於國家社會,并期工程學術在吾國逐漸演進而成獨立不羈之學問.凡吾會員,如有商榷,請與各主任接洽可也.

請聲明由中國工程學會『工程』介紹

閩南橋梁工程雜記

著者：彭禹謨

福建省漳州城外,有霞江.江面沙灘密佈.春夏之交,上流山水驟發,挾九龍江之水,奔騰而下.於是江面突闊.本有石橋二,相距約二千呎.一名新橋,然其建築年代,已遠在數百年以上.其式樣爲石桁橋 Stone Girder Bridge,該橋全長約七百餘呎,共分十餘孔,(見圖一),最寬之孔,約四十呎.桁之截面,有三呎厚三呎闊者,權其死重,每桁在二十噸以上,想見昔日我國閩南橋梁工程之偉大也.每一中礅 Pier,沿水流方向者均成尖形,則殺水 Cut Water 知識,已早發明於我國工程界,當無疑也.橋之中線,向上游成灣弧形.考其用意,不外使水勢安靜可導而出之也.民國十年,汀漳龍工務總局建造漳浮公路,以利漳廈交通.是橋適爲連絡漳市之重要建築物.於是將石桁拆去,改建鋼筋混凝土連續桁橋, Contineous Girder Bridge.考察舊有橋礅,基礎尙佳,似已至最後下沈狀況.又因經費關係,下部結構 Sub-structure,未能根本改革,致表面觀瞻未能一致,(見圖二).是橋於民國十年五月改建,十一年十二月竣工,費銀約六萬元,總長約七百五十呎,車路十六呎,兩旁步道,各四呎,改名爲東新橋.

新橋之上游有舊橋,橋長度在千呎以外,中有小島相隔,其年代不詳,當比新橋更遠也.橋之式樣築法,均與新橋相似,爲往來漳洲與漳浦及通粵省之要道,至民國十四年,始由汀漳龍工務局改建之,十五年六月完工(見圖三).橋長一千一百五十呎,車路十六呎,步道各四呎,費銀七萬五千元.其式樣仍與東新橋相似,改名爲南薰橋.

距漳州西四十五里,有永豐河,河闊在六百呎以上.自漳龍公路開始建築,於是計劃建永豐橋之議定.是橋全係鋼筋混凝土新計劃.橋之下部結構,大概情形係採用預鑄鋼筋混凝土沈箱 Precast open caisson 照所定地位安放,工人在內部掘沙,逐漸下沈,至一定平水.然後打樁下落基礎,建築兩柱,使預鑄沈箱,互相結合,成爲基礎上部結構係連續桁橋設計.每孔三十呎全長五百七十呎,車路闊二十呎,無步道.民國十年六月動工,其中因時局關係屢被停工,直至十五年六月始完全告成,爲閩南公路中最整齊之新式橋梁也.

距漳州東約三十里,有江東橋,橋長約八百二十呎,闊約十四呎,亦爲石桁式之建築.該處江流湍急,所置石桁,重在數十噸,工程之大,中外游人,無不驚異.今則已漸傾圮,漳廈鐵路,僅止於橋之東岸,至今新建築,猶未能實現云.

泉州城外之萬安渡石橋,亦爲石桁式建築.橋長三千餘呎,凡四十七孔,相傳係宋代所造,闊約十六呎,其工程之大,在閩省中,足以稱述者.

東新橋與永豐橋,作者曾從事於該項設計,故比較其他各橋爲詳.視察閩南舊時橋梁,巨大者均在沿海一帶.蓋百川入海,其尾必闊,欲利交通,始有巨大橋梁之建築.新式建築材料,未經發明於世以前,此項石桁式橋梁,當推爲重大工程也.

本刊徵求一束

題名錄: 本期後面題名錄一欄,凡工程師建築師營造廠欲將其姓名字號地址電話等刊登者,請與本會總務袁丕烈君接洽爲幸.

書報介紹: 本期增書報介紹欄,以供讀者參攷,凡諸君研究所得新穎有價值之文字或編訂成書,或分載雜誌者,均希將書名,篇名,著者姓名,及其內容提要註明寄交本刊編輯部,當陸續公布,以公同好.

工程調查: 如將各地公用事業,如電氣,自來水,電話,煤氣等項之調查,賜寄本刊,不勝歡迎.

工程新聞: 如有世界工程珍聞,國內工業發展成績及個人工程上之經營,均請賜寄本刊,當擇要刊登,以資讀者之參證.

第　一　圖

第　二　圖

第　三　圖

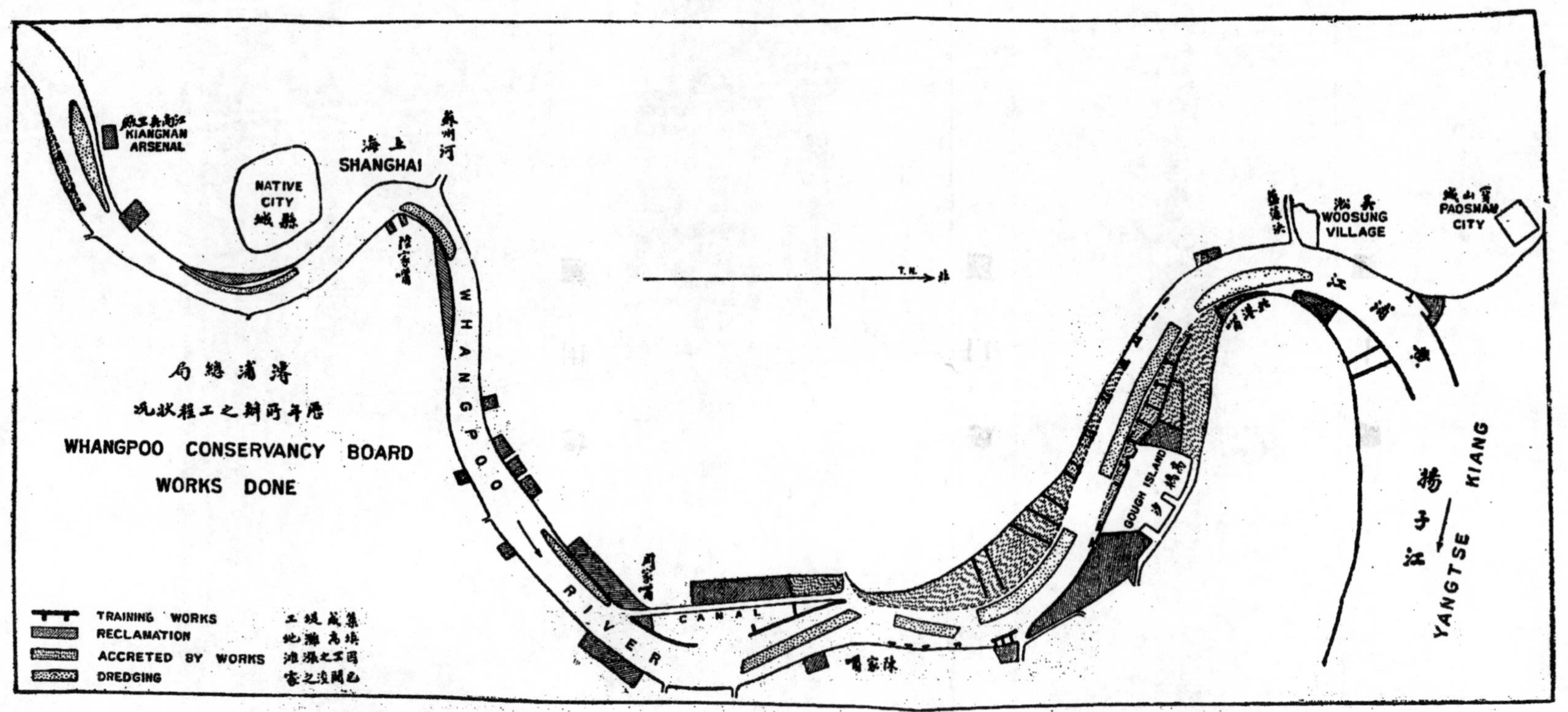
濬浦總局
歷年所辦之工程狀況
WHANGPOO CONSERVANCY BOARD
WORKS DONE
KIANGNAN
ARSENAL
NATIVE
CITY
縣城
上海
SHANGHAI
蘇州河
WHANGPOO
RIVER
CANAL
GOUGH ISLAND
吳淞
WOOSUNG
VILLAGE
寶山城
PAOSHAN
CITY
揚子江
YANGTSE
KIANG
TRAINING WORKS
RECLAMATION
ACCRETED BY WORKS
DREDGING

CONSERVANCY WORKS

H. F. Meyer

M. Danish I. C. E., A. M. Am. S. L. E.

On the 24th of August the Chinese Engineering Society did the author the honour to invite him for one of their monthly dinners and to deliver a short address that occasion. In view of the somewhat distorted newspaper report appearing one of the following days he would appreciate if this Journal would reproduce the following more correct version of the address:

In western Europe as well as in China and all other conntries with great rivers life, agriculture and transportation is closely dependent upon the happy solution of the irrigation system. In ancient China, Egypt and Mesopotamia, Conservancy Works have already been known thousands of years ago, but the modern methods such as applied by engineers now-a-days were developed in Europe, and more especially has Holland, situated at the estuary of great rivers (like the Kiangsu province) contributed a number of useful inventions which makes it economically possible to canalize most of the worlds important water-ways.

There are two main methods whereby to tame a wild river, namely training works, and dredging.

A river in its natural state tends to scour in the concaves and silt at the convexes at the stretches between two bends. At the mouth "bars" i.e. flats with low water tend to form; where side-creeks join the river, whirls will appear in the water tending to narrow and deepen the channel, and creating undue widenings elsewhere. Unequal soil conditions may make the river split in two branches for a distance making both of the two canals undesirably shallow.

The man who shall deal with such a river in its natural state must be one with very wide experience, the problem is so complicated that mathematics hardly can be applied to it, common sense and many years intimate knowledge of currents and their effects is required for devising the first training works guiding the river into a smooth naturally, winding channel, closing the one arm where the river might be split, widening it where it might be too narrow, and narrowing it in where it had spread out too widely

The training works thus serve to give the current such a smooth run that it for the main part keeps itself deep. But it cannot be avoided that silting takes place at the places between two bends in opposite directions; in such places and at some of the convexes annual maintenance dredging must be made. And in order to make the training works effective and the river navigable from the beginning an initial dredging away of the shallow stretches must be done shortly after the completion of the training works.

In rivers carrying fine silt such as those we know from the Shanghai neighbourhood fascine mattresses are one of the main onstitrents of the training works. Fascine mattresses consist of brushwood and reed and are plaited together in a most ingenious way) they were invented in Holland and northern Germany. They form an indispensable elastic and tough basis for stone dykes or caissons. On the accompanying map training works are shown in black showing both parallel works and works vertical to the shore, compelling the current to concentrate in the main channel.

Already in the days of the old Romans it was attempted to create an instrument capable of raising mud from the bottom of a waterway without removing the water, but only as late as the 17th century some Dutch builders managed to make an invention which proved to be useful in this respect. The machine they made reminded very much of the ordinary Chinese wooden chain pump and was like this driven by the feet ot 4 workmen. The Dutch soon learned to substitute the men with a couple of horses walking in a ring on board the barge in which this peculiar type of digging aparatus was installed. This primitive type of dredger developed gradually into the well known bucket ladder dredger.

In Holland the dredgers were generally of smaller size, but when the ideas were taken up in England the size had to be increased because of the harder material to be tackled there.

There exist now-a-days a number of different types ot dredgers, each suitable for special conditions and special types of soil; the 5 main kinds are as follows:

(1) *Ladder Bucket* dredgers used for gravel, clay and soft rocks such as coral. They have the advantage of smooth continuous working. A continuous

chain of buckets scrape the soil from the bottom and discharge it on a slip from which it drops down in a barge, or silde directly into the place of spoil if the distance is less than two hundred ft. Some of the dredgers are made seagoing and selfpropelling, they fill their own hold with mud in the waterway they are dredging and then go out to the open sea to drop the spoil.

(2) *Suction* dredgers are used for sand, clay and gravel, even gravel with one to two ft. boulders. They suck the soil up through their suction pipe by means of a large centrifugal pump and if necessary a rotating cutter attached to the lower end of the pipe, and pump it in through a pipeline which can be 6-10 thousand ft. long, to the place of spoil. Such dredgers are often made self-propelling like those of system 1

(3) *Dipper* dredgers consist of a large pontoon on which the shovel of an ordinary digging machine is rigged up. It is used for soft rock and for soils in which large boulders can appear.

(4) *Clam Shell Grab* dredgers consist of a pontoon on which a bucket is rigged up which open and close in two halves and thereby fill itself with mud. The larger dredgers 1, 2, and 3 cannot always work conveniently in narrow waters, on account of their elaborate anchorages and heavy machinery, but a small grab dredger can always go close to any wharf and into any canal and do the required job. It is made with different kinds of lips on the sides of the openings of the bucket and can dig any kind of soil from sand-gravel to light rocks.

(5) *Orange Peel* dredgers are constructed similarly to type 4 but they split in 3-4 or more pieces, to the sides, and are specially adapted to picking up boulders and large stones.

The dredgers of the highest capacity in this world are of the types described as 1, and 2, and may be Diesel-electric driven. The largests uction dredger "Leviathan" is built and used in England and is able to fill 10,000 cu. yds. of soil into its own hold in 50 minutes, the largest dipper-dredgers have a shovel capacity of 15 cu. yds. 3 such are working in the Panama Canal.

The modern development in dredgers tends to make them larger and more and more durable, only when the manganese steel was invented in Sheffield (Sir R. Hadfield 1882), a steel of great wearing strengh, It was possible to work the dredgers on the modern economic basis. The larger dredgers have proved themselves to be more economical per unit than the smaller.

In the Whangpoo 3 different systems are used. The main dredging is done by bucket-ladder dredgers of a capacity of 600 cu. yds. per hour and a number of smaller grab dredgers able to deepen out close to wharfs and bundings, both types fill the mud into barges which are again emptied by stationary hydraulic dredgers, pumping the dredged mud into reclaimings along the shore. The Whangpoo conservancy board thus fill up land for private foreshore owners at a nominl charge of Tls 0.01 pr. cu. yd.

The Suez Canal now allow ships of 30 ft. draft to run between Europe and the Far East and all harbours that want to cater for the major trade ought therefore to create such depth.

Through the efforts of the Whangpoo Conservancy Board, the Whangpoo forming the entrance to our city of Shanghai is year by year improving and converted from an irregular and rapidly deteriorating creek into a good shipway with a least navigable depth of 26 ft. at extraordinary low water except at the Wayside Bar which has only about 25 ft. of water in the middle of the fairway.

As the neap tide rises 6 feet a through high water depth of at least 30-42 feet is available every day of the year.

One of the important duties of a modern conservancy engineer is to watch and adjust the wharf and building construction along the shores and to lead the scattered efforts towards a development beneficial to the waterway and to shipping in general.

In a large city like Shanghai many absurd wharves are designed to be built, but the plans must first be scrutinized by the conservancy engineers who have stopped many a construction which would have proved a total loss to its owner and a disadvantage to the harbour.

After the address Mr. Meyer expressed his thanks to the Society for the goodwill shown to a foreign civil engineer who during his nearly ten years of work in China had grown to like this great component of brother nations of the world.

新智識叢書

商務印書館出版

■ 哲學・心理學

柏格森變之哲學……三角
歐洲思想大觀……六角
近代思想解剖……二冊 六角
生活系統……五角
心智使用法……三角
青春期心理學……七角

■ 倫理・宗教

西洋倫理學小史……三角
我的信仰……二角
宗教基礎……三角
比較宗教學……四角

■ 社會科學

社會問題……四角
社會問題與財政……九角
衣食住……三冊 一元半
都市與住問題……六角
人口問題……六角
家庭與社會……四角半
婦女問題……三角
婦女之過去與將來……六角
女子應有的知識……三角
男女特性比較論……七角
人種改良學……二冊 七角
優生問題……二角
戰爭與進化……二角半
人類進化之研究……六角
公民衛生……五角
戀愛與結婚……二角半

■ 政治

柏拉圖政治教育學說（今譯）……二角
中俄關係述略……五角
德國富強之由來……二角
將來之大戰……五角

■ 經濟

合作主義……二冊 九角
合作論……三角半
經濟的政治基礎……二角半
經濟地理學原理……五角
德國實業發達史……五角

■ 商業

近世商業史……七角
運輸與通信……四角
商業心理學……四角

■ 教育

杜威教育學說之研究……四角半
教育思潮大觀……七角
兒童之訓練……三角
各科之效用與學習法……三角

■ 自然科學

科學原理……五角
科學叢談……八角
蘭氏科學常談……初編 五角半 續編 六角半
實驗無線電話收音機製造法……四角
性之原理……五角
原生……四角
生死問題……五角
生物學綱要……五角半
湯姆遜日用生物學……五角
海濱生物……四角
動物與人生……六角
地球與其生物之進化……二冊 九角
通俗地質學……七角
運動生理……七角

■ 文學

近代文學思潮……四角
托爾斯泰研究……四角

請聲明由中國工程學會『工程』介紹

交通部直轄平漢鐵路長辛店機廠概況

著者：張蔭煊

(一)路史　比公司初築本路時,全線既分南北兩段,即於每段設機廠一所.北段廠設長辛店,南段廠設江岸.一九〇六年,黃河橋告成,全路通車後,又於鄭州添設一廠,故今日本路有三機廠,而設備之完善,規模之宏大,以長辛店廠爲最.

長辛店機廠,建築於一九〇〇年.已經數度擴充,當初建築設備,以及工作之分配,均由洋工程師爲之設計管理.一九〇六年,全路通車後,廠務處(一九一四年改稱機務處)成立,管轄全路車輛,及南北二廠,取消洋工程師名義,另設廠務藝務總管各一員,管理廠務處一應事宜.廠中則設廠長一員,總技師一員,技師二員.當時國中缺乏專門人才,技術職務,仍由洋員擔任,故本廠自一九〇七年起,即有廠長一員,管理全廠事務.首任廠長爲法人克拉年Granier,繼任者有法人潑利斌Prigent,比人祚曼Joumain等.一九二十二年,始由華員劉夢飛先生任廠長.自後廠中設備,又經擴充,各項工作及組織,更爲革新.今日廠中已無外人蹤跡,完全華人自理.而出產率日見增進,成績斐然,實爲他路所難得.現全廠佔地二百餘畝(庫平),職員四千餘人,職工一千三百餘人.

(二)組織　此廠隸平漢機務處,廠長以下,分爲二部,一曰管理部,主持廠中總務.凡文案,計核等,皆屬焉.二曰工作部,復分機車及客貨車二部,而輔以原動力部,主持廠中工作,各廠屬焉.至於廠中用料,及各種出品,皆由總務處之機務材料庫,爲之發給儲存.繪圖存圖,以及材料試驗,則有機務處之藝務室爲之管理.警衛,消防,醫藥等等,有警務處之護廠巡警,及醫官室之醫院等,專司其事,均不屬於廠之組織範圍.玆將工作部列下.

工作部 (甲)機車部 模型廠,鑄冶廠,軋鐵廠,螺帽釘廠,打鐵廠,輪箍廠,修機廠,機器廠,銅器廠,電桿廠,鍋管廠,氣軔廠,鍋爐廠,水櫃廠,裝車廠,製焦場.(乙)客貨車部 貨車廠,客車廠,鋸木廠,木工廠,機器廠,舖墊廠,油漆廠,修理場. (丙)原動力部 鍋爐房,電機房.

(三)管理 全廠最高管理者,爲廠長.承機務處長之命,主持全廠一切事務,廠長之下,即爲前述二部之員司,其名稱如

廠長,工務員,主任課員,課員,司事,匠首,工匠,帮匠,小工,工徒.

(四)設備 茲將各廠之設備詳細敍述,其間譯名,或有與普通不同者,附以英文名稱.以備參考,所有各種設備,式樣之名稱,負載量數之規定,均按歐美通例.茲特列表如左.

京漢長辛店機廠全廠設備中文名稱表

(以下除註明件數外均係一件)

1. 機器廠 三百公厘普通鏇機十一具,四百公厘精幹鏇機二具,四百五十公厘精幹鏇機二具,四百五十公厘精幹鏇機二具,電動五百公厘精幹鏇機五具,(電動機9.5馬工率)四百公厘粗鏇機二具,五百公厘粗鏇機二具,八百公厘曲頸鏇機,一公尺曲頸式輪軸轉機,八百公厘雙轉軸式鏇機,二百五十公厘精細轉機,五十公厘高速率鏇機二具,三百公厘筒形轉盤刀架式鏇機,三百公厘螺撑鏇機,電動盤形轉盤刀架式螺釘機二具,(電動機三馬工率)二公尺機車動輪鏇機,一公尺八百公厘機車主動輪鏇機,一公尺半客貨車輪鏇機,二公尺輪軸鏇機,一公尺輪軸鏇機,八十公厘割螺紋機,電動搖臂鏇機,(電動機2馬工率)一公尺二百公厘直立式鏇孔機,電動一公尺直立式轉動刀架孔機,(電動機7.5馬工率)電動八十五公厘平橫式汽筒重鏇孔機,(電動機9.5馬工率)六十公厘平橫行動轉軸式鏇孔機,一百二十公厘平橫行轉動刀架式鏇孔機,四號雙轉軸直立式齒割機,四號直立式齒割機,三號普及式電動齒割機三具,(電動機7.5馬工率)四號普及式齒割機,二號平

面齒割機,二號活動式齒割機,旋臂式鑽機,(最大直徑六十公厘)靠柱旋臂式鑽機二具,(最大直徑五十公厘)低速率重鑽機,(最大直徑七十公厘)低速率重鑽機,(最大直徑四十公厘)鑽壓機,(最大直徑三十公厘)鑽壓機,(最大直徑二十五公厘)鑽壓機,(最大直徑二十公厘)重鑽壓機七具,(最大直徑六十五公厘位置尚未定)靈便鑽機四具,(最大直徑十公厘)刨機(1,000×1,000×5,000)電動刨機二具,(800×800×3,000電動機9.5馬工率)刨機,(600×600×3,000)刨機,(500×5000×1.5000)五百公厘橫行動雙刀架式成形機,三百公厘橫行動雙刀架式成形機,四百二十五公厘行動工具架成形機,四百四十公厘豎刨機,電動三百公厘豎刨機二具,(電動機4馬工率)二百八十公厘豎刨機,二百五十噸水壓機,水壓機重錘,三筒式壓水機,6.5馬工率直流電動機,電動二百噸輪軸水壓機,(電動機4馬工率)三十五噸水壓機,電動重磨光機,(電動機6.5馬工率附吸風扇一具)磨光機二具,(附吸風扇每機各一具)齒割刀磨削機,鑽頭磨削機二具,圓鋸片磨削機,水磨刀沙輪七具,鋸鐵機,人工輕便鐵軌撓機,虎鉗及工作台八具,整形棹,定中心棹,機器廠存儲房,傢俱房,兩噸秤,高壓空氣傢具架,鑽頭儲存架,螺紋鑽頭儲存架,靈便式鑽機電動機二具,一噸旋臂吊機,高壓氣吊機.

2. 電銲廠　韋爾孫電弧銲機電屏,韋爾孫KA式十五馬工率電銲機,韋爾孫KB式7.5馬工率電銲機,韋爾孫KA式移動電銲組,韋爾孫KB式移動電銲組二具,鑄鐵工具棹,虎鉗及工棹.

3. 銅錫器廠　虎鉗及工棹二具,鐵皮剪機,二噸秤,鍍錫工棹,鐵皮剪機,鐵皮撓曲及平直機二具,燒火爐,銲接火管爐,油漆儲存房,銅錫器儲存室,磨光機,半馬工率電鍍發電機,電鍍藥料缸,工棹.

4. 鍋管廠　撓管機,鍋管水力試驗機,割管機,刮管機,抽風機,磨削機三具,磨光機.(附吸風機一具)

5. 鍋爐廠　衝孔剪鐵機,(最大直徑三十二公厘厚十二公厘最大扁鐵

100×12最大圓鐵五十五公厘丁字鐵50×12角鐵120×120×12)衝孔剪鐵機,(最大直徑五十公厘,厚十五公厘最大扁鐵100×12)旋轉式剪鐵機,(最厚度三公厘)五百公厘冷割圓鋸機,平横撓機,(2.500×30)旋臂式鑽機,(最大直徑六十公厘)旋臂式鑽機,(最大直徑五十公厘)鑽壓機,(最大直徑二十五公厘)電動普及式旋臂鑽機二具,(電動機三馬工率)電動普及式旋臂鑽機二具,(電動機二馬工率)高壓氣傢具,風錘六件,(最大直徑三十三公厘)風錘十二件,(最大直徑二十八公厘)風錘六件,(最大直徑二十公厘)風力冷割刀六件,(重割用)風力冷割力,(輕割用)螺捧風錘二件,風力割鉚釘刀二件,(最大直徑十六公厘)風力割鉚釘刀一件,風力重鉚釘機二具,(最大厚度七百五十公厘)風錘二件,(最大直徑三十二公厘)風錘二件,(最大直徑二十六公厘)風錘二具,風鑽機二具,(最大直徑八千公厘)風鑽機二具,(最大直徑五十公厘)風鑽機六具,(最大直徑五十公厘)風鑽機六具,(最大直徑三十五公厘)風鑽機六具,(最大直徑二十二公厘)風鑽機二具,(最大直徑十二公厘)角鐵風鑽機一具,風力木鑽機四具.

6. 裝車廠　虎鉗及工棹二具,壓氣積蓄箱,傢具儲存房.

7. 氣韌廠　氣韌試驗器全套,虎鉗及工棹,儲氣缸一具,氣閘圓筒二具,風閘機關一套.

8. 輪箍廠　輪箍燒爐二具,傢具箱,四噸旋臂吊機,抽風機二具.

9. 打鐵廠　二十平方公尺內燃式鍋爐,二百五十公斤煉鐵爐,一噸雙架汽錘,三百五十公斤單架汽錘,汽錘工具二套,雙層反射爐,彈簧第二片端頭撓機,彈簧片撓弓機,彈簧第一片撓眼機,彈簧片撓弓機,彈簧第一片撓眼機,模型錘全套,二噸旋臂吊機,半噸旋臂吊機,彈簧鐵鉗,二噸秤,鑄鐵鏔配棹二具,鋸條接銲鉗,淬鋼水箱,燒鐵爐,傢具箱,鳥嘴鐵砧及衝擊板,鳥嘴鐵砧,(打彈簧片用)虎鉗,飲水鍋爐.

10. 軋鐵廠　五百公厘鐵烟囱,二百五十公斤煉鐵爐二具,六十三平方公尺火面火管式發熱鍋爐三具,三噸重熱鐵爐二具,一噸一百四十公斤雙架汽錘,一百馬工率直流電動機,14′×44.5″軋鐵機,電動鋸鐵機(電動機三十五馬工率)二噸旋個吊機,軋鐵棍架,熱鐵場,二噸秤,鳥嘴鐵砧.

11. 螺帽釘廠 剪鐵機,(最大直徑二十五公厘)三十二公厘螺帽割螺紋機,二十八公厘螺帽割螺紋機,螺帽頂底刮削機二具,(最大直徑二十五公厘)螺帽機,(最大直徑二十五公厘)三十五公厘螺釘製頭機,衝孔機,五十公厘螺釘頭削光機,積受器,二十五公厘螺釘頭削光機,二十八公厘螺釘割螺紋機,三十公厘螺釘割螺紋機,二十八公厘螺釘割螺紋機,三十公厘螺釘割螺紋機,三十六基羅瓦特直流電動機,水電阻,抽風機,虎鉗及工棹,儲存房,燒鐵爐.

12. 鑄冶廠 低速率重鑽機,(最大直徑70公厘)鑽壓機,(最大直徑二十五公厘)磨削機,石沙磨,石沙磨,五號羅氏吹風機,二十五馬工率電動機,人工製型機,五噸鎔鐵爐,三噸鎔鐵爐,莫氏銅爐,銅爐三具(直徑520公厘,深740公厘)鐵炭加添台,五噸升降機,三馬工率電動機及抽風機,半噸秤,二百公斤秤,烤心室,(5,000×7,300×3,000)烤心室,(3,750×7,300×3,000)心型車台二具,五百公厘鐵烟囱,銅件儲存房,二噸半旋臂吊機二具,一噸半旋臂吊機.

13. 模型廠 二十五馬工率直流電動機,二百公厘鏇機,八百公厘鏇機,連續式扁帶鋸木機,磨刀機二具,六百公厘圓鋸木機及100×700刨機.

14. 模型儲存室 鐵架.

15. 製焦場 製焦爐四具,洗煤室,小工傢具房,火爐儲存房,十立方公尺水塔,十立方公尺水塔三具,水表,大量抽水機二具,五噸煤秤.

16. 貨車廠 燒鐵爐二具,高壓氣積受箱.

17. 油漆廠 熬油房.

18. 鋪墊廠 工作台,輕縫衣機五具,重縫衣機二具.

19. 客車廠 虎鉗及工棹三具,飲水鍋爐二具,木工作台,

20. 機器廠 (甲) 木工機器 刨機,(400×150) 刨機,(350×120) 刨機,(350×150) 八百公厘圓木鋸機三具,成形機二具,四百公厘鏃機,木榫機,榫眼機,五十公厘扁帶鋸木機,四十五公厘扁帶鋸木機. (乙) 金工機器 磨刀機,三百公厘成形機,磨刀機,圓鋸磨削機,扁帶鋸條磨削機二具,水磨刀機,重鑽壓機,(最大直徑六十五公厘) 五百公厘冷製圓鋸機,靈便式鑽機, (最大直徑十五公厘) 鑽壓機,(最大直徑二十二公厘) 鑽壓機, (最大直徑三十二公厘) 三馬工率直流電動機,五馬工率直流電動機,油漆調和機,一百馬工率直流電動機,扁帶鋸條鉗,虎鉗及工棹三具.

21. 木工廠 工作台.

22. 鋸木廠 大鋸木機三具,暖氣鍋爐,四十噸車秤,十五噸四輪機,八噸旋樞吊機,救火機,三十五馬工率直流電動機,

23. 化學試驗室 化驗棹,儀器室,天平室,公事房,煤氣機,煤炭試驗機,蒸濾器.

24. 機械試驗室 伍爾孫普及式力量試驗機伍爾孫油類試驗機,虎鉗及工棹.

25. 原動力房 (甲) 鍋爐房 磚烟囱, (高四十公尺,內頂直徑一公尺半,內底直徑二公尺一百六十公厘) 雙爐內燃式鍋爐, (火面--88.00平方公尺,爐墊面-3.06平方公尺,汽表壓-8.57空氣壓) 社會式機車鍋爐,(火面-146.00平方公尺,爐墊面-2.57平方公尺,汽表壓-10.00空氣壓) 羅年式機車鍋爐二具, (火面-139.44平方公尺,爐墊面-2.22平方公尺,汽表壓-10.00空氣壓) 內燃式鍋爐四具, (火面-38.50平方公尺,爐墊面-1.58平方公尺,汽表壓-10.00空氣壓) 銼刀磨削機,蒸汽攪水器,凝水積受器, (乙) 發動機房 蒸汽來往行動複漲式發動機及凝汽器, (汽筒馬工率-300,汽筒-500×800×900, 每分鐘轉數-80) 柯希斯式蒸汽發動機, (汽筒馬工率-150,汽筒-450×90, 每分鐘轉數75) 二百二十基羅瓦特直流發電機, (電壓-110,每分鐘轉數500)

一百二十基羅瓦特高速率直立複漲蒸汽發動機,一百二十基羅瓦特三線直流發動機,(電壓—250,電流—240,每分鐘轉數—420)三十六基羅瓦特高速率直立式單漲蒸汽發動機,三十六基羅瓦特三線發電機,(電壓—250,電流—72,每分鐘轉數—440)三十六基羅瓦特高速率直立單漲蒸汽發動機,三十六基羅瓦特三線直流發電機,(電壓—250,電流—72,每分鐘轉數—440)三十六基羅瓦特高速率直立單漲蒸汽發動機,三十六基羅瓦特直流發動機,(電壓—120,電流—340)壓氣機.(氣筒—16¼"×10¼"×10")壓氣機及蒸汽複漲機,(21"×16"×20"及13"×16"×12½")三線二百五十伏爾脫電屏,(a—三線,二百五十伏爾脫,一百二十基羅瓦特發電屏,b—三線,二百五十伏爾脫,送電屏,c—三線,二百五十伏爾脫,三十六基羅瓦特發電屏,d—三線,二百五十伏爾脫,三十六基羅瓦特發電電屏)f,h,i,—二線,一百十伏爾脫電屏,一百十伏爾脫送電屏,g—二線,一百十伏爾脫,二百二十基羅瓦特發電屏,j—二線,一百十伏爾脫,三十六基羅瓦特發電屏,虎鉗及工棹.

(五)修機廠Main Shop之建築　修機廠,爲全廠首要之區,內設裝車廠,水櫃廠,鍋爐廠鍋管廠,氣韌廠,機器廠,銅器廠,電銲廠等.廠屋係鋼架磚牆建築,分前中後三造,緊鄰並列.每造分三十一股Panel,每股距離五公尺,跨間Span十四公尺,合計長一百五十五公尺,闊四十二公尺,高度前後造相等,計十公尺.中造東部十二股,高九公尺半,西部十九股,高七公尺一百公厘.屋脊有脊樓Double Pitch Center Monitor,高一公尺,闊三公尺半.屋面用浪形曲鋼皮瓦,斜度Pitch,爲每一平行公尺,高起三三九•三公厘,地面大半用泥土平鋪.磚牆厚二五〇公厘,高二公尺半,四壁除磚牆外,統用鋼架連續式玻璃窗.廠之東北面,附築同質料之邊屋十股,計長五十公尺,闊七公尺二一七•五公厘,高五公尺半.在中造第十六股築有公事樓房一所,離地面三公尺,長十二公尺,闊五公尺,高三公尺半.全廠光線充足,空氣流暢.夏日無風扇設備,冬日用火爐暖氣.

2215

前造有二十五噸電力起重機 Electric Overhead Crane 一座,一噸靠柱旋臂吊機三架,後造有五噸人力起重機一座,一噸靠柱旋臂吊機 Jib Crane 一架,中造有靠柱旋臂吊機三架,中後二造之直長方向,築有表準輪距之鐵道,緊要出入口,築有直通本路幹線之鐵道,橫穿廠內.在直橫鐵道之緊要交叉處,特設換軌轉盤,廠前後有換軌橋 Transfer Table 一座,交通運輸上,對內對外,均稱便捷.

(六) 機器廠現狀　職務　鑄冶廠所出之澆鑄機件,打鐵廠所出之熟鐵及鋼機件,螺帽釘廠之螺釘帽,軋鐵廠之鋼鐵條,以及其他各廠之雜件,大半粗具形體,或長闊高厚,未能正確,或方圓屈曲,未合規矩,必逐件加以校正修飾,始告完成.至若機件之直接由原料割切而成者,則切磋琢磨之工,尤關重要.此等工作,半屬手工,半屬機工,機器廠,固專司此項工作之所也.此廠佔修機廠中後二造西部二十股,計長一百公尺,闊二十八公尺,外加相類建築之儲存房一間,長十四公尺,闊七公尺,高四公尺.器具房一間,長十四公尺,闊七公尺,高四公尺.工徒練習所一間,長十五公尺,闊七公尺,高四公尺.

設備　此廠工作繁廣,既如上述,對於設備,必以大部工作之性質爲前提,務使供求相抵.故現時所置各機件,種類繁多,各有特長功能,其名稱,負載量數佈置等,已詳第一節概況內.

原動力　轉動各機之原動力,可分二種.曰電力,曰皮帶傳授機力,此二種動力,均由原動力房送給.電力由發電機施送,各電動機,由各電動機直接傳給各機之轉軸,機力由蒸汽機直接施送,該電機,及蒸汽機之負載量,當續於原動力房內詳言之,姑不贅.

蒸汽機傳動於皮帶,由皮帶(雙層皮,闊四四五公厘,共厚十四公厘),而大皮帶盤 Main Pulley (直徑二公尺八/〇〇公厘,每分鐘轉一二〇轉),而統軸 Line Shaft (直徑一百二十至百十公厘),再由皮帶與小皮帶盤之連接,統軸引動副軸 Counter Shaft (直徑自九十公厘至七十公厘),由副軸而各機之轉軸 Spindle. 副軸之設,所以調配相宜之速率與各機轉軸也.

工人與工資　此廠工人共一五六人,內計機工工人曰機匠,九十六人.手工工人,曰鑲配匠,六十人.機工有匠首二人,一司鏇機,鏇孔機,齒刮機,磨光機等工作,及司機人一切事務.一司鑽機,刨機,成形機,豎刨機等工作,及司機人一切事務.手工有匠首二人,司該部內一切事務.餘如水壓機等,由鑲配匠爲之管理,及司用,小工幫助之.至於磨削機等,非特與機手二部各有關係,且與管器具之原動力房有關,故由此三部匠首及工人共理之.

茲將機手二部之工人工資立表如下:

每日工資	機匠人數	鑲配匠人數	備註	每日工資	機匠人數	鑲配匠人數	備註
元.角分				元.角分			
一.八五	○	一	鑲配正匠首	一.三○	一	○	機匠首
一.二五	○	一	鑲配副匠首	一.二○	二	○	
一.一○	四	○		一.○五	五	四	內一係機匠首
一.○○	二	一		○.九五	三	六	
○.九○	五	二		○.八五	三	二	
○.八○	七	八		○.七五	二	三	
○.七○	十二	三		○.六五	七	五	
○.六○	十一	五		○.五五	九	五	
○.五○	十五	七		○.四五	一	四	
○.四○	一	一		○.三五	五	一	
○.三○	一	一					

共計機匠九十六人　鑲配匠六十人

本路機務處,有藝員養成所之設立,以期造就高等技工.該所學制,係半讀半工制,初級學生,即在修機廠工徒練習室工作.內設工具棹四張,虎鉗四十只,初級學生,在此室練習一年後,得各自選習機器廠機工手工二部內任何一種工作,以至畢業.此項初級及選習之學生,定名學習工匠 Apprentis,受與工人同等之待遇,每日按到工時間,給與工資.初級學生,在練習室練習時,另有工師二人,爲教導,至於選習學生,則由所選各該工之工匠教導之,今將學習工匠每日工資立表如下.

元.角分	人數	備註	元.角分	人數	備註
一.二〇	一	工師	一.一五	一	副工師
〇.五〇	一		〇.四〇	二	
〇.三五	三		〇.三〇	八	
〇.二五	九		〇.二〇	二六	
〇.一五	二四		〇.一〇	三九	

共一一四人

此廠正式工匠,大半工資,按到工時間,照上述日給工資率計算,自過去月二十一日起,至給付月二十日止,結算付給.惟有一部工作物,廠當局爲鼓勵出數起見,另定包工率,以完成工作物件數爲計算.每月自過去月二十一日起,至本月二十止,按件數與包工率,(時有變更)結付工資.

工作概述 工作物之屬於機器廠機工者,大半先行存儲於存儲房,而後由機匠首,發派各機匠,完成後,各匠仍交匠首,以掉換新工作物.機匠首接收完成物後,即加以審察,若係包工,即告看守存儲房之工(一人),將該完成物及完成該物工人之號數一一記錄,以便報告核算員核算工資.若該作物須再加修飾,及鑲配之工者,即交鑲配匠首.若該作物,已全完成者,則另置一處,或備各廠之應用,或備交庫房.各種粗毛工作物,及未成形工作物,在機器廠所經之首先數步工作,十之八九,屬機匠之工作,末後之工作,則歸鑲配匠.鑲配匠除上述末後工作外,凡其他各廠出品,或機器上配件(機車上者除外)之屬於手工者,以及機器之裝拆修理,並各種樣板之製造,無一非其職責.至於鑲配工作物之發派出入手續,與機工完全相同.

(一)機工　機匠工作,可分鏇機工,鏇孔機工,齒刮機工,鑽機工,刨機工,成形機工,竪刨機工,磨光工,磨削工等十種,今分別述之如下.

工作物在未經機匠工作之前,大半形體粗具,未能正確,必經整形,方可施以機工.故工作物之形體簡小者,即由各機匠自行整形,形體之大而複雜者,有鑲配匠之整形工,爲之校正.整形之術,先將工作物塗一層易乾之細白粉液,待乾,將較平正之面,置於整形棹上,此棹係鐵質,棹面甚平滑,用直線規Surface Gauge 直扁尺,鐵筆,水平尺,表準尺,直角規,圓規,分角器,粉筆等,如繪圖之手續,照原圖繪成正確之線圖於白粉上,而後將釘鑽 Prick Punch 及小鐵鎚,沿線打成五公厘至二十公厘距離之釘點,以粉糊塗,而後備機工之設施.惟大部圓柱體,圓錐體之工作物,則不必整形,而單經定中心工之定兩端適當之中心.其方法甚簡單,在中心點定後,或以釘鑽在中點上打一深小之孔,或在鑽機上鑽成小孔,而後交機工工作.工作物既經整形工之整理,及定中心工之指定中心,乃爲分類而定各機工之工作.

圓柱體,圓錐體,曲面立體,小直徑之圓孔,及圓錐孔,圓柱體,及圓錐內外之螺紋,以及小面積之平面等,皆屬鏇機工作.鏇機工作,最爲繁廣而重要.故鏇機在機器廠中,佔數最多.圓柱體等之重大者,在本廠,莫如機車及客貨車之輪箍,其摺緣及箍面之割切修正,有車輪鏇機專任之.次之如輪軸及直徑一百公厘以上之圓體,重大者,則輪軸鏇機,雙軸鏇機,深曲頸鏇機等,分任之.他如直徑之在百公厘至三百公厘,而較輕短者.則精幹鏇機上爲之,必得正確美滿之結果.圓柱體直徑之自二十公厘至五十公厘輕短者,則普通鏇機,甚合用,重而長者用粗鏇機最適宜,細小之件,而精緻爲要需者,則非精細鏇機不爲功.細小之件之不須精緻者,可用高速率鏇機,各種銅件,在筒式轉動刀架鏇機上工作,較在他機上更爲便捷.盤形轉動刀架式螺釘機,長於專造各種螺釘,此機有自動割螺紋機械 Automatic Die,自動停止機械,工作物自動推移機械,有各種刀架,能直接由鐵鋼料,在極快速率內,製成各種螺釘.螺撑釘鏇機,專長於造螺撐釘 Stay, 與普通鏇機不同之點,即此機多一圓鋸,機車主動輪搖竿軸鏇機,特長於修割搖竿軸,此於他鏇機上所不易爲也.螺紋機,專用於割切螺栓釘 Bolt 上及螺帽 Nut 內之螺紋,此鏇機與各種工作之配合也.

割切螺紋,爲鏇機特有之工作,螺紋之量法有二種,曰英制 British System, 曰密達制 Metric System, 英制以一吋內包括螺紋數爲計,密達制,以螺紋互相距離若干公厘爲計,此二制於本廠須兼用.蓋機件之來法比二國者,螺紋必爲密達制(工人稱法扣).機件之購自英美者,螺紋必爲英制(工人曰英扣).鏇機之能割切何種制度,以其具何制之領螺紋槓 Lead Screw 爲定,密達制者,以割切密達制螺紋爲限,英制者亦然.若有一副換牙輪 Pranslating Gear, 則任何制之鏇機,可割切別制之螺紋,惜本廠現時未有此輪,以致難解各制鏇機之困難.爲是在法制鏇機,割切英制螺紋時,常用公厘度之,有所謂(七公厘四扣)者,有所謂(五公厘三扣)者,實則皆屬肉眼之猜度,其錯誤不言可知.惟本廠對於割切螺紋之進一步設施,即割切螺撑釘上之螺紋是也.割英制時,用英制之領螺紋槓 Lead Screw,割密達制時,換用密達領螺紋槓.此項設施,固屬穩妥,而以時間論,換一副換牙輪,與換一螺紋槓,其便捷不可同日語也.現本廠具密達制螺紋槓之鏇機,有二,五,六,十至十五,十七至二五,二七,二八,三一,三四等號(圖駐號).英制者,有一,三,四,七至九,十六,二六,二九,三〇等號.英制及密達制具備者,即圖註三十五號機也.

割切螺紋之大小,有一定之算法,其原理不外在鏇機轉軸轉一全轉時,使刀架移動所需之螺紋距離 Pitch, 爲是鏇機領螺紋槓之螺紋距離,須量正,再乘一齒輪率 Gear 1:1 or 1:2 etc. 其積,再與所需之螺紋距離相除,即得一比率,由此比率,可推算應用各式排法之變換牙輪 Change Gears, 此項變換牙輪,有單式排法,有複式排法,依使用時取便而定.割切英制螺紋,複式排法爲多.割切密達制螺紋,單式者爲多,推算時,密達制亦較便易.

鏇孔機,與鏇機之構造相類,所以補鏇機之不足也.其工作物,亦不出乎圓柱立體,圓錐體,曲面立體等.此機最宜於鑽鏇大直徑之圓孔,如輪箍之內孔,大圓筒之內孔,外緣等鑽鏇,在直立式鏇孔機上行之,較小之圓筒內外鑽鏇,在直轉軸動刀架式鏇孔機上行之,如汽筒緊圈 Piston Ring 等,多爲此機之工作,平横式汽筒鏇孔機,特長於鑽鏇汽筒內孔等.他如鑽機,及齒刮機之重工作,此機頗能擔負,故此機又名鏇孔,鑽眼,齒刮,混合機.其刀架能左右上下自動,或人工轉動,工作物架,亦能左右前後及轉動之人工或自動行動.平横行動刀架式鏇孔機,能鑽二百公厘至六百公厘之圓孔,如機車上汽筒 Cylinder 偏心輪套 Eccentric Strap 等,多在此機爲之.平横行動鏇竿式鏇孔機,宜於輕鑽工作,及小直徑之圓孔,如機車及客貨車銅瓦等圓孔,皆在此機鏇鑽之.機車聯桿頭鏇孔機宜於鑽鏇聯桿頭之圓孔.

方立體,三角立體,五面立體,六面立體,以及各種多面立體短小之圓柱平面圓錐立體,曲線面,齒輪牙,各種螺紋鑽之曲線溝絞絲鑽頭之絞絲溝,以及各種鐵模型等之割切,皆齒刮機之工作.

平面,曲面工作,鋼鐵模型工作之重大者,用四號直立式齒刮機甚合宜.平面工作之細小者,用二號平面齒刮機,與直立齒刮機.平面齒刮機,及直立齒刮機,同爲平面及曲面工作之機,其分別在轉軸,一則平横,一則直立.直立者,能上下左右爲深長之移動,故能以次連作上左右前後五面.平横者,祇限頂面及小部之前後左右面,但圓柱體,圓錐立體,曲面立體之工作,爲平面者之特長.而直立式齒刮之轉軸,能直向下降,在鋼鐵模型工作,非常得宜,則非平面者所能矣.惟普及式齒刮機,對於齒刮機全套工作,無不一一爲之.本廠所有齒刮機四具,其設備非常完全,尤以三具三號者爲最著,有轉動式直立轉軸,平横轉軸,工作轉台各一.以爲直立式及平面式齒刮機工作,有圓週均分機械 Indexing Mechanism,以爲各種多面體工作,以及曲面槽溝等工作,有割切絞絲溝機械 Spiral Head,以爲各種絞絲工作.此二種機械,實爲普及式齒刮機之特色.圓週均分機械 Indexing Mechanism, 對於各圓週均分數之如何使用,另有該機附表備查,凡表上所不有者,可依法推算.絞絲溝機械 Spiral Head,與鏇機上之螺紋機械相糊,算法亦相似,亦有變換輪,備各種絞絲溝之割切.鏇機螺紋機械之要具,為傾螺紋槓 Lead Screw, 而在絞絲溝機械,為該齒刮機上之引進不變數 Lead of the Machine, 本廠之四號普及式機,其不變數為七〇〇公厘,三具三號者,不變數同為二四〇公厘,活動式齒刮機,專用於各種不規則多面體,凡工作物面之或曲或折,隨使用者所執長竿(此機之特別機件)之動作而定.鑽眼,鑽洞,鑽喇叭口 Countersinking, 鑽盤口 Counterboring,鏇螺栓頭托面 Spot Facing,鏇內螺紋 Tapping 等,皆鑽機之工作.凡體積或重量過大之工作,平常鑽機上所不能排置者,可在鏇臂鑽機上行之.工作物之硬度甚高而重量較大者,用低速率重鑽機.普通重量較輕之工作,用重鑽壓機,及輕鑽壓機等,最為適宜而靈便,他如細小之工作,如鑽中心眼 Center Drilling,螺撑釘之中心眼等,用靈便鑽機最為妥便.

割切平面,曲面,溝,槽,皆刨機,成形機,與豎刨機之工作.刨機之特長,在能割切長大之工作,並對於小工作可同時割切自四五件以至數十件.成形機之特長,在割切短小之工作,而形體屈曲複雜者,惟工作時,以一件為限,而速率與靈便,非刨機所能及.橫行動刨式,成形機,適宜於較長之工作物,搖竿式者,便利於短小之工作物.豎割機之特長,在能作大小工作物內部之平面,曲面,溝,槽等,此固非成形機所能常為,且絕對非刨機所能也.刨機所完成之工作物,大多於長闊高厚,已甚正確,惟浮面尙存有刀紋,未能光滑.故小工作物,交由鏟配匠加以磋磨,大者在磨光機上細磨之,本廠重磨光機,與刨機相似,分別在乎前者用砂輪割切,後者,用刀而已.長大工作物,用此機甚適宜.餘如砂輪磨光機,與普通磨刀機相似,惟前者砂粒較細,此機適用於細小工作,磨光機之特異點,在每機必備有吸風扇 Exhaust Fan, 在磨光時,吸去磨下之硝粉,以免粗毛之敝.蓋此項硝粉之存留,在砂輪經過時,能塡塞砂粒,以致在光面刮出毛線紋也.

上述各項機器,雖隨工作性質之不同,相異其本身構造與名稱,而使用時動作,則大概相類.有工作自行轉動,而刀架爲不動,或自動,或人工轉動者,有刀架自行轉動,而工作物不動,或自動,或人工轉動者.其動之方向,不外(一)原位之鐘針或反鐘針方向旋轉.(二)移位之鐘針或反鐘針方向旋轉.(三)左右前後之移動,(四)上下之升降,自動與人工動之調制,在任何機上,終屬下列之情形.旋緊一推動物 Knob or Hand Wheel, 使所欲自動之部份與本機之動軸相連接,卽得該部份之自動,旋鬆一推動物,使所欲人工動之部份與本身之動軸脫離,該部份卽不動,再轉動一另設之搖手 Handle, 或手輪 Hand Wheel, 該部份卽隨搖手或手輪之動而移動,卽得人工動.各部轉動之快慢,在任何機上,凡有齒輪箱 Gear Box 之設備者,或機頭係齒輪組織者,則各部之各種速率,必有二三調配竿 Lever 爲之.至各該調配竿之各種可能方向,及位置移動所得之各部速率,必有銅刋詳細表釘着於調配竿之左近,一切可照表而行.至於機器之與齒輪箱,而機頭並非齒輪組織者,各部速率之調配,必有快慢輪 Back Gear 爲之.速率之快慢,所以調濟工作之輕重,硬度之高低,重而硬度高者,用慢速率,輕而硬度低者,用快速率.工作時,不論工作之形體性質,先用粗割 Roughing Cut, 以去大部無用之處,迨有用處趨近,則用細割 Finishing Cut, 以去棄少量爲旨,自後繼漸減少,直至有用之面.此種有用之面,尙存在刀尖之跡影,遂以粗銼刀去之,繼以細銼,去粗銼之跡影,更用粗砂皮,以去細銼之線紋,末用細砂皮,以去粗砂皮之暗紋,遂完全成平滑面.惟齒刮機之工作,在細割之後,已甚光滑,無用銼刀砂皮之必要,此亦齒刮機之優點.鑽機旣無所謂粗割,細割,在鑽後,再用平滑鑽 Reamer 平滑之.

各機所用之刀,十之九用高速率鋼 High Speed Steel 打成,本廠對於刀之形式,不甚考究,旣無一定章程,隨工人之便而定.打一新刀,打鐵廠另有打刀匠爲之,打成後,有磨刀匠爲之磨削,磨成再發各機應用.久之,刀鋒不甚銳利時,則由各機匠自行複磨,若經久剝蝕過多,刀形已不完備,仍可交磨刀匠,由磨刀匠交打刀匠,重行打成,再經磨刀匠削磨,而交還機匠應用.齒刮機所用各種齒刮刀,本廠不能製造,類皆購自外洋,經久用不銳利時,另有齒刮刀匠,在齒刮刀割機上爲之磨削.鑽頭及鋸齒不銳利時,亦有磨削匠,在鑽頭磨削機及鋸齒磨削機上磨削之.故此廠有磨刀匠三人,一爲鋼鐵刀磨削匠,一爲齒刮刀磨削匠,一爲鑽頭鋸齒磨削匠.

(二)手工　鑲配匠之工作,完全出於手工,可分檯工,虎鉗工,地場工三種.各工之工作物,性質既不同,而工作時之動作則相類.大概不外鑿形 Laying out, 割削 Chipping, 磋磨 Filing, 刮削 Scraping, 鑲合 Fitting, 裝拆 Erecting or Derecting 等,工作物輕小者,可在檯面爲之,曰檯工.細小而非藉虎鉗之力不能工作者,在虎鉗上爲之,曰虎鉗工.工作物重大者,搬運既不易,且亦無堅實之器以抵其重量者,隨地爲之,曰地場工.各匠工具,除工棹檯,及虎鉗外,有半公斤重之鐵葫蘆錘一,鑿鏟等全套,手鋸一,手鑽一,銼二,起螺板,鑽釘,圓規,直角規,尺,鐵筆,粉筆等.

割削之工作,鑿爲最要之工具,計分四種.曰平鑿 Flat Chisel, 用於割切平面.曰槽鑿 Cope Chisel, 用於割切方形槽溝等.曰半圓鑿 Half Round Gouge, 用於割切圓面,曲面.曰方頭鑿 Diamond-point Chisel, 用於割切三角形槽溝,及修飾角稜等.曰圓頭鑿 Grooving Chisel, 用於割切各種軸瓦之油溝等.曰扁鑿 Side Chisel 用於修飾槽溝之圓面等.用時,左手執鑿,右手執錘,以錘擊鑿尾,鑿頭卽深入工作物,因鑿之斜指,被割物,卽爲撕開,而成割切.錘擊之輕重,與工作物質之硬度,成正比例.

磋磨工作,銼爲主要工具,銼之種類甚多,形式上,有方圓三角之分.銼齒有單割,雙割,圓割,粗細之分.本廠以長方形之雙割,及圓割者爲多.蓋通常此項銼刀,最爲合用.四方形者,用於磋磨四方,及長方孔.半圓者,用於曲面之磨磋正圓形者,用於圓孔之磋磨.三角者,用於修飾角尖等.工作時,先用粗銼,自後續斷用細,以至磋成極細滑之面.本廠銼刀之設備,尚稱完全.惟每一工人,祇許領用二件,在需用他種銼刀時,須將已領之件,在器具房對件掉換,在銼齒不銳利時,可交原動力房鍋爐工,在削銼機上磨削之.磨削時,利用蒸汽衝風管Sand Blast使極高速率之飛砂在銼齒背面經過,以成極酷之磨削,惟每銼經此二次之磨削,銼齒已消蝕過半,無再削之可能矣.

削刮工作,在乎使平面曲面之正確,以及嵌鑲各件之符合.工作時,不須用力,而貴乎精細,凡機工鏇機,鏇孔機,刨機,成形機,豎刨機等,所出之平面,曲面,工作物,削刮工作,更爲重要.蓋此等工作物,浮面每多不平正之弊,必一一爲之校正削刮也.削刮工具,爲鏟,鏟多以廢銼製成,可分四種.卽平鏟FlatScraper,灣鏟Hook Scraper,用於平面及折角面之工作,半圓鏟Half Round Scraper,用於曲面工作,三角鏟Three-Cornered Scraper,用於修飾邊緣,喇叭口等.鑲合工作,以圓柱體者爲多,鑲合之法,可分三類.(一)活動鑲合Running Fit,如機器轉軸之於軸瓦等.甲物面,必於乙物面上移動,如此外物體直徑,可略大於內物體直徑,但在三百公厘以內,不得過十分之一公厘.(二)壓撳鑲合Press Fit,如輪軸搖竿軸等之於輪心Wheel Center,以及各種緊着之銅瓦等,兩物鑲合後,必使應用時,任何物體所受之最大外力,不能使鑲合面,互相移動.此種鑲合,內體可作錐體形,每三百公厘長距,直徑增大十分之一公厘,本廠輪軸等,多在二百五十噸,或二百噸之水力壓機上行之.鑲合時,壓力終在六十噸至百噸左右,他如緊着鋼瓦等,多在三十五噸水力壓機上行之.鑲合壓力,在十噸至五十噸之間.反之,此等鑲合物之解脫,亦必以壓力爲之,如輪軸之由輪心推脫,需用壓力,終在一百五十噸至二百噸左右,蓋日久生銹,壓力因而增高.

(三)縮合Shrinking Fit　如輪箍之於輪心,鑲合時,先加熱,使輪箍漲大,而後合上輪心,冷之,使縮而成極緊之鑲合,普通輪心之直徑,每三百公厘,增大十分之一公厘.

集零件而成一完整之器具,謂之裝合,裝合之工作甚廣,小之鑲一栓釘,大之裝一機器.凡全廠機車以外機件之裝合,拆卸,多屬鑲配匠之工作,

廣西無線電事業之新進展

著者：錢鳳章

廣西自民國十三年統一後,內政清明,百業漸興,近自伍師長兼建設廳長後,對於各種交通事業,首先建設;如公路,長途電話,改良航政,修理電報,設立交通學校等;次漸及於實業發展,如柳州之開辦士敏土廠,電力廠,機械廠,酒精廠等.而於無線電事業,亦極意建設.現經成立者,長波則有梧州,南寧二台.短波則有梧州司令部一台.正在建築中者有柳州長波台一所.同時在梧州設立製造廠,及技術訓練所,以資更謀建設.茲將廣西無線電之行政管理,及工程略記如下:

廣西無線電事業由第七軍軍部辦理,故其最高機關名爲廣西軍用無線電籌備處.其實廣西軍政人員俱爲一體,固無分乎建設廳與軍部,不過由軍部建設,則可免中日美條約之束縛.茲將廣西軍用無線電籌備處,及其所屬各處組織系統表分別記列如下;

(1) 廣西軍用無線電　籌備處卽將來管理處
- 各長波無線電台
- 名短波無線電台
- 名軍師團通訊所
- 技術訓練所
- 無線電機製造廠

(1a) 籌備處職員表　主任
- 總工程師兼工程股長
  - 材料管理員
  - 技佐若干人
- 事務股長
  - 會計
  - 文牘
  - 庶務

(2) 長波無線電台職員表　主任工程師兼台長
- 副工程師——領班——報生五人
- 事務員二人

(3) 短波無線電台職員表　主任工程師兼台長｛領班——報生三人；事務員二人｝

(4) 技術訓練所職員表　所長｛教務主任——各科教授；事務員二人｝

(5) 無線電機製造廠職員表　廠長
- 總工程師
  - 製造股——工程師——股員
  - 試驗股——工程師——股員
  - 修理股——工程師——股員
  - 材料股——股　長——股員
- 事務股
  - 會計
  - 文牘
  - 庶務

(1) 籌備處之組織,在去年九月十六日成立.首先指定同時建造梧州南甯二長波無線電台.梧州方面因交通便利,議定建造160英尺高之鐵搭兩座,架設180英尺長之天線四根.南甯方面則建150英尺高之木桿兩根,架300英尺長之天線二根,梧州電台於十七年一月一日正式通報,南甯電台相繼成立,亦即正式通報.該兩台成立後,各由主任工程師兼任台長.而一方則另請款項,購辦100瓦特之短波無線電機一架裝設梧州警備司令部之內,一方則添購機件,籌設無線電機製造廠,聘請教員,創辦技術訓練所.現在短波台先行通報,訓練隨即開課,製造廠不久亦可開始製造,而柳州長波電台亦經開始建造,大約七月中可以正式通報矣.

(2) 長波無線電台　梧州,柳州,南甯三長波台,機件均同,均係德國德律風根所製眞空管式.其天線放射量爲500瓦特,電話之平均天線放射量爲120瓦特,玆將其各項機件分記如下:

原動力爲7馬力火油機一具,旋轉速度每分鐘爲600,用皮帶拖動4.5基羅瓦特,115伏脫之直流發電機,過電於108安培小時之蓄電池內,發報時即將電池內之直流電送至3.5基羅瓦特之電動機.此機直接接聯於2.5開維愛,250伏脫,500週交流發電機,此電經電壓調節器後,分作發報機等各項之用.直流發電機及過電用之電鑰板,均裝在機房之內,便於司機者之注意.電動機及交流發電機之電鑰板,則裝於報房之內,以便報員隨時啟閉以收發電報.現在暫定通報時間每日由正午十二時起至晚十二時止,每日上午六時至十一時爲過電時間,每日約費火油一鐵箱,每月三十箱,約桂幣小洋160元,合國幣約100元.

發報機與普通較大電台之機件略異,各部均自成一件,或用鐵皮爲匣,或用木殼爲匣,便於裝拆,蓋此項電台可作臨時電台之用者也.自變壓器(Auto-transformer)及低週率阻電圈(Low frequency choke)二物合成一件,名電壓調節器(Equalizing Device).整流眞空管(Rectifying Tube)及主要變壓器裝成一件.發報眞空管及線圈,電容器等亦裝成一件.其接聯於天線之收發電報開關則,無電動機之管理,而用手轉,似較不便.發報器所用接線法,與吳淞台同,均爲(capacitively re-acting Grid coupling);惟發報鍵之裝設,則因電力大小略有不同,吳淞用Relay operated Grid potential Method.而梧州等三台則將發報鍵直接裝於主要變壓器之原圈電路內(Primary circuit of the main transformer),茲將梧州等三台及吳淞台之最簡接線圖分列三圖,以資比較.

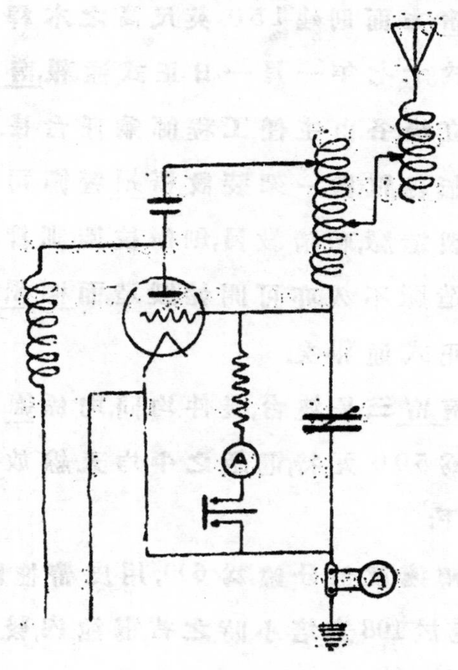

第二圖　吳淞電台接線簡圖

觀第一,第二,第三圖,則知交流電經電壓調節器後,一部分變低至25伏脫,分送至整流眞空管,及發報眞空管及調波眞

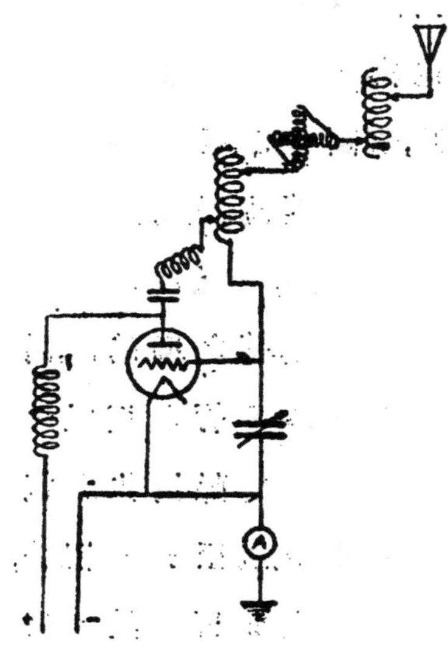

第二圖　梧州接線簡圖

空管 Modulator) 中,以作燃熱燈絲之用;一部分仍爲250伏脫送至整流器之主要變壓器內,按開關所轉之位置而爲 2×1000, 2×2000, or 2×3000 伏脫,此電經整流真空管後,成爲顫動的直流電,經電容器之作用,而成平穩直流;其正電送至發報真空管之屏極,負電則送至燈絲,此發報真空管乃將直流電變成高週率之交流.其作用蓋因發報鍵按下時,此高壓直流電之電壓衝破天線電路之平衡,而生減幅的本身振盪,經電容器之交連作用,而傳至柵極,此柵極電路更感應天線電路發生同週波率而振幅較大之

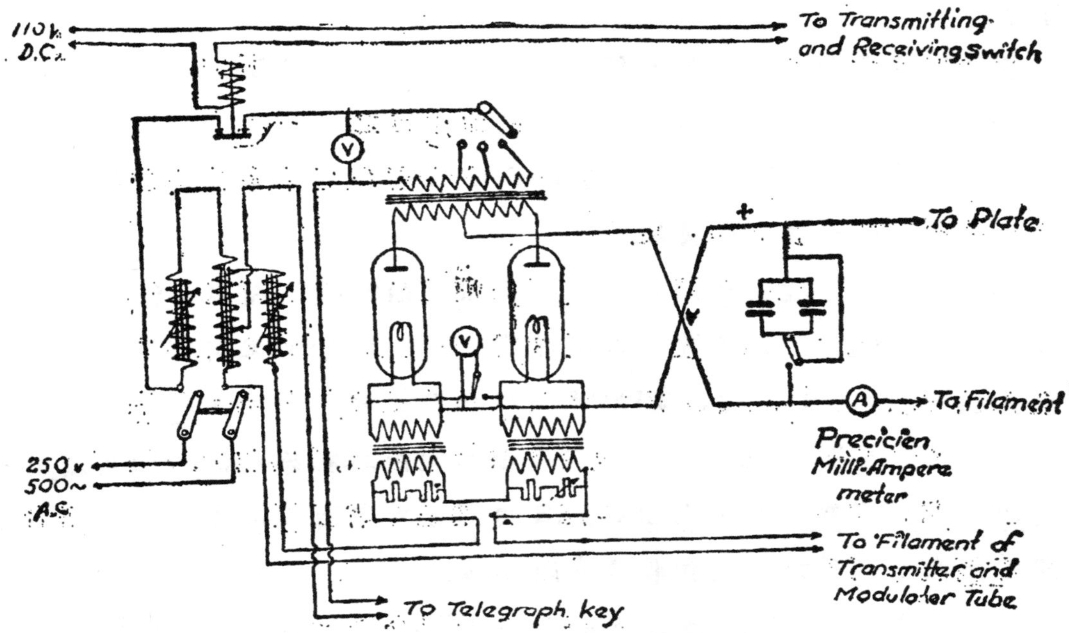

第三圖　梧州線路圖

銳電流,故初生之天線減幅本身振盪竟成等幅之銳電.振盪千分安培表一具,安裝於高壓直流電路中以量屏極電流,繼電器一具於收發電報開關轉至發報向時,則將交流電路接通,轉至收報向時,則斷絕之.發報鍵按下時,交流電通.否則不通,故在發報之空暇時間,及電碼之空曠時間,電力消耗頗小.

電話器計三件,其第一件為受話器,第二件為放大器,第三件為調波器.其共同之作用,係將調波眞空管之屏電壓送至發報眞空管之柵電路,因聲浪化眞空管之屏電壓,依聲浪之高下而改變,以致發報眞空管之柵電壓亦作同樣之高下,故天線中之電流幅度亦受同樣之增減而成聲波化之電磁波.受話器之電流係由兩個乾電池供給,其增減式的電流,送至放大器內,其中有電阻二件,以伸縮受話器,或輸送線內聲浪之振幅,其雙柵極眞空管之擴大音浪化的電流乃送調波眞空管,而再送至發報機,以及於天線放大眞空管,用一鐵絲玻管為電阻.其作用能受自2.5—6.7伏脫而其所過電流祇為1.1安培.

收音器共含收音器一架,及低週波率擴音器一架.其所需A電B電皆由一接電器及伏脫分送器,由110 volt蓄電池中得之.

天線均為"T"字式,其電容量約800 C. G. S. 靜電電容單位.地網離地高15英尺,分線六條,各長500英尺.

梧州無線電台建於梧州東郊雲蓋山頂,地頗幽靜,而面對西江,左右低下,頗合電台地址.台名XGJ,波長常用者為1500米突及900米突.南甯台在南甯北郊山頂,台名XKNG,波長為1200米突.柳州台建在柳州河南紅廟村前,台名XGL,將來波長擬用1600米突.現在各台通報距離,約略相同,夜間可達南京吳淞杭州福州武昌洛陽太原等處,日間則通本省及廣州香港等處,梧台地處廣西商業門戶,每月報費收入亦頗不少.

(3)短波無線電台,已裝者僅梧州警備司令部一架,其天線射電量為100瓦特,其原動為1基羅瓦特32伏脫家用發電機一座,過電於12伏脫永備蓄電池二具中,發報時即用此電送至電動發電機,發出 1000 伏脫直流電,以作發報眞空管之屏電壓,其天線爲"T"字形而爲給流式此項機件,係我國軍委會交通處所設上海無線電機製造廠出品.由滬運梧時,損壞多件,經修配後,乃克應用.現在與此台通台者,有廣州汕頭南昌漢口長沙上海南京汕頭貴陽等處.台名:XO5,波長45米突,至於計劃中之短波無線電台,則有柳州南甯桂林龍州百色河池慶遠鬱林容縣等處,將來均由梧州無線電機製造廠自製.

(4)各軍師團通訊所,近有十餘所,其中機件頗不一致,或爲德國德律風根式,或爲英國馬可尼式,亦有國人自製者.其天線放電量約均自15至50瓦特,波長約自200米突至 400米突,其天線則或用二三節鐵管或竹管連接而植於地上.其高度約四五十英尺,地網則多成銅絲網,張在地面之上,而與地絕緣者,其中報員機生多半爲前廣州無線電學校畢業生.

(5)技術訓練所於本年二月初旬開始籌備,招收男女學生,其中各科教授卽由梧州無線電機製造廠工程師及長短波電台領班兼任,三月十日正式考試,錄取男女學生四十五名,軍部選派士兵十名,隨同上課,業於三月廿六日正式開課.預定六個月爲修業期間,期滿派往各長短波電台實習一月,再派各台服務.

(6)無線電機製造廠於本年二月下旬着手籌備,機件均由香港購備,現已運抵梧州,即將造幣廠舊址,略加修葺,安設機件,現正購置材料,製繪圖樣,大約兩月後可以製就100 瓦特之發報機數架,以便分裝邕柳等處.

(7)廣播電台　梧州舊有無線電台一座,建於對河三角嘴山頂,民國九年由廣東政府建設,其眞空管發電量原爲兩具1000 瓦特,後破其一,祇存五百瓦特,而其原動機及蓄電池,年久失修,破壞已甚,發報距離,祗及於廣州省城,近自新建長波台通報後,舊台已廢置不用,其機件及發報機,擬由製造廠改造修理,作爲廣播電台之用,則將來兩廣一帶,又多一種高尙娛樂矣.

梧州市電力廠概況

著者：凌鴻勛 張延祥

(甲) 舊廠之經過及新廠之籌備

(一) 舊電力公司辦理經過概略

梧州市設立電燈之議，創於宣統初年，嗣連年號召，迄無成議，嗣由華僑與舊商合資，於民國四年四月成立梧州電力公司，於六月備案，專利二十年，設廠於龍母廟山凹上，先裝一百四馬力電機兩架，民國八年增設二百四馬力電機一架，共可供一萬三千燈之用，電壓爲一百一十伏爾脫，第以年代已久，機力漸見不足，而街上高低壓線膠皮脫落，漏電甚多，所有電光，都呈黃色，在市民已大感不便，而公司亦以辦理不善，不能獲利，電器事業，無從發展，於是市當局遂有收回官辦之意。

(二) 接收電力公司及租用電廠之經過

時主持梧州市政者爲商埠局，總辦爲李衡宙，會辦爲黃霄，工程處長爲蘇鑑，對於電廠辦理之不善，及電力之不足，甚爲注意，曾屢次令飭電力公司整頓廠務，並限令於一定期間內購置新機，公司均不之理，商埠局遂毅然於十五年十月十一日派員接收舊公司，是日約同梧州警備司令部，蒼梧縣公署，廣西省銀行，梧州警察局，蒼梧團務總局，城廂團務分局，梧州總商會，各代表，前往將各項財產，物業，機器，材料，分別點收造册，並宣布自即日起改電力公司爲電力廠，所有電費由廠征收，並於十二月六日由商埠局約各法團開會評價，預備由公家收回自辦，其時商埠局根據評價委員會所議定，出價十萬元，公司股東初索二十四萬元，繼減至十九萬元，當時以相差過遠，乃將承頂之議作罷，改爲由公家租用，另由商埠局籌備新廠，由接收時起約以十個月爲租期,俟新廠開機發電,即由公司股東將舊廠全部物業收回,另行處置.公司股東對此辦法表示承認.商埠局遂設立電力廠辦事處,派嚴仲如爲電力廠長,同時籌備新廠.惟租用舊電廠時月租一項,公司索每月三千元,電力廠允付一千五百元,案懸年餘,始得解決焉.

(三)新廠籌備及廣西銀行借款之經過

商埠局即於是時籌備新廠,擇地舊廠對河華光廟碼頭上面山坡之地爲廠址.所有新廠經費,其始擬募一部份之公債,嗣改由廣西省銀行借款二十七萬元,爲購機建廠之用,分期領用,月息八厘及九厘二種,惟開機營業後增加爲一分二厘,以東學塘地段作抵,銀行派一核數員常川駐廠,稽查賬目,審核用途,其薪水由廠支給.此銀行借款之大概情形也.十五年十二月廿五日商埠局與漢運洋行簽訂購機合同,此項借款遂開始使用,計至十六年三月十五日共支銀二十七萬元,旋因廠後山坡斜陡危險,須加修理,又此外購買機件等爲數尚多,於十六年五月廿八日函銀行再借九萬元,以新機作抵.此項增加之借款,七月八日提用二萬元,廿七日提用三萬元,共五萬元.嗣以電廠收入略裕,所餘四萬元以利息太重,即不續借.故最後借款總額爲小洋三十二萬元.

(四)新廠設廠購機之經過

新廠既定在撫河西岸設立,於是訂購機器,建築廠屋,同時進行.爰於十五年十二月廿五日與漢運洋行簽定購機合同,摘錄如左.

(一)德國道驰廠企身狄斯爾式雙衝復動,無空氣注射,三汽缸黑油發動機三座.每機能量,有效馬力二百八十匹.於繼續兩小時內能任百分之二十之過量.每分鐘二百五十轉.

(二)西門子廠三相,五十週波,三千伏爾脫,二百五十轉,交流發電機三架,平常連續發出量爲二百五十開維愛,其實電力成數爲十分之八,得二百基羅瓦特,於繼續兩小時內能任百分之二十之過量.

(三) 電鑰板一座,計有(甲)發電機電鑰板三塊.(乙)供電電鑰板二塊.(丙)避電器之裝配.(丁)發電機齊時器之裝配.以上各件均裝於適宜之鐵架上,並有電塞電插等物,以備三發電機平行合作之用.

(四) 西門子三相油涼變壓器,約有二百基羅活爲標準.電壓之變換係由三千伏爾脫變爲二百二十伏爾脫,週波數爲五千.

(五) 線路分佈法,高低電壓線之分佈,係依照現在線路所到區域爲準.

上項機器之購置,共價美金八萬七千五百元.所可注意者,爲改舊日之煤氣機爲黑油機,改舊日之電壓一百一十伏爾脫爲二百二十伏爾脫,而發電量則增至六百基羅華德是也,上項合約簽定後,未幾漢運洋行忽宣告停止營業,所有與商埠局所訂之約,改由香港西門子洋行承繼,於十六年二月十九日由商埠局與西門子正式訂定,所有價款除第一期係在港交付漢運後轉與西門子外,其餘各期應付之款,由商埠局一次折合美金,滙存香港大通銀行,按期由商埠局正式通知銀行付與該行,直至十七年一月,前項購機價款遂完全淸付.

廠屋之建築連同開山工程,係於十六年三月七日開投,爲同利公所投得,造價一萬六千元.又水塔及油池亦由該公司承包,價銀五千六百六十元,於十六九月間開工建築.上項工程尙能依期竣工,於機械之裝置不至妨礙.

(五) 新廠之裝置開用及驗收

新機自十六年六月起陸續由港到梧,由梧州關監督發給免稅護照放行.祇以廠方以廠址甚高,起運較難,又無相當起重設備,故起卸時間較久,因之賠償船務公司數千元,(此款直至十七年二月始行結束交付).幸各機裝置尙稱妥貼,西門子工程師亦常川駐廠監工,至十六年九月底各部機器大致安裝就緒,而街線亦逐漸更換.十月十日國慶日電廠行開幕禮,起首發送電力,一時大放光明.然街線之更換及新錶之安裝,頗費時間,故市內祇有一部分通電,舊電廠仍舊開用.十一月一日新機安置完妥,由洋行報知市政委員會蒙委員長,請求正式接收.蒙委員長以茲事爲國家借款舉辦之公用事業,特電請建設廳派員來梧會同接收.嗣得覆電,卽着鴻勛與電力廠長嚴仲如,負責驗收.其時所有開機管理,已交由電廠工人辦理,卽由西門子工程師再將各機開試.按照合約所載各項,一一點明試驗,分別列表,核與規定之標準尙屬相符.而各項機件亦都點明足數.分別呈報市政委員會及省政府備案.至十一月底止,所有更換舊線業已完畢,舊廠租用卽至十一月三十日爲止,十二月一日起完全由新廠供電.而購機末次價款,亦照約於十七年一月五日,卽驗收後兩個月,完全清付.

(乙)新廠半年來之整理

(一)電力廠改歸工務局直轄管理

電力廠原日係直接隸屬於商埠局及市政委員會管理.所有關於工程事項,則由工程處主辦.十六年十二月市政委員會改組爲市政府,蒙委員長接任市長,對於所屬工務局之組織,以爲在市公用局未設立以前,所有公用事務,歸該局兼理.故卽將電力廠撥入工務局範圍,以一事權.鴻勛受任工務局局長,以本年年度已屆終止,一年營業可作結束,由十七年一月一日起接收,較爲便利.遂定十七年一月一日接管該廠,由廠編製營業概況,收支預算,財產及負債帳目,以資稽核.其時適廠長嚴仲如自請辭職,當由鴻勛兼理,一月九日鴻勛接收電廠後另委延祥爲梧州電力廠廠長,於五月三日接事,此乃管轄及人員變遷之大概也.

(二)公開試驗電錶

電廠開電約一個月後,用戶忽有新錶行走太快之傳說,皆謂電費較前增多數倍,或十數倍,並疑及新電電壓爲二百二十伏爾脫,以爲用電卽較前多一倍,眞相莫明,責難紛至.市政府對此極端注意,而電廠則對於用戶之請求試錶或驗線者,無不立予辦理.嗣各機關及總商會等,均以錶行太快爲言,電廠以非公開試驗不足以釋羣疑,而資明瞭,遂定於十七年一月十五日假梧州總商會爲公開之試驗.其試驗結果,共電錶四十四個,俱是用戶視爲太快者.但其中快者僅得八個.且最快不過百度中快一度七分,而慢者居二十二個,且有百度中慢至十五度者.如有快慢過百分之二以外,當然不能視爲準確.適得準合者計十四個.故就大致言之,實慢者居多而快者極少,况快慢均屬在合度界限之內,仍可視爲準確.故謂電錶不準者,多因太慢而不準耳.經此番試驗後,社會各界咸知電錶確無過快之事.而電費之所以超過從前,完全因未注意於節省,羣疑爲之頓息.自後如有感覺電錶太快或太慢者,一經報到電廠,即予以試驗.如確有不準爲之修正,並酌量變通其電費.

(三)舊電力廠之歸還及廠租之清付

電力廠自十五年十月十一日接收舊電力公司.十六年十一月三十日停止開用,共計租用十三個月零二十日.於十七年一月由舊公司總理佘瑞初呈報委託舊職員佘江伯負責接收.由工務局請准市政府,定於一月十九日移交,屆期由鴻勛約同從前接收時所請各機關代表,及督同電力廠經手人員,齊赴舊電力公司,將原日點收各清册,逐項交還舊公司代表接收.其堅炭火油偈油等,業經全部或一部分在租用時期用去者,估計數量折價償還.至於廠租一項,在十五年接收時,公司要求爲每月三千元,電廠方面祗允一千五百元,迄未解决.中間曾經公司屢請先爲發給若干,電廠迄未照付,嗣以點收交還,廠租一項,自不能不同時結束.其時舊公司已允照廠方所定月租一千五百元支給,共爲二萬零五百元.當即於交還舊廠之後,先後由市財政局交付八千元,餘數除去應扣之款及加上用去物料折合之價,於十七年三月中一次付清.舊公司又以舊機停用至交還之時,停車已有月餘,不悉機件有無損壞或失漏.因由廠中再派工開用一次,完好如常,舊公司表示滿意.其後新廠因舊廠街燈柱及電線尚未拆下,以致影響電流,由工務局飭令舊公司限期自行拆卸,舊公司當已遵辦,所有舊公司一切手續遂告結束.

(四)財政之整理

電廠係由市向廣西銀行借款興辦,債額甚鉅,負擔至爲繁重,故對於財政之整理至關重要,應完全仿照營業機關辦理,以淸手續.鴻勛兼任廠長後,以自開辦以來,所有帳目及簿册,綜錯紛紜,按月收支計算書,積壓七個月未報,似難接收稽核.因請市政府派會計專員核數,並請其從新計畫電力廠之新式會計規程,以資今後之整理.市政府因委託廣西省銀行稽核科長朱允彝爲查帳員,並擬具電廠會計規程帳目種類及格式等,由廠分別施行.然電廠自開辦以來,所有租用舊廠之租值,概未付過,西門子洋行電錶價款尙欠鉅額,其他債務積累甚鉅,情形頗爲急迫,鴻勛因將電廠經濟,詳細規畫,一面攤淸積欠,一面推廣營業,故得挽回危局焉.

(五)承裝電器店之註册及取締

本市電力廠開機後,因忙於新電之接線,所有用戶之裝用電力者,皆覓承裝電器店爲之裝置.此種店舖生涯因之繁盛,其中不無有以惡劣物料搪用,或高抬價格者,於市民固爲不便,且恐發生危險.廠中原定有承接安裝電器店暫行簡章,然對於註册及取締迄未實行.工務局接管後,特將前項章程加以修正,定爲承裝電器店註册及取締暫行章程,呈准市政府核准備案,於十七年二月一日開始實行,以後非經照章准予註册給照營業者,概不准在市區內承裝電器.計現經核准註册之公司八家.

(六)按櫃改定辦法及錶租之減收

電廠成立後,對於各用戶規定一律要裝用電錶,電錶按櫃銀定爲三十元,嗣以用戶方面覺一時難於繳納,有觀望不即裝用者,有裝用後未能卽爲繳納者,電廠爲便利用戶起見,特擬具變通辦法,所有裝用電錶者,得擇用下列辦法之一;(一)一次付押錶銀三十元.(二)分三個月付.(三)分六個月付.(四)無力付押櫃者,得覓舖擔保不付押櫃,但月付利息三毫.此項辦法於十七年三月起實行.此外錶租一項,從前所定不無過鉅,故於二月起一律減收,亦使用戶輕一分擔負.

(七) 大用戶電費之減收

本市電燈在舊電力公司時代,每度(即每基羅華德小時)收費小洋三毫二分,(合大洋六折左右).嗣因油價驟行飛漲,曾由公司呈准商埠局,於十五年一月起增爲每度四毫,同年八月起因油價平復,復照原數徵收.新廠成立後一仍其舊,此數比之香港徵收港銀一毫六分,九龍徵收港銀二毫廣州徵收二毫半,本未爲過,但當時爲鼓勵用戶起見,擬仿照香港辦法,於用電較多之戶,予以優待減收,曾擬具辦法,由工務局於十七年二月十八日,提出於第四次市政會議通過,於十七年三月起開始實行.其減收之辦法係以每錶每月電費數目爲標準,如一戶有數錶者不能合計,又凡公共機關已有七折優待者,不得再減.統計梧市用戶電費每月在十元以內者,居百分之七十餘,十元至二十五元者,居百分之二十,而二十五元以上者僅居百分之八左右,故減費辦法於電廠收入,影響無多,而大戶則頗蒙其利,亦獎勵之一道也.

(八) 銀行借欵之商洽

電廠所借廣西銀行之欵,前爲二十七萬元,嗣再加借九萬元爲三十六萬元,但尚餘四萬元未經取用,故實在借用之數爲三十二萬元.年餘利息未曾付過,鴻勛於接管電廠前已呈請市政府與銀行磋商改善條件,以輕負擔.而銀行方面亦以電廠已開機營業,所有借款條件亦應整理,函達市政府.市政府乃交財政工務兩局核議後與銀行經屢次磋商,已將合約修正,雙方同意於十七年六月三十日簽字成立.所有以前欠付各利息已積至四萬二千餘元,分十二個月清付,每月須付三千餘元.在十七年七月至十八年六月一年內,每月連本須付七千餘元.廠中以五六兩月收入較旺,故提前將七月至十二月六個月應付之本銀二萬四千元,一次歸還,以輕息累,而免現金之壅積.

(九) 日電之供給

電力廠開用新機之始,供給電力,係自日落起至日出止.於日電尚付缺如.

於市民需求,有美中不足之感.曾於三月間調查市面大小製造工廠約十餘家,印務工廠十餘家,家用抽水約二十餘家,共計馬力約一百六十四.如果供給日電,改用電氣馬達,費廉工省,公私均益.加以天氣漸熱,風扇須用尤廣,實有供給日電之必要.祇以街線設備簡陋,由廠至街線直接通達,苟無相當之準備,則廠中發電,街燈全着,損失甚大.因請准市府添購街燈材料,由港運到後,陸續加工安設,遂於五月一號起放送日電,自午間十二時起.嗣復應工廠之要求,於五月三十一日起每日自早八時起,即放送全日電力.但星期及節日仍自午十二時起.自日電發送後,各工廠及電影院等紛紛報裝日電,推用漸廣,不久可日夜發電不停.

(十)訂定特別長明燈辦法

本市電燈在舊廠時代,有不裝用電錶而以長明燈計價者,新廠成立後一概裝用電錶,廢止長明燈計價辦法.電廠與用戶兩方均感便利.嗣以市內有在馬路之旁開設小販攤位者,非在屋內者可比,未便強其裝用電錶,是以不得不變通辦理.電力廠因是擬具裝用特別長明燈辦法八條,經市府核准備案,於三月起實行.

(十一)整理積欠按櫃

去年十月新機開機以後,用戶紛紛報請安錶,手續不備,雜亂無序.又以工隊缺少,乃委託電光及榮光兩電器舖辦理.於是有用戶裝錶而廠中毫無存根者,又有已裝電錶而按櫃遲至半年尚未繳付者,至於工料等費,更難稽查.本年以來積極整理,核對電錶缺少至一百三十二個之多,未收按櫃款項亦積至萬餘元之鉅,實屬有關廠中經濟.其未收按櫃一項,於四月間查明,至六月底大概可以收清.但有裝錶而廠中毫無存根考據者,則實無從着手,祇得作大規模之逐戶清查而已.

(十二)整理積欠電費

電費一項,按月清付則不見其數之鉅,若積欠三月以上,則頓覺清付困難.

本廠用戶前有積欠電費至六個月者,於是積重難返,祇得分期攤還.此項欠費總數達萬元之鉅,甚屬可慮.目前催收電費辦法,凡至第二個月底尚不繳付者,書面警告,寬限五天.限期不繳者,祇得截火拆錶,蓋亦不得已之舉耳.本市行政機關,法定團體,學校等,均照七成收費,幸荷市政府,警備司令部,地方法院,縣公署,市黨部等提倡,均按月收清,此則爲梧市電業之佳象,足以表揚自治精神,可爲全國各城市之楷模也.

(十三)取締偷電

本廠按月發電量在八九萬啟羅華德小時之間,假定街線損失及路燈耗費,以七五折計,則亦應收電費至六萬度之上,計銀二萬元之譜.乃觀電費收單總數,如二月份祇一萬六千餘元,三月份一萬五千餘元,四月份一萬六千餘元,相差實鉅,故可確定必有偷電之事,乃於五月份起嚴密偵查,破獲多起,計自五月三日起至六月十二日,收到罰欵有一千四百十三元五角之鉅.

自上列各處偷電發覺後,五月份電費收單總數驟增至一萬九千二餘百元,亦未始非取締之效果也.以後仍當嚴行查究,使偷電之徒,絕跡梧市,蓋偷電與盜竊同罪,且其損害公家收入,當加重一等也.竊嘆吾國國民電氣智識,尚屬幼稚,而偷電之事,則無處無之,若不嚴重處辦,何以保障.況電力廠係由市借款舉辦,負擔甚重,若取之無禁,用之不竭,足陷電力廠於不可收拾之地位,更不能不懲一以儆百.本廠取締此項案件,係與公安局會同辦理,訂有會同檢查辦法,効果尚佳.

(丙)現狀略述

(一)組織

(子)組織統系　本廠隸屬於市政府工務局,故一切行政,均秉承管轄機關命令辦理,對於廠內組織,則兼顧工程及營業兩方面.現行組織統系係據廣西建設廳立案之章程,復從事實上之便利而略加斟酌,茲將組織統系以圖表列下:

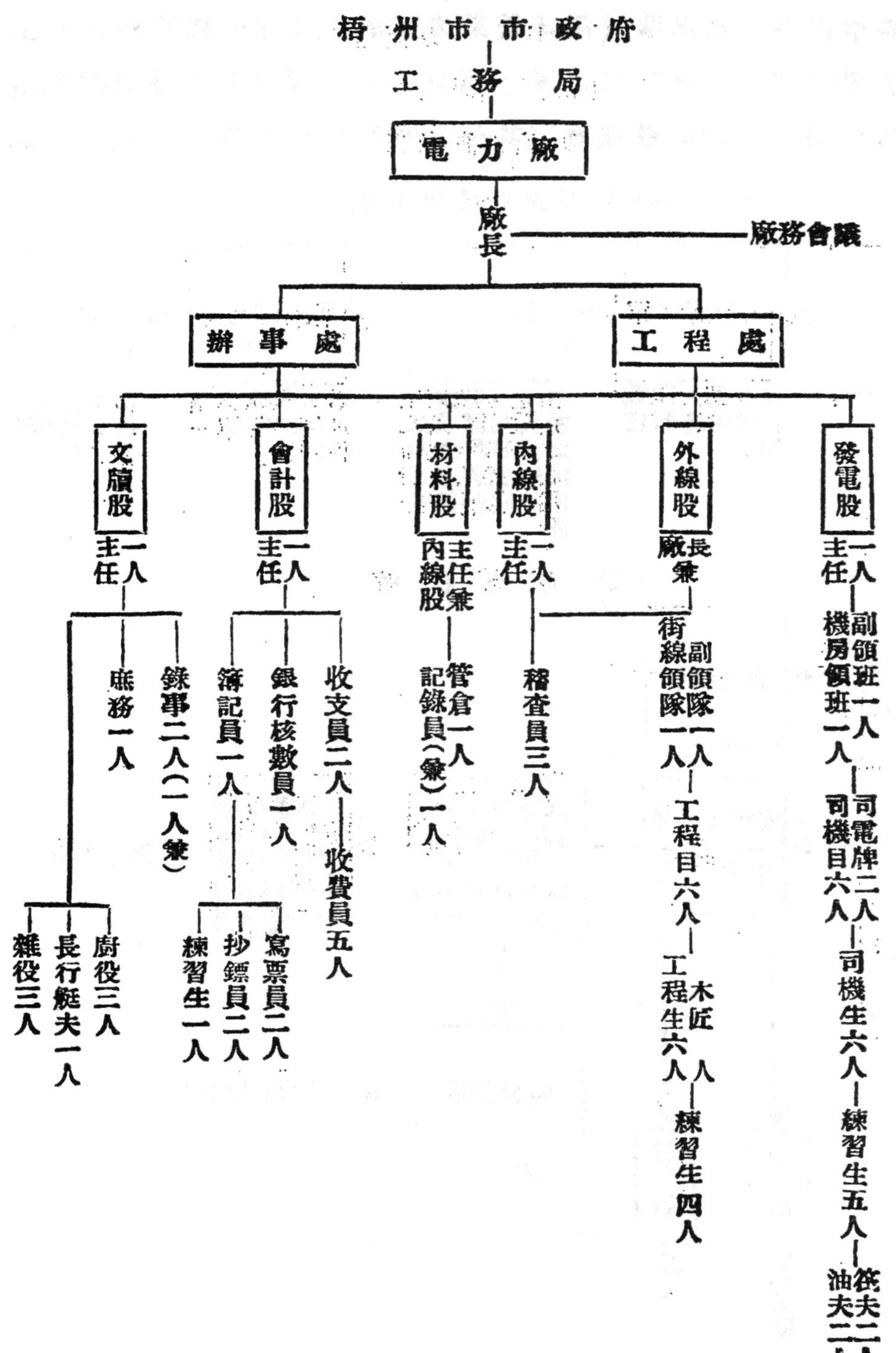
梧州市市政府
工務局
電力廠
廠長
廠務會議
辦事處
工程處
文牘股
主任一人
庶務一人
錄事二人(一人兼)
廚役三人
長行艇夫一人
雜役三人
會計股
主任一人
收支員二人
銀行核數員一人
簿記員一人
收費員五人
寫票員二人
抄錶員二人
練習生一人
材料股
主任兼內線股
管倉一人
記錄員(兼)一人
內線股
主任一人
稽查員三人
外線股
廠長兼
副領隊一人
街線領隊一人
工程目六人
木匠一人
工程生六人
練習生四人
發電股
主任一人
副領班一人
機房領班一人
司電牌二人
司機目六人
司機生六人
練習生五人
油夫二人

(丑) 辦事程序　電廠關於逐日營業方面事務,實係一種重複性的工作,故一切手續須有一定秩序,以便遵守,而免紛亂,各項統計亦易於探集.因規定各種辦事程序表,特錄數種如下,其他表格亦均印刷,以便塡註,玆不錄.

(一) 用戶請求安錶手續

索取請求單及章程
函索面索均可
塡送請求單
加蓋用戶印章及較線電器店印章
驗　線
由電力廠派工於收到請求單之翌日行之如試驗妥善函致用戶繳付保證金
繳付保證金
若分期繳納須連同擔保單一併送入
安　錶
由電廠派工於收到保證金之翌日行之

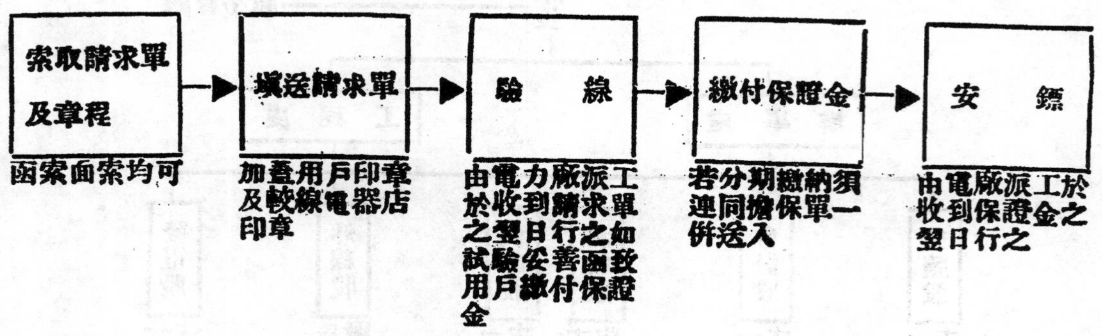

(二) 安錶程序

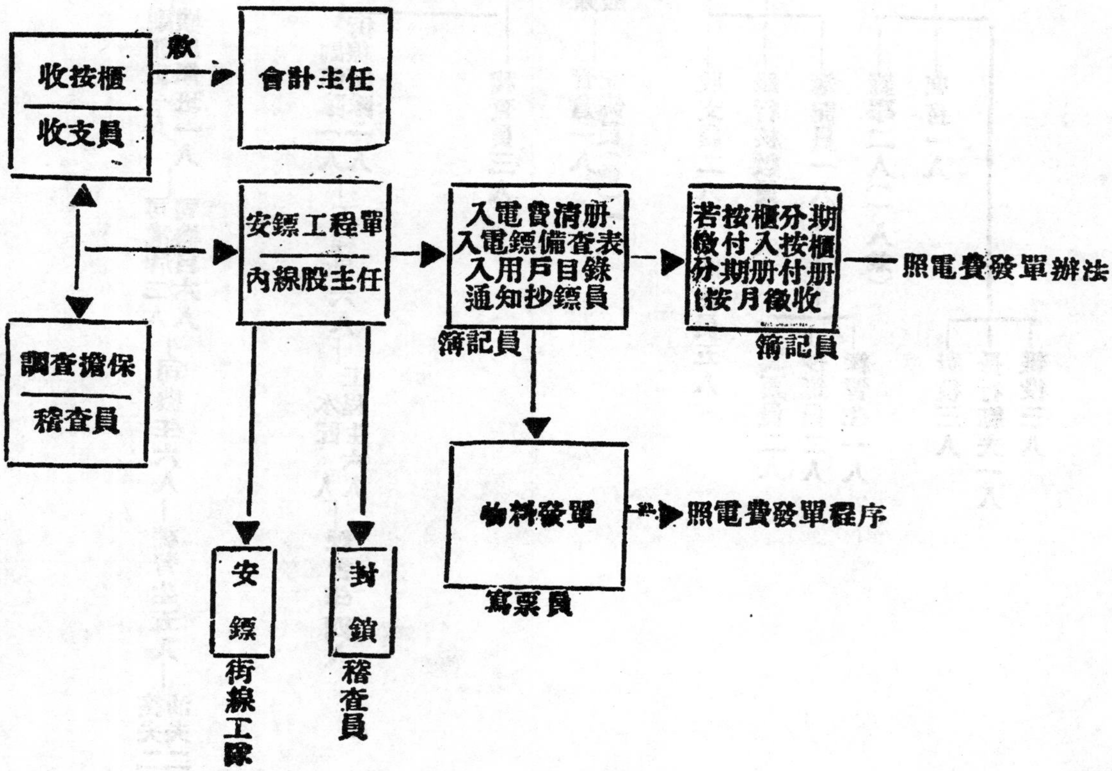

收按櫃
收支員
款
會計主任
調查擔保
稽查員
安錶工程單
內線股主任
入電費清册
入電錶備查表
入用戶目錄
通知抄錶員
簿記員
若按櫃分期繳付入按櫃分期册付册按月徵收
簿記員
照電費發單辦法
物料發單
寫票員
照電費發單程序
安錶
街線工隊
封鎖
稽查員

(三) 發單程序

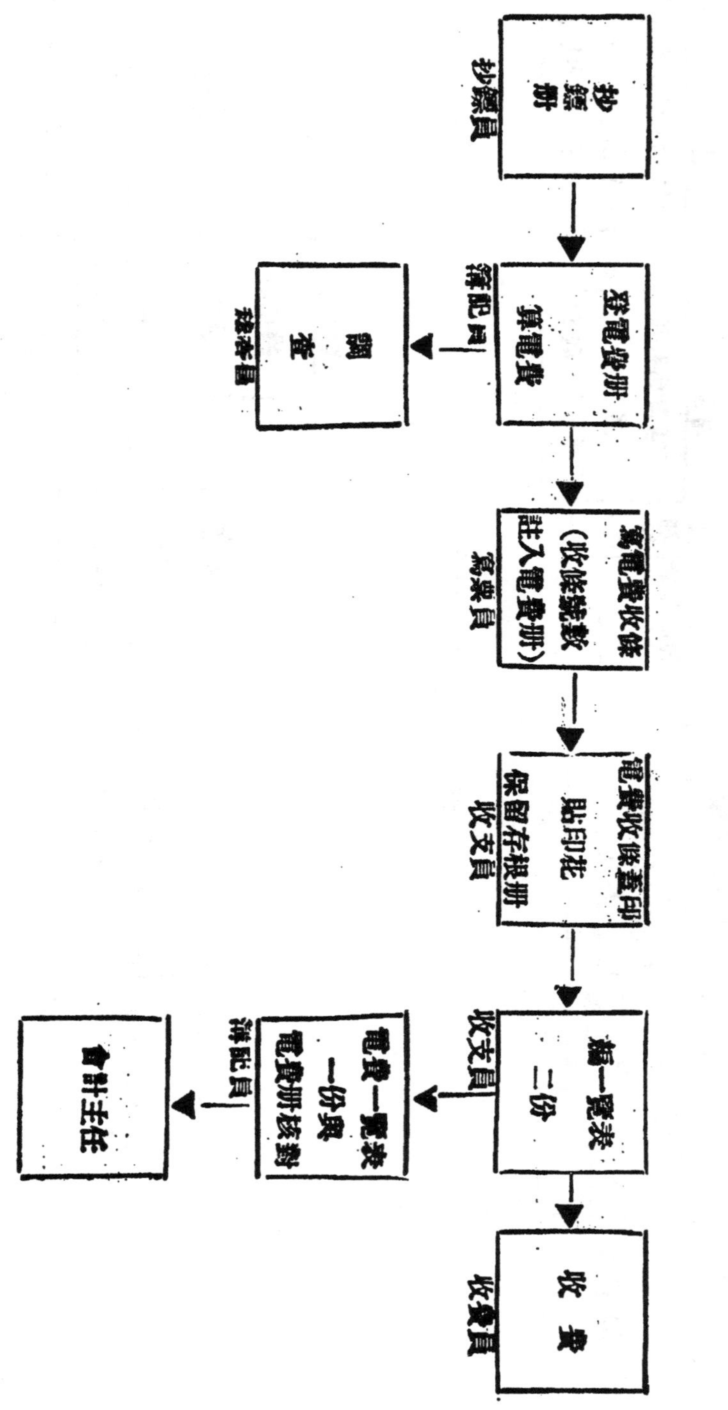

抄錶冊
抄錶員
登電費冊
算電費
簿記員
調查
稽查員
寫電費收條
(收條號數註入電費冊)
寫票員
電費收條蓋印
貼印花
保留存根冊
收支員
編一覽表
二份
收支員
收費
收費員
電費一覽表
一份與
電費冊核對
簿記員
會計主任

(四) 收費程序

(五) 催費程序

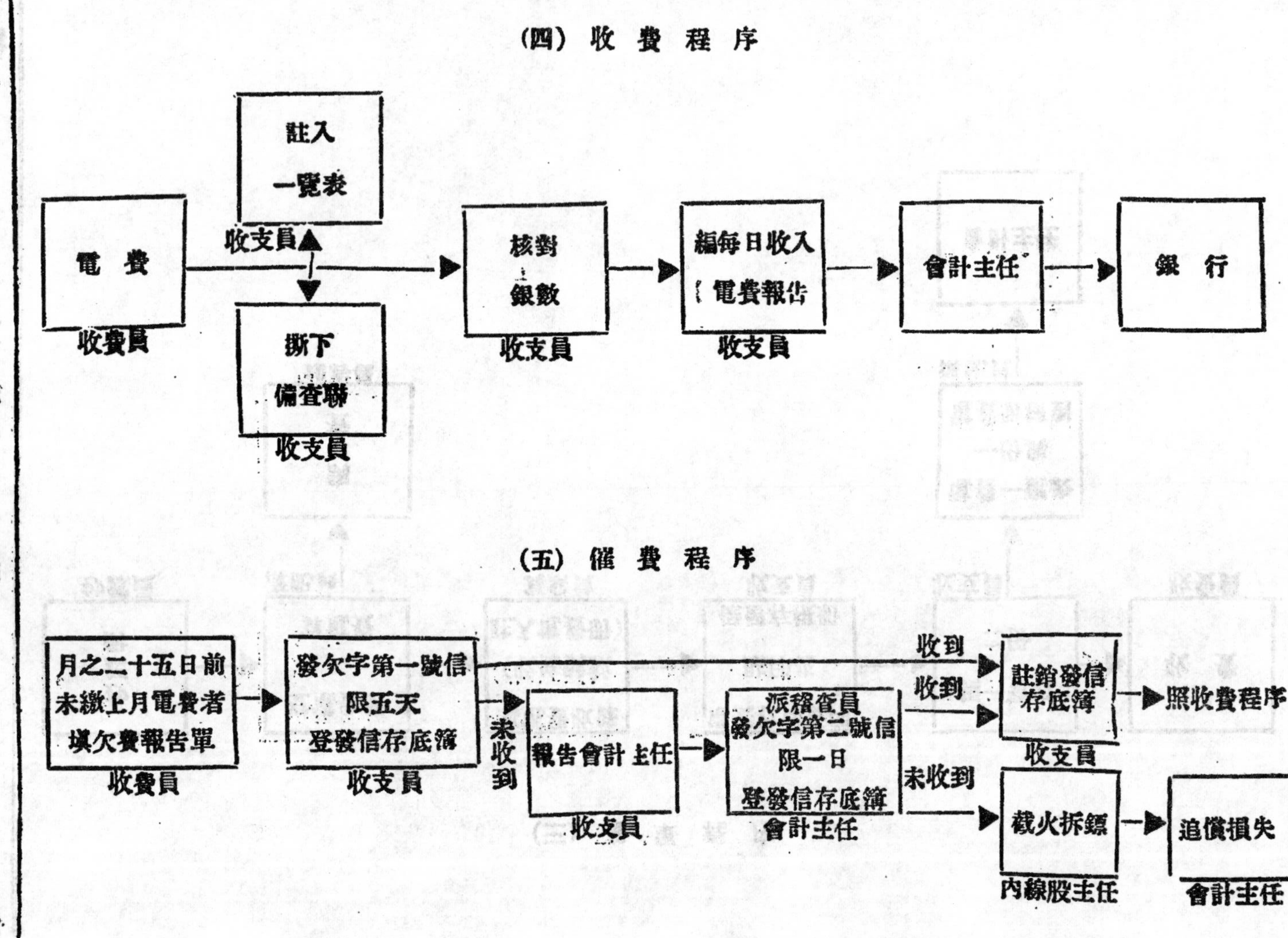
電費
收費員
註入
一覽表
收支員
撕下
備查聯
收支員
核對
銀數
收支員
編每日收入
電費報告
收支員
會計主任
銀行
月之二十五日前
未繳上月電費者
填欠費報告單
收費員
發欠字第一號信
限五天
登發信存底簿
收支員
未收到
報告會計主任
收支員
派稽查員
發欠字第二號信
限一日
登發信存底簿
會計主任
收到
收到
未收到
註銷發信
存底簿
收支員
照收費程序
截火拆錶
內線股主任
追償損失
會計主任

(二)工程狀況

(子)機房發電時間　機房設備油渣發電機三座,每座二百啓羅華德,總共發電量爲六百啓羅華德.自去年十月十七日開機,每日開用一座,最高負載量在二百啟羅華德之內,自日落時開機至翌日日出時停止.至十一月廿一日起,最高負載量超過二百啟羅華德之數,乃於晚間併開二座,約四小時,至夜半後負載量減少,仍開一座.本年五月一日起,每日自上午十二時開機,至翌日日出時停止,日間開一座,晚間併開二座,至夜半後負載量減少,仍開一座本年六月一日起,爲供給電動機電力起見,每日自上午八時開機,至翌日日出時停止,星期日則仍於上午十二時起開機,以便修理路線.每日有一座機停止,以備揩拭修理.現在晚間負載量已超過四百啓羅華德之數,不久每晚於最高負載量之時,將併開三座,約一二小時,則毫無預備之量矣.此種情形亟宜預爲之謀,實緣本市電業發達情形,前未能有見及此也.

(丑)發電量統計　電廠發電量以冬月爲多,夏月爲少,因冬季日短,居民家居時多,出外時少,故用燈亦多.本年五月起因開半日日電,六月起因開全日日電,故發電量比較去年冬季爲多,預料今年冬季必更多也.茲將自新廠開機以來,按月發電量總數列表如下.

十六年十月(自十七日起)	14,280	啓羅華德小時
十一月	55,240	"
十二月	86,550	"
十七年一月	90,050	"
二月	81,440	"
三月	88,080	"
四月	86,320	"
五月	92,742	"
六月	89,487	"

逐日發電量總數,以及每座機開機時數,均有紀錄,茲錄五月份之發電量月記如下:

梧州市電力廠發電量月記 十七年五月

日期	第一號機		第二號機		第三號機	
	開車小時數	共發電量啓羅華德小時	開車小時數	共發電量啓羅華德小時	開車小時數	共發電量啓羅華德小時
一			11.22	1120	10.52	1240
二	11.05	1180			11.20	1900
三	11.12	1840	11.25	1130		
四	11.20	1900			11.15	1210
五			11.00	1100	11.20	1980
六	11.75	1930	11.00	1270		
七			11.00	1750	14.15	1300
八	11.20	1280			11.00	1910
九	10.58	1840	11.07	1080		
十			10.58	1700	11.00	1180
十一	11.45	1830			10.05	1080
十二			11.15	1020	10.51	1820
十三	2.20	50	11.08	1710	9.05	1210
十四	11.05	1800	11.00	1050		
十五	11.00	1790			11.00	1160
十六			17.25	2010	4.38	792
十七	11.00	1090			11.00	1860
十八	10.50	1880	11.30	1110		
十九			12.06	1840	43.5	880
二十	11.10	1250			11.03	1850
二一	10.55	1760	11.00	1030		
二二			11.40	1750	10.52	1230
二三	11.00	1060			11.10	1910
二四	10.25	1790	11.40	1050		
二五			10.40	1670	11.10	1230
二六	11.00	1340			10.35	1790
二七	10.40	1800	11.10	1010		
二八			11.10	1720	11.00	1180
二九	11.12	1190	11.45	1703		
三十	11.50	1763			11.25	1190
三一			10.58	1729	15.08	1327
總結	213.22	20363	242.21	30143	234.39	32236

三機共計開車時數600,22小時　　共發電量92,742啟羅華特小時

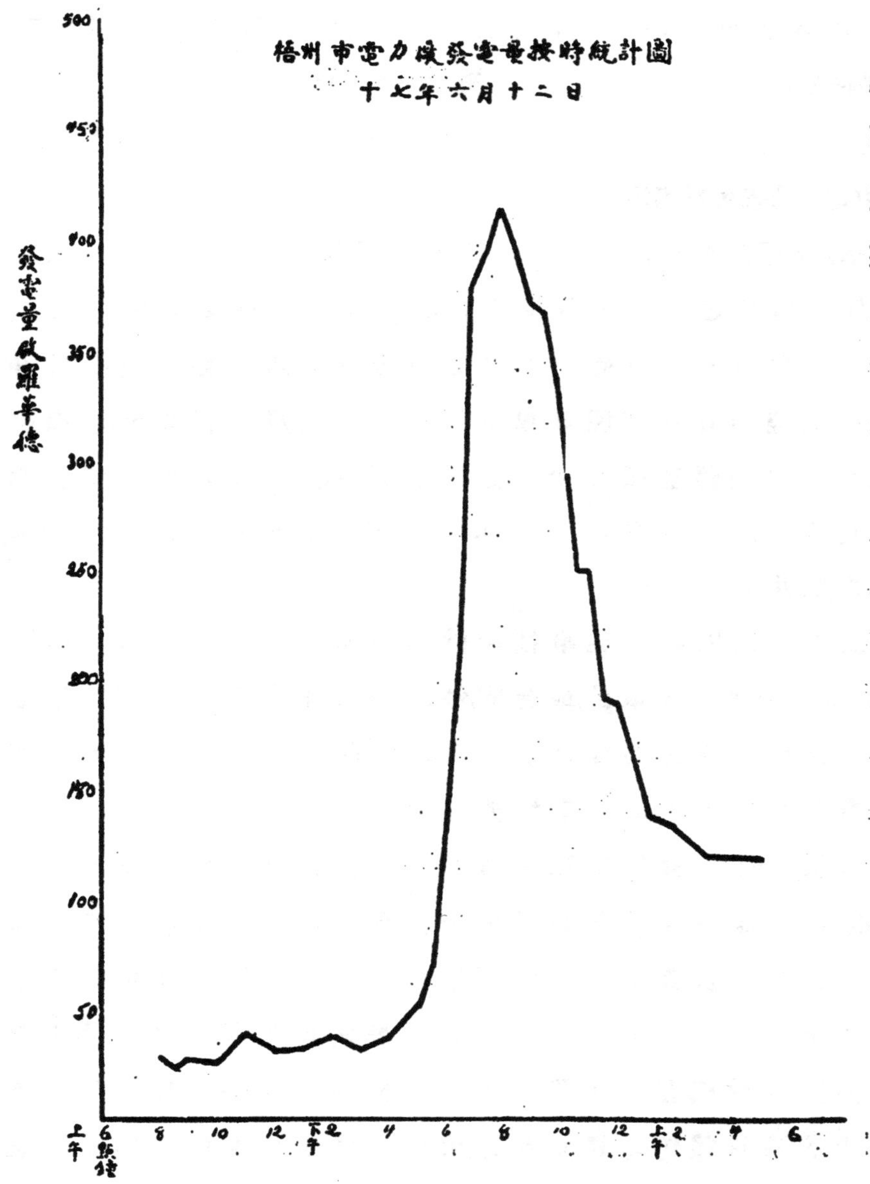

每日發電量　每隔半小時由司電版者紀錄入册,其升降之數亦饒有興味,茲錄本年六月十二日之發電量升降曲線如附圖可以覘梧市夜市之盛況,而日中用電缺少,正宜設法鼓勵電動機用戶也.

(寅)燃料消耗　關於黑油發動機燃料消耗一項,因廠中缺乏相當試驗器具,故未能作精確之計算,今正從事設備,庶知負載量與消耗量之關係,蓋油機負載全量時,其燃料消耗率應比負載半量或四分之一量時爲省儉也.今因不能試驗,不得知其準確之消耗率曲線,然以一個月之總數平均計算,大概可知其每發電一度之燃料平均消耗率.以十七年四月及五月份爲例如下:

一個月共發電量(啓羅華德小時)	(四月份)八六三二〇	(五月份)九二七四二
一個月共用燃料黑油	五三一五八磅	五九四一四
平均每啟羅華德小時需燃料黑油	〇・六一八磅	〇・六四三
平均每匹馬力每小時需燃料黑油 (發電機効率以百份之九十算)	〇・四一四磅	〇・四三二

右項計算係取一個月之平均數,由此推知其負載全量時之燃料消耗率,每匹馬力每小時必在〇・四〇磅之內.又五月份之燃料消耗率比四月份爲大,蓋因五月份起開半日日車,開日車時負載少而燃料消耗率大,是以影響至平均數也.所用黑油係亞細亞公司之狄賓爾油.及美孚洋行之輕狄賓爾油,每磅有一萬八千以上熱力(B. T. U.).廠中有油池一所,可儲油四十噸,足敷一個月餘之需用也.

(卯)潤滑油消耗　此項現正從事精密試驗,尚未蕆事.大概光裕油行之Gargolye D. T.E. Extra Heavy 油最佳,最合宜,每小時每座機(三個汽缸)耗油一・二磅.用過之油現正設備濾淨機,將不潔之物除去後,仍可再用,如此可節省經費不少,有餘且可出售,供給本地機器廠之用.

(辰)街線之系統　機房發出之電,由海線二條從撫河底通至華光廟碼頭東岸,乃直接於高壓架空線,電壓爲三千一百五十伏而脫.高壓架空線均用木桿樹立道旁,高自三丈至四丈不等,視道旁建築物之高低而定.近來梧市建築有高至六七層者,高逾此項高壓線,故偶有將竹桿木段之類落下,打斷高壓線者,危險實甚.故經呈請工務局會同公安局,取締搭蓋席棚,穿過或架過高壓線之上等事,以後仍當籌安全之法,庶免發生危險,或阻礙電力之供給也.

高壓線係採用環圈統系,(Ring System)蓋其幹路成一環形,自機廠由一條海線過河後,向南經四坊路,九坊路,五坊路,竹安路,學前街,廠前街,向北經思達醫院,東學塘,東門正街,西櫃街,義學塘,北橫路,向南至四坊路,華光碼頭,由另一條海線過河至廠,完成一環圈.除幹路外,有枝路四道:一.由大南路至長沙路.一.由大南路至居仁路.一.由廠前街至魚花塘.一.由北橫街至三鄉碼頭.另有一岔線,自大南路向北,經下牛皮巷,府學巷,而至西樞街口.

低壓線係三百八十及二百二十伏而脫,分佈各街道,多用角鐵插在路旁騎樓牆上,無騎樓處用木桿.

(巳)變壓器之分佈　變壓器十五具,共三百八十五開維愛,均裝在桿木上,或建磚柱支撐,計分下列數種:

五十開維愛(K. V. A.)	二具	三十五開維愛(K. V. A.)		一具
二十五開維愛	〃	四具	二十開維愛	〃	五具
十五開維愛	〃	二具	十開維愛	〃	二具

依目前每晚情形,各處變壓器均已十足負載,不能再增加燈火矣.而請求供給電力者仍紛至,此實爲目前之急切問題也.

(午)電錶之統計　廠中現有電錶數目如下:

三相	五安倍	十只	三相	十安倍	五十只
	十五安倍	廿五只		二十安培	十只
	三十安倍	三只		五十安倍	二只
單相	三安倍	九百九十五只	單相	五安倍	六百五十只
	十安倍	一百六十四只		二十安倍	十只
	三十安倍	五只			

共計一千九百十六只

已裝出之電錶計一千五百八十只,此外長明燈用戶共五十九號,電動機用戶共四號,以上各戶究竟每家裝燈幾枝,幾多華德,因以前未曾有紀錄,而用戶時常增減燈枝或燈泡,未曾規定章程必須至廠報告者,以故無從稽考,現正謀調查庶免裝燈過多之患也.

(三)電費統計

電力電費現規定三種:(一)依電錶行度計算.(二)特別長明燈費.(三)電動機電力費.(以下均以桂毫計算)

(一)依照電錶行度計算者最爲普通,每一用戶裝電錶一個,裝錶前須繳納保證金其數目如下:

單相三安倍電錶	(任受六百華德力)	三十元
單相五安倍電錶	(任受一千華德力)	三十元
單相十安倍電錶	(任受二千華德力)	三十元
單相二十安倍電錶	(任受四千華德力)	五十元
單相三十安倍電錶	(任受六千華德力)	八十元
三相五安倍電錶	(任受三千三百華德力)	六十元
三相十安倍電錶	(任受六千華德力)	八十元
三相十五安倍電錶	(任受九千華德力)	一百元
三相二十安倍電錶	(任受一萬二千華德力)	一百二十元
三相三十安倍電錶	(任受一萬八千華德力)	一百八十元
三相五十安倍電錶	(任受三萬華德力)	三百元

該項保證金於用戶截電,收回電錶,及清繳電費後,得退還之.

本年二月,爲鼓勵用戶裝置電燈起見,特規定上項保證金分期繳納變通辦法,計分甲乙丙三種如下;

(甲種)分三個月繳付者(以單相三安倍五安倍十安倍爲限)第一個月十元加利息一毫.第二個月十元加利息二毫.第三個月十元加利息三毫.

(乙種)分六個月繳付者(以單相三安倍五安倍爲限)第一個月五元加利息五分.第二個月五元加利息一毫.第三個月五元加利息一毫五分.第四個月五元加利息二毫.第五個月五元加利息二毫五分.第六個月五元加利息三毫.

(丙種)每月納息者(以單相三安倍及無力繳付保證金爲限)每月三角.

依照上項變通辦法繳納保證金或祗納息者,須繳擔保單以殷實店號已經裝用電錶繳清保證金者擔保爲合格.照甲乙兩種辦法繳付保證金者,該項保證金於用戶截電收回電錶及清繳電費後,得退還之,惟利息不退還.照丙種辦法每月納息者,亦不退還.

裝用電錶者每月須納錶租一項,爲修理及試驗電錶之費,其數目如下:

錶租單相三安倍及五安倍	每月二角	單相十安倍以上	每月四角
三相各種	每月六角		

依電錶行度計算之電費,無論用電燈電扇或電熱器,每度（一千華德一小時）收費三角二分.其用電多者,另有優待折扣如下:

每月每錶電費在二十五元以上,二百元以下者,減收百分之五.在二百元以上,五百元以下者,減收百分之十在五百元以上,一千元以下者,減收百分之十五.在一千元以上者,減收百分之二十.

電費一項,凡行政機關照七折收費,惟不能再照優待折扣例,其他保證金及錶租仍十足征收.

每一電錶旁懸一錶牌,以記電錶行度,該項錶牌用戶不可移動.

(二) 特別長明燈祗許裝設戶外,每日自日入時放光至日出時熄滅,電費按月計算計:(不滿二十天者作二十天算,不滿一月者作一月算).

二十五華德燈	每枝	一元六角	四十華德燈	每枝	二元五角
六十華德燈	每枝	三元六角	七十五華德燈	每枝	四元五角
一百華德燈	每枝	六元			

一百華德以上另定之.長明燈電費一概於上月預收.

(三) 裝用三相式電動機者須裝三相式電錶,其保證金與錶租均照上述規程繳費.其每度電費價目計:每架電動機每月用電不滿一百度者,每度實收一角八分.逾一百度者,每度實收一角七分.逾二百度者,每度實收一角六分,逾一千度者,每度實收一角五分.電影院用變流機每度實收一角八分.

(四)會計統系

(子)賬目大綱　本廠現用會計統系,大綱列下.

(一)負債類　借入欵　透用欵　電鏢按櫃(即保證金)　暫收欵　應付未付利息　損益

(二)資產類　購機　電鏢　海線　房地產　器具　燃料墊欵　雜料墊款　買賣電料　暫支款　存放銀行　現金　純損益　呆款　未收電費

(三)收益類　電鏢電費　長明電費　電鏢租　手續費　雜收　舊欠

(四)損耗類　燃料消耗　雜料消耗　薪工　膳費　筆墨紙張　文具書報　運送保險　捐稅　利息　通訊　脩膳費　交際費　旅費　攤提各項　雜支

現在所採用之賬簿,計分主要賬簿二種,補助賬簿十五種,不可謂不齊備.此項會計統系僅自一月份起試用,其利弊如何,尚難碻定.惟電力廠營業方面,爲求賬目明瞭淸楚簡單起見,自以商業複式簿記爲適用,擬於日後逐漸改革也.

(丑)收支對照表　按月收支情形,於月底編製收支對照表,玆以本年二月份之收支對照表,附錄於170頁,以示一斑依照現行會計制度,祗有收支對照表,而無貸借對照表,於是未收未付賬目,均不能列入.譬如二月份燃料一項未付分文,並非該月份未耗或未購燃料,實因所購燃料均係記賬,未曾付欵耳.又如支出電鏢舊欠等項,並非該月內所購,蓋去年份所欠之欵也.由此情形,故不能依據收支對照表而計算各項支出之比例數,若至本年度年底總結一年之收支而計算,則尙可大概得各項支出之百分數.

(丁)推廣計畫

(一)修善工程

(子)街線之修善　街線情形既如上述,其最大之缺點,在高壓線環圈統

梧州市電力廠中華民國十七年二月營業收支計算書

收入之部

上月結存	1,739,320 元
第一欵經常門	
第一項營業收入	
電費	13,410,309
錶租	430,700
第二欵臨時門	
第一項雜項收入	
電錶按櫃	3,690,000
沽出電料	201,132
手續費	51,700
舊欠	225,700
雜收	——
第二項借欵收入	
市財政局領欵	5,600,000

支出之部

第一欵經常門	
第一項員工薪給	
職員薪給	1,652,000 元
工役薪給	1,542,275
第二項營業用費	
燃料消耗	——
雜料消耗	71,775
買入電料	144,000
第三項辦公用費	
筆墨紙張	36,080
文具書報	11,080
膳費	144,200
通訊	,080
器具	55,760
房租	148,000
第四項雜費	
修繕	21,060
交際費	——
旅費	——
運送保險	——
柴炭	34,870
捐稅	30,000
雜支	56,232
第二款臨時門	
第一項購置機件	
購機	——
電錶	6,680,000
海線	——
雜件	339,440
購置	52,540
第二項營繕工程	
房地產	1,701,000
修線	——
第三項雜項用費	
舊欠	6,540,500
前電廠	640,000
電錶按櫃	60,000
雜支	100,000

共收	25,349,481 元
共支	20,129,902 元
除支結存	5,219,039 元

系未曾裝置分段開關設備,以致偶有阻礙發生,須行修理者,必致全市停止電力供給,如此影響極大.故於本年三月間向德廠定購高壓線開關十全套,大約於七月間可運到,待裝置後,則一隅發生事故,決不至影響其他各段矣.

(丑) 平安備件之增添 機房中共機三座,依目下情形,不久三座須同時併開.如此,若偶有損壞,一座不能開用,即致影響全市電燈.且機件各部又均精密,不可差以厘毫,而梧市工業未曾發達,臨時配製必多困難,故必須購置平安備件,庶可減短修理手續與時間.本年四月間特定購油渣機備件一百零八件,三月間定購發電機及變壓器備件五十件,不久可運到.

(寅) 整理路燈 本市路燈設備係由公安局主管,而電力由本廠免費供給.前者因陋就簡,大都將燈懸掛在街線下,不特欠壯觀瞻,且危險特甚,故擬行從新整理.在壁上或桿上者用鐵架裝置,在路中者用鐵索懸掛,有數處,則均應用燈柱,加大燈光,庶可增美風景,利便交通.該項燈柱若用舶來品鐵柱,則所費頗鉅,若用洋灰鐵筋製造,而僅配燈罩,則比較省費.惟茲事全體計算,數亦不貲,當詳細議訂後,庶可從事也.

(二) 擴充工程

(子) 增添變壓器 上述變壓器之分佈一節中,已敘明目下全市變壓器之容量,僅三百八十五開維愛,而晚間電機負載量至四百餘啟羅華德,(以電燈論,開維愛與啟羅華德之量可假定其相等,蓋電因數在百分之九十五以上也). 可見變壓器實已超過負載力之上,不免時常因過分負載而致燒斷保險絲.況燒斷保險絲時間,常在晚間七八時左右,該時用戶多開足電燈,若在最需要電燈之時而電燈熄滅,其不便實甚,故增添變壓器實為急務.本年三月間曾定購三十五開維愛,九十開維愛,及一百二十開維愛各一具,五月間又定購五十開維愛二具,一百開維愛及一百六十開維愛各一具,如此,共增添六百另五開維愛之量,合舊者共九百九十開維愛,比較廠中發電機量七百五十開維愛,大概足敷也.

（丑）三角咀推廣供電　三角咀在撫河之西,爲梧市工廠及學校區域.工廠有硫酸廠,硝酸廠,炸彈廠,鋸木廠,磚瓦廠,火柴廠等頗多,學校有廣西大學等.目前該處完全未曾佈線給電.前領事館印刷所有發電機一座,供給教堂及西醫院燈數十枝.今廣西大學及硫酸廠等,均擬用本廠電力,自須及時推廣,况各廠須用電力又均爲大號電動機之需,對於將來收入自有可觀.故曾呈請工務局添購電版全副,電線十四英里,磁絕緣體一千三百五十件,至於電桿等件,擬招標包工樹立.預算於本年八月樹桿.九月佈線,十月初即可供電.將來撫河兩岸均將燈燭輝煌矣.

（寅）機廠之擴充　機廠有機三座,近將全開,非特毫無預備,即以已往發電增進率而觀,可預料一年後,該三機將負載全量,而無餘力矣.添機之事,非一蹴可就,必須事先預備,以故及今籌劃,尚可不致過遲.擴充機廠從各方面研究所得結果,擴充現在機廠,實有許多不便,列舉如下:（一）現在機廠係用黑油,完全仰給於外國輸入,非特利權外溢,恐一旦航運阻滯,來貨斷絕,則電力廠勢必閉門.（二）黑油機併開時,每機止少須一個管車人,在旁調整快慢,今併開三機,各機負載分配,須由管車人時時調整,將來擴充,若多添黑油機,則四座五座併開,人工管理方面極難,不免時起危險.（三）對於工程經濟方面言,則大電廠在千匹馬力以上,鮮用黑油機.（四）現在廠址在撫河之西,用海線通至東岸,若海線偶有損壞,則梧市電燈勢必全熄.夏秋之季,江流湍急,未能預防.（五）現在廠屋湫隘,毫無餘地以備擴充,廠旁山地如須開闢,則工費頗大.（六）現在抽水機水塔等之設備,祗足敷三機之用,若再添機,仍須添置抽水機水塔等之設備.

因上述各項困難,故擴充電廠,擬採根本方針.一用煤爲燃料,用蒸汽旋輪機.二.設廠於撫河東岸.三.電量至少爲一千啟羅華德.且蒸汽機中所需之凝汽水,可供給自來水廠,祗須濾清加礬或綠氣,即可應用,一舉而二利焉.此項新機價約桂銀二十萬元,房屋設備等又約五萬元,街線方面可無須更張,其詳細計劃正待草擬,籌備至開機時期大約須一年也.

(卯)建築物　現在辦事處及工隊宿舍,均係租賃民房,屋小值昂,實不敷用,故屢次呈請指撥官地,庶可自行建築,迄今未得相當地點,但望早日簽定後,可自有建築物.又機房工員現住居筏上,亦應早日在廠旁建築工員宿舍,以利管理而重衛生.二項需費在三四萬元之間.

(三)營業推廣

(子)鼓勵電動機用戶　電力廠營業,除於晚間供給電燈外,最宜於日間供給電動機用戶.故除前述規定電動機用電減費章程後,復鼓勵用戶,指導一切,代辦機件,不取手續費.如影畫院炭精燈,電梯,升降機,蓄電池充電機,電抽水機,電焊機,電汽車,及其他家用電器等等,志在提倡社會電氣化,而一方亦推廣營業之道也.

(丑)批發零售電料　電力廠除供給電力外,又應代用戶設法減少裝置費用,而得最優之料,本市電料行大概在香港購料,因銀數不多,故不能得最惠價格,以致市價抬高,用戶負擔加增.若由本廠大批躉購,原價自可減低,照本批發,市價亦得限定間接加惠用戶實多,而本廠亦多得安電鏢,多供電力也.又如燈泡一項,市上劣貨充斥,若德貨每枝須價七角,茲由本廠擬定辦法,大批購入德國燈泡,每枝照本門售五毫五分,其他如華生電器廠之國貨電扇,益中機器公司之國貨電料,自當加以提倡,將來範圍擴大,可於組織統系中另設批發門售一股也.

(寅)電費減價　現今電燈電費每度費毫銀三毫二分,實僅合港紙一角八分半,或合大洋二角,比較港滬亦不爲貴,惟電廠方面如能增加效率,減輕電費,自爲市民所歡迎.電廠機器購置黑油原料,均用金洋或港紙計算,故電費一項,自受國外匯兌及港梧滙兌高低之影響.若將來一千啟羅華德蒸汽電廠成立,而滙兌亦於我有利,則電費一項,自將呈請市政府核議減低,以利推廣,而惠市民也.

當工務紛繁時吸一支超等國貨香烟提神醒腦增加效率

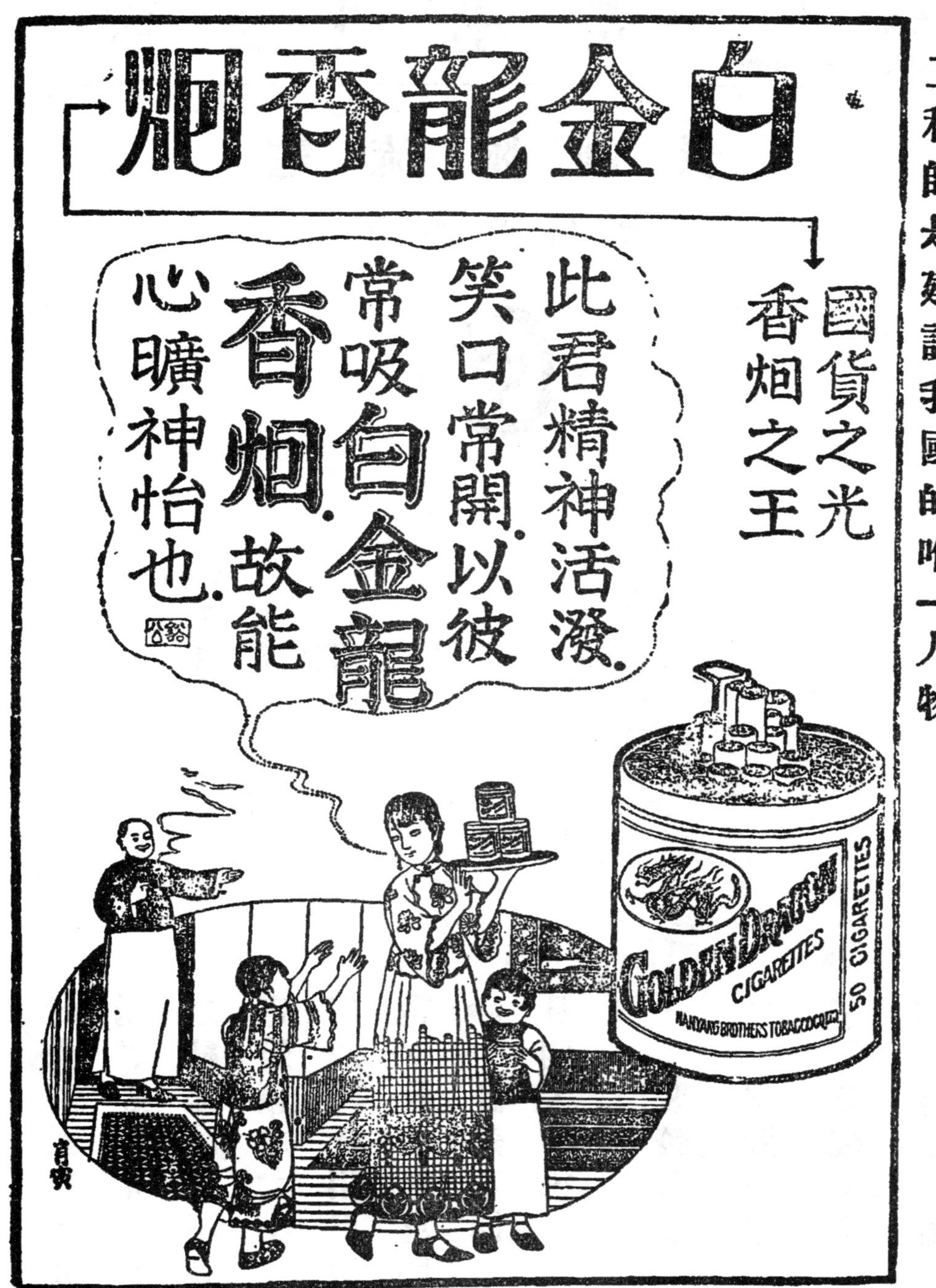

白金龍香烟
國貨之光
香烟之王
此君精神活潑。笑口常開。以彼常吸白金龍香烟。故能心曠神怡也。
GOLDEN DRAGON
CIGARETTES
NANYANG BROTHERS TOBACCO CO. LTD.
50 CIGARETTES

工程師是建設我國的唯一人物

請聲明由中國工程學會『工程』介紹

限公司出品　工廠
浦東洋涇鎮凌家木橋

電流限制表

最新吸鐵式

商標

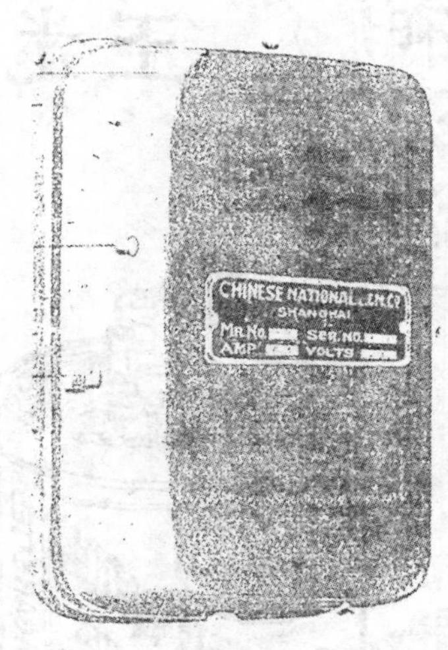

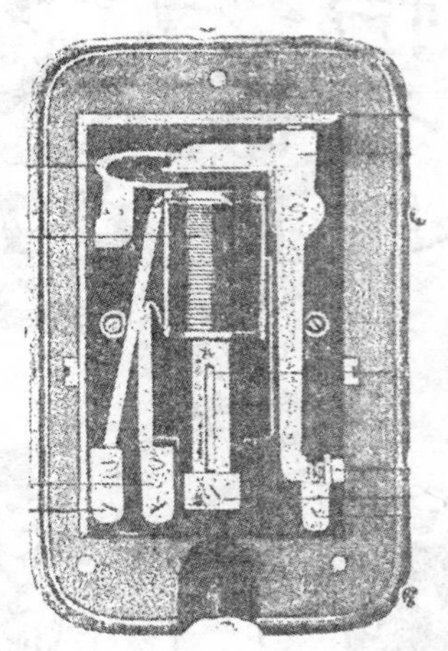

此限制表爲本公司專心研究所成之結晶品。不論電燈廠之大小。用以防止用戶偷電。收效極爲神妙。比衆不同。具四大特色。

一　裝較準確
二　堅固耐用
三　修配便當
四　價格低廉

益中機器有

事務所

上海江西路B四十三號

變壓器

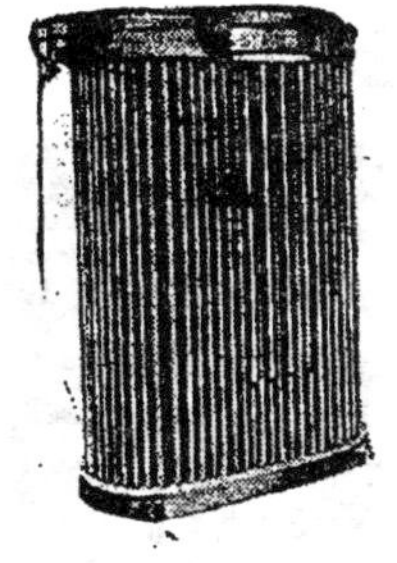

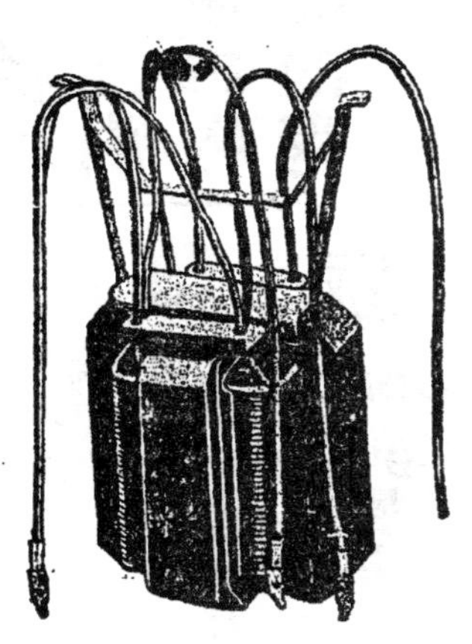

我國能自製變壓器者。唯本公司所造最爲完善。本公司製造大小各種方棚。將近十載。工程之精密可靠。皆出於經驗。非徒持學識。宜其國內諸大電氣廠一經採用。交相讚譽。本公司且有保單。確能擔保應用。

自來水之調查

自本刊三卷四號發表後,上海公共租界水價,已有增加.法租界水價,因立方米突與加侖比例之誤,亦有錯訛.茲蒙上海公用局朱有騫君,慨與指正,幷承示公用局所製三表,刊於下方.以後如蒙各處機關同仁,賜稿續增,尤所歡迎.

黃　炎

上海各華洋自來水公司售水價格表(以銀元計算)

	公司名稱／水量分類	閘北新價飲用	閘北新價營業	閘北舊價飲用	閘北舊價營業	內地新價飲用	內地新價營業	內地舊價飲用	內地舊價營業	上海	法商
用水表者(每千加侖價)	0—10000加侖	0.50*	0.50*	0.53	0.53	0.50*	0.50*		0.50	0.50*	0.5578
	10000—15000 ,,	0.45	0.50	0.48	0.48	0.45	0.50		0.50	0.50	0.5578
	15000—20000 ,,	0.45	0.50	0.48	0.48	0.45	0.50		0.50	0.50	0.5578
	20000—50000 ,,	0.45	0.50	0.48	0.48	0.45	0.50		0.50	0.50	0.5578
	50000-100000 ,,	0.45	0.50	0.45	0.45	0.45	0.50		0.45©	0.50	0.5578
	100000-200000 ,,	0.45	0.50	0.42	0.42	0.45	0.50		0.40⊠	0.50	0.5578
	200000-500000 ,,	0.40	0.45	0.42	0.42	0.40	0.45		—	0.45ᐟ	0.5578
	500000-以上 ,,	0.40	0.40	0.42	0.42	0.40	0.40		—	0.40✲	0.5578
不用水表者(每月包價)	一幢一宅			按房租百分之七·五[田]	按房租百分之七·五[田]			1.25	1.55	按房租百分之六	
	二 ,, ,, ,,							1.80	2.10		
	三 ,, ,, ,,							2.10	2.40		
	四 ,, ,, ,,							2.40	2.70		
	五 ,, ,, ,,							2.70	3.00		
	六 ,, ,, ,,							3.00	3.30		
	三樓一幢							1.55	1.80		
	,, ,, 二 ,,							2.10	2.40		
	,, ,, 三 ,,							2.55	2.85		
	,, ,, 四 ,,							3.00	3.30		
	,, ,, 五 ,,							3.45	3.75		
	,, ,, 六 ,,							3.90	4.20		
	其他							另議	另議		
備註		*每表每月有一定之最低水價見詳章　ᐟ除二十萬加倫外餘者以四角五計　⊗房東包水不在此例　✲除五十萬加倫外餘者以四角計　©除五萬加倫以外餘者以四角五計　✧超過二百兩者所超過以百分之二計　⊠除十萬加倫外餘者以四角計　[田]或為每水龍頭每月三角六									

上海各水廠設備比較表

水廠	上海自來水廠	法自來水廠	內地自來水廠	閘北自來水廠
供給人口	850,000	300,000	350,000	250,000
每日最高給水量加倫數	45,000,000	8,800,000	15,000,000	4,500,000
慢性沙濾量	33,000,000	8,800,000	6,000,000	3,000,000
急性沙濾量	12,000,000	——	5,600,000	1,500,000
礬水池	——	——	4,000,000	——
自流井水	——	——	——	500,000
擴充急性濾水量	12,000,000	4,400,000	——	10,000,000
混凝劑	白礬末	白礬末	白礬塊	白礬末
消毒劑	綠氣	——	綠氣	綠氣
補充消毒劑	——	——	過錳養鉀	——
預備消毒劑	——	——	——	漂白粉
慢性沙濾面積	570,180平方尺	75,000	100,000	56,300
急性濾池面積	5,000	——	2,130	900
擴充急性濾池面積	5,000	,600	——	6,000
急性與慢性濾池面積之比較	0.87%:99.13%	0:100%	2.43%:97.57%	1.57%:98.43%
急性與慢性濾水量之比較	26.62%:73.38%	0:100%	48.30%:51.70%	33.33%:66.67%
慢性沙濾改急性濾池之濾水量	660,000,000	176,000,000	120,000,000	——
預計將來最大限度之濾水量	672,000,000	160,400,000	125,600,000	50,000,000

各國水量諸等表

美度	英度	法度	美加倫	英加倫	立方公尺	立方英尺	立方英寸	備註
1	0.83267	3.7854	1000.0	832.67	3.7854	133.68	231000	在氣壓30英寸溫度華氏32度之清水重10英磅之容量爲一加倫
1.2010	1	4.5460	1201.0	1000.0	4.5460	160.46	277420	
.26414	.22006	1	264.14	220.06	1	35.315	61024	
0.0010	.00083	.00379	1	.83267	.00379	.13368	231	
.00120	.0010	.00455	1.2010	1	.00455	.16046	277.42	
.26414	.22006	1	264.14	220.06	1	35.315	61024	
.00748	.00623	.02832	7.4805	6.2290	.92832	1	1728.0	
.00001	.00001	.00002	.00433	.00361	.0002	.00058	1	

導淮

淮河之發源　淮河發源於河南之桐柏山麓,東流入安徽,會洪河,大沙河,曲河,淠水,穎水,淝河,渦河,澮河,諸支流,流入洪澤湖中,其流域面積,約一萬六千方里.

氾濫範圍之原因　每年水盛時,下流各地,多被諸流所氾濫,其範圍約北自山東山脈之麓,西自徐州宿州亳州,南自迫近淮河之淮陽山之東麓,至於淮安府淸江浦諸地,氾濫之原因甚多,卽 1.各河所挾沙土.多流入淮河,漸積河底,致河牀增高,稍有過量之水卽氾.2.淮河初恃黃河舊流域爲尾閭,自黃河改道山東後,遂失其宣洩之口.在當時建議黃河改道,流入於海,只知黃河之害,而未計及淮河水流不暢,亦能爲害.3.海運未通時代,南北運輸,全恃運河.當時爲欲維持運河之暢流與水量,遂銳意堵塞諸流入運河之口,由是淮水益難宣洩.4.洪澤湖寶應湖大澮河等,內受河泥之淤積,外被耕地之侵占,由是湖面日狹,河底日淺,益復不能容淮域諸水.綜此數因,江北遂年有災患,其所損失,誠難估計.

淮河浚治之計劃及其進行　前淸末造,江北連年因災致饑.美國政府及紅十字會,特遣技師詹姆生(Tomeson),實測淮水氾濫之狀况,以研究救濟之方.我國政府,亦給與以補助費.詹氏遂於宣統三年,着手調查測量,民國元年,發表其報告及以下之計劃.1.開鑿黃河故道.2.自洪澤湖導水入寶應湖,自寶應湖導水入揚子江.3.使由山東南下之沂河,與運河分離,導之海州,使注於海.4.改善自山東沂山南流入江蘇沭河之道,使其疏水自由.5.改變淸江浦以北之運河水道.

此項土程浚治完善,須費三千五百萬元,需時六七年.民國三年一月,中國政府始與美國紅十字會訂立發行四百萬鎊治淮公債之契約.至該項公債內容,年利五釐,以將來開闢之土地,水災除後增收稅額,及運河航行權爲擔保,并以該項公債發行權授與該會.至工程用包工制,該會有提出承包者及總工程師之權利.發行權之限期,原定四年一月爲止.嗣因歐戰影響,公債銷路滯疲,遂復展期.民國四年,安徽省政府,亦曾已徵工制度,着手治淮.每五戶出夫一名,計得工人四萬五千餘人.但因經濟困難,不能按大規模之計劃進行,其目的不過欲紓目前之水患而已.以故皖省年年治水,年年報災.據十一年夏季之報告,皖省歷年因淮水爲患,受災田畝,民國五年份,計被淹二萬六千七百八十方里,合一億一千又一百萬畝.十年份,被淹四萬一千零九十二方里,合二億零一百萬畝.此僅指安徽一省之損失而言,至於蘇豫兩省波及之損失,更不知若干.最近民國十一年八月,全國水利局鑒於淮水爲害之烈,曾呈大總統提出整理淮河正身及淮河古道之歸海之三港等計劃.預計各項工程,需銀一千三百三十四萬兩,五年蕆事.並要求關稅項下撥給三百萬元,爲籌備之基金,及皖省裁兵治淮等.

以上所述皆二十年來治淮過去之歷史.

孫先生之導淮主張 1.經寶應高郵兩湖,以達揚子江.2.循黃河舊槽,以達海.以上計劃,皆詹君之所擬,孫先生是贊成的,但於用黃河舊槽之後,將導入橫行入於鹽河,北折入灌河,以取入深海最近之計,此可以大省開鑿黃河舊路之煩也.其南支在揚州入江之處,孫先生意,亦擬使運河經過揚州城東,以代詹君西入江之計劃.如此則淮河流水在鎮江成一新曲綫,以同一方向與入江合流矣.

『本會會員宋希易先生二月來著有「說淮」一書.內容分第一章淮史,第二章導淮史,第三章導淮計畫史,第四章計畫比較觀,第五章導淮設計技術上之徵集,第六章裁兵導淮之商榷,第七章導淮實施之辦法,第八章結論.都四五萬言,附圖表甚多.不日即將付梓.』

各項市價一斑 (十七年七月)

(甲) 木料

洋松	8''方—12''方×32''長	每千板尺	Tels. 56.00
	14'' ,, ×40' ,,	,,	70.00
	16'' ,, ×24' ,,	,,	75.00
	16'' ,, ×54' ,,	,,	105.00
頭號企口板	1''×4''—6''×20''	,,	80.00
柚木	20''×20''×20''	,,	320.00
板料		,,	400.00
留安板		,,	90.00
麻櫟	1''×4'' 止	,,	175.00
每加闊	1'', 增 Tels. 5.00; 加厚 .25'', 亦增 Tels. 5.00		
企口板		,,	200.00
陶松柱斯杉木樁	整支根徑至少 13''×40'	每支	Tels. 25.00
	,, ,, 16''×60'	,,	48.00

福建杉木	4''×9'	每根	Tels. 0.15	8''×17'	每根	Tels. 9.75
	4''×10'	,,	0.32	8''×20'	,,	2.20
	5''×11'	,,	0.42	9''×25'	,,	3.80
	5''×12'	,,	0.65	9''×30'	,,	4.50
	5''×13'	,,	0.66	10''×35'	,,	9.80
	6''×14'	,,	1.08	10''×40'	,,	12.20
	6''×15'	,,	1.18	10''×48'	,,	22.50
	7''×16'	,,	1.85	送力外加,		5%

樓板	2''×1''	厚柚木企口樓板,	木擱柵不在內,		每方	Tels. 66.00
	2''×1¼''	東洋麻櫟	,,	,,	,,	45.00
	2''×1''	,,	,,	,,	,,	40.00
	3½''×1¼''	星加坡硬木	,,	,,	,,	26.00
	3''×1¼''	頭號花旗松	,,	,,	,,	26.00
	6''×1''	,,	,,	,,	,,	22.00
	6''×1''	二號花旗松不企口	,,	,,	,,	14.00

窗	廠房用鐵窗連鐵件,	每平方尺約	Tels. 0.60
	邸屋式鐵窗連鐵件	„	1.10—1.70
	上等公事房及公館,任何大小	„	2.50—3.50
玻璃	小塊 Polished plate glass	„	0.50
	大塊 „ „	„	1.10
	車邊, Bevelling edgs.	每寸	0.02
	念六兩, 大塊, Sheat glass	每平方尺	0.23
	念一兩, 小塊, „ „	„	0.15
	念一兩, 大塊, „ „	„	0.28

(乙) 鐵 料

項目尺寸	每磅價銀 上半年	每磅價銀 下半年	項目尺寸	每磅價銀 上半年	每磅價銀 下半年
角鐵			**方鐵**		
1" × 1"	0.031	0.034	¼"—2"	0.0295	0.035
1½" × 1½"	0.0295	0.039	2½"—4"	0.03	0.034
2" × 2"	0.03	0.0425			
2¼" × 2¼"	0.0295	0.043	**扁鐵**		
2½" × 2½"	0.0295	0.045	¼"—5/16"	0.028	0.0355
3" × 3"	0.805	0.033	⅜"—⅝"	0.028	0.0325
3" × 5"	0.032	0.039	¾"	0.0295	0.0335
圓鐵			**鋼板**		
¼"—⅜"	0.0295	0.034	1/32" × 4' × 8'	0.049	0.0495
½"—⅝"	0.0295	0.04	1/16" „	0.0355	0.0475
¾"—1"	0.0295	0.0325	3/32" „	0.034	0.039
1⅛"—1½"	0.0295	0.041	⅛"	0.0345	0.039
1¾"—2"	0.0295	0.034	3/16" „	0.032	0.035
2½"—3"	0.295	0.033	¼"—½" „	0.032	0.034
3"—4"	0.03	0.033	⅝" „	0.0335	0.047
			¾" „	0.037	0.043

以上鐵料係上海瑞新順五金號承辦,送力在內.遠及吳淞.

上海煤氣事業 Shanghai Gas Co.

在民國十六年一年間,製成煤氣594,546,700立方英尺,用煤38,978噸,合每噸煤製煤氣15,450立方英尺.所製煤氣,出售者521,561,500立方尺,本廠用者11,731,700立方尺,未記錄者61,153,500立方尺.售與私人之煤氣爲502,904,400立方尺,較上年多出28,633,000立方尺,足證煤氣灶煤氣爐及引擎之用途,較前增加.因去年市況欠佳,故副產品如焦炭柏油地瀝靑等銷路略滯,然亞馬尼亞之市面則仍佳.去年人工與煤價,均較昂貴,故製造成本亦較高.全年結算,純利銀332,940.75兩較上年增多銀61,799.53兩云.

中國產煤量

我國地下所藏之煤,據最近地質調查之報告,爲217,626,000,000噸.其中分

無烟白煤	Anthracite	43,593,000,000 噸
烟煤	Bituminous	173,465,000,000 „
	Lignite	568,000,000 „

如以省份言.我國藏煤最富之省如下:

察哈爾綏遠	127,115,000,000 噸	四川	19,000,000,000 噸
雲南	16,000,000,000 „	貴州	19,000,000,000 „

現在產煤之各省份如下:

直隸 年產	6,600,000 噸	奉天 年產	6,000,000 噸
山東	2,400,000 „	山西	2,300,000 „
河南	2,000,000 „	江西	1,300,000 „
湖南四川共	2,000,000		

全國每年產煤約共 25,700,000 噸

薄鐵板之壽齡

薄鋼鐵板之有用壽齡,吾人之閱歷甚少,玆有美國人之經驗三則.見Engineering News Record, Apr. 1928 如下:

1. 自來水管在地下五十八年,仍可再用. Spring Valley Water Co. 新從San Andress 總水管線挖起30 吋帽釘薄鐵皮自水管數節,完全良好.該總線在1870 年埋下,一直使用到 1922 年,共歷58年,水壓每平方吋55 磅.係用熟板釘製,厚僅一分,⅛."埋下時,塗以天然瀝青Natural asphalt與柏油 Coal Tar之混合物.挖起洗淨後,見管子外面,甚完善,內面有結核物附着,或高一吋,或高半吋.將此結核物鏟去,見有蝕蛀,大而淺,大約僅深 1/64"—3/64." 全部鐵板,經洗刷油漆後,可以復用.

2. 鋼殼過了三十九年,尚堪再用. 在Los Bugels地方,為改造First St. Viaduct,將原有墩子拆除.該墩 1889 年造成,每墩下有三和土圓柱二根,直徑四呎,灌鑄於二分厚 ¼" 鋼板之外殼中.鋼殼長共49呎,共中11呎常埋存地中水面之下,30呎包裹在乾土沙石之層,水漲之時,亦不免受濕,其餘8"呎,則常在水面之上.第一部份常存水下者,其外面有蝕腐跡痕,然最深處不過半分 1/16".第二部份存乾土者,蝕蛀較甚,然平均深亦不過 1/16".其在地上之部份,則塗油漆,毫無損傷.至於鋼殼內面,則與三和土切接,拆開察看,與新時無異,且亦未見製造時塗以油漆之痕跡.

3. 白鐵水管水槽壽齡甚短. 在Imperial Irrigation District 所用白鐵白管水槽,曾受化學上之侵蝕而促短其壽齡.懸空之槽與埋地之管,結果相同,可知蝕腐之起源,由於內面之泥水所發生.4 呎直徑之懸空水槽,用 4 號 (厚0.08") 鐵皮製者,僅歷三年即被爛穿,而尤以接筍及束鐵攀處為甚.另有一處 6 呎徑之水管,深埋地下20呎,亦不過用九年之後即坍陷,蓋其下部已爛穿不少大洞也.

由是可見此段之經驗,亦不一致.前二者所述,則薄鐵之齡甚長,而後一段則甚短.最可驚者,則爲第一段 1/8" 之水管,歷58年而猶堪再用焉.

日本電氣事業

據日本報Asahi稱日本全國電氣事業之投資爲2,906,000,000廿九萬萬日金以上,而其1918年以來所得利益,平均每年11%.所發電力有利用天然水力及蒸汽力二種.

		水力所發	蒸汽力所發
1924	共計	1,474,357 Kw	763,146 Kw.
1925	增加	339,151 „	161,487 „
1926	增加	109,283 „	66,787 „
1927	者共計	1,922,791 „	1,021,420 „
兩	共	2,944,211 Kw.	

水力發電較蒸汽力廠爲速,由於電壓逐漸提高,長途傳電得以便宜.日本現有電氣公司659家.全國水力未經引用者,尙極富足.若盡量發展,預計早年可得 4,00,000 Kw. 中年 8,000,000 Kw. 云.

重油機車事業之發展

蘇爾壽公司 (SULZER BROS. LIMITED,) 最近爲蘇俄政府製造一千五百匹馬力之重油機車一座,專備行駛於蘇俄東南部之高原缺水區域,該機爲最大之重油機車焉.該公司又在瑞士承造重油機車二列,每列長五十二呎重三十噸.可供乘客三十座及五十方呎之行李房.每車裝二百五十匹馬力六汽缸黑油機一座,直接直流電發電機,再用馬達駛動車身,最高速率爲每小時二十八英里.每機車後可拖客車一座,供一百五十人之坐位,精幹儉省,誠小規模鐵道之利器也.

該廠同時在瑞士供給一千四百二十匹馬力之重油機車可拖客車四列,每分鐘可行駛四十七英里云. (烈)

工程新聞

(甲) 國內

炸車案中立的調查詳報

(七月十六日路透社上海消息)六月四日,致死張作霖及吳俊陞之奉天炸車案,以將成爲罪惡史上之一陳跡.雖該案發生後,即曾組織一中日調查委員會,從事調查,以圖發見該案之犯人.然迄今未發表可靠的報告.聞華方委員,對於日方委員所草報告,拒絕簽字.吾人以此案之水落石出,於歷史上甚爲重要.特將一種中立的調查報告,批露於後.

凡文明國家,對於鐵路肇禍事件,縱其事甚爲細微,亦必徹底偵查,以明責任之所在.當局於此,輒殫心竭力,務期罪人斯得.但在中國,則載多數要人之一全列火車,被有意設謀炸破,乃諉其事於不知誰何之「赤黨」或「便衣隊」,而該案遂掩蔽於沈寂之中.此種方法,在中古時代,或可成功.但在今日,公衆對於此種事件,必欲明白其眞相.即使眞相大白,足使某方面受窘,亦不能顧.就本案而論,其眞相被用非常無恥的手段所淆亂,被官的障眼物及故意的新聞虛訛所遮掩.然而即於東方政治不甚稔悉之人,亦疑彼等之被欺矣.

本文作者適於本案發生之前後,得有機會,以密切觀察關於本案之情形,自信能以無可爭論的事實,貢諸公衆之前.至於論斷如何,作者不贊一詞,聽諸公衆可也.

(一)載張作霖等之專車之排列

機關車二輛.三等車三輛載衛隊.頭等車三輛,載閣員及副官若干與張作霖之第三子等.津浦路頭等鋼車(藍快車)一輛,載閣員數人.平奉路私用車一輛(第八十號)載張作霖.膳車一輛.普通車九輛,載隨從衛隊及行李等.

(二)炸車發生地點之詳況

慘案發生地點,適當南滿鐵路於奉天長春間一旱橋上,交叉穿過皇姑屯與瀋陽站間之平奉鐵路處,旱橋以三鋼版構成之,中央支以兩石柱,兩端各承以石座.柱與座均屬花崗石.前者用三和土爲骨,闊六呎許.鋼橋每版各長三十呎,重厚堅固.梁高約五呎.在旱橋附近卽南滿路基之底,有木屋三間,爲日本路警所用.兩間在東邊,一間在西邊,係用鐵路枕木所造,四周環以鐵絲網.

(三) 目擊者(大半車中乘客)所述慘劇之情形

上月四日晨五時三十分許,該列車行近肇事處之兩路交叉點,已通過皇姑屯站,(未停)正駛行於平奉路之北軌,當張作霖所坐之車經過旱橋之一霎那頃,忽轟然一聲,震動奉天全城.一兩秒鐘後,車中乘客,聞一如雷之倒塌聲,顯係南滿路旱橋鋼版之墮落所致.據云爆炸後車向前進,迨橋墮後乃停.

車中衞隊立卽下車,見無人蹤,乃開空槍示威,並資警告.此項空槍,僅開數分鐘卽止.俄而張作霖與吳俊陞,均被舁出救護.兩人皆受重傷,張由汽車載歸府第,吳以馬車往送一日本醫院,一小時後卽死.其他受傷者,亦皆載以汽車而救護焉.此慘劇結果,祇死政治的要人兩名,卽吳俊陞與此陰謀之第一目標之張作霖,是其他不過多少受傷而已.

津浦局派員檢查黃河橋工程(請參看本期王節堯君文)

津浦鐵路,全線長一千零九公里四八,縱貫江蘇安徽山東河北四省,爲國有四大幹路之一.自前清光緒三十三年與德英兩國訂立借欵合同後,次年六月初二日,分南北兩段同時興工.南段自江蘇之浦口至山東嶧縣之韓莊,歸英國工程司承築,於宣統三年八月完工.北段自韓莊至天津,歸德國工程司承築,於宣統三年十月完工.全路最大橋梁凡兩處:(一)黃河鐵橋.(二)淮河鐵橋是也.本年四月間,北伐軍與直魯軍戰於歷城,直魯軍大敗,潰退黃河北岸,五月一日,將黃河鐵橋炸毀,交通部曾電令津浦路局派韓浦段總工程師韓納,前往兗州,秉承路政司趙司長世瑄,派員偕往詳細勘估,最小限度需時幾何,需費若干,擬具具體計畫呈部.因濟案尚未解决,不能前往,故迄未勘估呈覆到局.津浦鐵路局長楊承訓氏,新自北段視察路務回局,以本路暫時雖因障礙不能通車,但修理鐵橋工程,至少亦需三個月以上,若不事前籌畫,設法着手興修,一旦外交事件解决,本路又因橋工尚未告竣,不能通車,甯非自誤.特令工務處籌畫着手派員檢查工程,除選派本路各正工程司等外,一面呈請部派工程司,又由漢平路及蘇滬各處聘請工程專家,一面並向江南船塢借用中西監工二人,鍋釘匠二十名,於八月二十日由浦啓程,二十三至二十六等日,再由崮山分三批出發,前赴濟南詳加檢查,事前再函請山東交涉員轉請濟南日領發給護照,俾得沿途通行無阻.預計三星期後,黃河鐵橋造復工程,必可得到具體計畫也.玆將詳情分誌於次.

黃河鐵橋概況　是橋橋式採用懸臂式,起自津浦鐵路黃河南岸之濼口,訖北岸之鵲山,全橋長一千二百五十五公尺二公寸,共分十二空,由南岸起,第一空九十一公尺五公寸,第二空一百二十八公尺一公寸,第三空一百六十四公尺七公寸,第四空一百二十八公尺一公寸,自第五空至第十二空,均各九十一公尺五公寸,寬九公尺一公寸.計用鋼鐵八千六百五十二噸,水量最大時約距橋面七公尺,高於海面水平線三十一公尺,平時水距橋面十公尺,高於海面水平線二十七公尺,河底在海面水平線上二十一公尺,橋上敷設單軌,軌兩旁爲工作便道,敷鐵板寬九公寸,更外兩旁爲行人便道,敷鐵筋洋灰板寬一公尺七公寸,由德國孟阿恩機器橋梁公司承造.前清光緒三十四年九月二十一日動土,民國元年十一月十六日落成,共用庫平銀四百五十四萬五千六百一十一兩四錢一分八厘,爲本路最大橋梁,十七年五月一日下午三時餘被炸.

黃河鐵橋被炸概況　五月三日,經工務處長吳益銘帶同工程司等前往察勘,查得該橋一二八●一公尺控臂 Anchor Arm 之橋端橫梁 End Floor Beam 第一桁幅之下肢 Lower Chord of 1st. Panel 橋端斜柱 End Post 及銜接之九一●五公尺華倫式桁梁橋之橋端橫梁橋端斜柱第一桁幅之下肢及橫梁，暨兩橋之橋靴 Brigde Shoe 四座，被彈炸毀，下落於該兩橋之橋墩上。該橋墩亦受有重傷。又鐵道指揮何競武魚電稱，查黃河鐵橋北站第四五橋孔間橋脚被炸，橋框下墜一米達六，幸被炸尚在陸路，據工程師報稱，非需款百萬需時八月不可。

此次派往檢查人員　（甲）工務處所派 1. 工務處處長吳益銘，2. 韓浦段總工程司韓納，3. 第二總段正工程司胡升鴻，4. 第三總段正工程司稽銓，5. 韓浦段副工程司陳祖詒，6. 第七分段副工程司陳之達。（乙）本局電約工程專家 1. 漢平鐵路工程司陳體誠，2. 工商部工業司幫辦茅以昇，3. 工程司侯家源。（丙）工程司黃家璐應尙才陳仲陷等三人。（丁）事務員張統均蘇景陽曹敏之吳增積等五人。（戊）通譯員二人。（己）監工麥巴羅富。（庚）江南船塢借調鐺針匠林亞軒，李祖昌，梁亞地，招亞九，梁棣華，阮國光，梁杏紅等二十名外由濟南工段調用小工二十名，派去各員，隨帶儀器，計水平儀一具，照相器二具，畫圖儀器一副，鋼尺二捲，小水平二個，畫圖用銅尺二打，測繪用紙張文具零件等項。（錄申報）

蘇州電廠透平檢查

蘇州電燈廠，民國十四年，向上海新通貿易公司訂購瑞士卜郎比廠三千六百啟羅透平發電機，開走已逾二載；於今年正月啟機，作全部之檢視，內部完好如新，下圖即其撮影也。茲將該機之大略，述之如下：—

衝動反動力混合式蒸汽透平，共有葉子廿三行，分十四道，頭二道係衝動式，其餘十四道，係反動式。

容量	三千六百啟羅瓦特	速度	三千轉
過量	百分之二十五	汽壓	每方寸二百零六磅
超熱	攝氏三百十度	冷水溫度	攝氏三十度

蒸汽消耗　　每啟羅小時十一磅半　　　　全機油量消耗　每小時約半磅

]蒸汽透平發電機部重量十萬零七千五百磅　　　　　　(費福燾)

上海煤業碼頭之發展

上海全埠用煤,現在每年逾二百萬噸,蓋各原動廠,除法電氣廠有用內燃機者,餘仍多屬透平,及蒸汽鍋爐.工業愈發達,原動力之消耗愈多,而蘇浙產煤不多,交通阻滯,上海乃不得不依賴他埠,及外國之供給矣.是以年來出煤碼頭,爲煤業中之大問題.浦江兩岸碼頭,咸爲捷足者所先得,可備出煤碼頭之用不多,年來煤業中人有擬用陸家嘴下之碼頭,唯該處地在浦江凸角,常有淤淺.濬泥工程浩大故作罷.最近中華煤業公司,新築碼頭於浦東周家渡,碼頭全長一千八百五十尺,有鐵筋混凝土浮橋三座,各闊三十尺,距岸約九十尺.濬泥工程,不日可以完竣,吃水二十二英尺之輪船,可以隨時靠碼頭.而北票煤礦公司,亦在浦西日暉港上,造浮船二隻,各長二百尺,備吃水二十四英尺煤輪之用,亦將著手濬泥工程矣.

中華鑛學社向五中全會請願

中華鑛學社鑒於我國年來鑛政日墮.鑛權日削,鑛業日窳.而吾人所視爲富庶之蘊藏,國家所恃爲財富之源地者,乃鱗離瓦碎,其能有富國利民之效者幾希.故特提出下列五端向五中全會請願;(一)確定鐵鑛國有,(二)設立中央鑛務局,(三)嚴禁商鑛與外人合辦,并押款抛砂,(四)運用國家資本,以開發各種鑛業.(節錄該社請願書原文)

湘西路政要聞

湘西汽車路局於民國十四年秋,即已萌芽,中經政變,至十六年春始開工.最近已將常辰路(常德至辰州)之常桃段(常德至桃源)完成而辰州已成土路二十里,其負責人員,爲工程師王恢先,曹維藩,(均唐山大學畢業)劉鴻照,(湖南工專)惟該路沿途多石山,工程費用太大,政府已明令停止緩修.

目下即行開工者爲常益路,(常德至益陽)工程師周宗蓮,(北洋大學土木工學士)已將全線查勘,并造有工程概計圖表,等全長一百七十里,需費約國幣五十萬元.聞政府因該路爲湘西幹路,已限於十八年六月底以前,完成開車,該路與湘中之長益路啣接,現長益已成土路卅里,如該二路完成,長常交通於是告成.

現在籌備開工者爲常澧,(常德至澧州)洪武,(洪江至武岡)惟湘西財力薄弱,恐難數路同時併行,

各路橋梁材料,均爲岩石,因木價漸高,其餘若洋灰鋼鐵,均因轉運及財力所限而難辦,僅岩石賤而易致.

各路工人係變形之包工制,即其計算法,以方爲準備,該地一習慣方約合500立方英尺,其工價在八角至一元二角.

第一屆中國無線電展覽記詳

上海亞美公司,爲提倡無線電起見,特假民立中學同文廳於八月四日起至七日止舉行第一屆中國無線電展覽,附設第一步礦石收音機競賽會,並羅致獎品多種,擇尤給賞.會場陳列台作王字形.首段陳列各式天線雛型,及天線應用材料,各種避雷器絕緣子等;並有未裝避雷器而被殛之電表,以作警告.次爲感應用各種線球,如調整波長器,互應器.短波用線圈筒形,蛛網形,蜂房形,間繞式或環形,無感應式及各種線球支架等.次爲各種檢波礦石及固定鑛石.檢波眞空管,整流用眞空管,及發報用眞空管,及各式燈座.次爲隔極洩電器,有可變式及固定式各種儲電器,大小圓方可變式,固定式,高週波變壓器,低週波變壓器,各式電阻調極器,各式開關及分線鑰,接線柱等.再次爲發報鍵電蟬電報練習器自動電報練習器,並連以喇叭時作嗚嗚聲,示其動作.再進爲各種電表及波長計,各種銅絲鐵線,紗包線,橡皮包絞形,帶形方形圓形等線,聽筒喇叭頭,喇叭話筒,耳聾聽聽機,各種絕緣料,如竹石木膠玻璃石英紙布等類.再進右轉爲各種筒管及儲電器之材料,甲乙丙各種電池之割面及充電器等.末段爲各種工具,再進爲參考書,其次爲競賽各種奇巧之礦石機,玻璃形聽筒式,書式,鐘式,箱式,不一而足.再次爲眞空管機.末列爲參考機,自礦石機起一管二管三管四管五管長波短波火花發報機,雛形半華特及十華特無線電話發音機.陳列井然,搜羅宏富,解釋明瞭,嘆爲觀止.參與陳列之商行,有得力風根公司,勝舶公司,大華儀器公司,大華電池廠,惠勒公司,開洛公司,鴻康公司,亞美公司等. (蘇祖修)

江蘇省有江寧等九縣長途電話工程狀況

前第一路總指揮部爲暢達軍報,及利於兜剿溧陽溧水句金宜各縣擾匪起見,以興築長途電話爲急務,江蘇省政府先此亦已有是項工程具體之擬議,遂由省府建設廳規劃興築路線總長約七百餘華里,以起自江甯經句容丹陽武進而達宜興段爲幹線,平均每一華里用長二丈五尺,梢徑四寸之圓桿木九根.桿端透塗柏油,深埋三尺,係採用金屬回線方式,裝設二對彎脚雙套磁頭二只於桿端,架以十四號硬銅線,每間十桿木處釘一地氣線,每二十桿木做一雙方拉線,四十桿木做一三方拉線,十桿木做一交叉線,而於鄉鎮村市左近之交叉線上裝設試線接頭二個,以便試修之用.此段工作早告完成,支線凡三,一由丹陽分出,經金壇至溧陽,一則逕至丹徒,又一則由江甯分出直通溧水,已於本年七月起始通話,並擬就各縣境內之重要市鎮建築鄉線,以資聯絡.更擬引伸宜興之線以達浙江延長武進之線,越滬甯鐵路以北通上海,並從事計畫接通山東河南安徽諸省,以及長江上各縣而游各地云.

正在興築中之首都迎櫬大道

總理靈櫬,行將南來安葬,迎櫬大道急於完成,決定經費一百六十萬元,是路寬定一百二十英尺,由下關直趨總理陵墓.自市府於八月十二日在西華門外古物保存所,行開工典禮後積極進行.沿途一帶之公私房屋均已拆去,預計全路築成,當在指顧間矣. (楊元拔)

錫蕪錫杭兩汽車路之籌建

三四年前,錫人曾有建築,錫蕪鐵路之發起,以溝通蘇皖兩省之交通,並發展兩地間宜興,廣德等縣之實業,而便利運輸,後因經費艱絀致未實現,近聞宜興建設局爲整理該縣名勝,庚桑善卷二洞風景,便利游人發展實業起見,發起建築錫蕪汽車路,同時並主張建築錫杭路以利交通,兩路均以宜興爲中站,決先由宜興建設局,將該縣境內之短距離線逐段興築後,再與錫建設局,協商展長路線建築錫宜段辦法,一俟宜興境內之短距離線各段工竣,即將興築錫宜線云. (楊元拔)

介紹中國鐵工廠

中國鐵工廠在吳淞蘊草浜,民國十年開辦.專造各種絲棉紡織機器,如各式布機,紗錠,以及搖紗,絡紗,摺布,捲布,繰綢,絡絲,併絲,撚經,搖紆,打線等機,並及各項紡織機械另件.規模完備,所出各品,頗足以挽回利權抵制外貨云.

(乙) 國外

世界第二次原動力會議

將於一九三〇年在柏林舉行

SECOND WORLD'S POWER CONFERENCE

(POWER, MAR. 6, 1928, P. 449)

According to word received from Germany, the second world's Power conference will be held in Berlin in 1930. The first conference, it will be recalled, was held at Wembley, England in July, 1924, in connection with the Wembley Exposition. The session at Basel, Switzerland, in September, 1926 was merely a sectional meeting devoted largely to water power and navigation and was held simultaneously with the "Basel Exposition for Navigation and Hydraulic Power." Therefore the calling of a second conference for 1930 is in line with the original plans of the committee.

萬國工業會議開會消息續誌

日本召集之萬國工業會議定一九二九年十月開會,已誌前期.茲本會復接到該會通告二項.一爲該會規則,一爲研究各項工程細目,均附錄於後.該項規則最重要者關於論文一項,即論文以英文日文爲限,存數不得逾八千字,務於一九二九年四月三十一日以前寄到.深望我全國工程專家與以充分注意及準備也.

附　錄

REGULATIONS GOVERNING THE WORLD ENGINEERING CONGRESS IN TOKYO OCTOBER, 1929

CHAPTER I

NAME, PLACE AND TIME OF CONGRESS

ART. 1.—The Congress shall be known as the World Engineering Congress, and be held in the City of Tokyo in October, the 4th Year of Showa, (1929).

CHAPTER II

OBJECTS OF CONGRESS

ART. 2.—The Object of the Congress shall be to accomplish the following work through joint efforts of Engineers and others in various branches of engineering profession gathering together from different countries of the world:—

1. To advance and diffuse knowledge, by reading papers and carrying out discussions, on scientific subjects relating to engineering at large, and to interchange views on various phases of professional work, whereby creating or renewing personal acquaintance among engineers assembling together.
2. To record papers, discussions, etc., brought forward to the Congress, with decisions thereupon, so as to contribute a valuable addition to engineering literature.

CHAPTER III

MEETING, SOCIAL FUNCTIONS, ETC.

ART. 3.—The Congress shall consist of two kinds of meetings, i.e., Plenary and Sectional.

The Congress shall also carry out the following matters:

1. Excursions and Inspection Tours,
2. Publication of the record of the Congress.
3. Other ways and means deemed necessary for the attainment of the object of the Congress.

ART. 4.—At the Plenary Sessions, the deliberation of the discussions and reports on matters of importance, and of the decisions which may be submitted by various sections, shall be effected.

ART. 5.—At the Sectional Sessions, papers shall be read, and views on those papers exchanged, decisions to be passed upon when deemed necessary.

Sectional Sessions shall appropriately be organized according to the kind of papers to be dealt with.

Art. 6.—Excursions and Inspection Tours shall be carried out in Japan and South Manchuria.

Art. 7.—Papers and discussions read before the Congress, and decisions thereupon shall be published,

CHAPTER IV

Constitution of the Congress

Art. 8.—The Officers of the Congress shall consist of a Patron, Honorary Presidents, a President, Honarary Vice-Presidents, Vice-Presidents, Members of Council, a Committee on Organization, a Committee on Papers, a Committee on Sessions, a Committee on Inspection Tours, a Committee on Reception, a Committee on Publication, a General Secretary, and a Treasurer.

Art. 9.—The Patron shall be installed upon the decision of the Council.

Art. 10.—The Honorary Presidents and the President shall be decided upon the recommendation of the members of the Council.

The President shall preside over the work of the Congress.

Art. 11.—The Honorary Vice-Presidents, and the Vice-Presidents shall be decided upon the recommendation of the Council.

The Vice-Presidents shall assist the President in his execution of the duties, and act on his behalf when he is prevented from attending the business personally.

Art. 12.—The Members of the Council shall be those recommended by the Kogakukai. The Council shall take up for deliberation and decision matters of importance and matters submitted to the Council for decision by various committee meetings.

Art. 13.—Members of the different committees shall be appointed by the President.

The Committee shall organize committee meeting according to the divisions stated in Art. 8, each committee meeting to commit itself to its share of the work for making plans and executing them for the Congress.

Art. 14.—The General Secretary and the Treasurer shall be appointed by the President to execute the general business and the finance of the Congress respectively.

Art. 15.—Clerks shall be appointed by the President to assist the General Secretary.

CHAPTER V

Membership and Qualifications

Art. 16.—The Membership shall consist of six kinds:

1. Delegates.
2. Honorary Members.
3. Supporting Members.
4. Active Members.
5. Associate Members.
6. Guests.

Art. 17.—Delegates shall be those representing Governmental Departments, Universities, Institutions, Associations, and other organizations for engineering science in various countries. In the event of countries having no universities, institutions, associations or any organizations for scientific researches, the delegates to be sent therefrom shall be those recommended by such organizations as are equivalent to those mentioned above.

Art. 18.—Honorary Members shall be those recommended upon the decision of the Council.

Art. 19.—Supporting Members shall be those who have approved the object of the Congress and made a contribution for it. They shall be recommended upon the decision of the Committee on Organization.

Art. 20.—Active Members shall be those who are active members of engineering societies or any organization intended for scientific studies.

Those who applied for enlistment, and were recognized by the Committee on Organization to have qualifications equivalent to those of aforesaid members, shall be classed as active members.

Art. 21.—Associate Members shall be those who are associate members of the member societies of the Kogakukai, and who applied for enlistment.

Those who applied for enlistment and were recognized by the Committee on Organization to have qualifications equivalent to those of the aforesaid members shall be classed as associate members.

Art. 22.—Guests shall be those who accepted the invitation of the Congress, and the wives of the delegates, honorary members, supporting members and active members, and companions to those members, who have obtained the assent of the Committee on Organization.

Art. 23.—The Delegates, Honorary Members, Supporting Members and Active Members shall be entitled to participate in the Plenary and Sectional Sessions and have the right to vote on the decisions of the Sessions.

They shall also be entitled to participate in excursions, and inspection tours, and any other activities of the Congress.

Associate Members shall be entitled to participate in the Plenary and Sectional Sessions, but have not the right to vote on the decisions of the Sessions. Except under special circumstances, they shall not be entitled to participate in excursions and inspection tours, or any other activities of the Congress.

Guests shall be entitled to all the privileges as those members mentioned in the first paragraph, except the right to vote on the decisions of the Sessions.

CHAPTER VI

SCOPE AND CHARACTER OF PAPERS

ART. 24.—Papers to be contributed to the Congress may deal with any branch of engineering science or work, no geographical limitation being exercised.

ART. 25.—Papers shall be of two kinds, namely:

1. Papers on assigned subjects.
2. Papers on subjects chosen by the author.

ART. 26.—Subjects for papers on assigned subjects shall be decided by the Committee on Papers, and papers on freely chosen subjects shall be examined by the same Committee in order to decide whether or not they are in agreement with the object of the Congress.

The language to be used shall be one of the following languages, namely; Japanese, English, French, and German and any other language that can be comprehended by the Committee on Papers at the discretion of the author.

ART. 27.—Papers shall be submitted to the examination of the Committee on Papers, to be dealt with according to one of the methods enumerated below:

1. To publish texts in full.
2. To publish abstracts only.
3. To publish titles only.

The publication shall be made either by reading the papers or by reporting on them at the Sectional Sessions.

CHAPTER VII

CLASSIFICATION OF SUBJECTS FOR PAPERS

ART. 28.—The subjects for papers to be discussed shall be of the following classes:—

1. General Problems concerning Engineering.
2. Engineering Science.

3. Precision Machines and Instruments.
4. Architecture and Structural Engineering.
5. Public Works.
6. Railway Engineering.
7. Transportation.
8. Communication.
9. Power.
10. Electrical Engineering.
11. Illuminating Engineering
12. Mechanical Engineering.
13. Refrigerating Industry.
14. Textile Industry.
15. Shipbuilding and Marine Engineering.
16. Aeronautical Engineering.
17. Automotive Engineering.
18. Chemical Industry.
19. Fuel and Combustion Engineering.
20. Mining and Metallurgy.
21. Engineering Materials.
22. Scientific Management.
23. Miscellaneous.

CHAPTER VIII

Languages to be Used

ART. 29.—The official language used at the Plenary and Sectional Sessions shall be Japanese and English.

CHAPTER IX

Fees

ART. 30.—Active and Associate Members shall each pay the following fees:

Active Members	$10.00
Associate Members.	$ 5.00

CHAPTER X

By-Laws

ART. 31.—Matters not provided for in the present regulations but deemed important shall be regulated in by-laws.

By-laws shall be drawn up by the decision of the Committee on Organization and be enforced by the President.

TECHNICAL PROGRAMME OF THE WORLD ENGINEERING CONGRESS IN TOKYO, OCTOBER. 1929

After the Preliminary Announcement was issued, the Technical Programme of the forthcoming World Engineering Congress has been arranged as follows:—

1. General Problems concerning Engineering:
   Education, Administration, Statistics, Standardization, International Cooperation of Engineers, etc.
2. Engineering Science:
   Strength of Materials, Thermodynamics, Hydraulics, Electricity and Magnetism, and other Scientific Researches.
3. Precision Machines and Instruments.
4. Architecture and Structural Engineering:
   Architectural Designing, Development of Modern Architecture, Preservation of National Memorials, Housing Problem, Bridge Engineering, Fire Protection, Earthquake-Proof Construction, Framed Structure, Masonry Construction, Reinforced-Concrete Construction, Earth Problem, Mechanical and Electrical Equipments of Buildings, etc.
5. Public Works:
   Harbour Engineering, River Engineering, Canals, Highways, Irrigation, Waterworks, Sewages, City Planning, etc.
6. Railway Engineering:
   Location, Construction, Operation, Rolling Stocks. Machinery, Signalling and Safety Appliances, Electrification, Street Railway, etc.
7. Transportation:
   Land, Water and Aerial Transportation.
8. Communication:
   Telegraph, Telephone, Wireless Telegraph and Telephone, Radio Broadcasting.
9. Power:
   Resources, Waterpower Plant, Steampower Plant, Utilization of Natural Steam, Tidal Power, Transmission and Distribution, etc.
10. Electrical Engineering:
    Generators and Motors, Transformers and Converters, Measuring Instruments, Electric Switch Gears, Power Cables, Vacuum Tubes, Electrical Heating Appliances, etc.

11. Illuminating Engineering;

Electric Lamps, Illumination, etc.

12. Mechanical Engineering:

Heat Engines and Boilers, Hydraulic Machinery, Pneumatic Machinery, Machine Tools and Machines for Manufacturing, Machines for Conveyance, Ordinance, Mechanism and Machine Design, Heating and Ventilation, etc.

13. Refrigerating Industry:

Refrigerating Machinery, Refrigerating Plants, Insulation, Cold storage, Ice-Making Industry, Transportation of Refrigerated Goods, Refrigeration in Chemical Industry, Agriculture and Hygiene, etc.

14. Textile Industry:

Textile Raw Matesials, General Spinning, Silk Throwing, Rayon Spinning, Weaving, Knitting, Textile Finishing, Textile Machinery, Mill Management, etc.

15. Shipbuilding and Marine Engineering:

Theoretical Naval Architecture, Construction of Ships, Governmental and Classification Society's Regulation Rules for Shipbuilding and Marine Engineering, Main and Auxiliary Machinery, Equipments of Shipbuilding Yards, Ship Equipments, Life-Saving Appliances, etc.

16. Aeronautical Engineering:

Aerodynamics, Aeroplanes, Dirigibles, Air Propellers, Equipments, Instruments, etc.

17. Automotive Engineering:

Chassis, Bodies, Automotive Engines, Motor Car Equipments, etc.

18. Chemical Industry:

Acid and Alkali Industry, Artificial Fertilizer and Fixed Nitrogen, Electrochemical Industry, Compressed and Liquified Gas Industry, Ceramics, Explosives and Coal Tar Products, Cellulose Industry (Paper, Celluloid, Artificial Silk), Sugar Industry, Brewing and Alcoholic Industry, Fat and Soap, Paint and Varnish, Rubber Industry, etc.

19. Fuel and Combustion Engineering:

Solid, Liquid and Gaseous Fuels and their Appliances.

20. Mining and Metallurgy:

Economic Geology, Mining (Ores, Coal and Petroleum), Dressing, Iron and Steel, Metal and Alloys, Mechanical Technology, etc.

21. Engineering Materials.

22. Scientific Management.

23. Miscellaneous.

NOTE:—The Technical Programme indicates the scope of the subjects to be dealt with at the Congress, but not necessarily the titles of papers.

NOTICE

(1) All papers shall not exceed about 8,000 words in length. They shall be type-written with double spacing using one side of the page only and two copies should be sent to the Secretary not later than April 1st, 1929.

(2) No restriction is put upon the number of papers from a single contributor.

(3) All papers shall be accompanied with the abstracts in English with the name and occupation clearly written on the papers.

(4) Photographs should be clear prints suitable for reproduction without retouching.

(5) Drawings and diagrams should be made with jet black ink on white papers. Letterings should be in plain block letters. Special precautions should be paid for the facility of reducing the size suitable to that of papers.

(6) All correspondences should be addressed to the SECRETARY, WORLD ENGINEERING CONGRESS, NIHON KOGYO CLUB, MARUNOUCHI, TOKYO.

本刊職員易人

總　務・九月杪本會南京年會議决執行部設總務一席。以代上年之總務委員會。投票結果，袁丕烈君當選。工程季刊自本期起關於印刷校對廣告發行等務。概由袁君擔任。

總編輯・陳章君因病疊向會長辭職。經第一次執行會議議决照准，函請黃炎君繼任。工程季刊自下期起。編輯事宜。統由黃君辦理。

書報介紹

BOOK REVIEW

A Comprehensive Survey of Starch Chemistry. Volume I. Compiled and edited by Robert P. Walton. Published by The Chemical Catalog Co. Inc. New York City, U.S.A., 1928. 600 pages. Price USG$10.00.

In the first part of this survey, there are 19 chapters, each written by some authorities who have contributed significantly to the advancement of starch chemistry, such as:

Ame Pictet—Thermal Depolymerization of Starch in Relation to Molecular constitution

Sir James C. Irvine—Methylation of Starch in Relation to Molecular Constitution.

Arthur R. Ling—Enzymic Hydrolysis of Starches in Relation to Constitution

Hans Pringsheim—Bracterial Degradation and constitution of Starch

Max Samec—The Collodial-Chemical Constituents of Starch

T. Clinton Taylor—Non-Carbohydrate Constituents as a Factor in the Charactterization of Starch Components

Johann R. Katz—The X-Ray Spectography of Starch

Henry C. Sherman—Chemical Nature of Certain Amylases

Carl L. Alsberg—The Role of Starch in Bread Making

Johann R. Katz—Gelatination and Retrogradation of Starch in the Bread Staling Process

Auguste Fernbach—Conversion of Starch in the Fermentation Industries

George M. Moffett—Manufacture of Corn Starch

Eugen Preuss—Manufacture of Potato Starch

Victor G. Bloede—Manufacture of Dextrine, Envelope Gum, British Gum, and modified Starches

Jerome Alexander—Starch and Flour Adhesives

Walter A. Nivling—Significance of Starch Viscosity in the Manufacture of Paper and Textiles

Frederick Denny Farrow—The Use of Starch in the Textile Industry, Particularly for the sizing of Cotton Warps

H.C. Gore, H.G. Turley, Leo Wallerstein and Jokichi Takamine jr—Starch Converting Enzimes used in the Textile Industry.

Robert P. Walton—Early Development of Starch Chemistry and Manufacture

These personal monographs altho presenting widely divergent phases in the field of starch Chemistry and Technology, yet it is evident that there is an underlying interdependence of these phases. Starch is shown to be used in a great many manufacturing processes, and its transformation and hydrolysis are of vital interest to baking, brewing, fermentative and other general food industries.

The publication of immense value to the researcher and is highly recommended to all those interested in this field of study.

The second part of this survey consists of a most comprehensive bibliography. Time and expense have been disregarded in the efforts to achieve completeness. Most of the prominent libraries in New York and Washington have been consulted. The compilation was made under the auspices of the New York Public Library.

A corresponding survey of patent literature is planned to be published later as Volume 2 of this series.

Reviewed by: P.K.B. YOUNG, B.Sc., CH.E.

THE CHEMISTRY OF WATER AND SEWAGE TREATMENT, is the title of a book just published by Authur M. Buswell, Chief, Illinois State Water Survey, and Professor of Sanitary Chemistry of the University of Illinois, U.S.A. This book belongs to the family of the American Chemical Society Monograph series, containing 362 pages, 47 tables, and 58 figures and illustrations. To the Chemical Catalog Co. Inc., 419—4th Ave. at 29th St. New York City, U.S.A. belongs the sole right for publication. Price G$7.00.

Chemical and Sanitary Engineers and all workers in the realm of water and sewage treatment have often longed for a single up-to-date comprehensive treatise on this subject. The progress made in this field has been very rapid, and to keep up with it without any access to good libraries, especially in China, has been most difficult. In Prof. Buswell's book, he has covered all the literature on the subject down to the present time, compiling a bibliography of over four thousand references.

The author confined himself strictly within the scope of his subject leaving out methods of analysis and detailed discussion of the construction and operation of mechanical devices.

The first four chapters deal with the properties of water. Two chapters are alloted to some economic disadvantages of unsuitable waters. The industrial treatment of water such as the lime and soda and zeolite processes, the internal treatment of boiler water are presented in detail. Specification of water for domestic use involving the chemistry of coagulation, the mechanism of filtration and disinfection, and clarafication of odors is well presented.

In the concluding chapters the author outlined the theories of microbiological and mechanical treatment of sewage. The discussions are well balanced. The author favoring the microbiological theories.

The book aside from being ably written, is well put up in the uniform binding of all the American Chemical Society Monographs, and deserves to be on the book selves of all those interested in this field.

Reviewed by P.K.B. YOUNG.

洪士豪律師致本會函

逕啟者敝事務所辦理建築師與營造公司爲建造圖樣糾葛一案以建築業向依固有習慣營業鮮有明文規定茲舉數端擬請　貴會賜予裁復以資參考

(一) 凡營造公司委請建築師打樣按照　貴業向例是否即以口頭議定酬勞數額不立書面契約

(二) 若在華界建築房屋打樣普通建築師得在營造公司應得造價內百分之幾作爲酬勞

(三) 建築師在華界繪畫建造圖樣照章應在圖上簽名從此對建築工程是否負監督並負建築安全之責.

對上列三點敝律師深願　貴會依照習常手續復示至紉公誼此致

中國工程學會　公鑒　　　　洪士豪啟　七月五日

本會復洪士豪律師函

逕復者接准　大函展誦之下獲悉以建築界糾葛數端見詢茲特條復如後即請　查照此致

洪士豪大律師　　　　中國工程學會會長徐佩璜啓　七月廿日

附答案

(一) 酬勞數額在鉅大工程多用書面約定惟爲競爭營業起見每多口頭說定

(二) 建造房屋普通多由業主委任建築師打樣惟華界確多由營造廠招whereas建築師打樣再徵業主同意此項打樣費大約自百分之二起至百分之六七止

(三) 打樣分兩種祗代人打樣而不負監造責任者俗名「買樣子」酬勞費較廉至打樣而兼監造則酬勞費亦較高究竟建築師祗畫樣子抑兼監造視當時兩造如何接洽而定至於建築之安全建築師多難永遠保證目前之安全亦不能由建築師一人完全負責蓋營造廠亦負大部分責任也

工程師建築師題名錄

凡欲在本欄題名者請與本會總務袁丕烈君接洽

辦事處　　上海寧波路七號

泰康行
TRUSCON

規劃或估計　鋼骨水泥及工字鐵房屋等發售建築材料如　鋼窗鋼門　鋼絲網　避水膠漿　水門汀油漆　大小磁磚　顏色花磚及屋頂油毛氈等　另設地產部專營買賣地產　經收房租等業務

上海廣東路三號　電話中四七七九 四七八〇號

中央建築公司

齊兆昌　徐鑫堂
施長剛

上海新閘路 B 1058
南京

顧怡庭

萬國函授學堂土木科肄業

南市董家渡護守里六號

No 6 Wo Sir Lee
TUNG KAI DO, SHANGHAI

潘世義建築師

朱葆三路二十六號

電話 65068-65069-65070

沈理源

工程師及建築師

天津英租界紅墻道十八號

朱樹怡

東有恆路愛而考克路轉角120號

電話北 4180 號

凱泰建築公司

楊錫鏐　黃元吉
黃自強　鍾銘玉
繆凱伯

北蘇州路 30 號
電話北 4800 號

東亞建築工程公司

宛開甲　李鴻儒
錢昌淦

江西路 22 號
電話 C.2392 號

培裕建築公司

鄭文柱

福生路崇儉里三號

建築師陳文偉

上海特別市工務局登記第五〇七號

上海法租界格洛克路四八號

電話中央四八〇九號

實業建築公司

無錫光復門內

電話三七六號

水泥工程師

張國鈞

上海小南門橋家路一零四號

馬蘭舫建築師

營業項目

專理計劃各種土木建築工程

上海香烟橋全家菴路六七五號

卓炳尹建築工程師

利榮測繪建築公司

閘北東新民路來安里五十三號

顧樹屏

建築師，測量師，土木工程師

事務所

地址 上海老西門南首救火會斜對過中華路第一三四五號

俞子明

工程師及建築師

事務所老靶子路福生路

儉德里六號

華海建築公司

建築師 王克生

建築師 柳士英

建築師 劉士能

九江路河南路口 電話中央七二五一號

華達工程社

專營鋼骨水泥及鋼鐵工程

及一切土木建築工程

通信處老靶子路福生路

儉德里六號

分類廣告目錄

本刊誌謝

本刊承本會會員朱樹怡,朱其淸,葛學瑄,黃元吉,李開第,張惠康及新中工程公司諸先生介紹廣告多欄,旣利讀者參考,復裕本刊經濟,熱忱爲會,銘感無旣,特此誌謝.

工 THE JOURNAL OF 程
THE CHINESE ENGINEERING SOCIETY.

FOUNDED MARCH 1925—PUBLISHED QUARTERLY.

REGISTERED ADDRESS: 43-B, KIANGSE ROAD, SHANGHAI. C.1.

OFFICE: ROOM NO. 207, 7 NINGPO ROAD, SHANGHAI, C.1.

TELEPHONE: NO. 19824

交換書報

凡欲與本刊交換者，請向本會辦事處總務袁丕烈君接洽，並請先寄樣本。

廣告價目表
ADVERTISING RATES PER ISSUE

地位 POSITION	全面每期 Full Page	半面每期 Half Page
封面 Outside Front Cover		三十元 $30.00
底封面外面 Outside Back Cover	四十元 $40.00	
封面及底面之裏面及其對面 Inside of Covers and Pages Facing Them	三十元 $30.00	十八元 $18.00
普通地位 Ordinary Page	二十元 $20.00	十四元 $14.00

廣告概用粉紅色紙，繪圖刻圖工價另議，欲知詳細情形，請與本會總務袁丕烈君或本刊廣告主任朱樹怡君接洽。

請聲明由中國工程學會『工程』介紹

JEBSEN & Co.
德商
上海捷成洋行
SHANGHAI
漢口路七號
總經理
德國專利朋滋牌
無空氣注射地士爾柴油引擎
陸用式及船用式
馬力自九匹起大小俱備　並常川備有現貨如蒙各界光顧曷勝歡迎

請聲明由中國工程學會『工程』介紹

滬甯滬杭甬鐵路行車時刻表

滬甯

▲上行車

上海開
上午六・正(滬安區間車)
上午七・〇五(快車)
上午七・廿五(滬常區間車)
上午八・五十(特別快車)
上午九・十(慢車)
下午十二・十(滬安區間車)
下午十二・四十(快車)
下午二・廿(滬常區間車)
下午三・〇五(滬安區間車)
下午六・十(滬錫區間車)
下午六・五十(臨時滬翔區間車)
下午十一・正(夜快車)

南翔開
上午六・卅五(滬安區間車)
上午七・三十四(快車)
上午七・五十九(滬常區間車)
上午九・四十七(慢車)
下午十二・四十五(滬安區間車)
下午一・〇八(快車)
下午二・五十九(滬常區間車)
下午三・二十五(滬安區間車)
下午六・四十二(滬錫區間車)
下午七・二十(臨時滬翔區間車)
下午十一・三十(夜快車)

安亭開
上午七・〇五(滬安區間車)
上午七・四十四(快車)
上午八・二十六(滬常區間車)
上午十・十七(慢車)
下午一・〇八(滬安區間車)
下午一・三十二(快車)
下午三・卅一(滬常區間車)
下午四・〇八(滬安區間車)
下午七・〇七(滬錫區間車)

崑山開
上午八・二十三(快車)
上午八・五十九(滬常區間車)
上午十・〇一(特別快車)
上午十・五十九(慢車)
下午二・〇七(快車)
下午四・〇八(滬常區間車)
下午七・二十四(滬錫區間車)

蘇州開
上午九・十六(快車)
上午十・〇五(滬常區間車)
上午十一・五十三(特別快車)
下午十二・十二(慢車)
下午二・五十九(快車)
下午五・十四(滬常區間車)
下午八・四十(滬錫區間車)
上午一・二十三(夜快車)

無錫開
上午六・五十五(錫甯區間車)
上午十・十八(快車)
上午十一・二十五(滬常區間車)
上午十一・五十二(特別快車)
下午一・三十九(慢車)
下午三・五十二(快車)
下午六・二十六(滬常區間車)
下午九・三十九(滬錫區間車)
上午二・三十三(夜快車)

常州開
上午七・五十五(錫甯區間車)
上午十一・二十一(快車)
下午十二・二十三(滬常區間車)
下午十二・五十(特別快車)
下午二・五十四(慢車)
下午四・五十五(快車)
下午七・三十三(滬常區間車)
上午三・三十七(夜快車)

丹陽開
上午九・〇四(錫甯區間車)
下午十二・二十四(快車)
下午一・四十六(特別快車)
下午四・〇八(慢車)
下午六・〇一(快車)
上午四・三十八(夜快車)

鎮江開
上午十・〇八(錫甯區間車)
下午一・十八(快車)
下午二・廿九(特別快車)
下午五・十三(慢車)
下午七・〇一(快車)
上午五・二十四(夜快車)

南京到
下午十二・十二(錫甯區間車)
下午三・〇三(快車)
下午三・四十六(特別快車)
下午七・二十六(慢車)
下午八・三十三(快車)
上午七・正(夜快車)

▲下行車

南京開
上午七・〇五(快車)
上午九・十(特別快車)
上午九・廿五(慢車)
下午十二・三十(快車)
下午四・三十五(甯錫區間車)
下午十一・正(夜快車)

鎮江開
上午八・五十二(快車)
上午十・五十二(特別快車)
上午十一・四十八(慢車)
下午二・三十六(快車)
下午六・五十四(甯錫區間車)
上午〇・四十六(夜快車)

丹陽開
上午九・三十六(快車)
上午十一・卅三(特別快車)
下午十二・五十二(慢車)
下午三・三十七(快車)
下午七・五十(甯錫區間車)
上午一・三十三(夜快車)

常州開
上午六・五十(常滬區間車)
上午十・四十四(快車)
下午十二・四十(特別快車)
下午一・〇五(常滬區間車)
下午二・十一(慢車)
下午四・四十四(快車)
下午九・四十一(甯錫區間車)
上午二・四十一(夜快車)

無錫開
上午六・正(錫滬區間車)
上午八・〇三(常滬區間車)
上午十一・五十四(快車)
下午一・三十四(特別快車)
下午二・二十二(常滬區間車)
下午三・四十七(慢車)
下午五・四十七(快車)
下午十・十五(甯錫區間車)
上午三・四十八(夜快車)

蘇州開
上午七・十四(錫滬區間車)
上午九・十八(常滬區間車)
下午十二・五十一(快車)
下午二・二十六(特別快車)
下午三・四十五(常滬區間車)
下午五・十(慢車)
下午六・五十一(快車)
上午四・五十六(夜快車)

崑山開
上午八・二十五(錫滬區間車)
上午十・五十七(常滬區間車)
下午一・十五(快車)
下午三・〇五(特別快車)
下午五・十(常滬區間車)
下午六・二十三(慢車)
下午七・四十二(快車)

安亭開
上午七・三十(安滬區間車)
上午九・〇五(錫滬區間車)
上午十一・三十三(常滬區間車)
下午一・二十九(安滬區間車)
下午二・〇七(快車)
下午四・三十(安滬區間車)
下午五・四十五(常滬區間車)
下午七・十一(慢車)

南翔開
上午八・〇一(安滬區間車)
上午九・四十九(錫滬區間車)
下午〇・〇三(常滬區間車)
下午一・五十(安滬區間車)
下午二・二十七(快車)
下午四・五十四(安滬區間車)
下午六・〇九(常滬區間車)
下午七・二十(臨時翔滬區間車)
下午七・四十六(慢車)
下午八・三十一(快車)
上午六・三十三(夜快車)

上海到
上午八・二十六(安滬區間車)
上午十・十六(錫滬區間車)
下午十二・三十六(常滬區間車)
下午二・十五(安滬區間車)
下午二・五十六(快車)
下午四・〇五(特別快車)
下午五・廿三(安滬區間車)
下午六・四十二(常滬區間車)
下午七・五十七(臨時翔滬區間車)
下午八・二十(慢車)
下午八・五十五(快車)
上午七・正(夜快車)

▲附註上海北站開行之七點〇五分快車概不發售上海至南翔及上海至安亭三等客票如欲詢問請向上海北站問詢處接洽電話北三一九九

滬杭甬

▲下行車

上海北站開
上午八・〇五(特別快車)
▲上午九・十五(慢車)
▲下午一・三十(快車)
▲下午六・三十(夜快車)

上海南站開
上午八・十五(特別快車)
▲上午九・三十(慢車)
▲下午一・四十(快車)
▲下午六・四十(夜快車)

松江開
上午九・廿(特別快車)
▲上午十一・正(慢車)
▲下午二・五十三(快車)
▲下午七・四十五(夜快車)

嘉善開
上午十・〇九(特別快車)
▲下午十二・〇七(慢車)
▲下午三・四十八(快車)
▲下午八・三十八(夜快車)

嘉興開
上午十・四十(特別快車)
▲下午十二・四十九(慢車)
▲下午四・廿三(快車)
▲下午九・十(夜快車)

硤石開
上午十一・十四(特別快車)
▲下午一・四十(慢車)
▲下午五・〇三(快車)
▲下午九・四十四(夜快車)

長安開
上午十一・四十九(特別快車)
▲下午二・三十二(慢車)
▲下午五・四十四(快車)
▲下午十・十九(夜快車)

杭州開
下午十二・四十五(特別快車)
▲下午四・正(慢車)
▲下午六・五十五(快車)
▲下午十一・十五(夜快車)

閘口到
下午一・正(特別快車)
▲下午四・廿五(慢車)
▲下午七・十(快車)
▲下午十一・三十(夜快車)

▲上行車

閘口開
▲上午七・十五(特別快車)
▲上午九・〇五(慢車)
▲下午一・三十五(快車)
下午五・四十五(夜快車)

杭州開
▲上午七・四十(特別快車)
▲上午九・四十(慢車)
▲下午二・正(快車)
下午六・十(夜快車)

長安開
▲上午八・三十三(特別快車)
▲上午十一・〇五(慢車)
▲下午三・〇六(快車)
下午七・〇二(夜快車)

硤石開
▲上午九・〇三(特別快車)
▲下午十二・〇三(慢車)
▲下午三・四十三(快車)
下午七・三十三(夜快車)

嘉興開
▲上午九・四十四(特別快車)
▲下午十二・五十七(慢車)
▲下午四・三十二(快車)
下午八・十五(夜快車)

嘉善開
▲上午十・〇八(特別快車)
▲下午一・三十五(慢車)
▲下午四・五十九(快車)
下午八・四十一(夜快車)

松江開
▲上午十一・〇一(特別快車)
▲下午二・四十八(慢車)
▲下午五・五十八(快車)
下午九・三十六(夜快車)

上海南站到
▲上午十二・正(特別快車)
▲下午四・十二(慢車)
▲下午七・〇七(快車)
下午十・三十五(夜快車)

上海北站到
▲下午十二・十(特別快車)
▲下午四・廿(慢車)
▲下午七・五(快車)
下午十・四十五(夜快車)

凡上有▲符號者係與滬甯車啣接

職業介紹委員會通啓

敬啟者鄙人等謬承總會委任爲職業介紹委員忩材輕任重深虞不給擬請　台端於本會工程月刊另闢職業介紹欄以資轉達消息如荷　裁成祈於本月刊內附登廣告二則如下

機械製圖員待聘　玆有新近留美歸國之機械工程師曾在國內工程界服務二年美國工程界服務一年學識優長經驗豐富如有欲聘者請轉示中國工程學會職業介紹委員會

招聘電氣工程教授　玆有上海著名某大學招聘 Internal Combustion Theory 每週三小時及機械設計二小時授月薪八十元如有願就者請轉示中國工程學會（上海甯波路七號）職業介紹委員會並附履歷像片當爲轉達前途

徐恩曾
中國工程學會職業介紹委員 馮寶齡 同啟
朱有騫

Westinghouse

建設新中國之事業威斯汀好司願負一部份之責任

美國威斯汀好司電機製造廠乃世界電業之先進電力廠機件自七百五十華特之小發電機至十萬六千五百基羅華特透平發電機無不製造計劃精確質美工良不因成本之高而犧牲效率故巨大堅固之工程恆有威斯汀好司出品之地位

中國現已統一建設事業均在進行中威斯汀好司積四十餘年之經驗願襄盛舉焉

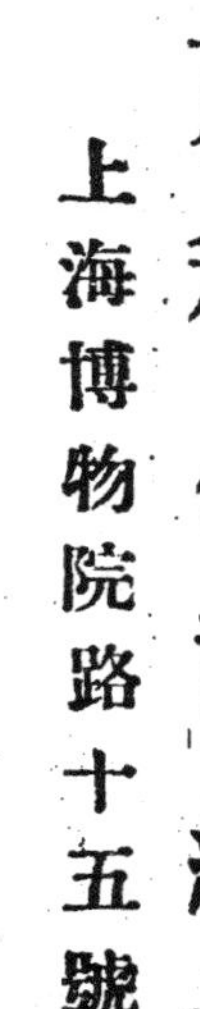

茂和公司經理

上海博物院路十五號

請聲明由中國工程學會『工程』介紹

中國工程學會會刊

THE JOURNAL OF THE CHINESE ENGINEERING SOCIETY

▲中華郵政特准掛號認為新聞紙類▼

第四卷 第二號 ★ 民國十八年一月

Vol. IV, No. 2. January, 1929

中國工程學會發行

總會會所：上海甯波路七號

新通公司

上海 九江路二十二號

天津 法中街七號

Sintoon Overseas Trading Co., Ltd.,
Sole Agents For
Crossley Brothers, Ltd., Manchester

電話六五〇一五及六六五一九號

此爲克勞司萊廠最新出品。
無空氣注射——立式狄實爾柴油引擎

本公司最近運到大小各式柴油火油引擎數批以備工商各界之選購；工程學會會員陳芑蓀，周承祐先生所辦江蘇農具製造所之原動機即係敝公司所供給。倘蒙各界賜顧當竭誠估計以酬雅誼。

電報掛號:— NAVIGATRAD 四六四六（各處一律）

請聲明由中國工程學會『工程』介紹

中國工程學會會刊

季刊第四卷第二號目錄 ★ 民國十八年一月發行

總編輯 黃炎　　總務 — 袁丕烈

本刊文字由著者各自負責

中 國 工 程 學 會 發 行

總會辦事處：— 上海中一郵區甯波路七號三樓二〇七號室

電　　話：— 一九八二四號

寄 售 處：— 上海商務印書館　民智書局

定　　價：— 零售每册二角　預定六册一元

郵費每册本埠一分　外埠二分　國外八分

中國工程學會會章摘要

第二章　宗旨　本會以聯絡工程界同志研究應用學術協力發展國內工程事業爲宗旨

第三章　會員

（一）會員　凡具下列資格之一由會員二人以上之介紹再由董事部審查合格者得爲本會會員

（甲）經部認可之國內外大學及相當程度學校之工程科畢業生幷確有一年以上之工業研究或經驗者

（乙）曾受中等工業教育幷有五年以上之工程經驗者

（二）仲會員　凡具下列資格之一由會員或仲會員二人之介紹並經董事部審查合格者得爲本會仲會員

（甲）經部認可之國內外大學及當相程度學校之工業科畢業生

（乙）曾受中等工業教育幷有三年以上之工程經驗者

（三）學生會員　經部認可之國內外大學及相當程度學校之工程科學生在二年級以上者由會員或仲會員二人之介紹經董事部審查合格者得爲本會學生會員

（四）永久會員　凡會員一次繳足會費一百元或先繳五十元餘數於五年內分期繳清者得被推爲本會永久會員

（五）機關會員　凡具下列資格之一由會員或其他機關會員二會員之介紹並經董事部審查合格者得爲本會機關會員

（甲）經部認可之國內工科大學或工業專門學校或設有工科之大學

（乙）國內實業機關或團體對於工程事業確有貢獻者

（六）名譽會員　凡捐助巨款或施特殊利益於本會者經總會或分會介紹並得董事部多數通可被舉爲本會名譽會員舉定後由董事部書記正式通告該會員入會

（七）特別名譽會員　凡於工程界有成績昭著者由總會或分會介紹並得董事部多數通過可被舉爲本會特別名譽會員舉定後由董事部書記正式通告該會員入會

（八）仲會員及學生會員之升格　凡仲會員或學生會員具有會員或仲會員資格時可加繳入會費正式請求升格由董事部審查核准之

第四章　組織　本會組織分爲三部（甲）執行部（乙）董事部（丙）分會（本會總事務所設於上海）

（一）執行部　由會長一人副會長一人書記一人會計一人總務一人組織之

（三）董事部　由會長及全體會員舉出之董事六人組織之

（七）委員會　由會長指派之人數無定額

（八）分　會　凡會員十人以上同處一地者得呈請董事部認可組織分會其章程得另訂之但以不與本會章程衝突者爲限

第六章　會費

（一）會員會費每年五元入會費五元

（二）仲會員會費每年二元入會費三元

（三）學生會員會費每年一元

（四）機關會員會費每年十元入會費二十元

中國工程學會職員錄

總會

董事部： 凌鴻勛 廣西梧州市工務局
陳立夫 南京總司令部
李屋身 上海法租界辣斐德路四〇四號
李熙謀 杭州浙江大學工學院
吳承洛 南京工商部
茅以昇 天津北洋大學

執行部：（會長） 徐佩璜 上海新西區楓林橋市政府參事室
（副會長） 周琦 上海江西路43-B號益中機器公司
（總務） 裘丕烈 上海九江路二二號新通公司
（書記） 施孔懷 上海南市毛家街市工務局
（會計） 李俶 上海徐家匯交通大學

基金監： 裘燮鈞 上海四川路二九號彥記建築事務所
惲震 上海民國路五六五號無線電管理處

分會

美國分會

（會長） 顧毓琇 38 Broadway Chicopee Falls, Mass. U. S. A.
（副會長） 金龍章 Apt. 57, 200 Claremont Ave., N. Y. C.
（書記） 胡瑞祥 Y. M. C. A. Newark, N. J.
（會計） 王元齡 500 riverside Drive, N. Y. C.

北平分會

（幹事） 陸鳳書 北平平漢鐵路管理局
王季緒 北平西四北溝沿一八九號王寓

上海分會

（會長） 沈怡 上海南市毛家街市工務局
（副會長） 支秉淵 上海甯波路七號新中工程公司
（書記） 張輔良 上海寶山路商務印書館編譯所
（會計） 馮寶齡 上海圓明園路四號慎昌洋行

天津分會

（會長） 楊毅 天津津浦鐵路機務處
（副會長） 嵇銓 天津良王莊津浦路工務處
（書記） 顧毅成 天津津浦路局機務處
（會計） 邱凌雲 天津法租界拔柏葛鍋爐公司

青島分會

(會　長) 王節堯　青島膠濟路工務處
(書　記) 嚴宏淮　青島工程事務所
(會　計) 孫瑞璋　青島膠濟路機務處

杭州分會

(會　長) 李熙謀　杭州浙江大學工學院
(副會長) 朱耀廷　杭州市工務局
(書　記) 楊耀德　杭州浙江大學工學院
(會　計) 薛祖康　杭州浙江大學工學院
(幹　事) 鄭伯良　杭州城站工程處

南京分會

(委　員) 吳承洛　南京工商部
陳廣沅　南京中央大學工學院
惲　震　南京建設委員會

武漢分會

(委　員) 繆恩釗　漢口美孚行建築部
周公樸　漢口電話局
張自立　漢口特別一區五福路十一號
吳國良　漢口平漢鐵路局機務科

奉天分會

(委　員) 盛紹章　奉天兵工廠

太原分會

(會　長) 唐之肅　山西太原育才煉鋼廠
(副會長) 董登山　山西兵工廠計核處
(文　牘) 劉文藝　山西建設廳

蘇州分會

(委　員) 沈百先　蘇州大郎橋太湖流域水利工程處
魏師達　蘇州吳縣建設局

梧州分會

(主席委員) 凌鴻勛　廣西梧州市工務局
(書記委員) 趙祖康　廣西梧州市工務局
蒙諮徽　廣西梧州市工務局
(會計委員) 余伯傑　廣西梧州廣西大學
(事務委員) 仲志英　廣西梧州市工務局

DORMAN LONG & Co., Ltd.,

圖上係香港亞細亞火油公司之房屋以工字鐵及槽鋼等料建造乃最新式

之建築法此屋鋼料全是英國道門鋼廠製造

上海英商茂隆有限公司經理

Agents: A. CAMERON & Co. (CHINA), Ltd., SHANGHAI

（凌鴻助攝）

梧州市九坊路（凌鴻助攝）

本會會員黃伯樵先生對於本會素著熱忱此次本會新闢圖書室即首先捐助其私藏工程書籍四百餘本以公同好而本會圖書室亦得藉以粗具規模用將黃先生玉照刊登以資紀念附誌數語聊伸謝悃

H. S. Jacoby 先生爲美國著名土木工程師茲將其所藏工程書籍捐贈我國學術團體承本會會員茅以昇先生之介紹將其一部分計二百餘本贈本會圖書室特刊先生玉照藉資紀念而鳴謝忱

未炸前之津浦路洛口黃河鐵橋

被炸後之津浦路洛口黃河鐵橋

日兵轟燬之濟南濼源門

日兵轟燬濟南城市之一部

Siemens Brothers & Co., Ltd.

Woolwich, London

Telephone, Telegraph and Cable Engineers

Manufacturers of

Public & Private Automatic Telephone Exchanges

Installations in all parts of the World

1928 Contracts in China include Hongkong (12,500 lines), Mukden (3,500 lines) etc. etc.

Long Distance Telephones

Line Material, switchboard etc. for long distance telephone schemes, a speciality

Estimates & Specifications Free.

Expert engineers available for consultation on application to

Societe Francaise des Telephones Interurbains

Tientsin, Mukden, Harbin,

Shanghai—*22 Kiukiang Road, c/o Sintoon Overseas Trading Co.*

工程師與政治

編者

自胡佛被選爲美利堅合衆國總統,工程師職業之地位,爲之一振.胡佛幼經憂患,長習礦科,壯任各處工程職務,經營礦業,成績昭著,歐戰時之救濟,尤爲全球人士所傳述.雖其才智學識,有出乎一般工程師以上,故始爲實業界之領導人組織人治理人,而終因衆望所歸,一躍而爲合衆國之第一人.然其所受根本的科學教育,職業上工程經驗,爲其成功立足之起點,無可疑義.又以工程師治事之方策,實事求是之心理,考驗現狀籌劃將來之習慣,施諸政治,爲其成功之要素,亦不可諱.

胡佛之登極也,實爲世運變遷之道里石.蓋今日之時代,經最近百年來之演進,而有雄壯的建築物,奇偉的原動力,解除徒手的工作,增進人羣的福利.又交通發達之結果,空間時間,無形短縮,人類智識,迅速傳達.治國者無日不在解決各種新問題,以相競爭.而此新問題又必須熟識最新與人生相關之技術,尤須有因緣工程學術所發生關係與抵觸之澈底了解.因此工程師應運而直上.其亦天演競爭之自然公例乎.

當華盛頓微時,曾從事測量及開渠.然其被選爲總統,實與其工程學識無關.此後一百四十年來,歷任總統,爲法律家,爲政治家,無一有工程師的背境.此可證非工程的思想與活動,實爲時代的主宰.而今工程事業,已成爲大部份活動之中心,於是一種新趨勢,醞釀而成,工程師遂超登白宮,昂然爲羣衆擁戴的指揮者.

在較小範圍之政治團體中,工程師之地位,早已確立.州長市長,早有以工程師充任之者.各州各城之政府,日趨於機械化的生活,其大部份之工作,多集中於技術人員之手.如鋪築道路,公共建設,公用法則,營造法則,衛生工程,等等.昔時以行政治理爲政府之要務,而以工程事業爲服役之附件.今則反是.工程部份,實爲要素,而管理稅徵,則僅附庸而已.推之一國政治亦然.工程技術之各部各局,其活動常顯出於其他各機關.結果則一國立法行政司法,莫不以工程事業,惟馬首之是瞻焉.

至於工程師對於世界思想界之貢獻,非僅爲其工程之智識已也,而其脚踏實地的觀念,與夫分淅籌劃的習慣,實與人類進化上莫大之助力.昔常小用之於局部的組織,而未採入於大政之施行.若夫工商實業界中,固早已顯著而實現,如以工程師管理鐵路,公用事業,及製造工廠等等,不勝枚舉.惟行政之最高機關,進步遲延,多仍舊貫.今覩胡佛之被選,可知政治上亦終難以故步自封.斯舉也,實爲今世之良好現象,蓋一國大政之決斷,不囿於個人之感情與偏見以用事,而以事實分淅與先見爲依據,則治平之期,當不遠矣.

胡佛之勝利,對於吾國之人心,尤有發聾振聵之功用.良以向日 識工程師者,以爲雖非冬烘者流,直亦迂拘者之一派.常受數學之束縛,公式所圍範.有時理論玄虛,目不能睹之原子,乃以爲龐然大物,而亦耗精勞神,層層推算.而且規規之於資格經驗,不能登時發揮有爲,甚且老於其業,無聲無臭.如政治家受羣衆之膜拜,經濟家有金融之操持,惟工程家則不足以語此.而今霹靂一聲.最富強之美國,其元首重任,竟加諸工程師之身,往昔之謬見,當可立解.

今者黨治之下,本在民生,革命成功,首重建設.民生與建設,無往而非工程範圍以內事.苟非爲封建遺傳之勢力所把持,黑白顚倒之是非所阻隔,則將來國事之進步,庶政之處理,自難逃天演之公例.必推工程師爲之中堅,爲之主宰.嗟乎,富强之基,胥在於此,可不勉哉.

萬國工業會議於一九二九年十月在日本開會,規則及研究 目已詳上期本刊,本會已決定參加,深望全國工程專家及本會會員,均與以充分注意及準備,倘有論文,須於四月三十一日以前遞到.

上海華生電器製造廠

WAHSON & Co., ELECTRIC FACTORY

General Office P 104 Nanking Rd. phone 19396 Factory Ra 2865 point Rd. phone 42947

SHANGHAI, CHINA.

商  註冊  標

製造

直流交流發電機
水汀引擎發電機
鍍金類用電鍍機
高壓低壓避雷器
影戲及各種用小方姆

變壓器(即方棚)
配電盤(即石版開關)
自斷油開關
各式插鉛絲
各式限制表

本廠出品之一

製造

直流交流搖頭檯風扇
六翼打氣風扇
四翼吊風扇
軟硬煤精
恩披表

電氣火爐
電氣茶壺
電氣烙鐵
伏而次表
自斷開關

事務所

南京路
集賢里
一百另四號
電話一九三九六
電報掛號
二二二五
上海

製造廠

虹口
兆豐路
周家嘴路
二八六五號
電話四二九四七

請聲明由中國工程學會『工程』介紹

對於本會刊今後之編輯方針及方法之意見

著者：徐芝田

本會刊自發刊以來，經時四載，出版十四期，實爲我國「工程文學」之巨觀。其中篇幅之富，價值之高，胥由歷任編輯諸君及各會員之努力所致。歷觀本刊各期編輯部組織及宣言，與各種調查表式之編製，不可謂非法良意美。蓋學貴實用，尤貴及時；玆當我國家建設開始之時，凡百建設，莫不與工程界有深而且切之關係。特就本會刊今後編輯方針及編輯方法各點，作更進一步之討論。

本會刊爲中國工程學者研究中國工程事業之刊物；各種著作，似宜根據在中國實施工程及與有關係之各方面實在情形，從學理及經驗上作精密之調查研究，作我國未來工程事業之南針。庶本刊可爲全國工程家不可一日或離之參考品。故本刊之性質及價值，與『工程學』及『外國工程刊物』不同。其編輯方針，宜具『中國工程職業化。』今後各期出版物，專重之點，除工程科學學理及施工經驗之研究貢獻而外，尤宜重視以下各項：

(甲) 中國各工程事業與各該事業之社會經濟關係現狀之調查及研究。

(乙) 中國各工程事業及工程家爲社會服務情形與現在社會知識習慣對於工程事業發生之事實各種情形之調查研究。

(丙) 中國各種自然界與工程事業有重要關係之事物之調查研究。

(丁) 中國各種人事的與工程事業有重要關係之事物之調查研究。

(戊) 各種工程在中國各地實地施工之各種實在情況之調查研究。

(己) 關於以上各項之一切討論建議。

至編輯方法，亦宜分門別類，詳細規定。再就此種規定，徵求投稿。在編輯人固可收綱舉目張易於將事之效，而投稿人亦可免攏統概括欲說無從之苦。

茲就管見所及,試爲分類如下:

第一類 評論或建議 (甲)關於工程學術者.(乙)關於工程事業者.(丙)關於社會經濟及公私設施與工程有關係者.

第二類 研究 (甲)關於工程學理經驗者.(乙)關於技術改良新法實施之成績者.(丙)關於實地設計上之討論比較者.

第三類 施工紀實 如某某工程由開始至完成各項情形之筆記愈詳愈妙.

第四類 調查 (甲)原料.(乙)人工.(丙)物品.(丁)工程成績及狀況.(戊)自然界與工程有重要關係者.(己)人事情形與工程重要關係者.(庚)工作管理及工作方法.(辛)工程費用及日期.(壬)工具及使用利弊.(癸)工業品之各種關係狀況.

第五類 工事新聞 如公私工程事業開辦或停止,成功或失敗及其原因結果與將來.

第六類 雜項 …………

以上各類之中,尤以調查爲最重.我國工程事業,尚在幼稚時期;凡百設施,絕鮮可供參攷之資料;致有多數工程.無從作精密之設計;更不能作經濟之預算.欲除此種困難,惟有努力調查與試驗;雖不能於短時期內奏全功,然亦可去困難之大半矣.

惟編輯仝人,見聞所及,囿於一隅,甚望各地同志,協力工作,集腋成裘,蔚成大觀,不勝幸甚.

〰〰〰〰〰〰〰〰

本刊爲吾國工程界之喉舌.閱者諸君.有深奥的學理.實驗的記錄.準確的新聞.良善的計劃.務望隨時隨地.不拘篇幅.寄交本會.刊登本刊.使諸君個人之珍藏.成爲中華民族之富源.酬勞辦法,詳載卷首,尚希閱者諸君注意是荷.

啟新洋灰有限公司

管理華記湖北水泥廠

國產老牌
貨質精美

馬牌商標

塔牌商標

行銷卅年
中外保證

本公司創設卅餘年每年出貨二百萬桶歷次各國賽會均得有最優獎牌並中外各工程師化驗保證書彙印成冊索閱即寄

兼售各色舖地花磚大方磚　價廉物美

如蒙惠顧無任歡迎

總公司：天津大海道

南部總批發所：上海九江路二十二號　電話一七四一七號

上海分售處：南市王家碼頭
花磚廠：南市電話二六五

請聲明由中國工程學會「工程」介紹

本刊對於商家之關係

編　者

本刊之發行,對於吾國工程職業,建設事業上,有極深切的貢獻,早爲社會人士所深許.本刊除登載有價值之文字以外,兼列各類廣告,使工程家與製造商之間,得一極有力的聯絡關鍵,其爲商家效勞,厥功非細.然事實固如此,而商家中認識此意義者甚鮮.當本刊職員前往接洽之時,常對於廣告效力,發生疑問,幷有吝惜小費,自棄不登者.此實大謬.蓋今日吾國建設事業,千頭萬緒.規劃而實施之者,大多爲本會之會員,大多爲本刊之擁護人.一事業之建設,材料機器,動輒巨萬.一工程之進行,招工承造,關係數業.最近如梧州凌竹銘張延祥兩君主持電廠,水廠.滬上巨商如新通萬泰怡和安利等相競開價.如湖北孔祥鵝君舉辦電話,則維昌通用開洛西門子中國電氣公司等,爭供材料.如陳子博君主辦全浙公路,則著名之建築家咸在訪求選擇之列.諸如此類,不勝枚舉.是以今日各商家日日在本會會員手中討生活,凡在本刊上登有廣告者,則其名稱貨品,常常映入於本會會員之眼簾,無形中得優勝之利益.而吾會員每當用人選器購材辦貨之時,翻閱本刊廣告之所列,常感缺乏不全之苦.由此可知工程師與商家間之樞紐,尙未完備,本刊對於此節,深有遺憾.務望以後會員無論本埠他埠,當與商家交易之時,因勢利導,勸其勿失機會,常登廣告.俾本刊對於兩方効勞之能率,日益增進焉.

凡欲在本刊登載廣告,預留地位,特翻新樣等等,概請與本會總務袁丕烈君接洽.

本刊闢工程師建築師題名錄一欄,計每格 $1\frac{1}{2}'' \times 2\frac{3}{4}''$ 每期洋壹元,四期洋叁元,凡會員諸君,欲題名此欄者,請將底稿及費洋,寄交本會事務所可也.

工程師學會對於社會之供獻

著者：金芝軒

政革以來,百事並興.在此青天白日旗下,昔日之牛馬工人,今則均得改良待遇條件,並有勞工神聖之稱.但細味其要求條件,大都齊末而不揣本.工程師者,工人之知書者也.目光自當稍遠.爲根本之解決,工程師自不能不有供獻社會之舉焉.

若夫減短工作時間,增加工資,限制童工等等,均不在工程師研究之中.至爲工人求生命安全,與資方以效率上改良,則均係工程師分內之事.我國資本家,目光多不遠,而工人目光亦太近.卽以近日種種工潮而論,爲某廠打死工人,而全體罷工,爲某處虐待工人,而羣起呼救,巳屢見之矣.若爲某廠破舊鍋爐爆烈,而傷害工人生命,或某廠機件不依工人規則,而殺害工人!因之大起反抗,請求改良者,則未之或聞焉.此猶燕雀處堂,呶呶爭晝梁之優劣,不知竈突曲而不徙薪,禍且起於旦夕.工程師之於今日,有良善之政府,爲之提攜,宜如何出其所知,以供獻於社會,求工人生命之保障.

就上海一埠而言,各廠之設於閘北滬南境內者,大小何止數百.若僅各廠有蒸汽鍋爐者,以湖絲而言,大小亦有百家.就著者所知,其鍋爐十九係用舊之貨,有四五十年者,有二三十年者不等;間有新者;自用平常水櫃鋼板造成,其原料本非爲汽鍋用者.至於蒸汽熱水,如高壓管,大都係用自來水白鐵管,不用法蘭而用螺絲接頭.此等設計,均出於機匠之手,卽俗稱老規.夫老規者,係介乎工程師與工人之間,得工程師知識之皮毛,具工作匠人之手藝.彼固非故意設此危機,不過無相當學識,以辨別之耳.猶醫院傭僕,得醫生之皮毛,用藥醫病,知者懼其或誤,不知者仍稱其能.爲社會謀幸福者,當如何指導之而更正之.

工程師學會,集合各種工程上專門人才而成.三人行且有我師,以千百人之團體,其腦力知識,當過於一二人所能想及者.自當爲社會謀幸福,求科學知識以內之安全.今上海特別市,有建築師之登記,房屋橋梁等建築之取締,社會局對於蒸汽鍋爐等等,亦有試驗取締之提議.其用心亦正與工務局相同.鄙意以爲此事,正可托工程師學會辦理.今即照絲廠一部而論,其大致法則如下.

(一) 由社會局出通告,囑屬內各廠呈報登記廠中鍋爐.

(二) 由社會局托工程師學會審定購辦保安開門等若干具,每具由工程師學會派人驗校,呈社會局備用.

(三) 由社會局托工程師學會,派工程師試驗各廠鍋爐冷水壓力,呈報社會局,由社會局將適當保安開門裝上加封.

(四) 每六個月,工程師學會派人查視一次呈報.

(五) 納費如下:

登記時每爐交五十元.　每六月視察收費二十元.　保安門每具大洋二百元.　校驗原有保安門如仍能用者納費一百元.

此事與資本家方面,大有利益.假定不未雨綢繆,不幸出事,每死一工人,撫邺善後之費,廠房機件損失修理之錢,均不可免.今每六月有專門人員視察一次,既可省去一切手續,復可保工友生命之安全,所費甚微而收效極宏.當軸爲維持社會秩序計,幸垂察焉.

山東淄川六畝地炭鑛淹斃工人

淄川西南鄉六畝地莊有人和炭鑛公司.於數日前工人正在工作間.忽水過空.即舊洞之水透出.致淹沒工人二十六名.只有一人救出.其中二十五名均行斃命.後由該公司每屍發給撫恤費一百元了事.聞該鑛被水之故.實因規模太小.缺乏測量人才.黑暗之下.莫辨方向.開至舊洞之上.積水湧出.遂淹斃多名.亦云慘矣.　十七,十二,七,濟南日報.

改革平漢鐵路各種電務計劃書

著者：法國中央大學電機工程師
國立北平工業大學教授 陳㬉宇

車輛電燈應改革事件

本路取制，爲發動機電燈制，及摩托蓄電池制兩種。茲將對此兩種發見之不宜情形而陳述之：

摩電車或摩托蓄電池制，鋼車應改革事件。

所裝之頭二等鋼車，所有保險，多在車邊，因之往往有損失螺絲釘線之弊。且保險盒一開，則有熄燈之弊。故應裝在車邊鐵板內爲佳。而電瓶連線均係光絲，時久則朽生銹，故擬採用包皮線爲佳。

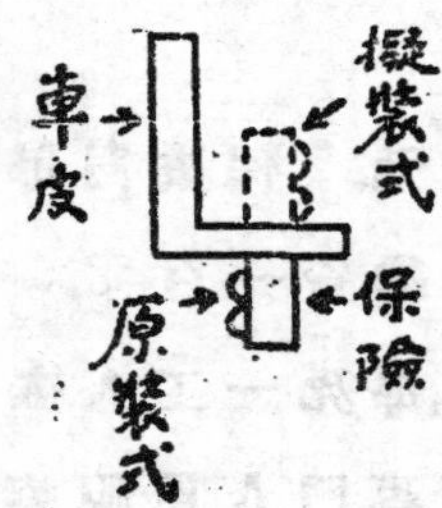

普通包車及頭二等車　平漢包車頭二等車所用電瓶箱，多係接連車之大樑。如遇有潮溼時，則電即自車軌走去。故應設一隔電膠皮板或他種絕緣體，裝於大樑與電池中間。鋼車如無包電線者，應裝二條過電線，以便掛在其他列車。

中心電箱之車　平漢有一種電池箱，放在車之中心者，內有十電池，而車旁鐵樑分歧，裝修均屬不便。此後改裝於車旁爲佳，以便裝修。

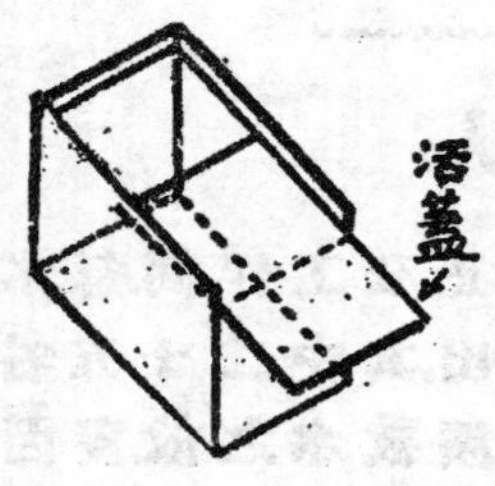

電池箱　按本路電池箱，每以木料不堅，時間過久，故卒致朽爛不堪。推其原因，實爲不用堅固木料所致。故此後應改用堅梗木料，或用柚木。而鋼車所用之電池箱，亦應改爲活蓋式者，以便裝修時便利。良以工人裝修電瓶時之接頭所留地位甚小，不能裝修。故應採擇便利方法，則用活蓋後，可免此弊，且堅固與固定蓋效力相同。

大首車Fouroug grand應改良事件　大首之電燈房蓄電池,應由該匠時常察看,時常將腐爛者送廠修理,更換新池.且蓄電池,歷時過久,未得發電機輸電,其電力不敷,令列車之用電燈時電匠應察看Voltmitre指低壓Basse tension時,應將總電門關閉.否則繼續用電,其電池必受損失,通電亦費時候.凡遇此種情形,應先察看電力如何,以便熄燈,易以油燈.且軍興以來,電匠私攜貨物水菓等,卒致時有損銹機件者,殊失本旨.此後似應責成電匠,不得攜帶貨物,並應保持清潔.

火油電燈車Wagon Electrpohore之改革事件　火油機 Moteur à essence 燈車,係一種發動機與電機混合裝設者,此種較他種整齊而且便利.但重量太大,冰水容積多,是其缺點.爲解除此種問題,擬創一法.卽開車時,存在燈車之冷水不用,而將電燈車掛在機車水櫃後,用水唧筩引用水並兩水管取水往返,以備 Refroidisement 冰冷發動機.則重量減少,且極清潔也.若遇有車頭上水時,關閉水門,仍由存水流通.

電機計時揚旗　邇來平漢路,常以揚旗升落問題,發生車機爭論專實,故終覺其未臻完善.且每遇意外危險發生時,車務與機務,動相爭辯,卒致是非莫明.推其原因,則以升放揚旗時間,無從查考.玆擬創一通電機關,旗落時電流通過,有紙牌印入計時機,與鐘上所走之時相合.其升旗時,亦有同等作用.且另有一機可將紙牌送上.該紙由站長保存之,以作參考.此法或專利用機件製造之,亦可辦到.此機如行,則車機爭辯,可以不生,而奉職人員,得以愼重從事,亦減少鐵路危險之重要問題也.

電汽搬舵　本路搬舵,動用若干人,且用傳話機說述,極不明淸,且易誤會.在鄭及各處,曾有數次發生危險,均屬此故.爲改良此種問題,故代以電汽搬舵,則一人司機足矣.且電機辦理,極形準確,不易發生誤會,且能迅速.並遇危險時,可免土匪割斷舵絲,因電線在鐵軌下裝置故也.

NOTES ON THE UTILIZATION OF COKE BREEZE FOR DOMESTIC PURPOSES

著者周厚坤 H. K. CHOW, S.B.; S.B.; S.M.

The following notes have been taken from author's diary of sixty pages covering results of and observations on the large number of experiments performed between February, 1925 to February, 1926, relative to the subject of utilization of coke breeze. The publication of these notes at this date is rather belated, and on that account some of the specimens have been lost; but it is hoped that they may be still useful to those who are about going into the subject, and may provoke discussion by the experts, of which this Society happily possesses few as its members.

To begin with, for the benifit of those who do not know what is coke breeze, let us say that for metallurgical coke, any piece smaller than 1½" is considered breeze; for gas works coke, anything under ¾" is considered breeze.

These experiments were performed at Tayeh Iron & Steel Works, one of the plants of the Han-Yeh-Ping Iron & Coal Co., the activities of which have since been suspended. But the year 1925 saw its big blast furnaces still going although under great difficulties. Large piles of coke breeze (or braize as is called in England) weighing thousands of tons were standing idle, taking up valuable space and yielding almost no revenue to the Works. Yet they were from the same coke that has been manufactured at Ping-Shiang at great cost and transported nearly a thousand miles also at great cost to the Works. It has been a huge loss to the Company.

The problem of coke breeze has been baffling to the American blast furnace operators for a long time. For through handling and on account of its brittle nature, metallurgical coke always yields breeze, the disposal of which, much like disposal of ash in boiler house, was an expense and entailed much trouble. But the percentage of breeze in the Ping shiang coke was much higher, sometimes as much as 25%, and therefore the financial loss and technical difficulties connected with its disposal were many times increased.

The writer, as Chief Engineer of the Works, sought to partially solve the problem,—partially because a complete and ideal solution would be to utilize the waste for metallurgical purposes which, however, would have meant large scale experiments and large outlay of funds which the Works was not in a position to undertake. The solution of the problem was restricted to its utilization for domestic purposes. The experiments were first performed on Ping-shiang metallurgical coke breeze, but for completeness they were extended to Shanghai Gas Works coke breeze as experience was gradually gained.

PING-SHIANG COKE BREEZE

There was a limited market for Ping shiang coke breeze, its larger sizes, known as nuts, say from ¾" to 1½", being directly burned in kitchens and on domestic grates. But the percentage of this size in the total breeze pile was not large, and the price that could be fetched was far below that of coal. The remaining smaller sizes down to dust was mixed with mud and used for lime burning. But not only the whole lime industry around WUHAN area was insuffient to absorb the waste but the price was so low that it could be oblained for the mere asking. Under these circumstances, the return to the Company from the sale of breeze was meager indeed, and that meant higher cost to its main products, pig iron and steel.

As the direct burning with dust breeze on domestic grates under natural draft was an impossibility, the aim of the writer was to produce a coke breeze briquette that could compare favorably with nut coal so that the population for a radius of 100 miles around the plant (either Hanyang or Tayeh) will welcome the product, thus reducing the disparity of prices between the coal and breeze and yielding a comfortable revenue to the Company. The large territory to be served should always be kept in mind as the tonnage was a large one.*

To be popular the briquette must have the following characteristics:

1. It must keep its shape both before and during combustion.
2. It must be, as far as possible, smokeless.
3. It must be easily ignitable and free-burning.
4. It must be economical.
5. It must be something that the consumer can make himself.

To satisfy these five requirements is no easy task. Consider (1). The writer has seen many briquettes that disintegrated during combustion. A sample of soft coal briquette from Germany met with the same fate in the fire, to the writer's great surprise. Consider (2). Many of that Chinese kitchens are without chimneys to take away smoke, and the presence of the latter is certainly undesirable if not objectionable. Consider (3). Many fuel will burn with greatl intensity when the fire is well under way. The starting is however most difficult, which happily none of us has to face as our servants wrestled with the problem every morning. Coke and anthracite are examples of fuel of this kind; charcoa is at the other extreme. The writer had to perform many experiments before he knew how to start a fire with the least quantity of kindling and at the shortest

*The Company's plan was to produce 400,000 tons of pig iron in 1928. The brees might easily amount to 100,000 tons.

time. He believes that if the Shanghai Gas Company would educate the public, especially the Chinese servants, as to the best and cheapest method of starting a gas coke fire either in open grates or in closed stoves, their gas coke would have better reception and fetch a higher price. Consider (4). This is self-explanatory. Consider (5). It does away with factories, with its attendant large expense and high cost.

BINDER

In Europe and America, the commercial binder for coal briquettes is invariably pitch, because pitch is cheap and contains sufficient bitumen to cement the particles together both before and during combustion. But it has been found of little use in coke breeze work not that it is not suitable but that too little attention has been given to brieuetting of coke breeze in commercial quantities. Here in China, especially in the interior in China, every ton of pitch must be imported, and the cost is prohibitive.

There is another material which according to Dr. Frande in his work "A Hankbook of Briquetting" was said to be an ideal binder for coal, coke and even for dust ore. It is a patented material known by the name of Zell-Pech. The writer ordered a small lot from Germany, tried it and found it useless. Whether it was due to climatic conditions obtaining here, it is difficult to say, as the number of experiments was not large enough to warrant a conclusion as to the cause of the failure. The cost was also high.

For centuries, the Chiese have been using a sort of rice gruel to cement together charcoal dust to form charcoal briquettes used for warming tea and slow cooking purposes. The writer tried this binder also. and went even so far as to use dextrin whose cementing qualities were many times over that of rice gruel. But such binders of vegetable origin have proved uniformly unsuitable. For while before combustion briquettes made with these binders present a smooth compact appearance and even a give a soronous noise upon struch, under fire they invariable disintegrate. The cost in the case of dextrin is also high.

Failing all three and believing that other binders would be equally costly and unsatisfactory, attention was directed to the primitive and cheap binder, clay. Clay, as a binder for coal briquettes, has been known for centuries both here and abroad. It gives a hard briquette before burning and a still harder one during combustion. It is cheap and smokeless and is available everywhere especially around the districts where the Iron Works was situated. It can be easily manupulated by hand. Accordingly, coke breeze (Pingshiang) briquettes were made by hands with clay as binder. It was soon found that in order to secure sufficient strength for physical handling, large percentage of clay had to be added to the coke breeze; and with the latter containing ash as high as 30%, the amount of combustible contained in the briqutte was indeed small. Coke unlike coal has no bitumen and its particles without finder will not adhere even under enormous pressure. That explains the necessity of adding much larger quantities of clay to coke breeze briquettes than to coal briquettes. Again with a high ash content of 60%, the briquettes burned with difficulty, in fact only burned in a large pot fire where due to the firebrick lining high temperature was available. They refused to burn on the open grate.

Up to this point, every on of the five conditions has been met except (3), which demanded easy ignitability and free-burning qualities. How this condition was met will be evident from the following considerations.

A carbonized fuel will ignite easily if it contains sufficient volatile matter, the only exception being charcoal which ignites most readily in spite of its small volatile content. Now coke is devoid of bitumen and has very low volatile matter; whatever carbon it has is in the main fixed and combines with oxygen with difficulty and only at high temperatures. That is why users of coke, whether metallurgical or gas coke, complain of difficulty of starting the fire and the trouble of watching the fire. For when the temperature has dropped to below the ignition point, the fire though glowing will gradually dwindle and fresh charges will simply aggravate the situation because the much needed heat is taken away by the fresh fuel, thus lowering the temperature still further. On the other hand, if the charge is properly made and is ample for the scheduled length of time, a coke fire will last much longer and requires less attention on account of its slow-burning qualities.

The property of coking is peculiar to certain coals. The more fact that it is bituminous does not necessary mean that the coal is coking. Coking coal has the ability to cohere upon heating to certain temperature, and within certain limits will even unite particles of inert matter such as sand and dirt. It follows then that the proper material to add to the non-adherent, bitumen-free coke breeze particles is some coking coal in order that the latter may bind together the former upon heating; and the kind of coking coal that has sufficient volatile matter will impart to it the additional advantage of easy ignitability.

The coal of large annual tonnage that satisfies these conditions is the Fushun coal, it being a "fat" coking coal. Fushun coal is regularly sold in large quantities in Hankow and is therefore available in the surrounding districts Accordingly, a mixture of 10 catties of Pingshiang coke breeze under 3/8", 1, catties of Fushun coal passing through 3/8" and 3 catties of clay was made into briquettes by hand. The Analysis of briquittes showed the following composition:

H_2O	1.3 %
Volatile Matter	13.53%
Fixed Carbon	40.62%
Ash	44.55%
	100.00

The briquettes were easily ignited, burned with a good flame in an open grate, had very little smoke and the fire was more selfsutaining than one of coke nute (1¼"). The color of the ash was chocolate and satisfactory. Upon analysis, the ash yielded the following results:

H_2O	1.00%
Combustible	23.20%
Non-combustible	75.80%
	100.00

That the briquettes were satisfactory was attested by the fact that during the winter of 1926, over half a ton of this fuel were burned in the writers fireplace, and a room 12'x15'x12' with one window and two French windows was kept warm at 65°F when the outside temperature was 35°F. They were hand made and each weighed about 2½ oz.

Experiments with Shanghai Gas coke breeze along lines as indicated did not prove so successful as with Pingshiang coke breeze. Whether this was due to the absence of dust (Shanghai Gas coke breeze was quite clean) which filled voids in the case of Pingshiang breeze, or to its peculiar nonabsorbent nature, I am unable to say. More experiments should be undertaken.

If it is desired to render the briquettes completely smokeless, then low-temperature carbinization should be resorted to. A plant much on the same line as recommended by the Fuel Research Board in England is both inexpensive in first cost and economical in working, but of course the cost of the product will be slightly higher. And in touching upon this phase of the problem, we have probably wandered into a field beyond the confines as originally set, viz: it should be a product of the home industry so as to absorb the waste by the population in the surrounding district.

FURTHER NOTES ON SHANGHAI GAS COKS BREEZE

Sieving experiments were performed with Shanghai Gas coke breeze, the result being as follows:

Size	Sieve No.	Inch	%	
Beans	Over No. 2	.50	12.5	
Peas	No. 2-No. 5	.50—.20	56.0	{ Above 3/8″ 18.7% { Below 3/8″ 37.3%
Grains	No. 5-No. 10	.20—.10	19.0	
	Through No. 10		12.5	
			100.00	

According to Nicol, the well-known English authority on burning of gas coke and gas coke breeze, anything above 3/8″ and below 3/4″ is called forge coke and can be burned direct in forges and on grates, but preferably under forced draft. Upon this basis, the following classification is probably in order.

No. 1	Pass 3/4″ above 3/8″	31.2 %
No. 2	Pass 3/8″ above 5-mesh	37.3 %
No. 3	Pass 5-mesh	31.5 %
		100.0 %

So that roughly speaking, one-third of Shanghai Gas coke breeze can be burned, preferably with forced draft, without further treatment. For briquetting purposes, No. 2 must be further reduced by disintegrators or roll grinders; but No. 3 can be used direct for this purpose. A masticator would have to be used in order to knead together thoroughly the three constituent materials, coke, coal, and clay.

The following shows the chemical analysis of Shanghai gas coke breeze n 1925. They may not be correct for to-day, because the composition of coke varies with the coal used.

Size	Ash %	V. M. %	F. C. %	Total	Sulphur %
2-mesh	25.80	4.23	69.97	100.00	1.11
2-5 mesh	31.34	6.78	61.88	100.00	1.09
5-10 mesh	29.35	12.57	58.08	100.00	1.03
10-mesh	30.40	13.78	55.82	100.00	1.04
Ungraded	25.76	11.00	63.24	100.00	0.95

The ash seems to increase with fineness; so does volatile matter. The latter is expected because the particles that come off as breeze are usually "black-head", i.e., incomplete carbonized coal particles.

Mention has been made that one-third of the Shanghai Gas coke breeze of the 3/4″–3/8″ size can be burned direct under forced draft. The writer in the course of his experiments designed a Chinese cooking stove with an improved Chinese hand blower directly connected thereto, and a water jacket around the hearth. With very little kindling, the fire was easily started and the ¾"–⅜" coke breeze burned with a flame of great intensity. He is still using it now and is getting excellent results both as a water heater and a food cooker. Fuel of any kind that is hard to burn on ordinary grates behaved beautifully under the influence of forced draft in the stove.

It seems therefore that there are several ways to utilize the breeze. One is for industrial consumption, using it under boilers along with bituminous coal of a flashy variety. The quantity of this adulterant, however, should be small unless forced draft is available, for the breeze tends to choke up the fire. Another is to use the ¾"–⅜" for domestic consumption and to use the under-sized portion for briquetting as outlined above. This requires reduction plant for the intermedirte sizes but the plant need not be expensive. Another is to combine briquetting with low-temperature carbonization in order to obtain greater solidity and more complete smokelessness.

But the best way appears to be the mixing of the undersizes with the coal to be carbonized and charge the mixture into the retort for gas making. According to Dr. Lander of the Fuel Research Board the presence of inert matter like coke breeze helps to counteract the tendency of coal to expand the during the process of carbonization, which in some instances are so troublesome to the operators. It will not have much effect on the quality of the gas produced because breeze contains very little volatile matter. On the other hand the loose breeze is now held together by the new coke, becoming an integral part thereof, and can be sold as large lump coke. Of course, the charge in fresh coal will be some what reduced, and gas output per retort may be correspondingly decreased; but that is not serious during the experimental period since there are reserve retorts to throw in. The large revenue derived from a by-product coke entirely free from breeze will easily offest any extra expense thus involved.

BIBLIOGRAPHY

Coke and its Uses, by E.W.L. Nicol.

Low-Temperature Carbonization, by Dr. Lander McKay.

Report of the Fuel Research Board, 1920, 1921.

Briquetting, by Albert L. Stillman,

Low-Grade & Waste Fuels, by J.B.C. Kershaw.

Coal and its Scientific Uses, by Prof. William A. Bone.

A Hand book of Briquetting, Vol. 2, by G. Franke.

Modern Brick-Making, by A.B. Searle.

General Metallurgy, by Prof. Hoffman.

"Combustion", a monthly magazine published in N.Y., U.S.A.

提士機關之現勢

The Present Status of Diesel Engines

著者: 張可治

(一) 序　言

提士機關係在三十年前爲提士博士所發明.德政府旋採用之爲其潛水艇之原動機,提士機得此機會遂能改良與進步甚速.迨歐戰既終,提士頓失其舊日之主要用途.但工程界鑒於提士之優點甚多,遂不惜殫精竭慮以改造之而使適於現代普通工業上之需要.迄於今提士已有打倒其他一切內燃機之趨勢.且幾欲進而與汽鍋輪相抗衡.不亦偉哉.玆請先述提士之性質,再進而陳述其現狀,討論其將來,以供讀者諸君之參攷.

提士機關者乃一內燃機關;其所用之燃料係在加壓衝程之末噴入於氣缸所容之熾熱空氣內,因而自然燃燒;其燃燒之速率足維持缸內之壓力而使其不變.提士機關之基本優點有三.一因壓力較高,故效率較大;二因燃料後加,且能自燃,故其調速及開車較能操縱自如;三因缸內溫度甚高,燃料既易燃燒,燃燒復易透澈,故燃料之選擇較易.提士機關既具此優點,故工程界對之抱有甚大之希望.是以近年來提士之發達實甚可觀也.

(二) 構造之趨勢

(甲) 高壓與高速. 低壓機關及所謂「半提士」機關乃舊日通用之油機關.但自一九二七年以來廠家已絕鮮製造是類之油機關者.提高效率固爲取捨之主因,而低壓機關之不能開冷車,(cold starting) 實爲其致命傷也.但壓力加至500磅,實鮮繼續加高之餘地.而提士雖好惜仍失之過重.汽車火車等之原動機最大之條件厥爲輕巧;而固定提士之馬率雖日益增大,其重量則又不可任意增加以自陷於臃腫不靈.是以近來提士工程師乃不得不求助於高速以濟其窮,而圖提士用途之推廣.蓋在理論上同一氣缸所能發生之馬率,實與其活塞之平均速度成一正比例.速度高則馬率大,馬率大則每馬率所攤之重量自必減少矣.

(乙) 無空氣注射. 數年前人恆謂無空氣注射之用途只限於小馬率提士.蓋當時壓油機及噴管之結構皆未臻精妙故注射乏力,噴霧欠細.其只能用於小馬率宜也.現今提士各部之構造日精,故無空氣注射法,挾其固有之優點,已能漸占優勢.一九二四美國固定提士馬率之53%爲無空氣注射式者;一九二五年增至56%;一九二六年增至58%.在德英等國其增加率較在美國者爲尤高.Doxford及Burmeister and Wain最新式1125馬率提士亦用無空氣注射法.從可知該法已漸有採用於大馬率提士之趨勢矣.

(丙) 雙擊氣缸 (Double acting cylinder). 吾人舊恆以爲提士氣缸之溫度過高,壓力過大,若仿效蒸汽機關而採用雙擊原理,則活塞必被燒壞,活塞桿穿過氣缸之處必有漏氣之虞.然現今市上已有雙擊氣缸之提士多種.吾人舊日之恐懼並未實現.提士之機身雖因丁字塊之增加而加高加重;但其馬率則增加尤多.

維新者復進而將舊式之拐軸箱打氣法廢棄而改用獨立之打氣機.獨立之打氣機匪特能盡量供給氣缸內所需要之掃除空氣;並能將新鮮空氣加以預壓以增高氣缸之容積效率及熱力效率;又能使空氣在缸內作種種特殊之攪動及盤旋 (turbulence.) 以促燃燒之透澈.

上述種種,二程提士機關實利賴之以逐漸增加其馬率而迎合現代與日俱增之需要.

(丁) 製造劃一. 近來提士市場已漸穩定.故製造提士之廠家漸有意於採用大批製造之方法,及劃一零件之樣式以期減輕成本而謀提士採用之普遍.其他廠家因鑒於提士需要之穩定亦從而製造提士零件,如濾油器,濾氣箱,潤油浜浦,打氣機,長線寒暑表 (distant reading thermometer) 等.即素不劃於零件範圍之內之柴油浜浦,及噴管現亦有數廠專門製之.是類分工合作之傾向皆足使提士之價愈廉而物愈美也.

(三) 用途之推廣

(甲) 提士龍頭. 提士龍頭只有數年甚短之歷史.但至今日各國鐵路之採用之者已多.去年紐約中央鐵路新購提士龍頭兩個以供其幹線之用.其一有六氣缸,750 馬率,每分鐘500轉,無空氣注射.又其一有12氣缸,800 馬率,每分鐘 325轉,無空氣注射.二機皆用電氣傳動.德國克虜伯之龍頭有六氣缸,1300 馬率,每分鐘 470 轉,無空氣注射,用齒輪傳動及磁力離合器,坎拿大有一龍頭已駛 100,000 哩尚無拆修之必要.又有一英國廠家所造而用於龍頭上之機關其構造爲V字式,有12只12吋×12吋之氣缸;每分鐘作750轉時,能發生 1200 馬率;又能於每分鐘作 900 轉時暫時發生 1500 馬率.該機關之總重只有 22,000 磅.故每馬率只攤18磅耳.英國有一龍頭裝有是項之機關兩座.能以每句鐘 70 哩之速度拖一750 噸之快車.

(乙) 提士氣車及飛機. 提士用油甚省.故飛機作長途飛行時可以減少載油之重量.且柴油又少爆發之危險.故提士將來用於飛機之希望甚大.惜目前尚稍嫌過重耳.運貨汽車之用提士爲原動機者已屢見不一見.載客汽車則因重量之關係尚未採用之.但研究輕提士者仍鼓其勇氣而日圖進展.overi 公司之九缸輻式提士.Junkers 教授之對走活塞提士及 Sperry 公司之預壓 (supercharge) 提士皆在甚有趣味之試驗期中也.

(丙) 大馬率提士. 提士之馬率在 2500 H. P. 以上者可稱爲大馬率提士.大馬率提士之應用由來已久.Sulzer 公司所製4000馬率之提士多座,在歐洲各地使用已逾十五年.德國亨堡電氣廠有 15,000 馬率二程雙擊式之提士一座;係在一九二五年由 M. A. N.廠所製造而用以供給 peak load 者.該機使用之結果甚爲美滿;故柏林電氣公司亦起而效之,向 M. A. N. 定購十氣缸12,000馬率之提士兩座.Sulzer 公司近更作一試驗,以一個 900 糎直徑之氣缸,發生 2500 實用馬率.其衝程為 1,400 糎,每分鐘作 110 轉.此可為世界上馬率最大之提士氣缸.若聯合十個氣缸而成一機關,則該機關便可發生25,000馬率矣.

但大馬率提士驚人之進展實在海而不在陸.勞合公司報告在一九二七年九月卅號船用機關之在建築中者計油機關 1,163,630 馬率,蒸汽機關 568,969 馬率,蒸汽渦輪 309,900 馬率.足徵提士在造船業中實占無可疑義之優勢.船用提士之最大者應推 Burmeister Wain 式八缸四程雙動9000 馬率之提士.該種提士之裝於 Saturnia 號海船上者又附有渦輪式打氣機兩座,以充預壓之用;因而將該提士之馬率提高至 10,000.美國船政局因鑒於提士優點之獨多,亦將其所直轄船隻原有之蒸汽機關拋棄而採用提士機關.從可見該局對於提士之熱誠矣.

熱心提士者每欲輕視蒸汽渦輪而欲以提士代之,以為中央發電廠之主要原動機.此實自不諒力也.提士之效率固兩倍於汽渦輪,但普通之油價(以 B t.u. 為標準)較昂於煤價實不止兩倍.故除油井附近之區域外,提士每馬率所需燃料之代價實較汽渦輪為高.且即以提士馬率之最大者用為發電廠之主要原動機,亦嫌過小.在一個 500,000 kw. 廠內提士機關至少必須有四五十座之多,是寧非絕對不可能之事乎.

但在原動廠內,提士亦自有其相當之位置.按一個原動廠電力之供給率每日在一短時間內恆有一最高點(peak load)若主要原動機之馬率足供該最高點之需要,則需要不在最高點時,該機必失之過大而坐貽效率之減低.反之若該機只能供給平時之需要,則在最高點時,其電力必又虞不足.於是吾人乃不得不求一救濟之法.其法維何,曰厥維採用補助發電機.補助發電機以汽渦輪充之者有之,以提士充之者有之.若以提士充之則可以隨時開車,隨時停止,而適合於臨時電力之需要,故甚便利而無絲毫無謂之損失.若以汽渦輪充之,則每次在開車以前,必須預先將汽鍋生火,其所耗費之燃料及工作必甚可觀.又就水力發電廠而言,若用水力機為補助機,則堤工必更浩大,成本必更昂鉅.且當水量減低時,即令電力不足亦只可坐視而不能救急.惟若利用提士,則燃料所耗之金錢雖等諸虛擲;而因成本減輕所省之利息已足以抵補之而有餘.故一個原動廠無論其用蒸汽或水力,提士實為其天造地設之補助機也.

(丁) 小馬率提士. 蒸汽機關之馬率過小時,耗費蒸汽之量甚大;而內燃機關所用之燃料固較昂貴,但其效率即在小馬率亦甚可觀.故其所發生電力之成本恆能較蒸汽機關為輕.提士舊用空氣注射.故馬率過小時,其附帶之壓氣機足使其結構複雜.耗力過多.但晚近小馬率提士恆用無空氣注射法.用燃料既省而結構亦極簡單.今而後原動機關之在2000馬率以下者應推提士為獨步矣.

(四) 新法之試驗

(甲) 噴油法之研究. 提士各部以噴油裝置為最有缺憾.因噴油時壓力有四五千磅之高,噴油時間只占.02秒,而調速器又即附屬於柴油浜浦之上.故英國著名之提士工程師 Pye 氏曰,此後吾人最大難關之一厥為欲完全了解噴油時之實在狀況. Joachim 氏曾作細孔噴油指數之研究.(Coefficient of dischsrge through small orifices) Beardsley 氏曾作離心式噴油瓣之研究.劍橋大學Byrd教授曾用方孔噴管作許多有趣味之試驗.本薛佛尼省立大學曾發明一電氣壓力表,能於極短時間紀錄極劇烈壓力之變化.凡此種種皆為一般工程師嘔心之作欲逐漸解決提士噴油之難題者也.

(乙) 固體燃料之應用. 德國 Kosmos 機器廠曾試用煤屑為燃料噴入一座提士之氣缸內.其結果甚為美滿.提士博士最初之夢想可謂完全實現.該提士之氣缸壓力為440磅.每發生一個馬率鐘頭只需 8000 B. t. u. 之煤量.其缸頂有一小室.室內預儲一個熱力循環所需要之煤屑,在生力衝程 (powcr roke）之始，利用壓力空氣或煤屑本身預先爆發所產生之壓力，將煤屑吹入缸內。煤屑在缸頂已預先加熱，故燃燒甚爲透澈，且其既爲固體，則吹入氣缸時不致如柴油之立即蒸發而消散，故能利用其本身之高速度以達於燃燒室之各部，而完全獲得其所需要之燃燒空氣。煤屑燃燒既甚透澈，則其燃燒之灰燼必能完全懸於廢氣之中，於排氣時完全排出，而不致成爲顆粒附着於氣缸之裏面以妨礙氣缸之工作。

（五）結論

提士機關現既處於不敗之地位，而研究之者仍繼續突飛猛進。吾國人對之應作若何感想乎。愚謂吾國油田尚未發現，提士所需之天然燃料極感缺乏，現在承平之世，歐美出產之油量甚豐，不惜甘言密語引誘吾國，使吾國既購其機器，復購其燃料。但若一旦世界復有仗事，交戰國之燃料，勢必禁運出口，或竟採用封鎖政策而使海運不通；則吾國數十百萬馬率之提士機關不將僵立若翁仲石馬乎，美國現已有人發明變煤爲油。惜所需成本尚嫌過大。故猶未能現諸實用。吾國而不用提士則已耳。苟欲用之，則應從速注意下列各點。

（一）礦學家應從速採探油田。

（二）工程師速起而研究能用固體燃料之提士。

（三）科學家速追美國之後而研究變煤爲油之方法。此乃根本要圖，吾人决不可忽略。不然者，吾國人且又爲帝國主義者所征服矣。

七，一〇，一五作於浙大工學院。

前總編輯陳章君來函

子獻學長兄大鑒：——弟忽言辭職，不知者以爲弟又蹈常人覆轍，有何意見，有何不滿，憤而出此。不知弟之言辭，實係因病。故辭去編輯，實爲一種治療之策略；惟　兄能明之。請　兄勿必自諉高蹈，以彰弟罪。此後如有相助之處，弟仍竭所能，以相合作，草此即請　大安。　　弟陳章手上　九月十日

請聲明由中國工程學會『工程』介紹

道路工程學名詞譯訂法之研究

著者：趙祖康

按趙君原文有序言及正名定名二篇.正名篇言譯名律例所由作.及律例條文.定名篇列擬定西文名字之譯名.並列各家之譯名.茲將趙君所擬譯名律例刋印於下.定名篇之譯名則刋於卷末附錄內. 芝田

譯名律例

律一　原名一名一義者.以譯成一名爲原則.

(例一) 如 Cement 譯爲水泥.其他洋灰,水門汀,塞門德土,士敏土,等均摒棄不用. (例二) 如 Curb 譯爲緣石.其他側石,站石等,均摒棄不用.

律二　原名一名一義者.以譯成二名爲特例.一爲單用曰單用名.一爲與其他名詞聯合以成合沓名之用.曰合用名.

(例一) 如 Concrete 之單用名.當含義明白切確.故譯作混凝土.合用名當立名簡括.故 Bituminous Concrete 譯作瀝青凝土.略去混字. (例二) 如 Pavement 之單用名爲鋪路.合用名爲路.故 Asphalt Block Pavement 譯作瀝青凝塊路.略去鋪字.

律三　原名一名數義者.分譯之.

(例一) 如 Camber 可譯橋拱.或混譯爲拱.視行文內容而異. (例二) 如 Grade 可譯坡度.或高度.

律四　原名異名同義者.併譯之.

(例一) 如 Blanket, Carpet 均譯作路氈 (例二) 如 Footway, Sidewalk 均譯作邊道.

律五　原名異名異義者.異譯之.其名異而義相近者.如有適當之異義譯名.

亦以異譯爲是.

(例一) 如 Earth 譯作土. Clay 譯作黏土. Soil 譯作土壤. Mud 譯作泥. Silt 譯作沉泥. (例二) 如 Ditch Gutter 有混譯爲水溝者.但前者可譯爲水渠.後者可譯爲水溝.

律六 合意相關之原名.當譯成字義相當之譯名.

(例一) 如 Patching, Repairing, Renewals, Resurfacing, 可譯成補修,繕修,新修,翻修. (例二) 如 Secreen, Sieve, Mesh, Sereening 可譯作眼篩,網篩,網眼,篩滓.

律七 原名如爲引伸之字.以本字之譯名同樣引伸之.

(例一) 如 Cell 譯作細胞則 Cellular 譯作細胞狀. (例二) 如 Fill 譯作塡隙則 Filler 譯作塡隙料. (附註) 本文所謂名.實包各種詞性而言.

律八 原名如爲合沓字.以其子字之譯名連成之爲原則.子字之譯名或用單用名.或用合用名.

(例一) 如 Bituminous Concrete Pavement 譯作瀝青凝土路.不譯作瀝青混凝土鋪路. (例二) 如 Wearing Coat 譯作磨蝕衣.

律九 以依照新意義譯爲特例.

(例一) 如 Coke-oven Tar 譯作焦炭柏油. (例二) 如 Gar-House Coal-Tar 譯作煤氣柏油.

律十 譯名以能切古義能合今義爲準.務求涵義充足,不妨自鑄新鮮.

(例一) 如 Quarters 可譯作路象.象者四分之一也. (例二) 如 Ravelling 可譯作礫解.礫者小石也.解者分解也. (例三) 如 Cement 譯作水泥.較譯作洋灰爲宜.以洋字欠妥也.其他塞門德土,士敏土,雖於音譯中兼帶義譯.但字數旣嫌累贅.含義則於土字外毫無是處.故不足取.

律十一 一字之譯名.與他字連用時不得更成新譯.免致誤會.

(例一) 如 Highway 譯作道路. Highway Engineering 卽譯作道路工程.不當

既譯前者爲大道.又譯後者爲道路工程.（例二）如 Pavement 之合用名（見律二）既譯作路.則 Bituminous, pavement 卽當譯作瀝青路.若譯前者爲鋪路.譯後者爲瀝青鋪道.則欠一致.

律十二　原名如爲固有名詞.或從固有名詞演化而成者.以音譯爲通則.以意譯爲特例.

（例一）如 Macadam Road 譯作馬克逵路.（例二）如 Telford Foundation 譯作泰爾福路基.（例三）如 Portland Cement 譯作人造水泥.

律十三　原名涵義太多.難以意譯.或涵意新穎.無適當之意譯者.以音譯代之.

（例一）此類名詞.道路工程辭中甚罕見.如 Bitulithic 可譯作「別土利昔克.」推之其他名辭.則如 Democrasy 之譯爲德謨克拉西.Inspiration 之譯爲烟士披里純.Ether 之譯爲以脫等是.

律十四　原名之不合理者.改譯爲合理之名.

（例一）如 Dust Layer 當譯爲止灰鋪.

律十五　非不可能時.譯名務與原名之涵義相應.

（例一）如 Coal Tar 可譯作煤柏油.俗呼之可太油.黑搭油等不宜從.

律十六　譯名之詞性須與原名之詞性相當.（見律七附註）

（例一）如 Amorphous 當譯作非結晶.不當譯作非結晶石.非結晶爲静詞.非結晶石則近乎名詞.（例二）如 Cellular 當譯作細胞狀.不當譯作細胞.

律十七　譯名已有若干時.取其最通行而不悖於學理.並參以其他譯名律較爲適合者用之.否則另造新名.至若習俗沿用已久.勢難更改者.仍之.

（例一）如 Cement 從水泥.而不從洋灰等譯名.（例二）如 Expansion Joint 譯作伸縮節.而不從漲縮節伸縮接合伸縮縫等舊譯.

律十八　譯名至少以兩字合成者爲佳.但譯名之常與他字接連者.可譯成

單字名.

(例一)如Chips可譯作石屑.單譯爲屑不妥. (例二)如 Course 可單譯作層,或行.如是則 First Course 可譯作第一層. Top Course 可譯作頂層. (例三)如 Crown 當譯作路冠.譯爲頂或冠不妥.

律十九 與其他學科之譯名.不必强同.不必立異.

(例一)如 Curb 一字有數義或作井欄.或作緣石.在道路工程學辭典.則祗取緣石一義足矣.

律二十 譯名以適當爲主.其有字畫繁複.或取義太古晦澀難明者.避免之.

(例一)如 Concrete 當譯作混凝土.但有譯作三合土或三和土者.以其字畫簡單稱呼亦便.從之者頗多.審定時似應斟酌盡善. (例二)非道路工程學名詞如 Piston 一字譯爲韛鞴.於義固合.究難通用.不如譯作唧子等較妥.

律二十一 譯名以含義準確爲要.含混普通者避免之.

(例一)如 Size 譯作「大小」固通.但太空泛.有時不切意義.日本譯作「寸法」.按我國有「尺度」一名.「尺」似覺太長.「法」猶度也.準此 Size 即譯作寸法.似尙確當.

茅以昇君來函

敬復者……黃河橋勘測報告,計共有一百頁.係弟與陳體誠君,侯家源君,及津浦路工程師會同起草者.其原稿係英文,現正譯爲中文.前已決定,將此報告最先在本會雜誌正式公佈.然後送登英美雜誌,承詢弟之論文兩篇,本應送登.惟關於混凝土之一篇,(Nomographic Solution of Reinforced Concrete Problems) 因確係本人創造,擬先求一機會,與諸會員討論後,再行發刊,似較有價值.否則擬留待爲明年萬國工業會議提出,亦未始非中國之一小小成績也.其工程材料一篇,俟弟少暇,即可完稿奉上.敬請 著安.

弟茅以昇手上 十七年十月廿九日

TRANSIENTS OF ELECTRIC WAVE FILTERS

濾 波 器 之 瞬 流

(By Wentworth Chu 朱物華)

(1) CHARACTERISTICS OF ELECTRIC WAVE FILTERS

The filters treated here are of four principal kinds, viz:

(1) Low pass, (2) High pass, (3) Band pass, and (4) Band elimination.

Now there is always the question as to the way of distinguishing one kind of filter from another. The following characteristics of the four kinds of filters will answer this question immediately.

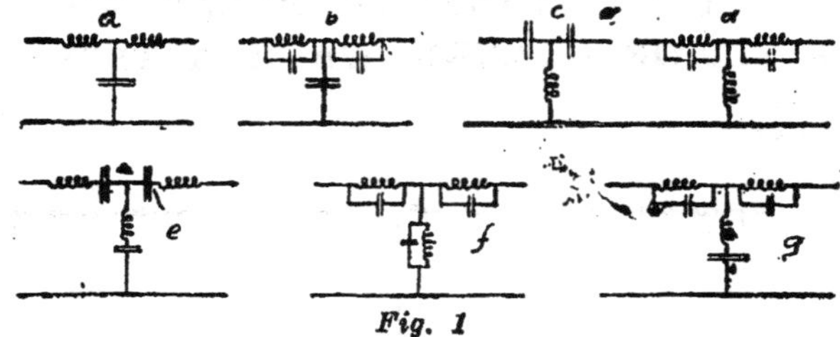

Fig. 1

[1] The T or π sections that make up the low pass filter must

(a) have a free path of inductance in the series arms, and

(b) not have a free path of inductance in the shunt arms.

The first characteristics is obvious, and the second arises from the fact that if a free path of inductance is present in the shunt arms, the current coming from the sending end will have a considerable portion returned through various shunt arms, and little will arrive at the receiving end. Then, it is not a low pass filter. From these two characteristics, it is obvious that in the figure shown above, a and b are low pass filters, while d and f are not.

[2] The T or π sections that make up the high pass filter must

(a) have a free path of capacity in the series arms, and

(b) not have a free path of capacity in the shunt arms. The second characteristic can be explained by the same reason as in the preceding case. Thus, c and d are high pass filters, while b and f are not.

[3] Since band pass filter cannot pass either very low or very high frequency currents, so its characteristics can be derived from the previous two cases as follows. The T or π sections that make up the band pass filter must fulfill either of the following two requirements:

(a) There is neither a free path of inductance nor a free path of capacity in the series arms.

(b) There is a free path of inductance, or a free path of capacity, or these two paths in parallet both in series and shunt arms.

Thus, e and f are band pass filters, while b, d and g are not.

[4] Since band elimination filter must be able to pass both very low and very high frequency currents, so its characteristics can be derived as follows. The T or α sections that make up the band elimination filter must fulfill both of the following two requirements:

(a) There is a free path of inductance in parallel with a free path of capacity in the series arm.

(b) There is neither a free path of inductance nor a free path of capacity in the shunt arm.

Thus, g is a band elimination filter, while b, d and f are not.

(2) DERIVATION OF EXPANSION FORMULAS FOR CURRENTS OF VARIOUS KINDS OF ELECTRIC WAVE FILTERS.

(2-1) Low pass filter.

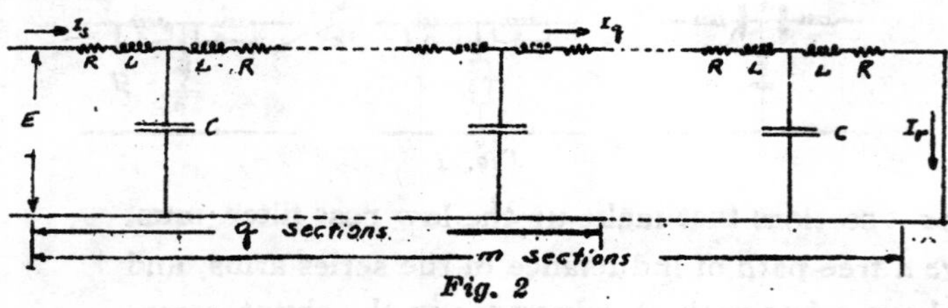

Fig. 2

The impedance function for I_s is $Z(n)=Z_o \tanh m\Theta$, where

$$\Theta=2\sinh^{-1}[\tfrac{1}{2}(z_1/z_2)^{\frac{1}{2}}]=2\sinh^{-1}[\tfrac{1}{2}(2CLn^2+CRn)^{\frac{1}{2}}].$$

$$\text{Now}\ \frac{1}{Z_o \tanh m\Theta}=\frac{\tanh\Theta}{Z_o \tanh\Theta \tanh m\Theta}=\frac{\left(n^2+\frac{R}{L}n+\frac{1}{CL}\right)\tanh\Theta}{L\left(n+\frac{R}{L}\right)\left(n^2+\frac{R}{L}n+\frac{2}{CL}\right)\tanh m\Theta},\ (\acute{a})$$

This equation can be expanded into partial fractions, if the poles, i.e. the values of n for which this expression becomes infinite, are known. When $\Theta=j\frac{\varkappa\pi}{m}$, where $\varkappa=1,2,3,\cdots\cdots m-1$, $\tanh m\Theta=O$, and the expression becomes infinite. When $\Theta=O$, or, $j\pi$, $\frac{\tanh\Theta}{\tanh m\Theta}=\frac{1}{m}$; but then $n+\frac{R}{L}=O$, when $\Theta=O$, and $n^2+\frac{R}{L}n+\frac{2}{CL}=O$, when $\Theta=j\pi$; so $\Theta=O$, and $j\pi$ are poles.

Now $\frac{1}{2}(2CLn^2+2CRn)^{\frac{1}{2}} = \sinh\frac{\Theta}{2}$, and at the poles, $\Theta = j\frac{\kappa\pi}{m}$, where $\kappa = 0$, 1, 2,……m; and so the factors of the denominator of (a') are of the type $\frac{1}{4}(2CLn^2+2CRn)-\sinh^2 j\frac{\kappa\pi}{m}$, or, $CLn^2+CRn+2\sin^2\frac{\kappa\pi}{2m}$, where $\kappa=0$, 1, 2………m. So

$$\frac{\left(n^2+\frac{R}{L}n+\frac{1}{CL}\right)\tanh\Theta}{L\left(n+\frac{R}{L}\right)\left(n^2+\frac{R}{L}n+\frac{2}{CL}\right)\tanh m\Theta}=\frac{A}{n+\frac{R}{L}}+\frac{Bn+B_1}{n^2+\frac{R}{L}n+\frac{2}{CL}}+\sum_{\kappa=1}^{\kappa=m-1}\frac{C_\kappa n+C'_\kappa}{n^2+\frac{R}{L}n+\frac{2}{CL}\sin^2\frac{\kappa\pi}{2m}},$$

(b'), where A, B and C are constants to be determined.

To determine C, multiply both sides of (b') by $n^2+\frac{R}{L}n+\frac{2}{CL}\sin^2\frac{\kappa\pi}{2m}$, and then let this approach O, when all terms on the right hand side drop out, except one whose denominator is this expression, and so we have

$$C_\kappa+\frac{C'_\kappa}{n}=\frac{1}{L}\times\frac{\left(n^2+\frac{R}{L}n+\frac{1}{CL}\right)\tanh\Theta}{\left(n^2+\frac{R}{L}n\right)\left(n^2+\frac{R}{L}n+\frac{2}{CL}\right)}\times\frac{\left(n^2+\frac{R}{L}n+\frac{2}{CL}\sin^2\frac{\kappa\pi}{2m}\right)}{\tanh m\Theta}.$$

When $n=n_\kappa$ such that $n^2+\frac{R}{L}n+\frac{2}{CL}\sin^2\frac{\kappa\pi}{2m}=0$, $\Theta=j\frac{\kappa\pi}{m}$, and $\tanh m\Theta=0$, and the above expression becomes indeterminate on the right hand side, and we have to differentiate both the numerator and denominator with respect to n to get a limit. Now $\frac{d\Theta}{dn}=\left(2n+\frac{R}{L}\right)\div\left[\left(n^2+\frac{R}{L}n+\frac{2}{CL}\right)^{\frac{1}{2}}\left(n^2+\frac{R}{L}n\right)^{\frac{1}{2}}\right]$, so

$$\lim_{n=n_\kappa}\left[\frac{n^2+\frac{R}{L}n+\frac{2}{CL}\sin^2\frac{\kappa\pi}{2m}}{\tanh m\Theta}\right]=\lim_{n=n_\kappa}\left[\frac{2n+\frac{R}{L}}{m\,\mathrm{sech}^2\, m\Theta\frac{d\Theta}{dn}}\right]=$$

$$\left[\frac{(2n+\frac{R}{L}).\left(n^2+\frac{R}{L}n+\frac{3}{CL}\right)^{\frac{1}{2}}\left(n^2+\frac{R}{L}n\right)^{\frac{1}{2}}}{m\,sech^2 m\Theta\,(2n+\frac{R}{L})}\right]_{n=n_\varkappa}$$

So $$C_\varkappa+\frac{C'_\varkappa}{n_\varkappa}=\frac{1}{L}\times\left[\frac{(n^2+\frac{R}{L}n+\frac{1}{CL})\tanh\Theta}{\left(n^2+\frac{R}{L}\right)^{\frac{1}{2}}\left(n^2+\frac{R}{L}n+\frac{2}{CL}\right)^{\frac{1}{2}} m\,sech^2 m\Theta}\right]_{n=n_\varkappa}.$$

Now $\tanh\Theta=j\tan\frac{\varkappa\pi}{m}$, $sech^2 m\Theta=1$, and $n^2+\frac{R}{L}n=-\frac{2}{CL}\sin^2\frac{\varkappa\pi}{2m}$. Therefore

$$C_\varkappa+\frac{C'_\varkappa}{n_\varkappa}=\frac{1}{L}\times\frac{(-\frac{2}{CL}\sin^2\frac{\varkappa\pi}{2m}+\frac{1}{CL})j\tan\frac{\varkappa\pi}{m}}{mj\left(\frac{2}{CL}\right)^{\frac{1}{2}}\sin\frac{\varkappa\pi}{2m}\left(\frac{2}{CL}-\frac{2}{CL}\sin^2\frac{\varkappa\pi}{2m}\right)^{\frac{1}{2}}}=\frac{1}{mL}.$$

The left hand side is complex, while the right is real, and since they are equal, so $C'_\varkappa=O$, and $C_\varkappa=\frac{1}{mL}$

In a similar way, $B_1=O$, and $B=\frac{1}{2mL}$; and $A=\frac{1}{2mL}$. Therefore

$$\frac{1}{Z_0\tanh m\Theta}=\frac{1}{2mL(n+\frac{R}{L})}+\frac{1}{mL}\sum_{\varkappa=1}^{\varkappa=m-1}\frac{n}{n^2+\frac{R}{L}n+\frac{2}{CL}\sin^2\frac{\varkappa\pi}{2m}}+\frac{n}{2mL(n^2+\frac{R}{L}n+\frac{2}{CL})},\ (1).$$

Similarly,

$$\frac{1}{Z_0\sinh m\Theta}=\frac{1}{2mL(n+\frac{R}{L})}+\frac{1}{mL}\sum_{\varkappa=1}^{\varkappa=m-1}\frac{n\cos\varkappa\pi}{n^2+\frac{R}{L}n+\frac{2}{CL}\sin^2\frac{\varkappa\pi}{2m}}+\frac{n\cos m\pi}{2mL(n^2+\frac{R}{L}n+\frac{2}{CL})},\ (2),$$

$$\frac{\cosh(m-q)\Theta}{Z_s\sinh m\Theta}=\frac{1}{2mL\left(n+\frac{R}{L}\right)}+\frac{1}{mL}\sum_{\kappa=1}^{\kappa=m-1}\frac{n\cos\frac{q}{m}\kappa\pi}{n^2+\frac{R}{L}n+\frac{2}{CL}\sin^2\frac{\kappa\pi}{2m}}+\frac{n\cos q\pi}{2mL\left(n^2+\frac{R}{L}n+\frac{2}{CL}\right)},\quad (3).$$

The right hand members of (1), (2) and (3) are at once recognized as the admittances of $m+1$ circuits in parallel, of which m circuits consist of L, C and R in series, and the remaining one consists of L and R in series. So the equivalent networks for I_s and I_q are as shown in figures 3, and 4.

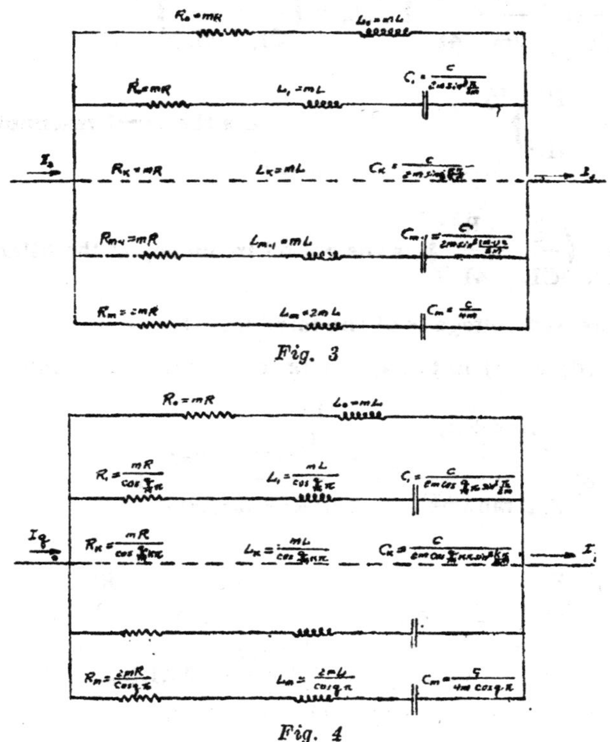

Fig. 3

Fig. 4

Knowing these equivalent networks, the current expressions can be deduced at once as follows.

(2—1—1) Impressed voltage is unit d—c. voltage

From formulas (c) & (e) in the appendix,

$$I_s=\frac{1-\varepsilon^{-\frac{Rt}{L}}}{2mR}+\sum_{\kappa=1}^{\kappa=m-1}\frac{\varepsilon^{-\frac{Rt}{2L}}\sin D_\kappa t}{mLD_\kappa}+\frac{\varepsilon^{-\frac{Rt}{2L}}\sin D_m t}{2mLD_m},\ \text{amp.},\quad (4),$$

$$I_r=\frac{1-\varepsilon^{-\frac{Rt}{L}}}{2mR}+\sum_{\varkappa=1}^{\varkappa=m-1,}\frac{\varepsilon^{-\frac{Rt}{2L}}\sin D_\varkappa t\cos\varkappa\pi}{mLD_\varkappa}+\frac{\varepsilon^{-\frac{Rt}{2L}}\sin D_m t\cos m\pi}{2mLD_m},\ \text{amp.,}\quad(5),$$

$$I_q=\frac{1-\varepsilon^{-\frac{Rt}{L}}}{2mR}+\sum_{\varkappa=1}^{\varkappa=m-1,}\frac{\varepsilon^{-\frac{Rt}{2L}}\sin D_\varkappa t\cos\frac{q}{m}\varkappa\pi}{mLD_\varkappa}+\frac{\varepsilon^{-\frac{Rt}{2L}}\sin D_m t\cos q\pi}{2mLD_m},\ \text{amp.,}\quad(6),$$

where $D\varkappa=\left(\frac{2}{CL}\sin^2\frac{\varkappa\pi}{2m}-\frac{R^2}{4L^2}\right)^{1/2}$, $D_m=\left(\frac{2}{CL}-\frac{R^2}{4L^2}\right)^{1/2}$

$\frac{1}{2\varkappa}\left(\frac{2}{CL}\sin^2\frac{\varkappa\pi}{2m}-\frac{R^2}{4L^2}\right)^{1/2}_{\varkappa=1,2,\ldots\ldots,m-1}$ are the m—1 resonant frequencies of the filter, and $\frac{1}{2\varkappa}\left(\frac{2}{CL}-\frac{R^2}{4L^2}\right)^{1/2}$ is the cut-off frequency of the filter.

(2—1—2) Impressed voltage is of the form $\sin(\omega t+\alpha)$

From formulas (d) & (f) in the appendix, and after some manipulation,

$$I_s(t)=\left[\text{j part of }\frac{\varepsilon^{j(\omega t+\alpha)}}{Z_{os}\tanh m\Theta_s}\right]-\frac{\varepsilon^{-\frac{Rt}{L}}\sin(\alpha-\varphi_o)}{2m(R^2+\omega^2L^2)^{\frac{1}{2}}}+$$

$$\sum_{\varkappa=1}^{\varkappa=m-1,}\frac{(2)^{\frac{1}{2}}\varepsilon^{-\frac{Rt}{2L}}\sin\frac{\varkappa\pi}{2m}}{mLD_\varkappa}+\frac{A_\varkappa}{Z_\varkappa}\sin(D_\varkappa t-\beta_\varkappa)+\frac{(2)^{\frac{1}{2}}\varepsilon^{-\frac{Rt}{2L}}}{2mLD_m}+\frac{A_m}{Z_m}\sin(D_m t-\beta_m),$$

amp., (7)

$$I_q(t)=\left[\text{j part of }\frac{\varepsilon^{j(\omega t+\alpha)}\cosh(m-q)\Theta_s}{Z_{o_s}\sinh m\Theta_s}\right]-\frac{\varepsilon^{-\frac{Rt}{L}}\sin(\alpha-\varphi_o)}{2m(R^2+\omega^2L^2)^{\frac{1}{2}}}+$$

$$\sum_{\varkappa=1}^{\varkappa=m-1,}\frac{(2)^{\frac{1}{2}}\varepsilon^{-\frac{Rt}{2L}}\sin\frac{\varkappa\pi}{2m}\cos\frac{q}{m}\varkappa\pi}{mLD_\varkappa}\times\frac{A_\varkappa}{Z_\varkappa}\sin(D_\varkappa t-\beta_\varkappa)+\frac{(2)^{\frac{1}{2}}\varepsilon^{-\frac{Rt}{2L}}\cos q\pi}{2mLD_m}\times\frac{A_m}{Z_m}\sin$$

$(D_m t-\beta_m)$, amp., (8)

where Θ_s and Z_{os} are steady state angle and surge impedance with $n=j\omega$,

$$D_\varkappa=\left(\frac{3}{CL}\sin^2\frac{\varkappa\pi}{2m}-\frac{R^2}{4L^2}\right)^{1/2},\ A_\varkappa=\left(\frac{L}{C}\cos^2\alpha+\frac{2\sin^2\frac{\varkappa\pi}{2m}\sin^2\alpha}{C^2\omega^2}-\frac{R}{C\omega}\sin\alpha\cos\alpha\right)^{1/2},$$

$$Z_\varkappa=\left(R^2+(\omega L-\frac{2\sin^2\frac{\varkappa\pi}{2m}}{C\omega})^2\right)^{1/2},\ \beta_\varkappa=\tan^{-1}\left[\frac{2LD_\varkappa\sin(\alpha-\varphi_\varkappa)}{\left(R^2+\frac{16\sin^4\frac{\varkappa\pi}{2m}}{C^2\omega^2}\right)^{1/2}\sin(\alpha-\gamma_\varkappa-\varphi_\varkappa)}\right],$$

$$\varphi_\varkappa=\tan^{-1}\left[\frac{\omega L-\frac{2\sin^2\frac{\varkappa\pi}{2m}}{\omega C}}{R}\right],\ \text{and}\ \gamma_\varkappa=\tan^{-1}\left[\frac{4\sin^2\frac{\varkappa\pi}{2m}}{\omega CR}\right].$$

(2—2) High pass filter

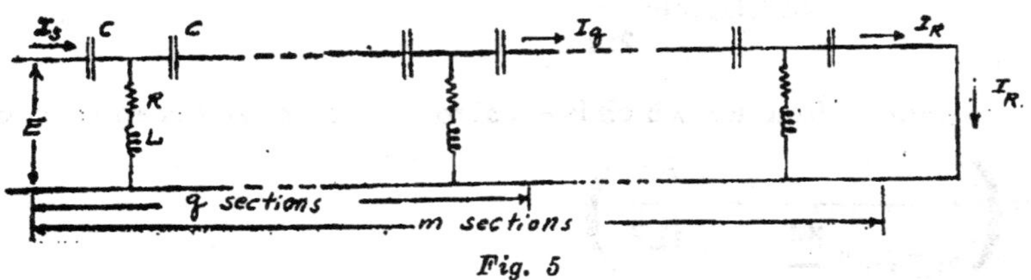

Fig. 5

his case $\Theta=2\sinh^{-1}(1/[2(CLn^2+CRn)])^{\frac{1}{2}}$, and in a similar way as before,

$$\frac{1}{Z_o\tanh m\Theta}=\frac{Cn}{2m}+\frac{n}{4mL(n^2+\frac{R}{L}n+\frac{1}{2CL})}+\sum_{\varkappa=1}^{\varkappa=m-1}\frac{n}{2mL\sin^2\frac{\varkappa\pi}{2m}(n^2+\frac{R}{L}+\frac{1}{2CL\sin^2\frac{\varkappa\pi}{2m}})},\quad(9),$$

and

$$\frac{\cosh(m-q)\Theta}{Z_o\sinh m\Theta}=\frac{Cn}{2m}+\frac{n\cos q\pi}{4mL(n^2+\frac{R}{L}n+\frac{1}{2CL})}+\sum_{\varkappa=1}^{\varkappa=m-1}\frac{n\cos\frac{q}{m}\varkappa\pi}{2mL\sin^2\frac{\varkappa\pi}{2m}(n^2+\frac{R}{L}n+\frac{1}{2CL\sin^2\frac{\varkappa\pi}{2m}})},\quad(10).$$

Therefore the equivalent network for Is is as shown in figure 6.

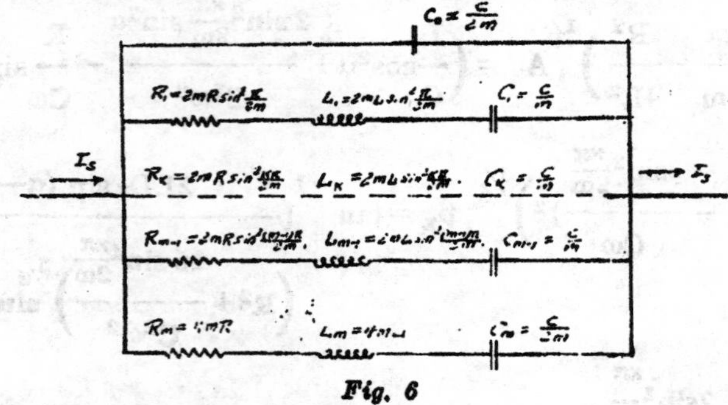

Fig. 6

(2-2-1) Impressed voltage il unit d-c. voltage

$$I_q = \frac{CP}{2m} + \sum_{\varkappa=1}^{\varkappa=m-1} \frac{\varepsilon^{-\frac{Rt}{2L}} \cos\frac{q}{m}\varkappa\pi \sin D_\varkappa t}{2mLD_\varkappa \sin^2\frac{\varkappa\pi}{2m}} + \frac{\varepsilon^{-\frac{Rt}{2L}} \cos q\pi \sin D_m t}{4mLD_m}, \text{ amp.,} \qquad (11),$$

where P is as impulse function which is equal to ∞ at $t=o$, and is equal to o at $t>o$,

and $D_\varkappa = \left(\frac{1}{2CL\sin^2\frac{\varkappa\pi}{2m}} - \frac{R^2}{4L^2} \right)^{\frac{1}{2}}$,

and the cut-off equal frequency $= \frac{1}{2\pi}\left(\frac{1}{2CL} - \frac{R^2}{4L^2} \right)^{\frac{1}{2}}$.

(2-2-2) Impressed voltage is of the form sin $(\omega t+\alpha)$

$$I_q(t) = \left[j \text{ part of } \frac{\varepsilon^{j(\omega t+\alpha)} \cosh(m-q)\Theta_s}{Z_{os}\sinh m\Theta_s} \right] + \frac{CP}{2m}\sin\alpha + \sum_{\varkappa=1}^{\varkappa=m-1}$$

$$\frac{\varepsilon^{-\frac{Rt}{2L}} \cos\frac{q}{m}\varkappa\pi}{2LmD_\varkappa \sin^2\frac{\varkappa\pi}{2m}} \times \frac{A_\varkappa}{Z_\varkappa} \sin(D_\varkappa t - \beta_\varkappa) + \frac{\varepsilon^{-\frac{Rt}{2L}} \cos q\pi}{4mLD_m} \times \frac{A_m}{Z_m} \sin(D_m t - \beta_m), \text{amp.,} \quad (12),$$

where $A_\varkappa = \left(\frac{L}{C} 2\sin^2\frac{\varkappa\pi}{2m}\cos^2\alpha + \frac{\sin^2\alpha}{C^2\omega^2} - \frac{2R\sin^2\frac{\varkappa\pi}{2m}}{\omega C}\sin\alpha\cos\alpha \right)^{\frac{1}{2}}$,

$$Z_\varkappa = \left(4R^2\sin^4\frac{\varkappa\pi}{2m} + (2\omega L\sin^2\frac{\varkappa\pi}{2m} - \frac{1}{C\omega})^2\right)^{\frac{1}{2}},\ D_\varkappa = \left(\frac{1}{2CL\sin^2\frac{\varkappa\pi}{2m}} - \frac{R^2}{4L^2}\right)^{\frac{1}{2}}$$

$$\beta_\varkappa = \tan^{-1}\left[\frac{2L\sin^2\frac{\varkappa\pi}{2m} D_\varkappa \sin(\alpha-\varphi_\varkappa)}{\left(R^2\sin^4\frac{\varkappa\pi}{2m} + \frac{1}{C^2\omega^2}\right)^{\frac{1}{2}}\sin(\alpha-\gamma_\varkappa-\varphi_\varkappa)}\right],$$

$$\varphi_\varkappa = \tan^{-1}\left[\frac{2\omega L\sin^2\frac{\varkappa\pi}{2m} - \frac{1}{\omega C}}{2R\sin^2\frac{\varkappa\pi}{2m}}\right],\ \gamma_\varkappa = \tan^{-1}\left[\frac{1}{\omega CR\sin^2\frac{\varkappa\pi}{2m}}\right],$$

and Θ_s and Z_{os} are steady state Θ and Z_o.

(2-3) Band pass filter

In this case only current for d-c. impressed voltage is considered. The expression for a-c. case can be worked out, but since it is long, it will not be given here.

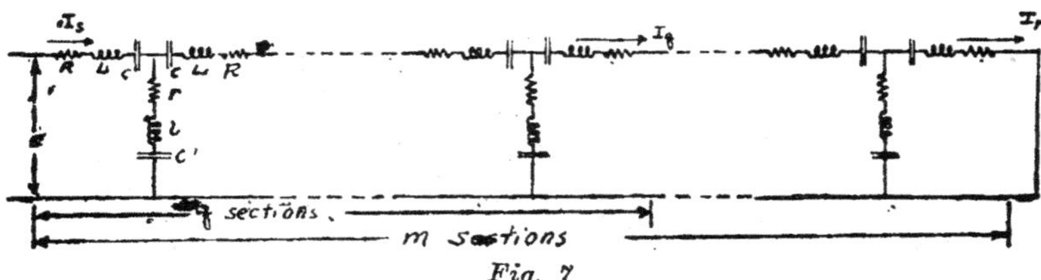

Fig. 7

By the method similar to before, the following formula is derived.

$$\frac{\cosh(m-q)\Theta}{Z_o\sinh m\Theta} = \frac{1}{2mL} \times \frac{n}{n^2+\frac{R}{L}n+\frac{1}{CL}} + \frac{\cos q\pi}{2m(L+2l)} \times$$

$$\frac{n}{n^2+n\frac{R+2r}{L+2l} + \frac{2+C'/C}{C'(L+2l)}} + \sum_{\varkappa=1}^{\varkappa=m-1} \frac{\cos\frac{q}{m}\varkappa\pi}{m(L+2l\sin^2\frac{\varkappa\pi}{2m})} \times$$

$$\frac{n}{n^2+\dfrac{R+2r\sin^2\dfrac{\kappa\pi}{2m}}{L+2l\sin^2\dfrac{\kappa\pi}{2m}}\,n+\dfrac{2\sin^2\dfrac{\kappa\pi}{2m}+C'/C}{C'\left(L+2l\sin^2\dfrac{\kappa\pi}{2m}\right)}}, \qquad (13).$$

The equivalent network can be easily derived from this formula. With unit d-c. voltage impressed, the current is given by

$$I_q=\frac{\varepsilon^{-\frac{Rt}{2L}}\sin D_o t}{2mLD_o}+\sum_{\kappa=1}^{\kappa=m-1}\frac{\varepsilon^{-F_\kappa t}\cos\frac{q}{m}\kappa\pi\sin D_\kappa t}{mD_\kappa\left(L+2l\sin^2\dfrac{\kappa\pi}{2m}\right)}+\frac{\varepsilon^{-F_m t}\cos q\kappa\sin D_m t}{2mD_m(L+2l)},$$

amp., (14),

$$F_\kappa=\frac{1}{2}\left(\frac{R+2r\sin^2\dfrac{\kappa\pi}{2m}}{L+2l\sin^2\dfrac{\kappa\pi}{2m}}\right),\quad D_o=\left(\frac{1}{CL}-\frac{R^2}{4L^2}\right)^{\frac{1}{2}},$$

$$D_\kappa=\left(\frac{\left(2\sin^2\dfrac{\kappa\pi}{2m}+C'/C\right)}{C'\left(L+2l\sin^2\dfrac{\kappa\pi}{2m}\right)}-\frac{1}{4}\left(\frac{R+2r\sin^2\dfrac{\kappa\pi}{2m}}{L+2l\sin^2\dfrac{\kappa\pi}{2m}}\right)^2\right)^{1/2}$$

The cut-off frequencies are $f_1=\dfrac{1}{2\pi}\left(\dfrac{2+C'/C}{C'(L+2l)}-\dfrac{1}{4}\left(\dfrac{R+2r}{L+2l}\right)^2\right)^{1/2}$,

$f_2=\dfrac{1}{2\pi}\left(\dfrac{1}{CL}-\dfrac{R^2}{4L^2}\right)^{1/2}$, and $f_1>f_2$, if $C'l<CL$, and $f_1<f_2$, if $C'l>CL$.

(2-4) Band elimination filter $\dfrac{L}{l}=\dfrac{R}{r}=\dfrac{c'}{c}$.

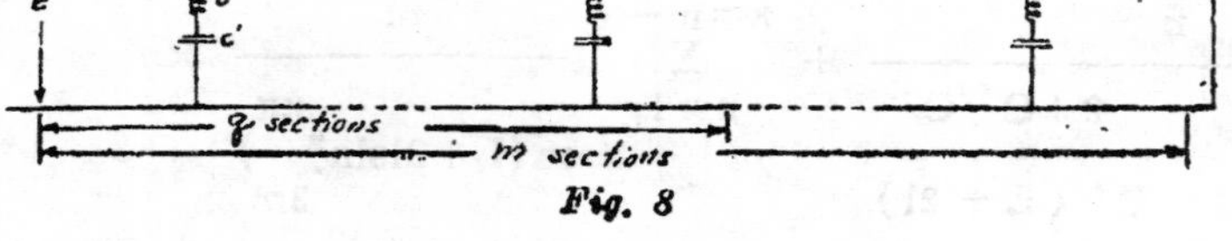

Fig. 8

In a similar way as before,

$$\frac{\cosh(m-q)\Theta}{Z_0\sinh m\Theta}=\frac{Cn}{2m}+\frac{1}{2mL\left(n+\frac{R}{L}\right)}+\frac{\cos q\pi}{8mLG_m}\times\frac{n}{n^2+\frac{r}{l}n+\frac{H_m}{C'l}}+$$

$$\frac{\cos q\pi}{8mLG'_m}\times\frac{n}{n^2+\frac{r}{l}n+\frac{H'_m}{C'l}}\sum_{\kappa=1}^{\kappa=m-1}\left[\frac{\cos\frac{q}{m}\kappa\pi}{4ml\sin^2\frac{\kappa\pi}{2m}G_\kappa}\times\frac{n}{n^2+\frac{r}{l}n+\frac{H_\kappa}{C'l}}+\right.$$

$$\left.\frac{\cos\frac{q}{m}\kappa\pi}{4ml\sin^2\frac{\kappa\pi}{2m}G'_\kappa}\times\frac{n}{n^2+\frac{r}{l}n+\frac{H'_\kappa}{C'l}}\right],\qquad(15),$$

$$\text{where } G_\kappa=\frac{\left(C'^2+8CC'\sin^2\frac{\kappa\pi}{2m}\right)^{\frac{1}{2}}}{\left(C^2+8CC'\sin^2\frac{\kappa\pi}{2m}\right)^{\frac{1}{2}}+C'},\quad C'_\kappa=\frac{\left(C'^2+8CC'\sin^2\frac{\pi\kappa}{2m}\right)^{\frac{1}{2}}}{\left(C^2+8CC'\sin^2\frac{\kappa\pi}{2m}\right)^{\frac{1}{2}}-C'}$$

$$\frac{H_\kappa}{H'_\kappa}=1+\frac{C'}{4C\sin^2\frac{\kappa\pi}{2m}}+\frac{\left(C'^2+8CC'\sin^2\frac{\kappa\pi}{2m}\right)^{\frac{1}{2}}}{4C\sin^2\frac{\kappa\pi}{2m}}$$

The equivalent network and the expressions for currents can be easily deduced from this formula; since they are long, they will not be given here.

(3) REMARK. It should be remarked that when the impressed voltage is of the form f (t), where f (t) is any function of time, the solution can be easily worked out, since the solution for a circuit of R, L and C in series under any form of e. m. f. f (t) can be worked out by Carson's extension formulas.

APPENDIX

As the currents in the circuits of L and R in series, C alone, in series, and R, L and C in series, are required in this article, so they are given here. In the following, the voltage is either unit d—c. voltage, or, a—c. voltage of the form sin $(\omega t+\alpha)$ with unit amplitude.

(*1*) *Circuit with C alone.* When unit d—c. voltage is impressed suddenly upon this circuit, the current is given by $A(t)=CP$, (a), where P = impulse function which is ∞ at t = O, and is O at t > O.
With impressed voltage of the form sin (αt + α),
$I(t)=CP\sin\alpha+\omega C\cos(\omega t+\alpha)$, amp., (b).

(*2*) *Circuit with R and L in series.* In d—c. case,

$$A(t)=\frac{1}{R}\left(1-\varepsilon^{-\frac{Rt}{2L}}\right),\ \text{amp., (c). In a—c. case,}$$

$$I(t)=\frac{1}{(R^2+\omega^2L^2)^{\frac{1}{2}}}\left[\sin\left(\omega t+\alpha-\tan^{-1}\frac{\omega L}{R}\right)-\sin\left(\alpha-\tan^{-1}\frac{\omega L}{R}\right)\varepsilon^{-\frac{Rt}{2L}}\right],\ \text{amp., (d).}$$

(*3*) *Circuit with R, L and C in series.* In d—c. case,

$$A(t)=\frac{1}{DL}\varepsilon^{-\frac{Rt}{2L}}\sin Dt,\ \text{amp., (e), where } D=\left(\frac{1}{CL}-\frac{R^2}{4L^2}\right)^{\frac{1}{2}}.$$

The solution in a—c. case has not been given in simple formula by any author before. It can be deduced by Carson's formula as follows.
$I(t)=f(0)\,A(t)+\int_0^t f'(t-x)\,A(x)\,dx$, where f (t) is the form of impressed voltage. For the sake of simplicity, let the impressed voltage be $\varepsilon^{j(\omega t+\alpha)}$, and the solution for sin (ωt + α) is j part of this solution. Thus, letting $d=\frac{R}{2L}$,

$$I(t)=\text{j part of }\left[\varepsilon^{j\alpha}\varepsilon^{-dt}\frac{\sin Dt}{DL}+\frac{j\omega\varepsilon^{j(\omega t+\alpha)}}{LD}\int_0^t\varepsilon^{-(j\omega+d)x}\sin Dx\,dx\right].$$

After a number of algebraic transformations, the following result is obtained:

$$I(t)=\frac{\sin(\omega t+\alpha-\varphi)}{Z}+\frac{A\,\varepsilon^{-\frac{Rt}{2L}}\sin(Dt-\beta)}{DLZ},\ \text{amp., (f), where}$$

$$A=\left(\frac{L}{C}\cos^2\alpha+\frac{\sin^2\alpha}{C^2w^2}-\frac{R}{\omega C}\sin\alpha\cos\alpha\right)^{\frac{1}{2}},\ Z=\left(R^2+(\omega L-\frac{1}{\omega C})^2\right)^{\frac{1}{2}},$$

$$\beta=\tan^{-1}\left[\frac{2LD\sin(\alpha-\varphi)}{\left(R^2+\frac{4}{C^2\omega^2}\right)^{\frac{1}{2}}\sin(\alpha-\varphi-\gamma)}\right],\ \gamma=\tan^{-1}\frac{2}{\omega CR},\ \text{and } \varphi=\tan^{-1}\left(\frac{\omega L-\frac{1}{\omega C}}{R}\right).$$

滬杭甬鐵路曹娥江橋工

著者：濮登青

曹娥江情形

曹娥江以漢孝女曹娥投江救父得名,一名舜江,分屬於浙江省會稽道嵊紹上虞三縣.造橋地點,東岸爲百官鎮,西岸爲曹娥鎮,東距甯波77.9公里,西距紹興30.5公里,上距嵊縣70公里,下距江口30公里.

曹娥江雖源流不長,以上游多崇山峻嶺而乏森林故,來水多而流急.其直接所受者,有嵊新昌上虞紹四縣之水,間接所受者,有天台東陽諸暨奉化四縣之水.八縣皆山嶺綿亘,故每遇大雨一二日之後,其水疾下,量多力猛,江水陟漲,往往潰隄決岸.

百官以近海故,又有潮汐,夏曆七八月間,其勢亦頗不弱,數年前西岸之崩坍,大半爲大潮冲刷所致.

滬杭甬甬段鐵路過馬渚站後,傍運河南岸西行,逵百官市梢,迆邐蜈蚣山鑽山蚌螺山龍山而抵曹娥江.

鑽驗地質

當前清宣統元年間,甬紹段路線初測定時,即着手鑽驗曹娥江地質,主其事者爲英工程司福賚賜君 Mr. Forrest. 東橋台擬定龍山之麓,石質堅韌,不生問題,惟龍山石層斜下過江,坡度頗陡.江心鑽下25呎（呎指英尺,下同）皆是細沙 Silt；其下爲砂礫一層,厚僅二呎餘;其下又爲細沙,厚約八呎;其下爲青灰色堅泥,厚約27呎;其下爲夾沙之堅泥,厚約15呎;其下爲黃色堅泥,約厚九呎;共深86呎,始達石層.西橋台則鑽下40呎盡是細沙;其下爲砂礫一層,厚二呎;其下又是細沙,厚約60呎;其下間有堅泥,而石層迄未鑽到.

合同大略

自江底地質鑽驗後,福賚賜君卽算繪橋圖.其式爲雙阶鋼拱梁 two-hinged steel arch, 二孔,每孔阶心相距長 268 呎;東橋台後接造混凝土拱橋二孔,每孔長 24 呎,計橋門共寬 584 呎.後因西岸爲大水冲去百餘呎,江面頓寬,又以江心及西岸土質不實,不宜拱橋,著者提議於浙路公司,改爲單簡鋼架梁 Simple steel truss 二孔,每孔長105公尺,橋門共寬 689 呎,東橋台後架一小梁,長6.5公尺,其下爲人行道.

民國二年秋,浙路公司登報招人投標.標爲上海德商捷成洋行所得,與之訂立合同.計橋墩橋台四座,大小鋼梁三孔,工料全包,連裝鉚橋梁在內,共包價銀三十一萬八千兩,分五年攤付,全部工程,限十六個月告成,保險五年.其橋工要點如下:

鋼梁二孔,每孔長 105 公尺,又小梁一孔,長6.5公尺.動力用古柏氏第四十號機車計算,而照普魯士政府正則造橋章程製造.鋼梁在上游一邊,裝懸臂式六呎人行道.東橋台及橋墩,造在龍山石脚.中橋墩基礎,用壓氣箱建造.西橋台打洋松樁爲基礎.東西橋台之亂石燕翅,歸浙路公司自做.

橋工雖由捷成承包,實由德國三山橋梁公司 Maschinenfabrik Augsburg-Nuruberg (簡稱 M A N) 建築,卽承造津浦路黄河橋之廠家也.初由三山公司駐北平代表博克威君 Mr. Borkowitz 到滬接洽,後由該公司派艾飽德君 (Eberhard) 爲駐百官主任工程司,專辦橋工.艾君曾服務於黄河橋工,學問經驗俱佳,其下有洋員三人,一機師,一木工匠目,一監工.時著者任浙路公司建築局局長,常駐百官監督橋工,佐之者有副工程司洪嘉貽君,工程員馬志成君,監工金鵠士君.

工場設備

三山公司既承包此橋,卽於民國二年十一月運來機器工具891件.查曹娥江於夏曆七八月間,載重八十噸之滷蛋船,能直達百官.惟三山起運已遲,該項機件,由青島運到上海,已在陽曆十一月初.裝鐵駁子二只,用汽船拖至曹娥江口,因水淺不能駛入,折而至甬.時火車僅通至五夫站（因站西周家山未鑿通故.）故將機件一部,分裝民船,直往百官,一部分裝火車至五夫,改裝民船到百,然後搬運過江.輾轉搬運,糜費殊多.

曹娥江東岸卽龍山脚,鐵路鑿山通道,以達江邊.山內并設臨時車站,毫無隙地,可作工場.西岸則一片曠地,故設工場於彼.場內建廠屋一所,長50呎寬30呎,機器房一所,長60呎,寬30呎;儲料房一所,長寬同上.又建洋員住屋一所,工人住屋一所.至於艾飽德工程師之住屋,則建在東岸龍山半腰.西岸濱江處,裝有弔車一部,備起卸重物之用.廠內各種機器工具,應有盡有.其大者爲車式發汽機 locomobile 二部,壓氣機 Air Compressor 二部,發電機二部,大弔秤一只.廠外則有壓氣箱用之氣閘房 air lock 及氣筩 air shaft 全套,鐵打樁架二部,輕便鐵道數里,救火車一部.全部機件共重約三百噸,卽津浦路黃河橋工上所用之一部分也.

機器工具運到後,卽有大批洋松,絡續自滬裝帆船巡運百官.於是一面製造木壓氣箱 wooden pneumatic caisson, 一面打樁搭西孔木架 falsework under western span 及沈放壓氣箱之中央高架 scaffolding, 而橋工正式開始矣.由雙方之同意,以民二年十一月二十七日爲開工之日.

西孔木架

此木架功用有二:一便自西岸運送沙石水泥到江心,以拌混凝土澆中橋墩 centre pier 之用,二便裝鉚鋼梁.木架有十四節 (14 panels),每節穿心長 7.5 公尺,與鋼梁之分節等長,共 105 公尺.木架分上下二層,下層打樁十三排 (13 bents) 每排打10吋方30呎長洋松七支,打入土內約十七八尺,樁頂高出低水面 2.75 公尺,上放橫直木梁,均以螺絲絞牢.第一圖示木架一部分之平面,右邊舖有小鐵道,以運材料.圖之中央示沈放壓氣箱之高架,其左角裝有起重

第一圖

機一架,其旁泊有浮碼頭船一隻,圖上右角示一平屋,即對江龍山上艾工程師之住屋.

下層於民二年十二月十五日開始打樁,至翌年二月五日告成.上層高4.65公尺,木柱亦十三排,每排用10吋方洋松七支,上放12吋方洋松梁,以載活動裝橋架traveller.上層於民三年七月二十二日開始搭架,越七日成.上下層共用洋松155,300方呎,螺絲鐵攀等3,900磅.中央高架用洋松41,840方呎,鐵器630磅.

時橋台橋墩均先後竣工,而鋼梁二孔亦先後自德國運出,滿擬九月初可以裝上橋梁.不料一聲霹靂,歐戰開場.載第一孔鋼梁之船,因並載有軍火,自日本直往青島,過吳淞口外而不入.旋青島被圍,橋梁鋼料作防守之用,大受損傷,不可復用.第二孔鋼梁,別載一船,行至地中海,而德法宣戰,該船被幽於義大利口岸,後竟不知所終.

西孔木架,久立水中,木質漸形腐敗,樁脚亦多鬆動.民九年九月初,大雨三日,山洪暴發.上游冲下竹排樹木稻草甚多,不勝撈撥.五日之夜,冲下之物,愈多愈速.時夜黑風狂雨猛,施救爲難,至十時半,竟將木架冲去,僅留西橋台前架樁兩排.後在下流撈回木料百分之五十四.察其方樁之斷處,皆有鐵木蟲

teredo 所鑽之隧道,而探驗江底,知樁脚多被冲鬆,致全架冲去也.

中橋墩 Centre Pier

中墩正面側面平面均見下圖.中墩以木壓氣箱 woopen pneumatic caisson,

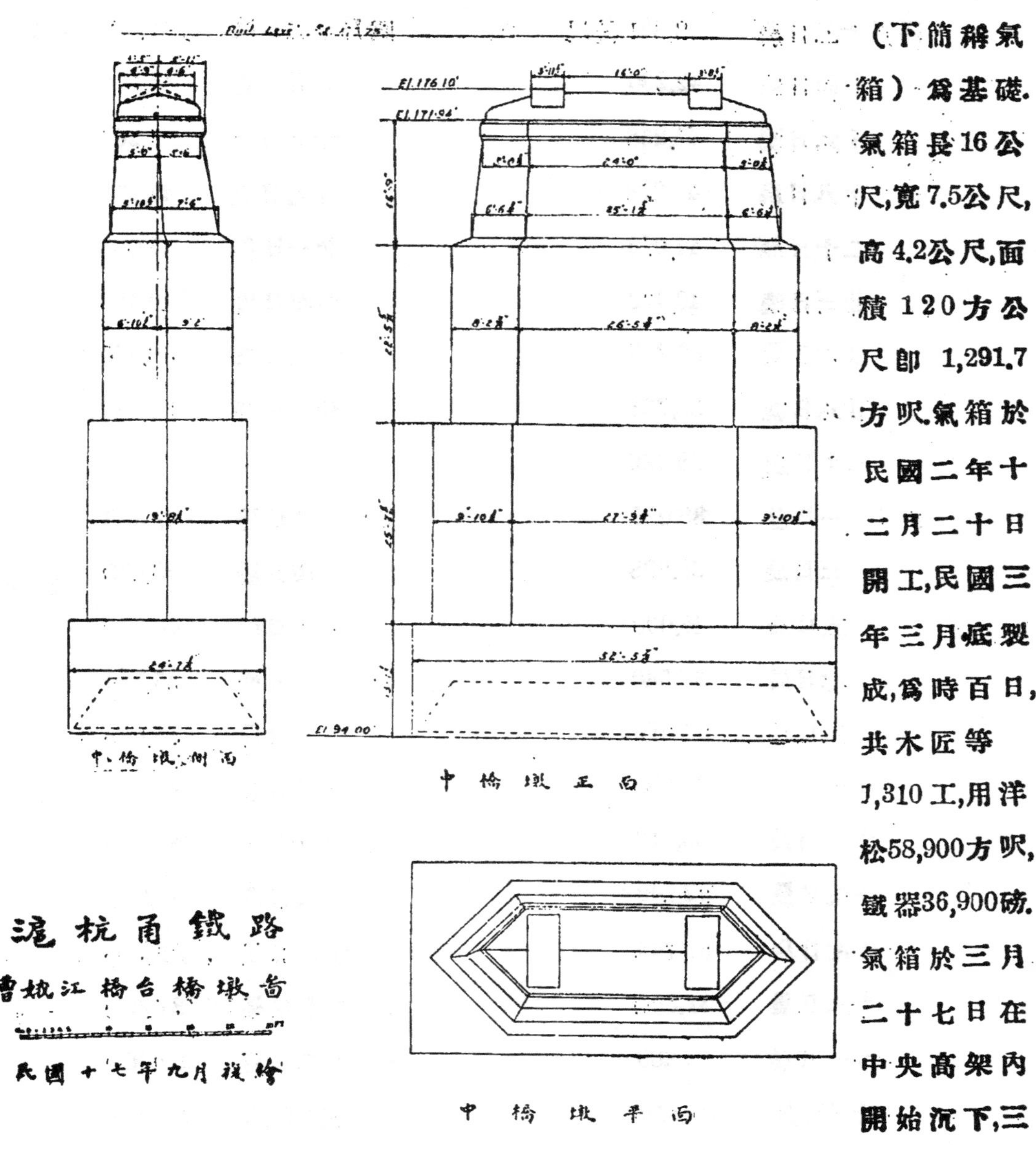

(下簡稱氣箱)爲基礎.氣箱長16公尺,寬7.5公尺,高4.2公尺,面積120方公尺,即1,291.7方呎.氣箱於民國二年十二月二十日開工,民國三年三月底製成,爲時百日,共木匠等1,310工,用洋松58,900方呎,鐵器36,900磅.氣箱於三月二十七日在中央高架內開始沉下,三

日後始將水泥混凝土打灰夾層,四月廿五日,沉及江底,經穿過30呎淤沙silt及10呎堅泥後,於五月三十一日沉至所定之深度,爲時四十七日.而自開始沉下至沉好止,共六十五日.茲將氣箱切口 cutting edge 逐日所切到之平水,(以公尺計,自上而下)列表於下,以資參考:—

四月十二日晨	42.891 公尺	四月十二日晚	42.500 公尺
十四日晨	42.290	十五日晚	41.370
十六日晚	41.268	十七日晚	41.261
十八日晨	41.228	十九日晨	41.118
二十日晨	41.078	廿一日晨	41.053
廿三日晚	40.463	廿四日晨	40.423
廿六日晨	39.253	廿七日晨	38.836
廿八日晚	38.733	廿九日晚	38.024
三十日晨	38.022		
五月 一日晨	38.026	五月 二日晨	37.308
三日晨	36.808	四日晨	96.400
五日晨	46.000	六日晨	36.000
七日晨	35.540	八日晨	35.110
九日晨	34.676	十日晨	34.268
十一日晨	34.000	十二日晨	33.410
十三日晨	33.110	十四日晨	32.720
十五日晨	32.340	十六日晨	32.050
十七日晨	31.740	十八日晨	31.350
十九日晨	31.300	二十日晨	31.300
廿一日晨	31.300	廿二日晨	30.700
廿三日晨	30.650	廿四日晨	30.240

廿五日晨	30,000	廿六日晨	29,650
廿七日晨	29,600	廿八日晨	29,310
廿九日晨	29,180	三十日晨	29,100
卅一日晨	29,100		

氣箱本用八支長大螺絲,懸在中央高架上之工字鐵梁上.四月十二日晨至十三晚,在水中沉下 3.91 公尺,至十五日沉及江底後,每日進步頗緩.有時因箱內氣壓之頂力甚大,不能下沉,則須減小氣壓,箱上添澆混凝土,方能壓下.當氣箱漸漸沉下之時,箱上橋墩混凝土逐皮加高,自箱面起第一層混凝土高7.8公尺,自四月十日起澆至五月五日畢.四月十八日開挖氣箱內之脚泥,至六月二日挖竣.第二層橋墩混凝土高 6.75 公尺,自五月六日起澆至六月二十九日畢.氣箱內之工房 working Chamber,於六月二日至五日將混凝填滿,橋墩最上層混凝土,於七月上旬澆成.橋梁墊石四塊,(蘇州花崗石)於七月十九至二十三日放上.自氣箱底至墊石面,共高82呎 4 吋.

五月中當氣箱沉下之際,山洪驟至,將橋墩西邊細沙冲去不少,橋墩向西傾斜,艾工程師趕在西邊拋下亂石,一面用千斤頂 jack 將橋墩頂住木架上,扶之使直,然西孔已較東孔短10吋 6 吩矣.

中墩共澆 1:3:6 混凝土 525 英方(一英方 =100 立方呎),氣箱內掘去細沙 344 英方,又堅泥 136 英方.其掘泥之工人分三班在氣箱內日夜工作.每班工頭一人小工二十人,工作八小時,帶食物至氣箱內充饑,以省出入氣鎖之時間.氣箱外面又有小工十八人,搬去掘起之泥土.又機匠二人,日夜輪管氣箱,以防不測.三班掘堅泥二十四小時,平均深一呎,約十一英方.茲照當時工價約計掘起及搬去一英方堅泥之價.

氣箱內掘泥小工六十人每人	$0.45	=	$27.00
〃 工頭三人	〃	0.80		2.40
氣箱外搬泥小工十八人	〃	0.40		7.20
〃 機匠二人	〃	1.00		2.00
			共	$38.60

2375

所以每方堅泥工費爲三元半$3.50,而每方細沙工費約銀二元$2.00但此數純係工資,至於所用之壓氣,煤,油,電等料,均不在內.

著者以橋墩之用壓氣箱爲基礎,在東南諸省尚爲破題兒,故補述出入氣鎖之情形於下:

第 二 圖

第二圖下半之中間爲氣筒air shaft,其上裝圓形鐵氣櫃(英名氣房air chamber但其形狀稱櫃較切),櫃左裝扁圓氣鎖air lock,其前有小平台,旁立一梯.氣鎖中心微凹處爲圓鐵門(假名爲第一門),向內開,氣鎖與氣櫃連接處又有一門(假名第二門),亦向內開.門上各裝氣閥.人自梯上升至平台,推開第一門(因此時氣鎖內氣壓與天空同故一推卽開)入氣鎖卽將第一門及其氣閥關牢,而開第二門上之氣閥air valve.斯時濃氣驟侵人五官四肢,身內身外氣壓,相差太甚,陡覺非常不適,兩耳膜尤覺劇痛.法當塞耳而咽氣,自能減痛.二三分鐘後,身內外氣壓平均,卽不覺苦,而第二門亦能推開矣.著者第一次入內,感覺異常痛

苦,第二次即覺稍差.惟身體虛弱或患病者切勿入內.艾工程司末次入氣箱,因患傷風,出後覺兩脚不能行走,小便不通者多日,須用手術宣洩,醫治月餘方愈.

由第二門入氣櫃,其中央即梯口,兩旁有出泥洞口各一.自梯降至工房working chamber,房內裝電燈故無煙炱.出時自工房升至梯頂,由氣櫃出第二門入氣鎖(此時第二門內外皆高氣壓故一拉即開),將第二門閉上幷閉其氣閥,然後開第一門之氣閥,將濃氣放散天空.斯時因身內外氣壓不均,又覺不適,或致出鼻血.迨鎖內氣壓與天空相等,方能開第一門而還至平台.氣箱將沉及所定之深度時,江水忽漲,氣箭接高至70呎,箱內氣壓爲2.1天氣atmosphere,此爲本橋最高之氣壓.

三山公司所用之氣箭爲橢圓形,長徑1.3公尺,在短徑處裝鐵梯,隔氣箭成二井,井之大足容大漢一人,故同時二人可以上下,井上各裝一鐵桶以盛箱底掘起之泥土,用電力弔上,傾入櫃底之洞而由出泥箭瀉出,此二井兼作工人升降及泥桶上下之用,但同時不能二用,如欲工程迅速,須在氣箱上別裝一較小之氣箭,以便弔起泥土而運入材料也.

讀者如欲詳知壓氣箱之構造及用法請閱柏登氏基礎論W. M. Patton's A Practical Treatise on Foundations, pages 274 — 288, 1906 Edition.

西　橋　台 Western Abutment

西橋台正面側面平面及樁基均見下圖.西橋台以底泥盡是細沙,故以長樁爲基礎,基礎長十公尺寬七公尺,四圍打12吋寬8吋厚32呎長之洋松板樁,做雌雄榫,板樁打齊後,掘去底泥數尺,即打12吋方洋松樁77支,樁原長52呎至58呎不等,打樁架係鐵製,鐵錘重一噸.弔錘之鍊如環無端,向上旋轉.故樁頭打至任何高低地位.鐵鍊自能將錘鈎牢,不必將鍊放下鈎錘.又該架兩邊裝有螺絲可以高低,能打斜樁.又裝有引長之導柱 extended leads,可將樁

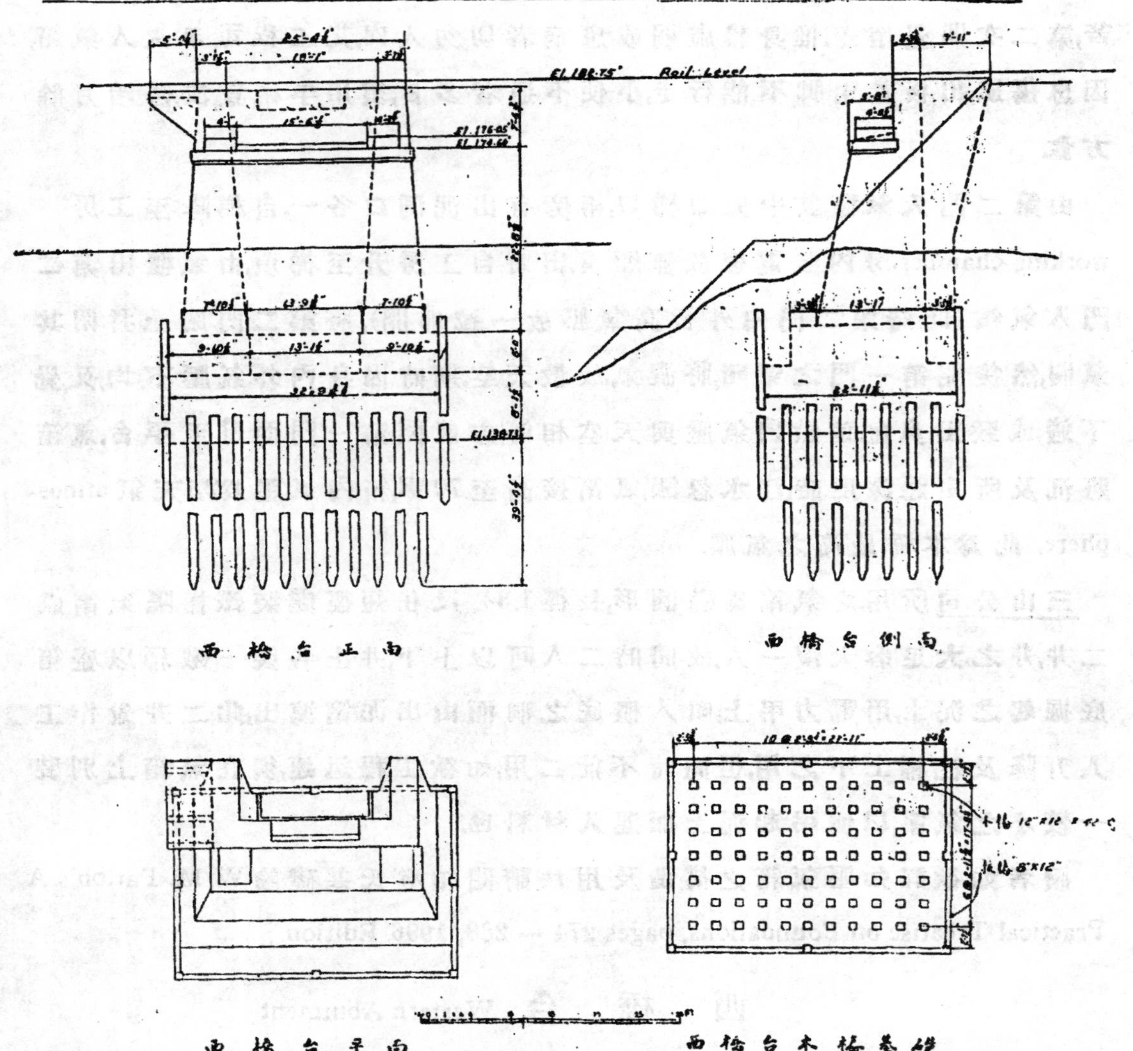

西橋台正面　西橋台側面

西橋台平面　西橋台木樁基礎

頭打至較架底低十二呎之處,不必用頂樁 follower 送下也.打樁架搭在板樁上面,方洋松打入土內,平均有42呎,末後十錘打下不過數公釐.欲試基樁之負重力,擇末後十錘打下最多之樁,上壓鋼軌,漸加至39噸,過二十四小時,僅壓下二英分¼而已.

當工作進行之際,三次爲大水所阻礙,內有一次且極厲害.前面八呎長木板樁,受泥和水之擠壓,凹進21吋,致基窖 foundation pit 內塡滿泥水.後將板樁頂出修好,加木撑木,方能繼續工作.又雌雄榫板樁滲漏殊甚,不得已圍以土壩方能挖去浮泥,而打基礎混凝土.

西橋台於民國二年十一月三十日開始挖泥,民國三年四月一日打齊基樁,四月十日至十八日打畢基礎混凝土,四月十九至五月九日打好橋台混凝土,七月五日放上橋梁墊石二塊,共用洋松98,520方呎1:3:6混凝土172英方.

東橋台及橋墩 Eastern Abutment & Pier

東橋台及橋墩之在面側面平面均見下圖.台與墩之間,架一小梁,長6.5公尺,其下爲人行道.台與墩均建在龍山石脚,石質堅韌爲極佳之基礎.民二年十二月九日開挖石上漩泥,繼將石脚鑿成階級(見總圖正面側面)至民三年二月底鑿竣,然後圍以土壩而澆基礎混凝土,雖遇大水一次,倘無困難,橋

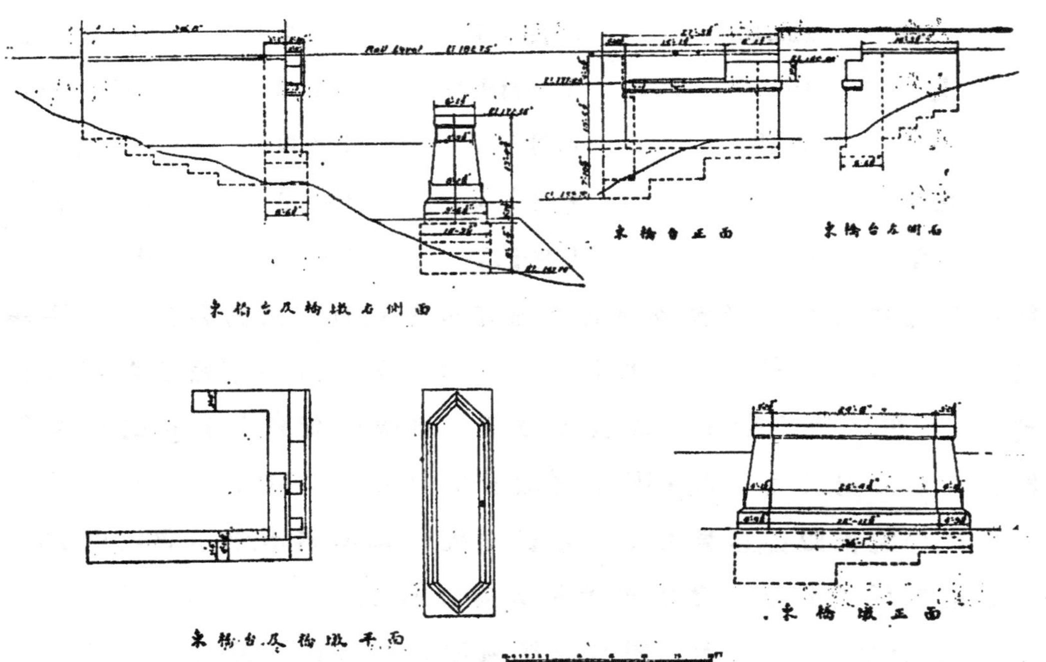

東橋台及橋墩右側面

東橋台正面

東橋台右側面

東橋台及橋墩平面

東橋墩正面

身混凝土於六月八日打畢,共用 1:3:6 混凝土 106 英方.東橋墩之花崗石橋墊二塊均未放上,因內有一塊有一直裂紋,爲著者所拒絕故.

歷年高低水面

當羅賓賜君算繪橋圖時,其所知曹娥江之最高水面爲165.80呎;(此係從甯波假定之基準面 datum plane 150.00 呎算起),最低水面爲 151.75 呎.自西孔木架搭起後,在架樁旁釘立量水尺,每日記錄水面,每年繪一曹娥江水平線,至量水尺爲大水冲去止.

今將歷年最高最低水面及其月日附錄於下:—

年份	最高水面	月日	最低水面	月日
民四年	163.40 呎	七月廿七	150.90 呎	十二月廿五
	164.40	十二月七日	150.60	五月八日
五年	162.10	八月十五	151.90	十二月廿二
六年	162.10	八月六日	151.90	十二月廿五
七年	162.70	十一月十日	151.30	四月廿一
八年	163.30	八月三日	152.30	四月十二
九年	166.35	七月十八	150.90	四月十四
十年	164.10	七月十八	150.00	十一月十一

觀以上七年之水平表,大概最高水面在每年七月初至九月間,惟民四年十二月七日爲例外.民十一年九月一日,大雨之後,山洪疾下,西橋台水痕竟高至170.28 呎,(但後查知此係波浪捲上之水痕,而查東岸上寧紹轉運公司門內沒水之處,約爲 169.00 呎). 著者於次日午後四時半攝影時,水已退落三呎許.今觀第四圖,但見西岸一片汪洋,僅一涼亭露出,中墩與西橋台,皆覺甚低,此爲近數十年大之水,幸未在造橋時遇之.

本年(民十七年) 九月十三四日,颶風過境,大雨三日,又值月朔大汎,曹江

第三圖
(西橋台打樁機擊錘之鏈)

水面於十五日高至167.46呎,較上表所列七年之最高水面咸高,然較民十一年九月一日之水面,尚低一呎半.

贅語

曹娥江橋台橋墩,雖於民三年夏季早已竣工,乃一因歐戰,二因內爭,遷延十四年,橋梁尚未放上,誠為鐵路造橋史中所僅見也.今幸全國統一,從事建設,而曹江橋梁,亦已招人投標,一俟本路總工程司克禮雅君 Mr. A. C. Clear 回華後,即可開標訂購,大約明年(民十八年)夏秋間當可完成矣.

第四圖

第　五　圖
(中墩汽箱沉放時之遠景)

第　六　圖
(從百官遠眺曹娥車站及橋墩樁架脚手)

當工務紛繁時吸一支超等國貨香烟提神醒腦增加效率

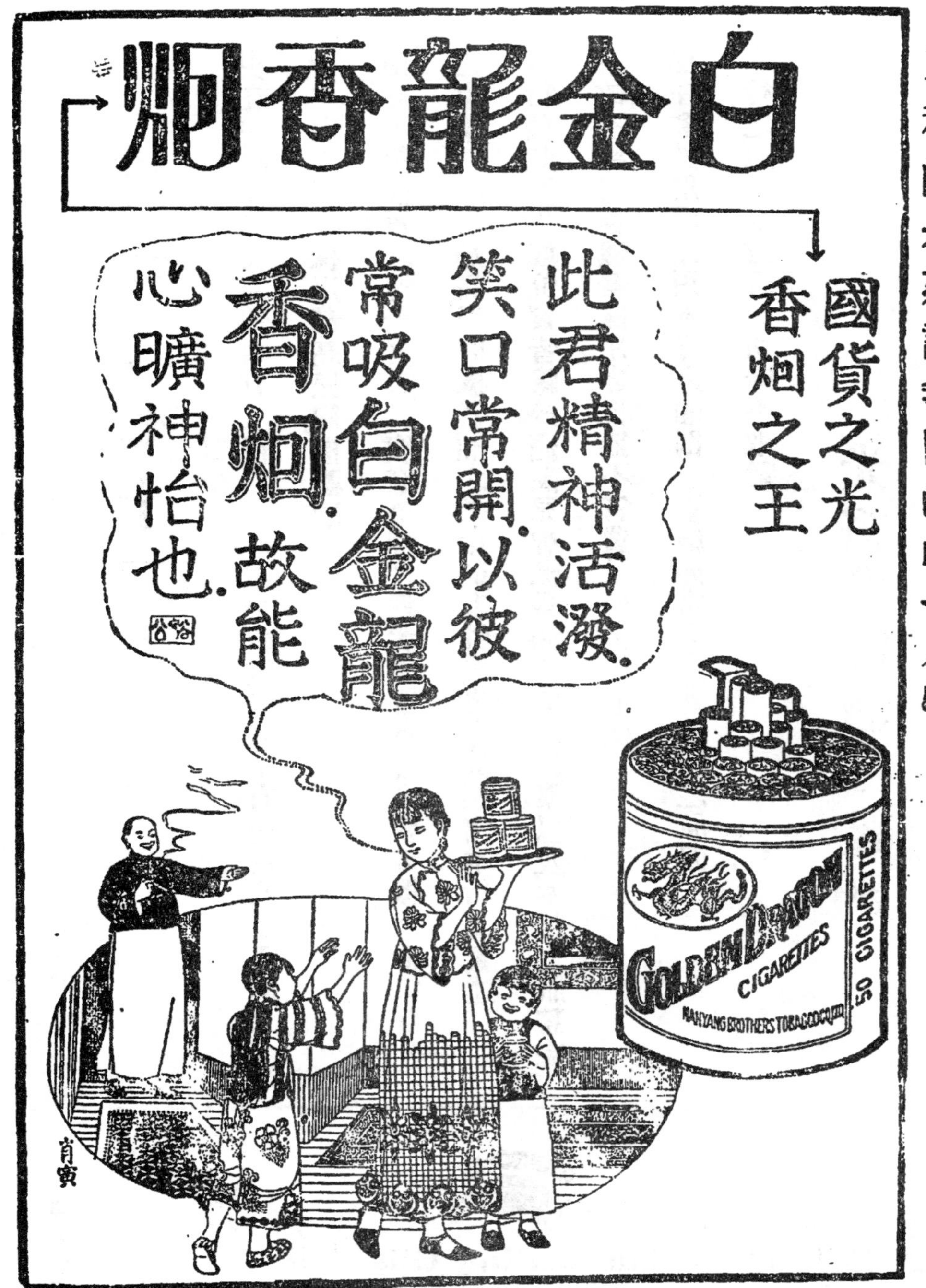

工◎程◎師◎是◎建◎設◎我◎國◎的◎唯◎一◎人◎物◎

請聲明由中國工程學會『工程』介紹

梧州市電力廠工程改良及經驗

著者：梧州市電力廠廠長 張延祥

緒言　茲篇爲中國工程學會『工程』季刊而作，亦所以記載半年來之心得，因國內黑油機之發電廠頗多，用道馳牌之黑油機亦多，故願與各廠實地討論優劣各點，如湖州與與電氣公司工程師沈嗣芳君來函切磋，多有同共點，倘希機械電氣專家及用黑油引擎者，不吝賜教是幸。

潤滑油統系(Lubricating Oil System)的改良　道馳牌引擎的潤滑油統系分二部，一部是管汽缸及凡而，一部是管軸領的。二種都是壓力式(Forced Feed)，就是用灌油機(Oil Pump)把油灌輸至各部分，灌油機共有三個，二個是自動的，即是用鏈條連接在引擎的地軸上。引擎開動的時候，即刻轉動，那二個自動灌油機，一個是灌輸油至汽缸(Cylinder Lubricator)，一個是輸油至軸領(Bearing Lubricator)。至於第三個灌油機，不是自動的，是用人力搖動的，專門爲引擎開動前和停車前把油先灌輸到各處軸領之用。他功用在輔助開車停車速度不足的時候，那自動灌油機壓力減少之用，以免軸領損壞。至於那個自動汽缸灌油機，上面連有一個搖手柄，在開車停車的時候，亦用人力搖動，所以不需另外再裝一個人力灌油機。此項設備，大概各種大的立式狄思爾引擎均如此。至於臥式的狄思爾引擎，可以簡單許多，大概祇有一個自動灌油機，供給汽缸用油；至於軸領，則用滑圈式(Oil Ring)，汽缸轉轆釘則用重心式(Gravity Feed)，此層爲管理立式引擎者之所宜注意者。

(甲)汽缸灌油機　那汽缸灌油機是唧筒式(Piston type)，爲德國著名之波許(Bosch)廠造。他內中構造，不遑細述，此機有一盛油箱可容油1000 cc.每小時須加一次，並須加新油。在三個汽缸的引擎上，他有七根管子，用以灌油，其實該灌油機有八空(8 Feed)，餘多的一空是預備的。那七根油管中六根通至汽缸,每個汽缸二根,再分四處射入汽缸,其餘一根通至燃料油帮.每根灌油多少,可在一個玻璃管中看見,所謂Sight Feed.灌油多少,隨時可以較準,十分簡便,祇須用旋鑿轉動一個螺絲卽得.那八個空接到八根油管子,可以各個較準,譬如第一根管子要油多一些,第二根管子要油比較的少一些,都可以隨意較試.較準的機關是在伸縮灌油機內之唧筒往來距離(Stroke),並非改變唧筒之速度,速度因鏈條之關係,是有一定的,譬如引擎每分鐘250轉,則該灌油機每分鐘350轉,他鏈條速度比例(Chaine Speed Ratio)爲5:7.

著者初到廠時,查得每個月需用汽缸潤滑油頗多.

例如十七年五月份用潤滑油	35 罐
每罐油重	17,000 公厘(grams)
共　　爲	595,000 公厘
該月份內三機共開	690 ½ 小時
以此計算,每小時每機用潤滑油＝	860 公厘(＝1.9磅

後又作更準確之試驗,則第一號機於負載四分之一電量時,每點鐘消耗潤滑油885公厘(1.95)磅,此數目比較製造廠所保證的數目550公厘(1.2磅),實在相差至60%之巨.用立式狄思爾引擎不比蒸汽引擎或臥式狄思爾引擎他潤滑油一項消耗很大,若能節省,亦是一宗大款,以梧州電廠計算,一年至少可省大洋一千元.

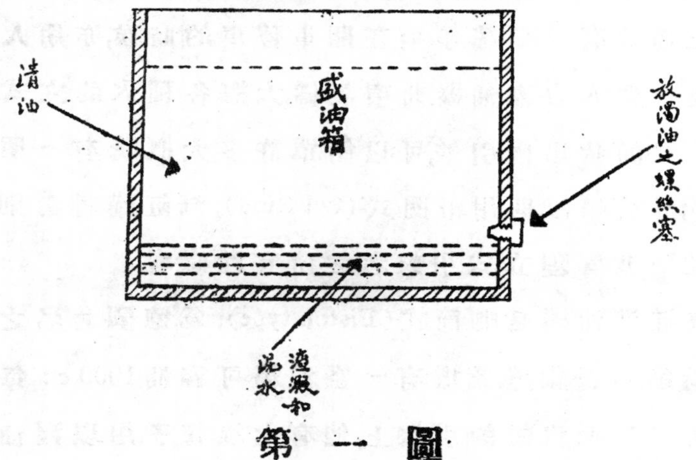

第一圖

改良的方法,先拿那灌油機拆開,洗去其中積存的污穢物件(Sludge).半年以來,每日加入新油,不免有雜物泥水攪入,以致盛油箱的底,積存污穢極多,變爲厚渣澱.那油箱下面,本有一個放濁油的螺絲塞(Drain plug)但是離底有一公分(cm.)所以雖將螺絲塞開放,他底下的渣滓,無法放出(見第一圖),愈積愈多,新加入的清油,即受他混和,而失却潤滑的性質.所以需要油量加多.有一次甚至有一油管,被此種渣滓物阻塞,以致一個汽缸中沒有油灌入,而被燒壞停車.以後卽將各灌油機完全拆開洗淨,油管亦洗過,乃將灌油機中的唧筒往復距離減短.現在每點鐘每座引擎用油在550—600公厘之間.以後規定灌油機每三個月洗清一次,以免再有渣滓的積滯,而加入的清油,亦小心先行濾過.

(乙)軸頸灌油機及油箱　引擎前面地底下有一個潤滑油箱可盛油400公升,為供給潤滑軸頸之用,用過後,仍還入油箱,待減低溫度後,仍可再用.立式狄思爾引擎之構造,有十字頭式(Crosshead type)與單桿式(Trank type)之分.十字頭式之引擎,有鞲鞴桿(Piston Rod)與連接桿(Connecting Rod)二件,中間用十字頭(Crosshead)鑲合.至於單桿式引擎祗有鞲鞴桿.而無連接桿及十字頭.其單桿式引擎之缺點,即其汽缸中用過之潤滑油,完全滴入曲拐箱(Crank chamber),而與軸頸潤滑油混和,同入地下油箱.道驰牌引擎係單桿式,故不能免此弊,其結果,則汽缸中用過之潤滑油,帶有炭燼(Carbon deposit)盡行混入軸頸用之油箱,於是該油箱中積存極厚之黑油,爲害於軸頸灌油統系.梧州電廠以前每隔三四月必須將此箱內潤滑油完全更換,經著者改良二點;(子)油箱改造,(丑)增加濾油設備,已經著有成效.

(子)油箱改造　原來油箱係一矩形鐵版箱,其箱底放濁油之塞,與上述之灌油機盛油箱,犯同一毛病,卽離底有二公分之距離,且該油箱放置極低,箱底離地僅2—3公分,地窟復小,內中管子及另件繁雜,實際上極困難到地下放取濁油,且箱底未有斜勢,故污穢渣滓之物,不能流至放油塞處.

改良之法,用木版以油箱隔爲二間,(觀第二圖)右首一間爲用過之熱油放入之處,左首一間爲灌油機吸油之處,隔離二間之木版中間作留空一,用銅絲布網住(觀第三圖).如此,則引擎中流入之油,卽使帶有炭燼等物,亦必

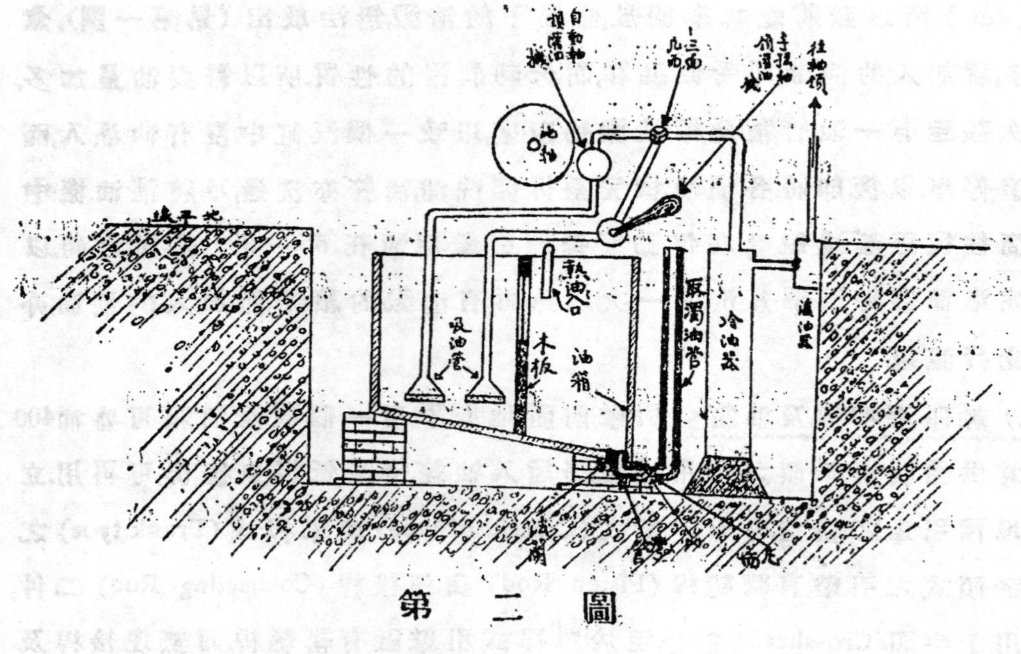

第 二 圖

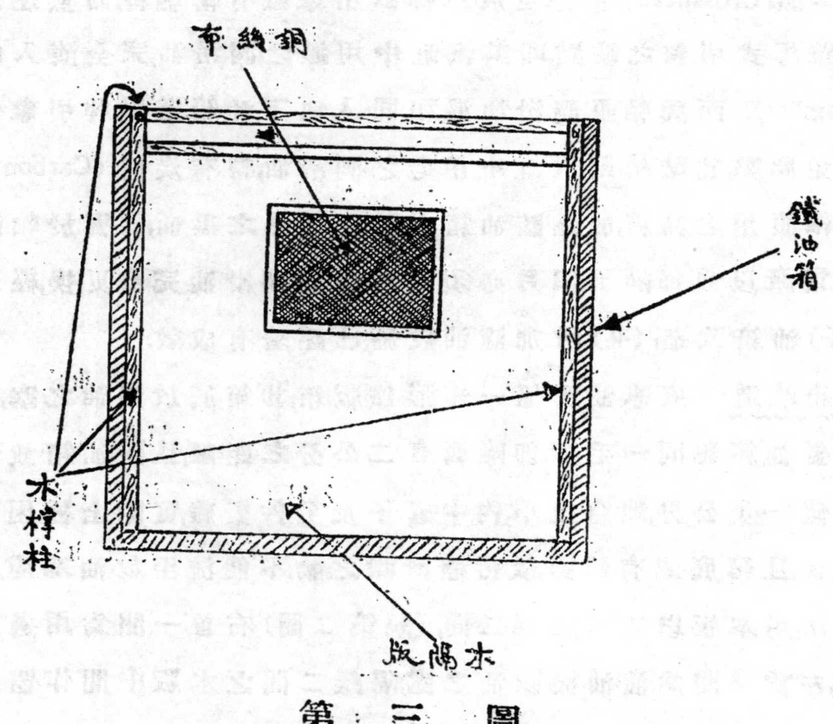

第 三 圖

沉澱於右首一間之底,而不能通過銅絲布至左首之一間,潔淨之油則可通過.第二步.在右首一間之外角,鑿一洞裝一法蘭及短管,再接一灣管,一凡而一灣管,一長管(觀第二圖)另備一手搖抽油機,可以接至此管如此佈置,油箱內之油,可以用該抽油機全數抽上,無須用人工下去提上,且所抽取之油,係從底下抽去,必係極污穢之渣澱先取出,有時凍冷汽缸之水,亦漏入油箱內,因其比重關係,均積滯於底下,今則均可抽去.惟裝管子時須注意,使管子口較箱底略低一些,否則管子口高出箱底上,仍不能使下層之污穢,盡量抽出也.第三步,將該油箱裝置時,裝管之一角,須較對角約低3-5 cm.使有斜勢,使其箱內沉澱物盡量向該一角流下,否則上項設備亦無效也.第三圖中之木隔版,可以向上抽動,若向上抽動後,左首一間之渣澱亦得流入右首之下角,而被抽出.

(丑)濾油設備 油箱中之油,因有汽缸潤滑油加入,故時有增多,取出後若行棄去,至爲可惜.乃自行裝置濾油設備,庶可濾過後,再作灌輸至汽缸之用.依道馳牌之設備,本附有一具濾油器,爲四層之鋼布網,該器不能濾去油中所含極細之炭質,經考察後決另購置光裕油行之濾油器(Vaanum Oil Filter, No. A—2)一具,該濾油機斷面如第四圖.以油箱中提出之濁油,傾倒上面,經過綿紗頭,濾去大部分之污穢,再從中間之管子漏下,與水混合,水之温度,常使其在60°—65°C之間,在此種温度下,油中所含雜物即溶解於水中,而油因較水爲輕,即上升至水面,由清油管中放出,至於水底所積污穢,可從放水管中可放出.其中部之水平管,爲試驗內部水與油之相隔處而設.

第四圖

依照該濾油之製造,有蒸汽管一根,盤曲於底下,以備通入蒸汽,常使水之温度在60°-65°C間,惟用黑油機廠無處可得蒸汽後該公司設法開以引擎流出之熱水通入以代,然熱水祇有 50°—56°C, 决不能將濾油器加熱至 60°C 以上.且三座引擎,更迭開用,濾油器不能隨時遷移,若利用引擎廻汽 (Exhaust gas) 則接管更爲繁複,且廻汽有衝擊力不免震動濾油器,而提其功用,因濾油係靜的動作也,後著者設一極簡便方法,用不漏水之木桶,將該濾油器坐入木桶中,四週尙有 5 cm. 地位,加水,用二個 400 華德之電氣熱水器,置於兩旁,通以電流,使水加熱至 65°—70° 之間.如此,非僅蒸汽管中有熱水可傳熱,則四週亦有熱力傳入也.以後尙須設法將該項電熱器裝入濾油器之底下,以省木桶.幸而電廠之電,不用錢去買,每天用十廿度,無關緊要也.濾油每天約 70—90 公升 (Liters) 約 15—20 加侖.

濾過之油,其成績並不十分滿意,因潤滑油經過汽缸後,有黑油混和,略爲稀薄,且有極細之炭粒在內,故濾過之油,不能回復至未用前之清淨也.現以用過之油與新油各半和用,刻正設法另用 Soda Ash 之清潔法,其成效容後再論.

變壓器 (Transformers) 的經驗 梧市之變壓器,自 10 開維愛以至 50 開維愛,均裝置電桿上,須二根電桿,架置中間,用鐵架擱着,後擴充用 90—120 開維愛之變壓器,因本地杉木不堅固,又無八寸方或十寸方洋松木,且地下有白蟻,對於洋松有害,所以決計建築水泥柱子,以負載此種比較大的變壓器.水泥柱 355 mm. 方 (14吋) 柱頂離地 7,920 mm. (26 呎) 內用鋼骨.

變壓器均爲三相 3,000 伏而脫 (Volt) 至 380/220 伏而脫.此種變壓器,係德廠所造,有三種佳點: (一) 變壓器自廠中試驗後,即將所需之絕緣油 (Insulating Oil) 加足,裝箱運來,運到後開箱即可應用.如此,則變壓器內之線圈,不至於途中受潮濕而損壞,而運到後可省烘乾線圈以及烘油加油的需須.若在小的電氣廠中,設備不全,此種烘線加油等手續.又須精練的工人可做.所以變壓器同絕緣油一起裝來,是最好的方法,望各處電廠購辦變壓器時,注意此點,毋令洋商取巧,因若不連絕緣油,則價格自可便宜也.更望國內造變壓器的廠家,如益中及華生,採用此種方法.

(二) 變壓器上面有一個油澎漲箱 (Oil Breather or Conservator), 此亦是一個特點.普通變壓器,油中所浸的油,離蓋約30—50 mm.所謂油平面(Oil Level)用一條紅漆線表明.油上面即是空氣,互相接觸,起一種氧化作用,使絕緣油損失其絕緣性質.且變壓器裝置天外,受寒暑氣候的影響,內中并發出熱力,如此,冷熱變遷,內部空氣漲縮不定,水氣亦常凝結於蓋子下面,而滴入油內,損害絕緣油之性質.因此緣故,有油澎漲箱之設計.其圖樣如第五圖,裝置於變壓器之蓋上.至於變壓器內則浸滿絕緣油,毫無空氣,若受冷熱變遷而至油體伸縮,則上面之澎漲箱為其伸縮之餘地.該處油與空氣接觸,惟因溫度不若變壓器內之高故,氧化程度減少,凝水亦少.即使有氧化作用,其所成之油澱或凝結之水,沉於該箱之底,不能從曲管中流入變壓器內也.且可從滴油塞放出之,油澎漲箱上有保險塞一個,若內中澎漲壓力增大,過於變壓器箱板平安所能受之力,即自動頂開,減去壓力.此種設備,英美等國標準製造方法,於大號變壓器始用之,而德國標準,則小號者亦備焉.

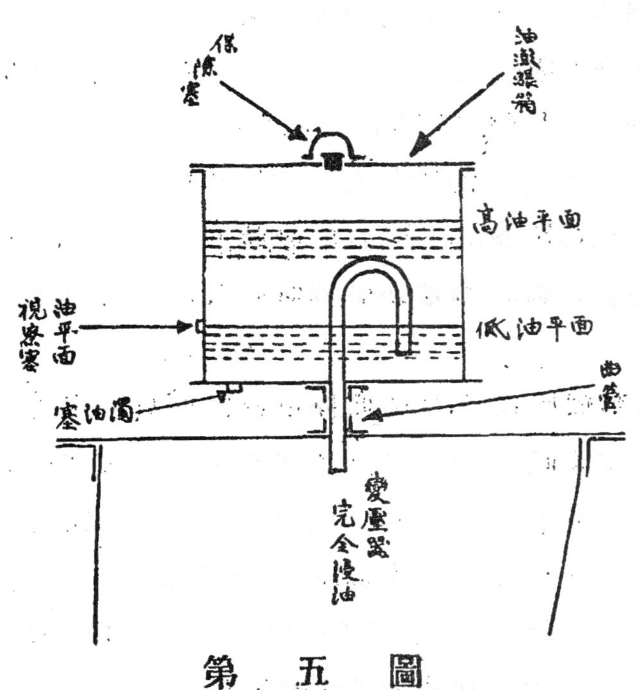

第五圖

(三) 高壓線圈方面,有二個增減電壓的開關(Japping Switch)可以將電壓增減5%,其數目如下:

增減電壓之開關	高壓電	低壓電
1	2850	380／220
2	3000	380／220
3	3150	380／220

按發電機之電壓原為3150伏而脫,故發電廠相近之處所裝變壓器,該開關應放在3字上,庶其低壓電為380／220伏而脫.若在市內離發電廠已遠,電壓力受線路之損失而僅得3000伏而脫左右,則該處所裝變壓器之增減電壓開關,應放在2字上,庶其低壓電仍為380／220伏而脫.若離發電廠更遠,高壓祗得2850伏而脫左右,則應放3字上,以保持低壓在380／220伏而脫之數.否則在2850伏而脫之處,該開關放在2字上,則低壓電為350／200伏而脫,再耗去低壓阻力約10%,則入戶線之電壓僅310／180伏而脫,而燈不光明矣.有此種增減電壓之開關後,各處變壓器均能保持380／220伏而脫左右之低電壓.且各處變壓器若改移地位,亦可隨地改動其增減開關,其利便實大.所以各地電廠於訂購變壓器時,誠勿吝小費,而必需此項增減電壓設備也.

著者到梧廠後,查得洋廠運來變壓器時,均將此種增減開關放置中間,即2字處,所謂平時地位(Normal).裝置應用後亦未曾留意至此.後每日晚七八時之間,出外試驗電壓,遠處變壓器僅160--180伏而脫,乃將增減開關移過至1字處,燈光加明,用戶欣歡,而電錶亦行快矣.此層對於電廠營業方面大有出入,因電力(Watt)隨電壓(Volt)之平方數為比例.如電壓減低5%,則電力減少10%餘.若電壓提高至標準數目,即加增5%,電力亦增多10%,電費自增矣.

變壓器之奇象(一)高壓線斷一根之現狀 某晚,忽然某街一帶電燈呈奇態,由同一變壓器分佈之低壓線,有處燈光,照常明亮,有處乃現黃色將滅.用電壓表量之則僅120伏而脫左右,約尋常半數而多但並無完全熄滅黑暗者,乃查考低壓方面保險絲,則完好如初,再查考高壓方面之保險絲,被燒一根,待換過,全街通明.

著者即研求其理,該變壓器爲三相者.其內部接線若爲人人,則無論高壓或低壓保險絲燒斷一根,該線所接之燈均不明.若爲△△,則無論高壓或低壓保險絲燒斷一根,則成V字式(Open Delta),而所接之燈均仍明亮,不至電壓減低至半數.今茲半明不滅,必有他故.後憶及德國及瑞士之變壓器,其內部接法,與英美不同,蓋其用人ㄅ法也.其接線圖見第六圖,其Vector Diagram如第七圖甲.今若w之高壓鉛絲斷去,則其Vector Diagram如第七圖乙,其ov仍爲220伏而脫ow爲127伏而脫,ou亦爲127伏而脫.至於v-w及u-w可依$C=\sqrt{a^2+b^2-2ab\cos z}$之公式,$z=150°$,求得爲335伏而脫.u-w之間角度爲60°,故w-o爲127伏而脫.在實際上,高壓保險絲斷去一根後,其變壓器中已發出許多變態(Distrubances).故其電相角度(phace angle)已改變,決不如此之簡單也.

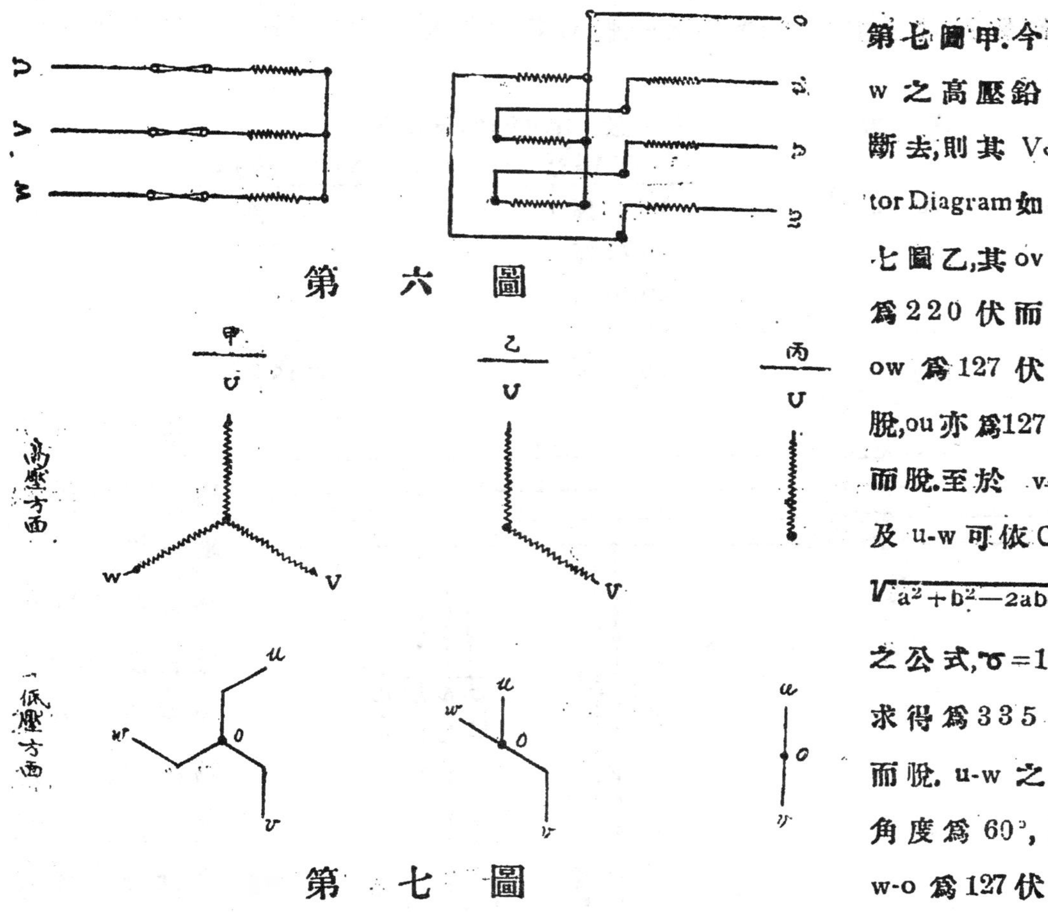

第六圖

第七圖

若高壓保險絲二根斷去,則其 Voctor Diagram 如第七圖丙彼時 ou = ov = 127 伏而脫 ow = o 故低壓三路,有一路完全黑暗,而其他二路均得約一半電壓三相外線之電壓則 vw 爲 257 volt, vw = w w = 127 伏而脫.

此種情形極爲複雜,而在學校中祇讀英美教科書者,恐不能想到也.此人ㄣ接法,製造時多費工料,但應用時能平均各線之電力.譬如低壓 u 線所接之燈太多,其在變壓器內則 w 線之電力分爲二半,使二肢 (2 linbs) 各負其一半重量,所以減少其內部壓力 (stress),而平均高壓方面之負載也.此實亦爲德國及瑞士變壓器優點之一.惟其效率比較 Y—Y 接線法略減,舉例如下:

電力	效率 (Efficiency) Y—Y 接法	Y—ㄣ接法
20 K.V.A.	96.46 %	96.17 %
30	96.71 %	96.43 %
50	96.90 %	96.71 %
75	97.15 %	96.96 %
100	97.37 %	97.18 %

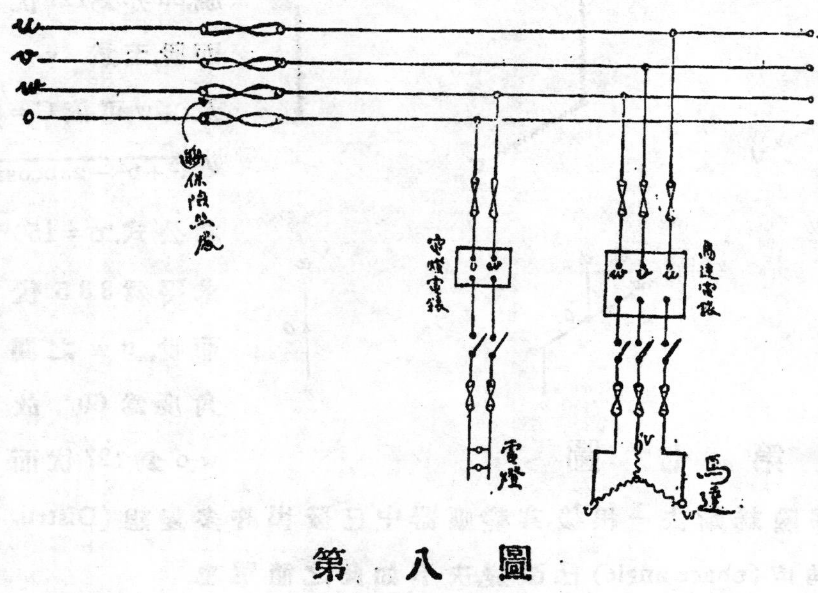

第八圖

變壓器之奇象(二)低壓線斷一根之現狀

某日,此間無線電台所用之三相三匹馬力電動機(馬達),忽然不能開動,來電話請去視察,及到該處,則已行動.據該台人云,馬達本不能開動,及後開電燈開關,則燈不明;惟電燈開關與馬達開關一併推上,則電燈明而馬達亦能行,豈非奇事!著者斷定此為燒保險絲之故,惟欲研究其理由,乃詳察其線路,始明瞭其中關係.該無線電台在山頂上,為低壓線之盡頭處,其接線圖如第八圖,有電錶二個;一係單相,供給電燈;一係三相供給馬達.電燈線接w-o二線,為220伏而脫;馬達接u-v-w三線,為380伏而脫.今w-線之保險絲斷去,故電燈不明.馬達祇有uv單相電,故亦不能開動.若電燈開關與馬達開關一併推上,則馬達電錶中之w線通電燈,而接連與o線上,不啻w線加高阻力而接地也(Grounded with high resistance).於是.Y之三相變成扁形的△,其電壓之Vector Diagram如第九圖.w=o, u v=380, v w=220 u w=220伏而脫.其三角形之角度,不再成60°而為二角30°,一角120°,成為二相之電,故馬達可以發動.惟因電壓減低,以故速度不足.至於w一線,因接連電燈之高阻力,故其電流為所限制,實際上極少,假定其為o, u與v兩線之電流,則從路線電流(Line current)變為電相電流(Phase current)即為 $i/\sqrt{3}$ 故祇能負載全重三分之一.譬如三匹馬力,祇可作一匹馬力用,否則負載加重.電流過多,馬達必發熱也.至於電燈之w線,實在馬達中通至w及v兩線,故電燈仍得220伏而脫,而發光.此種情形,加以討究,頗有興味,以電壓表試驗,結果亦吻合.

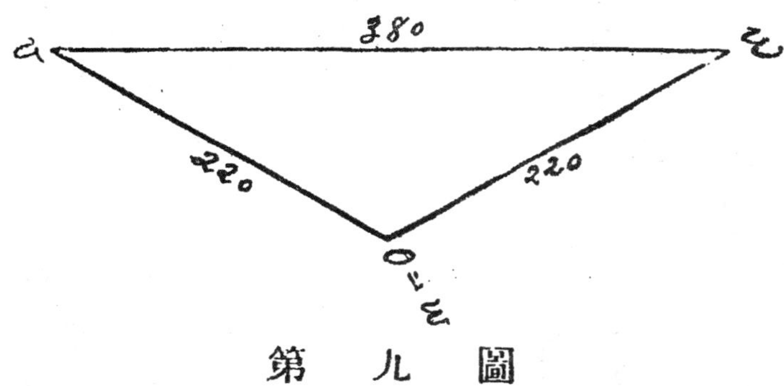

第九圖

壓氣貯氣桶(Compressed Air Receivers)的佈置　壓縮空氣或稱冷氣是用以開車.每座引擎有二個貯氣桶,所以一共有六個,不免太多.因為三座引擎,不致於同時起始開動,即使要同時開動,那三桶冷氣亦已足夠.但依照道驗廠的成規,每座須用貯氣桶二個,英國的製造廠想法減少氣桶,規定電廠中需要氣桶數目如下:一座引擎,二個氣桶;二座引擎,三個氣桶;三座引擎,四個氣桶;餘類推.其佈置方法,可參考第十圖及第十一圖可明瞭.

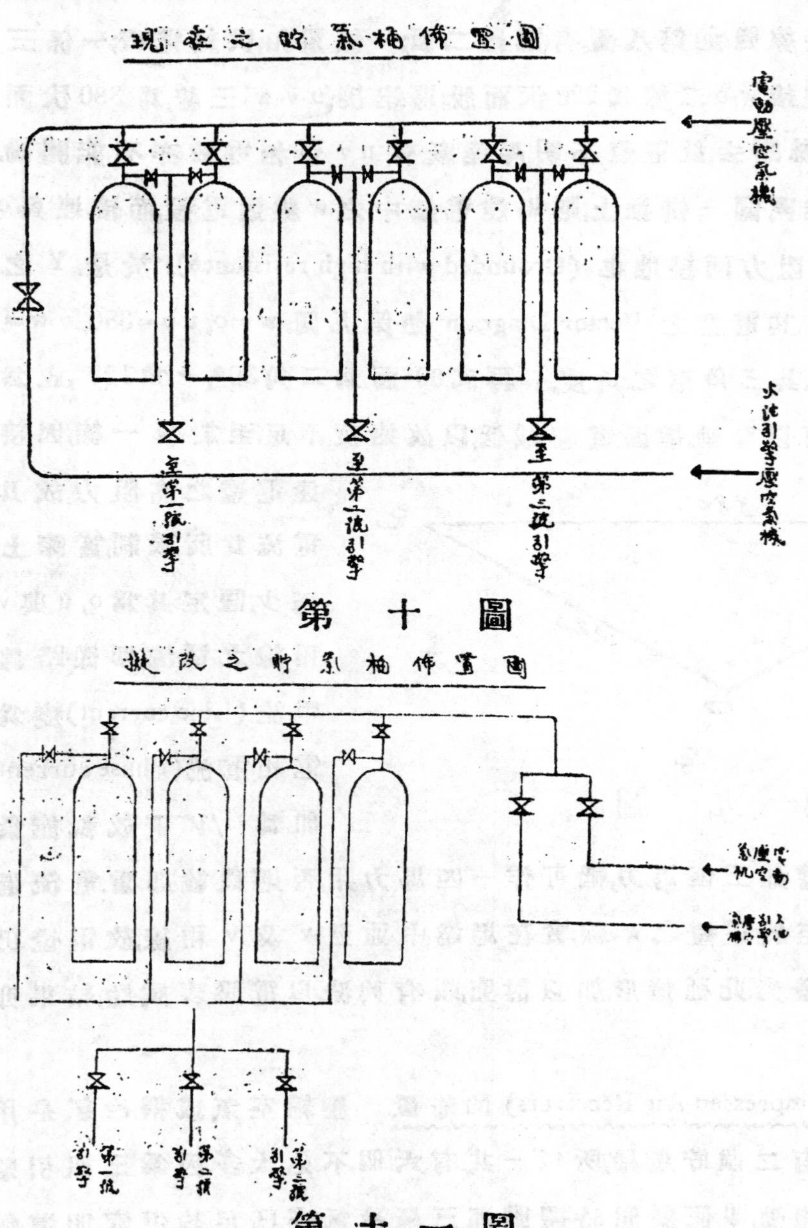

第十圖

第十一圖

依照改良的佈置方法,則貯氣桶可以省去兩個,減省成本,而每座引擎原來祇可從二個貯氣桶供給者,改良後可從四個貯氣桶供給.例如現在左邊一個貯氣桶,祇可供給第一號引擎者,改良後並可供給第二號及第三號引擎,可以互相應用也,故以後若添置黑油引擎時,可不再添備貯氣桶,而以現有之六個桶,照第十一圖改過佈置,可以供應五座或六座引擎之用也.

惟該項貯氣桶裝置時,有一種誤謬之點,經察出改良,頗可注意.查該六個氣桶,並非道馳廠所造,係直立式,高約3公尺裝置於地面下約一公尺.平時將壓縮空氣貯入,其壓縮時熱度增高,待貯入後熱度漸低,於是空氣中所含之水分凝結,積於桶底.又因壓氣機中有潤滑油,所以壓縮空氣多少又將潤滑油帶入貯氣桶.而積於桶底.因桶底已經在地面下,所以不能於桶底再開洞,裝 plug 或 cock, 以備放出其中積污.(臥式貯氣桶裝置時,後部略低,有 plug 以備放去積污,正是此意).立式貯氣桶利用其中所貯之高壓空氣,裝一根排洩管通入桶底,如第十二圖,外有凡而一個,如圖中右邊之『戊』.若將『戊』凡而開放,則桶底污穢,被高壓空氣之力,從該管子逼出外面,所以桶內可以時常清潔.

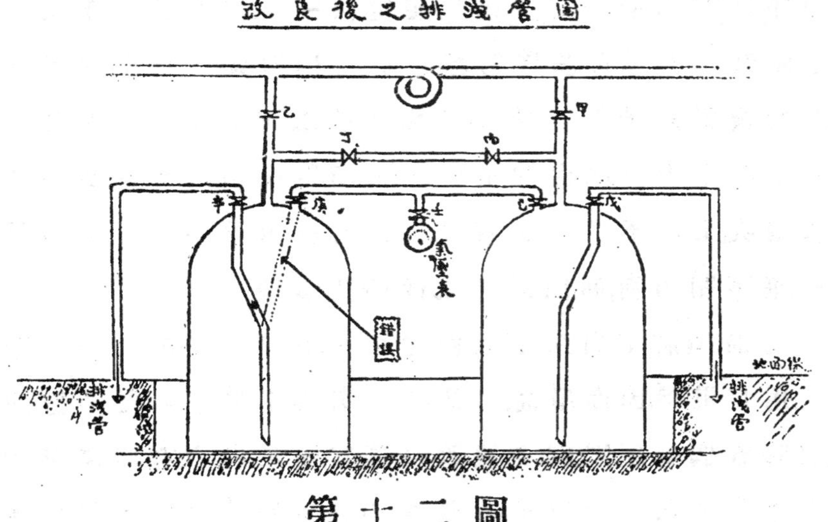

第十二圖

廠中製造時,其標準方法係將右邊之『戊』及『庚』凡而,通至排洩管.左邊之『己』及『辛』凡而,備接至氣壓表.左右兩邊之凡而『戊己庚辛』原是一式,所以桶內排洩管可以隨地情形更換,接至左邊或右邊.梧廠裝置時,六個氣桶,兩兩成對,因接管之關係將『己』與『庚』接至氣壓表,而未曾將左邊一個的排洩管改換,如第十二圖中虛線所示.所以『辛』凡而毫無排洩,而氣壓表中常有油污排出.後經如法改裝,始將其中半年來積存之油污,盡量放出也.

整理首都電廠工作之一段

著者：沈嗣芳

著者以十六年陰歷十二月二十三日,至甯考察.適時城內西華門老廠負任在晚間最高時,達四百基羅瓦德.電壓規定三千三百伏爾次,僅得一千五百伏爾次.每晚發電四千餘度.耗煤至二十九噸之多.各發電機電量,共有八百五十開維愛,用戶需要電量亦達此數.所以不能供給者,則因機器鍋爐,陳腐太甚,水渣厚積,效率太低.各機原有凝汽機,用馬達傳動,因電壓太低,轉數不足,早已廢置不用.下關新廠,裝有奇異臥輪發電機一座.電力為一千基羅瓦德.著者考察時已開至一千二百基羅瓦德.此機曾損壞葉子數片,未曾合法修配,殊屬危險,每晚發電八千五百餘度.耗煤亦達二十九噸之數.又自下關傳導七百基羅瓦德之電力至城內龍王廟配電所,電壓用六千六百伏爾次.原有一萬三千伏爾次,棄而不用,殊屬可怪.加之導線太細,損失遂鉅,用戶電壓跌落,燈光暗紅.惟下關方面,則因近廠之故,燈光較明.

補救方法 工務方面,須將下關送至城內之電壓,升高至一萬三千伏爾次,以減少傳導損失.用戶電壓,因而增高.如是有三萬五千盞十六支光燈,即可明亮.城內老廠,須將各個鍋爐洗刷.各機改走真空,吃足馬力.有四萬盞十六支光燈,即可明亮.下關方面,約有燈萬餘盞,本不甚暗.如是改革,全部燈光,理想上應均可明亮.惟事實上,不能如是便利.因修理城內機器,需欵甚鉅.修好後,費煤數量,亦不能如新式機器之省.斟酌情形,祇有先添五百匹馬力狄思爾柴油發電機,安裝於下關新廠內,不須添蓋廠屋.同時將老廠機器一部份,加以修理,一部份停止,以節開支.將來營業起色,再添五百匹馬力或一千匹馬力狄思爾柴油發電機一座.下關方面,有空地可蓋廠屋.如是將城內機器,完全廢置,每月節省開支,達萬元之譜.并可將電力集中,便於支配.營業方面,須重編用戶名册,整理舊欠,改用表燈,開放日電,搜查偷漏,剔除積弊.則首都市政,大放光明,樹全國電廠之模範,可坐而致也.

著者既應前任李廠長之招,務思欲貫澈上項主張,召集各工匠,示以改革之意,與夫此後設施方針,咸有難色,自願告退.遂以一晚之時間,接收新舊二廠,并將各課員辭退,於是關於省煤省料諸問題,遂可次第進行.

西華門老廠發電機,共有六座.計五十開維愛一座.久已廢置不用,又一百二十開維愛三座.又二百七十開維愛一座.均用倍里斯莫根複式蒸汽引擎傳動.內中傳動二百七十開維愛發電機之引擎,其彎地軸,曾經折斷,由滬上某廠重做,現仍可用.又傳動三座一百二十開維愛發電機之引擎,其二座之斯藍脚,已有裂縫,用鐵板壓住,甚屬危險.又威斯汀好司複式蒸汽引擎一座,用皮帶傳動一百二十五開維愛發電機,其皮帶之敝舊,已如百衲之衣,仍不更換,從前官辦事業之腐敗,可見一端.鍋爐間內,計有水管式鍋爐六具.水管大半已燒壞,平日水渣厚積,尙不漏水,一經洗刷,即洞穿不能復用,一應附屬機件抽水邦浦等類,均多朽壞.處此極端惡劣情形之下.經濟又甚拮据.着手之初,僅將已壞水管換去,未壞者洗去水渣,汽管之漏汽者,設法封閉,邦浦之已壞者,加以修理.并指示生火方法,實地督察.經此小小改革,煤斤用量,驟自二十九噸,減至十五六噸,殊出乎意料之外.在此時期中,新廠臥輪發電機,上次重配之葉子,忽又脫落,片數且較上次爲多.遂向上海江南船廠定造葉子,如法配上.此役也,往返布置,需時十餘日.在此時期中,將新廠鍋爐,加以洗刷,迨葉子配就重開,已可少用鍋爐一個.(原來用三個鍋爐,現用二個.)用煤數量,亦自廿九噸,減至十四五噸.如是兩廠用煤,每日減去廿餘噸,仍發同量之電,每月省銀萬餘元.論理不添省煤機等設備,僅將鍋爐洗刷,杜塞漏汽,不應節省如是之鉅.則因昔時煤斤虛報,上下通同作弊,著者僅將其弊竇去除,無他妙巧也.至於整理用戶辦法,著者以近年經驗所得,只有改用表燈制,及嚴查偷電二法.二者須同時並進,則收數可增,而負任反減.即由廠方發出通告,限三個月內,一律換表,否則停電.同時開放新裝用戶.佈告朝出而報裝者夕至,爭先恐後,幾至戶限爲穿.蓋因向來電廠電力有限,供給各衙署公館軍隊及老用戶外,已無餘力,供給新用戶.故決計將數處街道,收數甚微者,完全停電.一方將商業繁盛區域,儘量擴充.如是一轉移間,化無用爲有用.當時備受被停電各戶之責難滋擾,後知無法挽回,則亦安之.至於搜查偷電,亦經組織就緒,在下關方面,先事搜查.適因政府議決電廠歸中央建設委員會接辦,廠長辭職,著者亦同時引退.現由潘君銘新繼續進行,一二年後,完成全國模範電廠,可預卜焉.

下圖係華洋義賑會所計劃之石蘆水渠工程,上期黃炎君所著灌溉工程續論曾參證及此,附刊於此以資參攷.

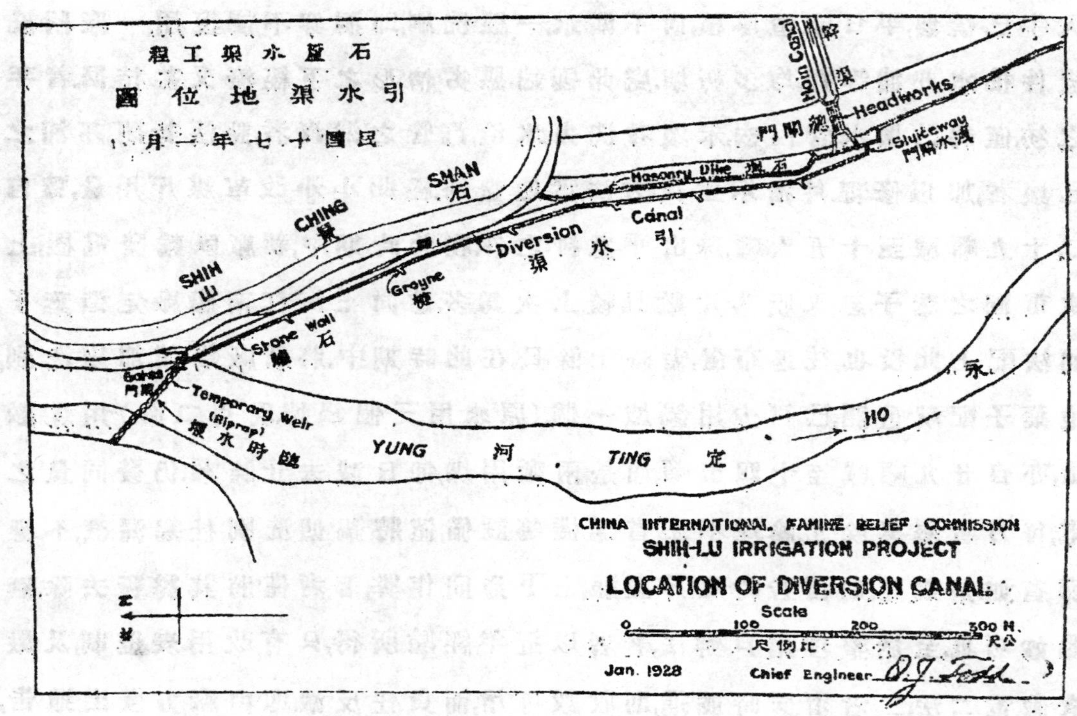

RCA-Radiola 16

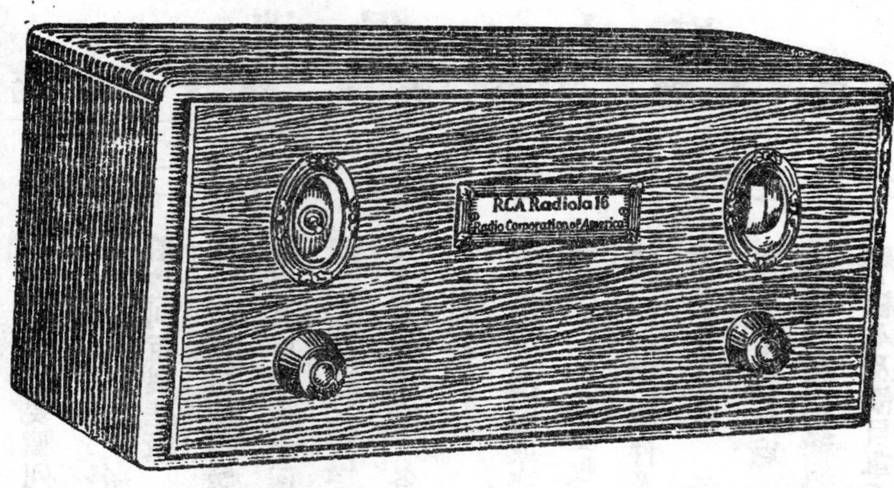

美國合組無線電公司

新式十六號收音機

此種無線電收音機使用便利收音響亮裝有真空管六只及單個調音盤定價極公道裝置最簡單實為家庭中無上娛樂品

美國合組無線電十六號收音機之式樣如上圖祗一長方木匣所有機械皆裝在一金屬底盤上可自箱背取出箱頂之蓋揭開即可整理真空管箱之正面係一整板箱漆花心木紋美麗堅實厯久如新

十六號收音機用蓄電池通電如用電流校正器則可接電燈之交流電非常容易內地無電燈之地方用十六號機最為相宜

此外天地線電池線以至喇叭線之接頭均藏在箱後以求整齊美觀收音時調度電浪遠近祗用一單獨機關聲音高低及電流開關各另有設備管理之

定價：連電泡真空管祗售大洋一百七十五元

美國合組無線電公司製造

上海分銷處惠勒公司

南京路十二號甲

請聲明由中國工程學會『工程』介紹

首都電廠之整理及擴充

著者：鮑國寶 潘銘新 陸法曾

南京電燈廠,舊歸江蘇省實業廳辦理.去歲改歸南京市工務局管轄.本年四月中旬始由建設委員會接辦.迄今已四月有半,茲將工程方面,整理經過及擴充計劃,報告如下.務望工程界諸君,加以指正.

(一)接辦時之工程狀況

首都電廠共有發電廠二所.一在下關,內有一千啓羅華特汽輪機一部.一在城內西華門,內有蒸汽機六部,共計八百二十開維愛.因不用凝汽設備,且年久失修,損壞甚多,實有能力,不過三百啓羅華特左右.下關電廠每度燃煤三磅餘.城內電廠則在十磅以上.且路線,桿木,變壓器等,破壞甚多,私燈偷電,比比皆是.故發電廠發出之電,損失於偷電漏電者約百份之六十.電燈電壓應爲二百二十伏而次,實在電壓則相去甚遠.甚至有低至三四十伏而次者.

(二)整理之計劃及經過

(甲)改良城內發電廠　城內發電廠機械不良,燃煤極費,發電量不及下關廠三份之一,而燃煤總數反過之.且因電流荷載太重,以致電壓低落.電壓既低,用戶多採用低壓電燈,電流因之更增,而電壓更低.故整理方針,一在增加機器發電力量,一在廢除城內廠不經濟之蒸汽機.近世發電原動機荷載較大者,自以汽輪機爲最經濟.但裝置汽輪機,須增加鍋爐及各種附屬設備,須時頗久.首都需用電力,刻不容緩.故採用黑油機.該機原有現貨裝置省時,可於極短時間供給電力,其利一.且不若汽輪機之須用多量冷水,可以設置於城內,暫時毋須裝置高壓線,其利二.以後建造較大電廠,城內廠可作預備電廠之用.黑油機用作預備原動力最爲適用.蓋開動極速,不用時毋須燃料.且人工較省,故以後大電廠成立,此種機器亦有相當效用.其利三.現已裝置者爲魏廷數公司二週期引擎二部,共四百五十馬力.尙有瑞士火車頭及機器製造廠製造之四週期引擎一部,計七百馬力,不久可運到.以後城內之蒸汽機,可以完全不用,而七百馬力之機器,即可裝置於現有之蒸汽機地位.當新機未工竣,舊機已拆卸之際,電力必有不足.故現裝置小引擎二部,共一百

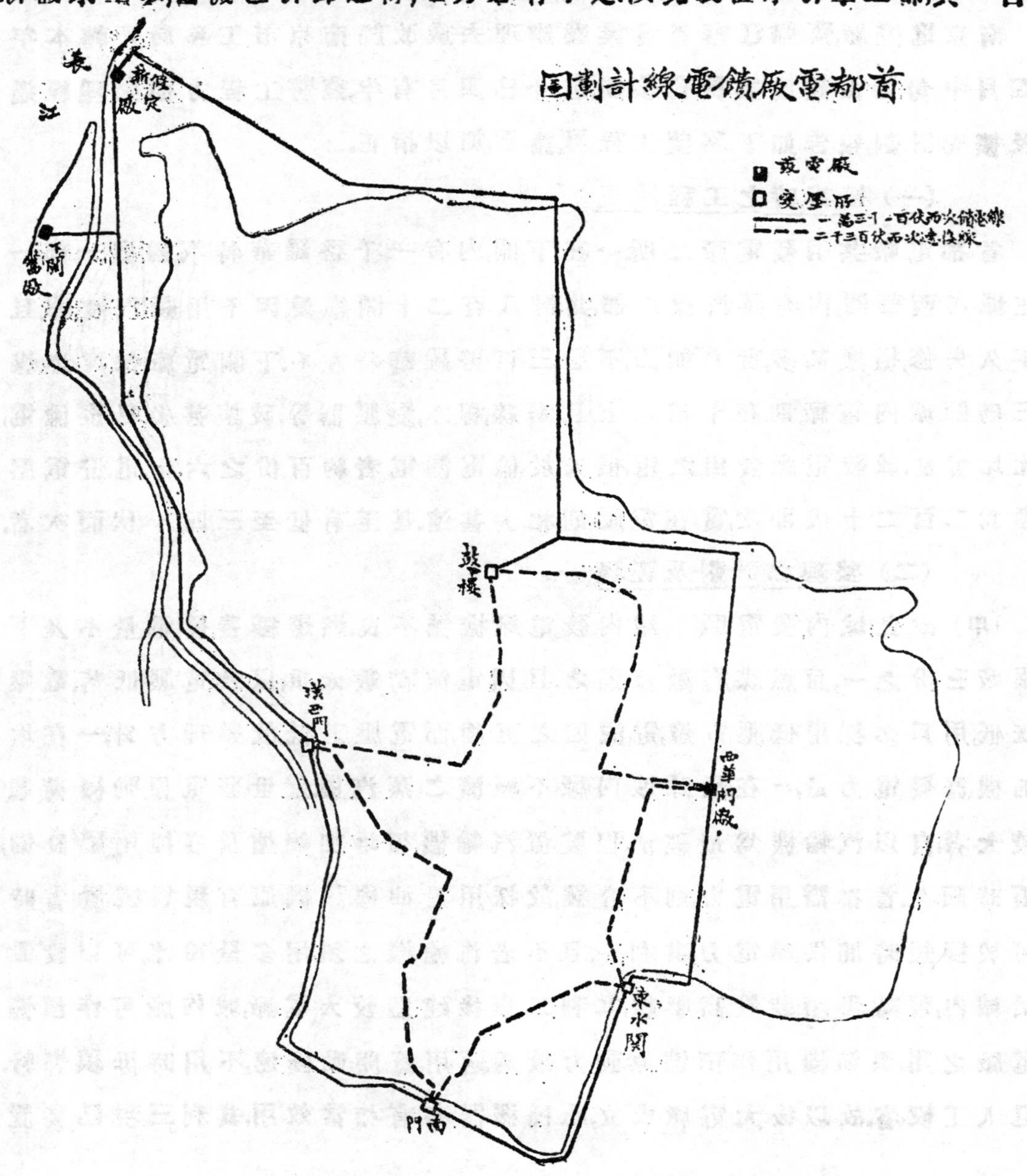

八十五馬力,以爲過渡時期之用.新機裝置完畢,城內廠共有九百餘啓羅華特.

(乙) 分清饋電區域劃一分配電壓　下關發電廠發電機發出之電電壓爲二千三百伏而次,直接供給下關及城內一帶.另用變壓器升高電壓至六千六百伏而次,由海陵門進城輸送電流至城中之龍王廟變壓室,降低電壓至三千三百伏而次,供給城中及城南區域.城內廠則發出三千三百伏而次之電流,供給城中城南城西區域.分配電壓,或爲三千三百,或爲二千三百伏而次.饋電區域,頗見凌亂,一地時有數種電流,非特系統紊亂.且極不經濟.故整理方針,一爲分清饋電區域,一爲劃一分配電壓.分清饋電區域程序,先將大行宮以南,花牌樓太平街南門大街以東,俱由城內廠供給.以後城內廠機器增加,則將供給區域向西進展,龍王廟變壓室所供給區域,向北收縮.下關進城之二千三百伏而次線供給區域,更向北移動.務使疆界分清,達整齊便利及經濟之目的.至於電壓不齊一,實爲互相聯絡之最大障礙.現在目標,使所有分配電壓俱爲二千三百伏而次.城內廠新機俱用二千三百伏而次.故新機裝畢則城內廠之三千三百伏而次電壓,自然取消.龍王廟變壓室之三千三百伏而次電壓,亦設法改爲二千三百伏而次.

(丙) 聯絡下關及城內二廠　在午夜後,下關廠荷載,不過七百啓羅華特.城內廠荷載亦不過三百啓羅華特.苟二廠電線可以聯絡,則電流可由下關一廠供給,燃料必能經濟.現二廠不相聯絡,各自供給電流.無論荷載如何輕,雙方須同時發電.現擬將二廠電線接通,以收經濟之效.

(丁) 全城改裝電表　南京向兼用包盞,及按表計算電力制度.現因包盞制度,流弊太多,設法廢除.分區整理,飭令包盞各戶,改裝電表以節糜費,而免偷電.

(戊) 其餘整理情形　以上所述,不過舉其大者.其餘如鍋爐機器之修理,電線電桿木之更換,變壓器及總線支線之整理,私燈偷電之整理等,俱在進行中.

(三) 新電廠計劃概要

首都建設開始,用電量日增,原有設備,不久必覺不足.非另設新機,不足以付應用電之需要.求燃料之經濟,管理之便利,自以用蒸汽機爲最佳.茲將新電廠計劃概要,略舉如下.

(甲) 地位之研究 汽輪機發電廠地點之最要條件,爲附近多量之冷水,以作凝結蒸汽之用.故發電廠必須在大河之旁.下關廠地位,雖在江濱.而該處水流甚急,永久江岸線尙未規定,給水建築,施工不易.且右鄰中山大道,以市政美觀而論,亦不宜在此建廠.爰擬於下流或城西沿河處,能供給充分水量及運輸便利者,以爲廠基.

(乙) 廠內設備之研究 擬先置三千開維愛汽輪發電機一具.以後用電增加,再置三千或五千開維愛發電一具.首都城市日益發達,電氣之須用必增加甚速.但首都究非工業之區,營業仍以電燈爲主.至於電力之發展,數年內尙不至增加極速.廣州電廠共有機器一萬二千開維愛.北平電廠共有機器一萬開維愛.今首都新廠有六千或八千開維愛之設備.連同下關原有之一千啓羅華特,城內黑油機約九百啓羅華特,數年之內,必可應付裕如矣.

計劃及選擇籌備之目標,首爲確實可靠之設備,務使電流無間斷之虞.次則重效率,省燃料.又次則不使開辦費用過高.故過於複雜之附屬設備,雖足以略增效率,而增加開辦費過多者,亦不採用.惟如汽壓之增高,廢汽之利用,則尙須加以攷慮.至附屬機器,則除最大者,兼用汽電原動力外,俱用電力運轉.

(丙) 輸送及分配電力,現擬規三級電壓.一萬三千二百伏而次爲特別高壓.二千三百伏而次爲高壓.三百八十及二百二十伏而次爲低壓.特別高壓,擬暫設饋電線二路,環市而行,互相連接,成一特別高壓圈.於此特別高壓圈中,設置變壓所數處,自一萬三千二百伏而次,變壓至二千三百伏而次.每一變壓所接出高壓饋電線二路.與左右鄰近二處變壓所接通,使成一高壓圈,由此高壓圈供給全市配電變壓所.由二千三百伏而次,變壓至三百八十及二百二十伏而次,以應全市之需要.

DRYING HIGH TENSION TRANSFORMER BY OPEN FIRE METHOD

著者：費福燾 F. T. Fee,

Transformers transported from abroad, or stored for a certain time in damp rooms or where the oil was supplied separately, must be dried with the oil before running in order to insure the insulation of coil as well as the oil. There are a number methods of drying, namely:

(1) By open fire
(2) By heating resistance
(3) By oil drying equipment with vacuum apparatus
(4) By motor driven oil filter
(5) By short circuit method

In this country, the writer strongly recommends the first method for small and medium size transformer due to its cheapness, simplicity and reliability. The second, third and fourth all involve the initial cost of the auxiliary drying outfit and furthermore, the econd method of drying in general requires somewhat more time than the drying by open fire owing to the fact that the lower layer are not properly heated, and it is always necessary to draw off some oil at the bottom of the tank and pour it in again at the top from time to time. The last mentioned method is no more reliable and in fact dangerous because in order to get the outside layer of the winding of transformer hot enough to dry, the inside layer must be carried to a temperature sufficient to damage the cotton insulation. This is particularly the case if the transformer has already been immersed in oil, which is liable the case during testing before despatched in foreign manufacturing works.

From the above considerations, the writer prefers the open fire method which is carried out by him on June 1927 in drying 2 High Tension Transformers for the substation of Soochow Electricity Works. The data of 2 transformers are as follows:

(a) One—640 kVA. step down Transformer, 3-phase No. B25717, Type T1914, 2300/16500 volt, ampere 165/22, 50 cycle, manufacturer Brown Boveri & Co.

(b) One—320/285 kVA. step down Transformer No. B25562, kVA. 320/285, volts 16650/2442, 50 cycle manufacturer, Brown Boveri & Co.

First, the insulating bushes are removed and the transformer cover is lifted by a 3 ton crane; then wooden wedges between tank and transformer are removed (These wooden wedges were inserted to ensure safety during transportation). The inside is thoroughly inspected and any saw dust and dirt are blown out.

The cover is sufficiently lifted 4 inches above the rim of the tank so as to enable the steam produced by the boiling of the oil to escape freely and quickly, as otherwise the steam will be condensed on the cover and is liable to flow back again to the oil.

Before pouring the oil into transformer, the untreated oil is filled into a pyrex test tube by burning on an alcohol burner at a temperature ranging from 115°C to 120°C to have a preliminary test. The same showing no cracking noise or rinsing bubbles proves to be a good quality oil. The transformer must be washed beforehand by about 10 gallons of untreated oil and led out through the oil drain screw in order to wash off the rust inside due to the absorption of moisture during transportation. Then the oil tank must not be filled with oil completely but only to about 9 inches below the rim of the tank as it is observed that the oil will expand in consequence of heating and rises and begins to foam (expansion 10-15%). For this reason, the oil must not be completely filled,

When everything is ready, put on the fire, and record the reading of thermometer from time to time. The transformer must be dried out in a dry room and without draughts. The bottom of same was placed on an iron plate resting on a brick base, The oil is made to boil by good quality charcoal and the flame is so adjusted that its tip just touch the transformer bottom surface.

Readings were taken every 15 minutes for the 60 hours continuously. During the drying out process, the temperature at the surface of oil should not fall below 110°C, not exceed 115°C. Great care is taken to maintain the oil temperature near 112°C, Higher temperatures are injurious to the oil and to the insulation, while lower temperatures lengthen the drying out process too much. The drying out precess is supervised for both day and night. The result is plotted as shown on the following figure: In general, the drying can be considered as finished as soon as there is no sign showing rising bubbles but only can be ascertained by testing the break down voltage by using 2½″ electrodes at distance 3/16″ and the break down voltage should not be below 25.000 volts.

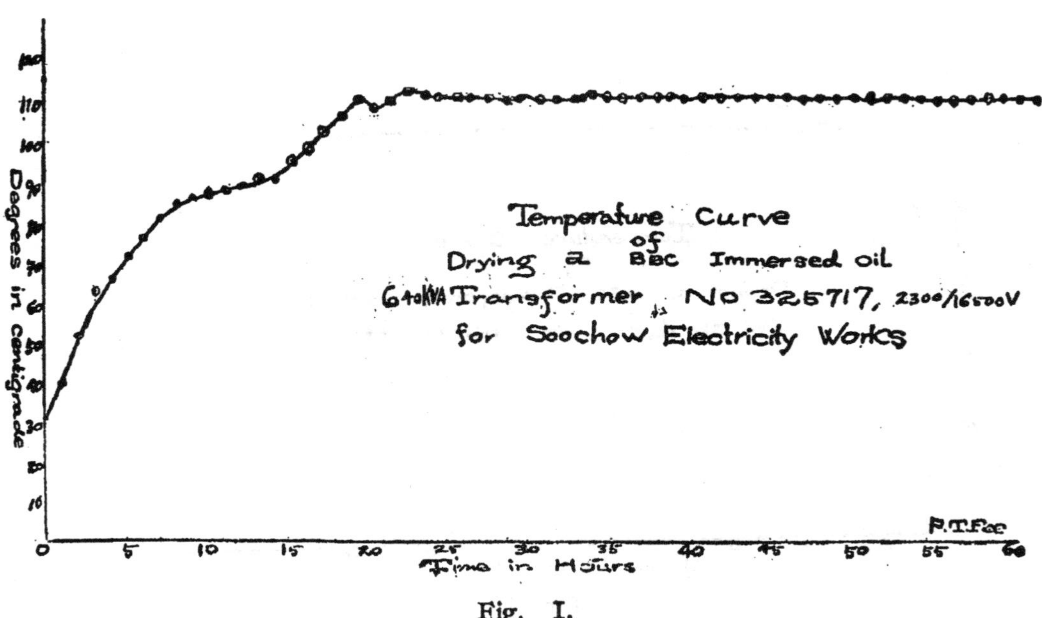

Fig. I.

Inspection of curve, on Fig. I, shows that the temperature rises very slowly along 87°C, so the curve is little flat there. This may be attributed to the fact that the design of same bears maximum amount of radiating capacity at this temperature so that the heat input and output are balanced. This indicates that it is a very good made transformer. Latter on, in order to hasten the process and prevent its radiation as much as possible, the transformer is wrapped on wood-plates, so the temperature again rises and to the desired temperature 112°C. This takes about 20 hours from starting temperature at 31°C. After continuing for 40 hours, the oil surface became quiescent and the process is completed. At 60°C, it is observed that much bubbles rose from the laminated core sheet and flow from centre to outside. This indicates that the transformer has absorbed moisture in lamination and therefore must be carried off entirely as otherwise the transformer may be damaged after service owing to defactive insulation.

After drying for 60 hours, the oil is allowed to cool down by taking off the wood plate wrapped on radiators and the door was opened for draught. Then the insulators and dial thermometer are put on. The refilling oil which was dried in another kettle in similar way is poured in order to make up the oil up to standard level marked.

The 640 kVA. transformer uses about 320 U.S. gallons of transformer oil. It is estimated that one kVA. needs about ½ gallon of oil. The charcoal consumed is about Mex, $30, the amount being not large owing to the cheapness of fuel in this part of the contry.

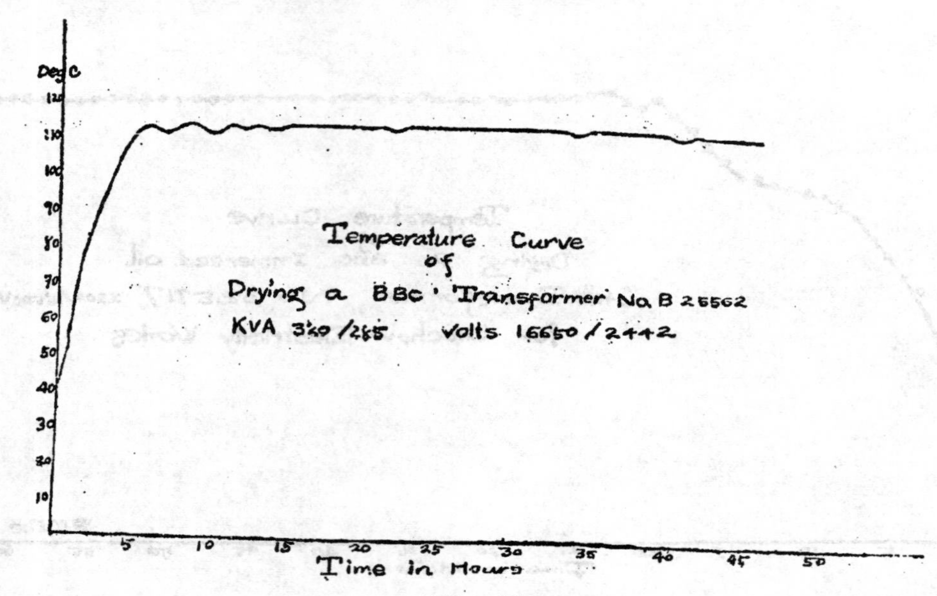

Fig. II.

After refilling, some treated oil is laid off from the drain screw to a test tube and tested in a burner to about 150°C. The dried oil is found to be very satisfactory, neither bubbles nor cracking noise are observed and the color is very clear somewhat light yellow. The sample is kept for future reference.

During the test, the necessary apparatus are the oil level indicator which is port of the transformer, thermometer ranging from 0-400 degrees C.; one or two copper kettle for refilling oil, one or two barrel of sand for extinguishing purpose, one funnel with filter, one crane or block, I-beams, fire bricks, iron plates, hammers, wrenches, test tubes and burners and fuel.

The above two transformers are used for irrigation work, supplying electricity to motors of various districts and have been in operation under full load very satisfactarily.

本會圖書室通告

本會圖書室，特定各項工程雜誌現將已寄到者公佈如下：

Engineering News Record; The Architectural Forum; Journal of A.I.E.E.; Journal of of A. S. M. E.; Industrial Engineering; Oil, Paints and Drug Reportor; Chemical and Metalluorgical Engineering; Journal of Society of Chemical Engineering; Science Abstract; Factory & Industical Management; Engineering; Automotive Industrial.

五洲固本肥皂

（完全國貨）

提倡國貨

即是救國

本公司在徐家滙創設五洲固本皂藥廠拓地卅餘畝內部完全德國機器分製皂製藥製化妝品衛生藥品各部男女職工五百餘人皂部如五洲固本皂香皂中華興記香皂藥皂洗綢皂等百餘種藥部如人造自來血樹皮丸月月紅女界寶海波藥呼吸香膠麥精魚肝油等數百種化妝品如花露水美容霜美麗康生髮油等數十種衛生藥品如亞林防疫臭水樟腦丸殺蚊盤香等數十種貨真價實久已馳名伏希愛用國貨君子提倡而賜教之幸甚

上海 五洲大藥房有限公司暨五洲固本廠謹啟

請聲明由中國工程學會「工程」介紹

商務印書館出版

工業學校教科參考書

工業概論

工業政策……二册四元
英文工業管理法……四元
科學的工廠管理法……三角
現代工業叢談……七角
現代鐵路叢談……八角
支配鐵路火車概要……四角
工業常識……七角
世界各國之糖業……一元二角
中國實業要論……五角五分
中國鑛產……二元五角

製造工業

無機化學工業……三元
工業化學實驗法……三元
化學工藝寶鑑……一元五角
工業藥品大全……二元四角
工藝製造法……一元八角
香粧品製造大全……二元四角
日用工藝品製造法……五角
最新化裝品製造法……六角
冶金學……二元八角
鐵冶金學……九角

新學制 高級工業 教科書

工廠設備……六角
實用工業衛生學……一元五角
工業簿記……五角
車牀木工……二角
材料強弱學……四角
陶瓷學……六角
實驗電報學……六角
市政工程學……八角
鐵路工程學……八角
汽車學……七角
冶鐵學……八角
染色學綱要……六角

理化簡易器械製作及實驗法……七角
實驗無線電話收音機製造法……四角
動物標本製作新法……九角
染色學……二元
照相學……一元四角
造紙概論……一角

發動機

蒸汽機……九角
內燃機關……二角五分
發電機電動機構造法……五角五分

機械學

機械學……六角五分
機械學習題解答……二角
工業化學機械……二元四角

機械畫

應用用器畫教科書 (一)幾何畫 (二)機械畫 每册五角
機械圖畫法……七角
畫法幾何學……五角五分

天(1402) 25-8-17

請聲明由中國工程學會『工程』介紹

平漢長辛店機廠概況

著者：張蔭煊

鑄冶廠之建築及其現狀

本廠職務　澆鑄機件之全部工作,除製圖造模型外,多在鑄冶廠完成之.故本廠職務有四:(一)翻製沙型.(二)鎔金.(三)澆金.(四)刷淨.

建築　廠屋係鋼架磚牆建築,共東西兩造,緊鄰並列每造分二十股 Panel,

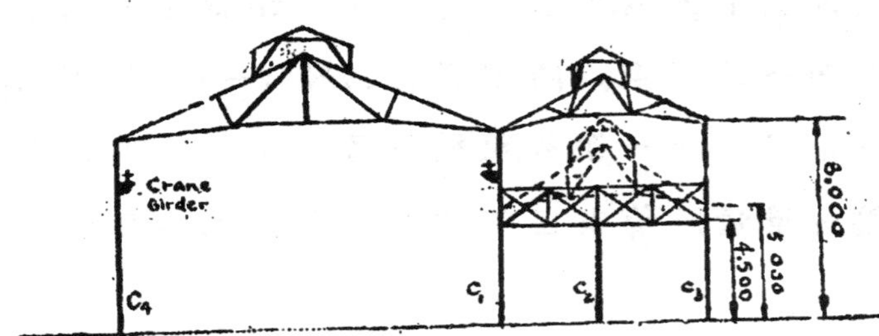

每股長五公尺,跨間 Span 東造爲八公尺,西造爲十五公尺.合計東造長一百公尺,闊八公尺,高五公尺,(自北第十一,十二二股高八公尺)西造長一百五公尺,闊十五公尺,高八公尺.兩造總共佔地長一百公尺,闊二十三公尺.此外西造西北角有餘屋一間,長四公尺,闊五公尺,高二公尺半.屋面用曲鋼皮瓦,斜度東造爲每一平行公尺高起二五〇公釐,西造爲每一平行公尺高起二二四公釐.屋脊每隔二股築有脊樓 Center Monitor,東二造脊樓高一公尺,闊二公尺,七百公釐,西造脊樓高一公尺一百公釐,闊公尺三百公釐,地面用泥土平鋪,磚牆高二公尺半,厚二五〇公釐.玻璃窗係鋼架連續式.西造有五噸起重機 Traveling Cranc一具,(現尚未裝)二噸半靠柱旋臂吊機二具,一噸半靠柱旋臂吊機一具.東造第十一,十二二股築有鎔鐵爐二具,炭鐵加添檯 Cupola charging Floor一具,計共長十公尺,闊八公尺,高出地面四公尺半.四面圍以一公尺高之鐵欄,欄底有二百公釐高之安全板 Toe Board. 北面有鐵梯,以便工人上下,檯之中心,築有五噸人力升降機一,以爲鎔鐵原料之供應,餘屋一間,爲貯存鋼料之用.此本廠建築也.屋架大概,詳上

圖.

<u>設備</u>　本廠現有設備,詳槪況(一)內不再贅.

<u>原動力</u>　本廠需用機力之處,如吹風機,沙石磨鑽機等是也.而以吹風用機力最多.銅爐等用風,均由離心力式吹風機吹送.其原動力由一三馬力直流電動機直接施送.

電動機傳動於統軸 Line Shaft 由統軸而各機轉軸.統軸係鋼質,直徑七十五公釐.統軸帶盤直徑一公尺四百公釐,闊二百五十公釐.每分鐘二百四十轉,接連統軸及電動機之皮帶,係雙層皮,闊一百七十公釐,共厚十二公釐.

<u>工人與工資</u>　本廠共有工人五十九人,內有匠首二人.工作時間,每天十小時,上午六時半至十二時,下午一時半至六時.工資有二種:(一)日給工資,以每日每人之工資率計算,自前月二十一號起,至給付月二十號止,按照到工時間結付.(二)包工資,以鎔金重量計算.其包工價,在一九二六年所改定者如下:

鎔金名	包工價	元角分
半鋼	每噸	六六五〇
生鐵	每噸	三三五〇
銅及混合銅	每噸	三六五〇

包工資之結算及給付,與日給工資相同.惟包工資以每月共鎔金若干爲計,結一整數.先照各工人日給工資,提出分發後.再將餘欵仍照各工人日給工資爲比例,核算分發.

<u>工作概述</u>　本廠工作有四,已如上述,(一)翻製沙型,(二)鎔金,(三)澆鑄,(四)刷淨.茲將各該工作分述如左:

翻製沙型分二類:曰濕型, Green Sand Molding, 曰乾型 Dry Sand Molding. 前者用細沙翻成,澆鑄時沙中含有水分,惟型面之沙因空氣之接觸較內部稍乾.乾型用較粗沙粒,澆鑄前必用烘爐,使內部外面水分盡行蒸去,成極堅固

之沙型,濕型用於小件,尤以銅件爲多.乾型用於澆製大件,以鐵件爲多.翻沙所用模型,大部爲木製,此外有鐵製者,有銅製者,惟爲數極少.模型亦分二種:曰売模,曰心模,凡心模所翻出之沙型,不論大小,全屬乾型.機件之虛空部,多係心模翻出之沙型爲之.澆鑄時此項沙型,須置於売模所翻出之沙型內.所用沙粒較粗,雜和多量之黏土及木屑,以免去沙粒之分散,並使心型本身堅固.翻製時將備就之沙料,用水使其黏濕,以鏟分多次,盛少許於心模內,至盛滿心模爲止.在每次加沙後,以鐵竿擊緊鋪沙部份,使各部結實.體積重量之大者,用鐵條鐵釘鐵絲等作成骨骼,塗抹泥漿於盛沙前置於心模內以保型體之正確,而免有瓦解之虞.盛滿之沙,既經擊緊堅實,用削鏟將外面有沙部份,一一削平,用鐵栓鑽成小孔,便烟氣之流通,然後將心模各件,一一好爲解去,遂成心模翻出之粗毛沙型,自後用曲鏟平鏟等,將各面毛粗不平之處,一一修飾填補,使其平滑,塗水炭粉 Graphite 一層,後即置烘烤室烘架上焙之.隔一二日取出,吹去炭灰,成完備之心型.所塗之水炭粉,其功效有二:(一)心型於澆鑄時,終在売型之內.澆鑄後心型即被強烈熱度之液體籠罩,此時心型之單薄處,即有被燒毀之虞,惟有此炭粉層之隔離,即得免除.(二)心型沙粒較粗,面上不甚平滑,有此炭粉層後,不平之處多爲填平,而於烟氣流通,不有損害而澆鑄時金屬面更爲平滑.心型烤烘室用炭,平均每次開鐵爐須九百公斤.売模沙型之翻製,與心型大略相同,惟用沙較細,而黏土之雜和較少.其最可分別之點,即売模在翻沙型時,常在沙之包圍中,而心模則包圍心沙型.爲是翻製心型不用沙箱,而売型則非沙箱 Hask 不可.普通売型,至少需沙箱二:一爲底型 Drag,一爲蓋型 Cope.本廠翻製売型時,底型常於地面扒掘翻製,祇用一箱以爲蓋型.箱係鑄鐵,大小隨模型而定.現時最大者,長九百公釐,闊四百五十公釐,高一百公釐,深十五公釐.最小者,長三百四十公釐,闊二百七十公釐高七十公釐,厚十公釐.

翻製時,此在地面扒掘適當之孔洞,以沙篩篩沙於洞內,此沙鬆散均勻,謂之鋪面沙 Facing Sand.將滿傾模型入沙內加錘擊,使各部結實,再加沙並錘擊,至高及模型之底型及蓋型相接處.用鏟在此處削成凹圓平滑面,用吹沙器將散沙吹去,並在模型與沙連接處,用水帚濕之,以防此項邊緣之失黏性而破碎.復散播黃沙一薄層於沙面,此沙用以隔離蓋型與底型者,謂之隔層沙Parting Sand.再以吹沙器,在模型面將黃沙吹去,於是將模型之蓋型部鑲於底型部,加上適當之沙箱,在模型附近,插一錐型小木竿,以爲沙型中之澆注道.用沙篩篩面沙於箱內,至模型謚被蓋沒時,用鐵竿在模型四邊擊型,使各處結實,同時使錐體木竿立直,復用鏟盛沙入箱,至沒箱頂時,以鐵竿鑿擊各處,並加重錘擊,使堅實.再用直邊木條,沿箱頂將沙刮平,並用平鏟,將沙面摩平.在錐體木竿周圍,扒成喇叭口後,即將該木竿取出,遂完成蓋型.在沙箱四圍近角處,釘木拴(四根至十餘根)以防往後之移動.木拴釘畢,即將沙箱舉起,並反置於底型之附近.在底型面之錐型木竿插入處,型成平滑之凹圓孔,由此孔扒一平滑溝,直通模型面,以便鎔金由澆注道直入此凹圓孔,由此孔沿溝而直入沙型.溝成,將底型內之模型取出,次取出蓋型內之模型,此時蓋型與底型大部已光滑正確,惟倘有小部平面與邊緣等,在取去模型時,以致損毀者,必一一用其曲鏟等使光滑,並角緣具備,與原模型無甚差異.迨各部修飾完美,再塗黑炭粉一層.塗畢,若係濕型,則任其自然乾燥.若係乾型,重者則用烘爐 Partable oven 焙之,輕者則置烘烤室 Core oven 蒸乾之.蓋型底型既經烘乾,至適當程度,將已烘乾之心型一一鑲入,而後將蓋型舉起,沿釘就之木拴蓋於底型上,至各處適合時,將沙推塞蓋型與底型相接處,以防澆鑄時鎔金之外流.復在蓋型底面,用鐵拴鑿百數十孔眼,以利澆鑄時烟汽之流通,至此翻製沙型工作始告完成.

大部沙型,均用手翻製,惟有一二種軏履,在翻沙機 Molding Machine 上爲之.用時將模型(壳模)置機上,將細炭粉篩於模上,再圍上沙箱,盛沙於箱內,照平常之翻製法,將各處鏟擊結實,箱頂刮削平滑,而後將機上搬槓一拉,沙箱同已成之沙型,被高舉而離開模型,於是二人將高舉之沙箱,取平反轉,置於地面,遂成底型Drag.如前法將應爲之底型,一一作畢,將売模取下,換一平板,及錐體木竿於機上,如前法翻成平面之蓋型 cop. 此機出貨甚速,且甚平滑,可免去修飾,各件底型及蓋型翻製完成後,照上述之手續,使其互相配合,以備澆鑄.

本廠所鎔金屬有三類:(一)鑄鐵類,(二)銅錫鉛錦等類,(三)半鋼類.鑄鐵每月能鎔自二十噸至百噸,銅類每月能鎔自二噸至十噸半,鋼類出數極微.

鎔金工作可分四步:即 (一)配料,(二)駕爐,(三)開爐,(四)停爐是也.鎔鐵開爐一次,至少須有五噸之澆鑄工作.鎔銅或鎔半鋼開爐一次,至少須有八十公斤之需要.現時本廠平均每星期開鐵爐二次,銅爐每日開鎔二次,半鋼爐無定期.開爐之前,匠首估計用料,請求當局,塡發領料單,前赴庫房一一領取,加以配合,惟本廠向例,除銅類配合成分另有定則依照外,鑄鐵半鋼等配合,由匠首自行酌定.其平均配合方式如下:

(甲)鑄鐵

物料名	百分之成數
生　鐵	六〇
鑄口回爐件等	一五
破舊鑄件	二五
共	一〇〇

(乙)半鋼

物料名	百分之成數
破壞弓簧片	六〇
英國生鐵	一五
熟　鐵	二五
共	一〇〇

生鐵來自漢陽者爲多,其組合成分(百分之成數下同)如下:—

鐵	九二.五二	炭	三.八〇	矽	一.八〇
錳	一.八	磷	〇.〇二	硫	〇.六八
砒	一些				

銅錫鉛錦金屬另有定則,玆分述之如下:

(甲) 第一類白色金屬 Babbit, 質軟韌宜於低負載 Load, 適用於沸熱汽式機車上汽閥各桿 Valve rod 之墊環 Packing. 其組合成分如左:

錫 八三.五 銻 十一.〇 銅 五.五

(乙) 第二類白色金屬,質軟而鎔點較高,適用於沸熱汽式機車上韝韝各桿之墊環.其組合成分如下:

鉛 九一.〇 錫 六.〇 銻 三.〇

(丙) 第三類白色金屬,質堅韌在超沸熱汽溫度,及磨擦所發生之高熱中,仍能保存相當之韌度,而不鎔化,且甚耐用,適用於超沸熱汽式機車上汽閥及韝韝各桿墊環.其組合成分如下:

鉛 八〇.〇 銻 二〇.〇

(丁) 第四類白色金屬,適用於機車大軸連桿十字頭等承襯上之白色金屬其組合成分如下:

鉛 七五.〇 銻 一五.〇 錫 一〇.〇

(戊) 第五類白色金屬適用於機車轉盤軸 Bogie Axle, 水櫃軸 Tender Axle, 客貨車軸等承襯上白色金屬.其組合成分如下:

鉛 八五.〇 銻 一〇.〇 錫 五.〇

(己) 第一類承襯金屬,適用於機車搖桿軸連桿軸之承襯 Bearing Brass, 及搖桿連桿等之銅套.其組合成分如下:

銅 八〇.〇 錫 一一.〇 鉛 九.〇

(庚) 第二類承襯金屬,適用於機車大軸前後轉盤軸等之承襯,以及車輪心銅墊等.其組合成分如下:

銅 七二.〇 鉛 二二.〇 錫 六.〇

(辛) 第一類銅料適用於鑪面銅件.其組合成分如下:

銅　六〇.〇　　鋅　四〇.〇

(壬) 第二類銅料,適用於普通銅件其組合成分如下.

銅　八〇.〇　　鋅　一五.〇　　錫　三.〇

鉛　二.〇

(癸) 第三類銅料,適用於機車上編號銅牌.其組合成分如下:

銅　九一.四　　錫　一.六　　鋅　五.六

鉛　一.四

鎔化銅類及半鋼均於銅爐中爲之.所用燃料,盡爲焦炭.此項銅爐,除莫爾江銅爐外,皆築在地下,每具內直徑五百二十公釐,深七百四十公釐,開爐時用風由離心力式吹風機供給.配就之銅料不能同時鎔化,須分先後,鎔點高者在先低者在後.鎔化時將料置沙罐中,次將沙罐置爐內,四圍及頂底均塡塞焦炭,爐頂再覆一圓頂大沙石,蓋吹風由爐底吹上,火焰亦如之,碰於沙石蓋之圓頂,熱炎即被反射而集中於沙罐內外.煙氣則入爐頂附近之出烟道,經烘心室之鐵烟囪而逃出.鎔銅一罐重約百公斤左右,需三小時,用炭平均每鎔百公斤銅錫鉛銻料,需一百八十公斤,鎔時料之損失,平均爲百分之七點五.

鎔化半鋼,每百公斤需六小時,料之損失爲百分之十五.

鎔化生鐵,在鐵爐爲之,手續較鎔銅爲繁.

近年來本廠常用三噸鐵爐,今以其開爐時手續述之:

五噸鐵爐內直徑九百四十公釐,高七公尺.三噸鐵爐內直徑七百公釐,高七公尺.閙爐時,工人由出爐門 Cleaning door 進爐,用火磚及火磚硝泥之混合物,將內面爐牆各處修整平伏並將鎔鐵口 Tap Spout,鐵渣口 Slag Hole 等,一一鑿通,並將口之內牆塗泥沙一厚層,修畢,再在爐底塡補堅實之沙一厚層,加水及錘擊,更使堅實光平而斜向出鐵口.於是用木柴在爐底燃燒,迨爐內各部乾透,去柴灰再加木柴燃燒,同時加大塊焦炭,半小吋後焦炭已被燃,即用鐵竿在爐內堅擊,使炭滿佈爐底各部而結實,同時在出爐門用大塊炭,砌成牆壁,並在加添門charging door加炭至近風口Juyere之處,再隔半小時,爐中已滿佈統紅之火用濕泥一厚層,塗於出爐門之炭壁上,而後將爐門關上,並用鐵銷關緊,此時門後有濕泥門之縫隙,被泥封閉,不能通風,同時在加添門加炭,至離風口半公尺處(佳炭),或七百公釐處(次佳炭),此項自爐底至此處之炭,謂之底炭.平常用三噸鐵爐時,此項底炭重四百公斤(佳炭),或六百公斤(次佳炭).底炭高度既經配定,遂開動羅次吹風機,並開總風門,放風入爐.十分鐘後,底炭已全燃,即投下生鐵一層重約三百五十公斤,並石灰岩約十公斤.投畢再加炭一層,重約三十五公斤(佳炭),或七十公斤(次佳炭).如是鐵炭相間,逐層投入,至高及加添門爲止.在每第五層之生鐵,須和入石灰岩十公斤,以利去除銹污作用,此時出鐵口仍開放,迨鎔化之鐵,流放約數分鐘後,即用泥團 Bod 止塞之.此初出之鐵,可作燒熱澆桶之用.自投鐵入爐至止塞出鐵口止,需時十餘分.止塞後,另以鐵竿由風口插入爐內,爲左右上下之擊鑿,使鎔化之鐵,不爲炭阻隔而直降積於爐底.十五分後,爐底已積鎔鐵五百餘公斤,即以澆鑄桶置於出鐵口,近前用鐵拴鑿去泥團,鎔鐵即衝流於澆桶內.同時衝流乃逐漸減少,至甚小之時,所積鎔金已將盡,再用泥團止塞之.此時澆桶或二人扛移之,或用靠柱吊機吊移之,至沙型前備澆鑄.如是每隔十分,出鐵五百餘公斤.出鐵二次後,須加鐵炭各四層.二小時後,爐內積鐵渣Slag 甚多,須設法撤去.於是先以鎔鐵放盡,以泥止塞出鐵口,同時開放出鐵渣口(較出鐵口爲高),因此物質輕,鎔鐵續漸增積,鐵渣卽漸上舉,至出口即流出,惟生性甚黏韌,流出時須以鐵鉤幫助之.鐵渣撤盡,仍繼續出鐵如前.停爐時須將鎔鐵撤盡,而後撤去出爐門,用大鐵槓鑿破泥層,將爐內餘炭,等盡行撤出,以水息滅之,備下次澆用.

如此鎔化每百公斤鐵料,平均需用炭十八公斤,每出淨鐵百公斤,需用炭二十四公斤,鐵料損失平均為百分之四.

澆鐵桶有三種甲種容量一噸,乙種容量二百公斤,丙種容量一百公斤.二百及一百公斤之桶,澆鑄時二人扛移.一噸者用吊機移動.澆鑄時,二人扛桶至沙型之澆口,將桶斜倒,另一人執一灣竿,搭於鐵液面,於澆鑄時阻止上浮之雜物,混入沙型.至澆口滿出鐵液,而不再下降時方為澆鑄完成,易他型同樣澆灌之.

每型於澆鑄十五分後,即以沙箱撤去待冷.

鑄件完全冷固後即取出,先以錘折斷鑄口,後將面上所帶之沙塊,用錘打毀之,再以鋼刷刷淨型心之沙,另以鑿除去之.折下之鐵鑄口,平均為鐵料百分之十四.銅鑄口平均為銅料百分之二.洗淨之件,祇須修飾洞眼者,即在廠上鑽機上為之.須他種修飾者即交機器廠.無須修飾者,即交庫房存貯.

軋鐵廠之現狀

(一) 軋鐵廠之略歷

長辛店機廠,於民國五年,添建軋鐵廠.用拼合製鐵法 Fagoted and Busheled Process,軋製各種鋼鐵條.成立以來,成績卓著,昔時本路常以每噸二十五元出售之銹舊軌釘及各廠之廢碎鋼鐵鈑,今日成為軋鐵之唯一原料.歷年積存之廢舊輪軸輪箍,亦得改軋各種鋼條.廢物利用,於經濟之補益,實非淺鮮.歐戰時,鋼鐵來源梗塞,而本路機廠,未嘗缺乏.其功效可想見矣.

(二) 建築　設備

軋鐵廠廠屋,係鋼架磚牆建築.分二部,一為正屋,一為邊屋.正屋長六十五公尺,闊十五公尺,高八公尺.邊屋長三十七公尺,闊五公尺七百公厘,高五公尺.(屋面用曲鋼皮瓦 Corrugated Steel 地面用泥土平舖.屋面斜度,為每一平行公尺高起二百六十六公厘.磚牆高二公尺半,厚二百五十公厘.上飾鋼架連續式玻璃窗).正屋直長方向,築有五噸起重機 Traveling Crane 一架.廠內現已設置二噸旋樞吊機一架,一噸一百四十公斤雙架汽錘一具,二百五十公斤煅鐵爐二具,三噸燒鐵爐 Reheating Furnace 二具,六百三十三平方呎火面火管式廢熱鍋爐三具,軋鐵機 Ajax 14"×44½", 3—high Rolling Mill 一具,軋棍九件,鋸鐵機 Ryerson Friction Saw 一具,鋸片八件,一百馬工率電動機一座,三十五馬工率電動機一座,打鐵爐一具,鳥嘴砧 Anvil 一具,工具全套,其佈置大概詳概況(一)內,不再贅.

(三) 組織 工人與工資

此廠工作分二部;曰拼鐵部,曰軋鐵部,由匠首二人,承機廠廠長之命,指揮管理之.現有職工三十二人,工資分二種,一爲日給工資,一爲包工資,日給工資,按每日九小時之工資率計算,每月結付一次.包工資,則每月按出貨之數量計算,每月亦結付一次.現定拼鐵包工價爲每噸五元八角.至於軋鐵包工資之計算,另有定章,特錄如下:

(一) 每日出鐵條數: 軋鐵廠全體工匠,不分冬夏,每日至少應軋鐵四百條.不論圓扁大小粗細坏子鋼質鐵質,概作每日四百條計算.滿限則照給日給工資,過者給奬,不足扣薪.

(二) 鐵條長度: 各種鐵坯,應照樑尺鋸成合宜之長度,務使軋成鐵條,適長七公尺左右.其大樑鐵條坯.以能入爐爲度,不得過短.

(三) 奬勵: 每日出鐵如超過四百條,每多一條,給奬金二分五厘,每多出百條,給奬金二元五角,以上類推.

(四) 奬金分派法: 所得奬金,按月由廠總結一次,歸全體軋鐵匠分派.分派之法如下:匠首每作工一日得一份半,爐上小工每作工一日得半份,軋鐵匠每作工一日得一份,帮軋鐵匠每作工一日得半份,升火每作工一日得半份,搬鐵小工每作工一日得半份,鋸鐵匠每作工一日得半份,帮機匠每作工一日得半份,擦油夫每作工一日得半份.

(五) 扣薪: 如每日出鐵不足四百條時,每少出一條,扣洋二分五厘.扣薪分派,照給獎分派同一辦法.

(六)換裝軋棍及換鐵樑包工辦法: 軋棍共兩副,全換作出鐵三百二十條計算,換右方一副,作二百條計算,換左方一副,作一百四十條計算.鐵條大小換樑每次多算二十條.

(七)出險停機: 凡因照料不週,作工不善,以致出險或停止工作時,除應受懲罰外,其因停機而少出之條數,仍須積算照扣.

凡軋出條鐵,因燒鐵爐火工不到而開叉口者,概不計算.

至於工人職務,與日給工資之分配,可列表如下:

職務名目	每日工資 元角分	人數	職務名目	每日工資 元角分	人數
匠首	1.60	1	執鎚工	.60	1
副匠首	1.31	1	扛鐵匠	.60	1
軋鐵匠	1.30	1	扛鐵匠	.50	1
軋鐵匠	.80	1	汽鏈匠	.65	1
軋鐵匠	.60	3	幫汽鏈匠	.55	1
幫軋鐵匠	.50	4	鋸鐵匠	.55	1
幫軋鐵匠	.50	1	電機匠	.55	1
幫軋鐵匠	.35	2	鑲配匠	.65	1
升火	.80	1	幫鑲配匠	.60	2
幫升火	.60	1	加油工	.50	1
幫升火	.55	1	推煤	.55	1
燒鐵匠	.60	2	更夫	.60	1

(四) 煆鐵爐與熱鐵爐之構造

煆鐵爐之構造,與煉鐵爐 Puddling Furnace 相似.爐心各面,全用上等火磚築成,外部包以普通磚牆.爐之周圍,則繞以鐵鈑,並用極強之牽條,縱橫緊紮,

2425

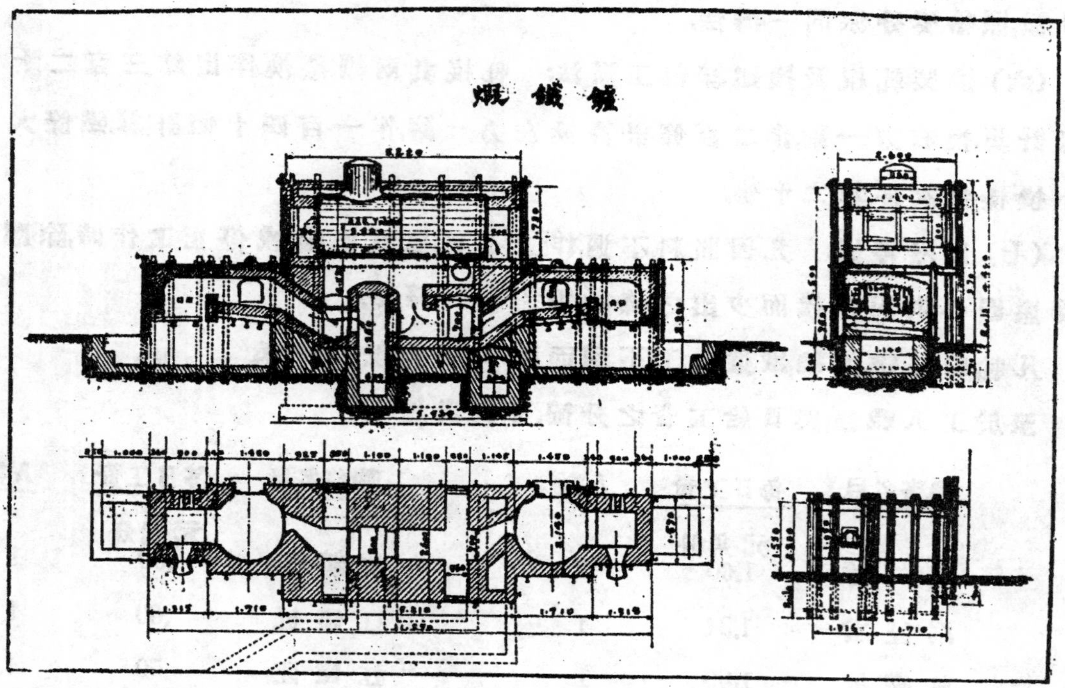

第一圖

其大概形狀,略如第一圖各截面.全爐分三部:(甲)爲煤爐,(乙)爲反射式燒煆爐,(丙)爲廢熱鍋爐,甲乙二部,爲煆鐵爐之立體.煆鐵時,鐵料置燒煆爐,燃料置煤爐,中隔火牆,使燃料與鐵料完全隔離,煤爐墊下.設有風管,由離心力式打風機或蒸汽吹風機 Fjector 供給空氣,以利燃燒.煆鐵燃料爲煙煤.在煤爐內經燃燒,發出缺養焰 Reducing Flame,以爐頂之下斜,此項缺養焰被反射而集中於燒煆爐內心,爲極烈之燃燒.餘焰折入廢熱鍋爐之火管,復折沿鍋爐外殼入煙道,而逃出附近之煙囱.此項煆鐵爐,可兩具背向而接連於同一廢熱鍋爐,更番調用,亦經濟之道也.平均每爐可燒用二月至三月,自後須將爐心拆換修整之,

熱鐵爐 Reheating Furnace 與煆鐵爐構造相倣,惟容積較大,供用之時期亦久長.其構造情形詳第二圖.

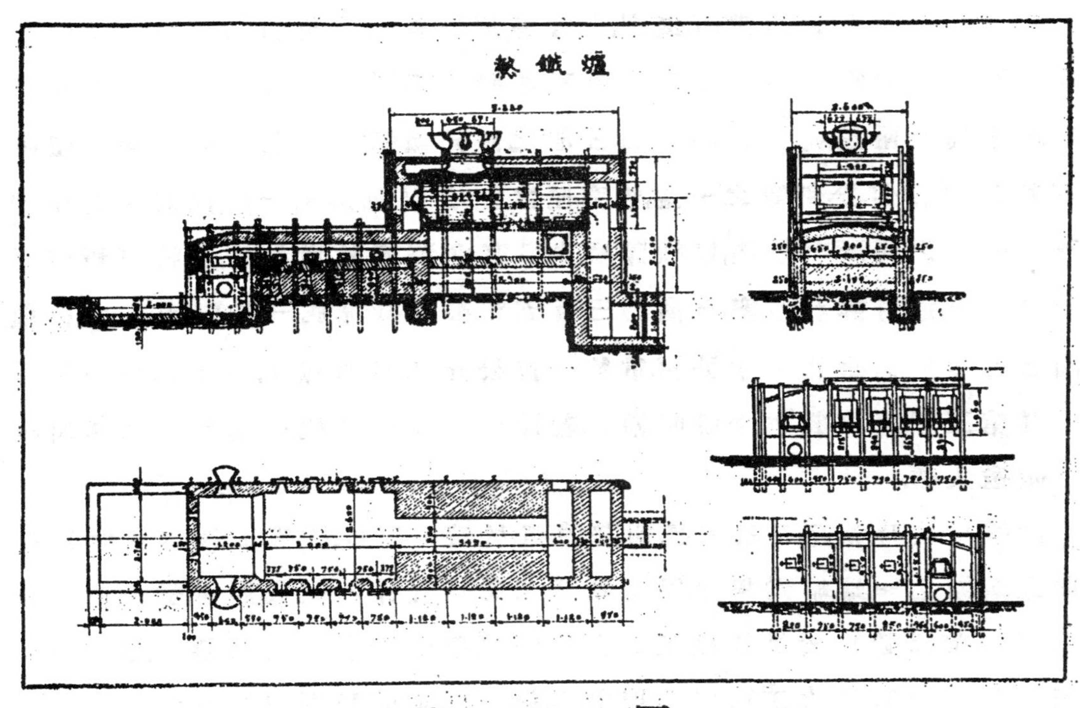

第二圖

(五) 排鐵

排鐵手續有五步:(一)裝料,(二)初次燒煆,(三)錘擊,(四)二次燒煆,(五)製坯.全部工作需用煆鐵爐一具,汽錘一具.汽錘附屬工具全套,打鐵爐一具,打鐵工具一套.工作者,約十二人.內升火二人,司煆鐵爐之火工.裝料工四人,司堆裝碎鐵料成爲匣形 Box.汽錘工一人,司燒煆後之錘擊.扛鐵工三人,司扛鐵出入爐內,並錘擊時之夾鐵等動作.執鏈工一人.司裝料,送鐵入爐及取鐵出爐時之執鏈,並打坯之時執鐵等工作,推煤工一人,司推送煤料及出爐灰等.

排鐵用料,大部係本路銹舊軌釘,除如螺釘廠,製帽機 Nut Machine 修剖機 Facing Machine 等割下之廢碎鐵片,鍋爐廠,修車廠之破舊鉚釘螺栓釘.釘頭,釘帽,廢舊車架鋼樑,廢舊鐵鋼鈑,鍋爐鈑,破火管,火管頭等.

裝料時,先將長大鋼鐵鈑,鋼槺,火管等,用鋸機割成長約九百公厘闊一二百公厘之短鈑條,復用汽錘打擊平直,並灣成深闊各三百公厘之凵形.在凵形鈑之底及兩邊,鋪上長約四百公厘之破碎鐵鈑,成一長方匣形Box.在匣底,將軌釘,帽釘,栓釘等之一端,沿齊匣之左右兩端.排列一層,此時匣之中部,及釘與釘之間所有空隙,以細碎鐵片塡塞之,務使結實.如是,將軌釘,帽釘,細碎鐵片等,逐層排疊塡塞,至高約三百五十公厘時,完成一長四百二十公厘,闊三百公厘,高三百五十公厘,重約一百公斤之堅實鐵匣.其大概裝法,及形式詳第三圖.同樣,裝成十餘匣備用.若此時,煆鐵爐已燒達極高温度,遂將鐵匣搬送入爐.

搬送鐵匣時,執鏟工執一長柄鏟,斜置於鐵匣附近.扛鐵工執鐵匣之凵鈑,將近鏟頭之一端,略爲舉起,同時執鏟工急以鏟伸入匣底,而承受全匣於鏟上(如第三圖).於是扛鐵工二人以鐵槓舉起鏟頭,會同執鏟工,搬運鐵匣至爐口(此時升火工已啓爐門並置就一圓鐵管於爐口),擱置鏟於已置就之鐵管上,而後執鏟者在管上推移鐵匣入爐心.扛鐵工復各以鐵鈎一擱阻鐵匣,俾執鏟工將鏟抽出.如法送入三匣.事畢,緊閉爐門,開風管,充加煤量,爲合度之燒煆,此時爐頂反射於鐵匣之缺養焰,其温度(用Seger Cone測驗)在1500° C.,左右,此焰與鐵匣內外鐵銹,漸化合吸抽養氣,留遺新鐵於匣內.半小時後,鐵銹已全化散,各個鐵片,已至接合程度 Welding Point,柔韌若膠質物.啓爐門,以鏟及鐵鈎,取出一匣 Box.運置汽錘鐵砧上.由扛鐵工二人,以大鐵鉗夾持之,將各面翻轉,受汽錘之錘擊,務使各碎鐵片拼合,不有裂縫之存在,成爲長四百公厘,闊三百公厘,高二百八十公厘之扁長方鐵塊.如前法,復送入爐內,作二次燒煆.同時,又取出一匣,作同樣之錘擊,如此三匣擊拼成塊後,復經燒煆,約二十分鐘,再逐塊取出,置汽錘鐵砧上.此時執鏟工,已在打鐵爐內取出已燒紅一端之丁字鐵桿(直徑三十五公厘)合,而擊丁字鐵桿於該鐵塊之一端,以便執持鐵桿,使鐵塊左右翻轉,受汽錘之打擊,迨各面

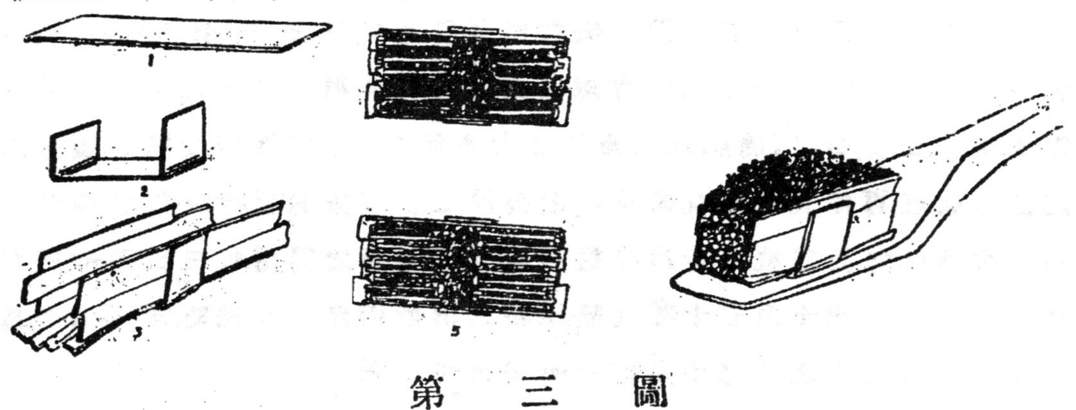

第　三　圖

紀滅叉口裂縫時,引伸之,割成長六百五十公厘至七百公厘之八十至八十五公厘方鐵二段.每段重約四十公斤,此所謂鐵坯 Bloom 也.計每爐出六段,共重二百四十公斤.每天平均出鐵坯一噸左右.最多可出六爐,約一千四百十公斤.每爐初次燒烺費時自一小時半至二小時.二次燒烺,約需一小時,燒烺時,鐵料之總損失爲百分之二十至二十二.每出鐵坯一噸,需煙煤一千八百公斤.

(六) 軋鐵

軋鐵工作,可分五步:(一)燒鐵,(二)粗軋,(三)複燒,(四)鋸割,(五)細軋.全部工作,需升火工二人,燒鐵工二人,軋鐵工六人,電機匠二人,鋸鐵工一人,加油工一人,推煤工一人,應用器具,爲燒鐵爐一具,軋鐵機一具,鋸機一具,旋樞吊機一具,工具全套等.

已經拼製成之鐵坯,達百數左右時,方可開用燒鐵爐.開爐之前,將鐵坯一一搬進(滿爐可裝七十餘段),而後加煤升火.升火後,爐中最高溫度處,在煤爐與鐵爐相接處之附近.最近曾以 S ger Cone 測驗,所得之確實最高溫度,可自 1200° C.—1300° C.迨各鐵坯燒熱至統紅時,啓最高溫度處之爐門,取出一二段,備爲粗軋之用.同時,開最低溫度處(與廢熱鍋爐相接處).爐門,添入同數之鐵坯,並將已在爐內之各鐵坯,逐段向最高溫度處推移,務使每次取出燒紅鐵坯時,最高溫度處無稍空虛.

燒紅鐵坯,既已取出,即開動軋鐵機,將每段逐軋五次(一來一往爲一次),成爲長二公尺之五十公厘四方鐵條,謂之粗軋.此項粗軋方鐵條,又經鋸機鋸成半折,三折,四折(隨細軋時鐵條之大小而定)之短條.短條鋸成,復送入燒鐵鐵爐紅,再經軋鐵機軋成長約七公尺之各種方圓扁鐵條,謂之細軋.軋畢,鋪排細軋條於鐵軌上,待冷後,送存庫房,備各廠之需用.每日出數,約四百條,每月可軋鐵四十至五十噸(隨鐵坯之出數而定).軋鐵時,鐵料損失,爲百分之九至百分之十.每出鐵條一噸,需煙煤半噸.

(七)軋鋼

軋鋼用料,大部爲破舊輪箍,輪軸,及廢舊鋼件等.改製時,先用鋸機鋸成相當之鐵段,而後如軋鐵之手續,軋成各式鋼條.每月平均可出鋼條十五噸,軋時鋼料損失,爲百分之〇•六至百分之一.每軋鋼一噸,需煙煤一噸.

(八)現時軋製各種鋼鐵條之紀錄

最近軋鐵廠,所出各種鐵條,其應軋次數,及應用之粗軋鐵坯等,特爲紀錄如下:

(一)圓條

直徑(公厘)	應軋次數	應用粗軋鐵條
8, 10, 12, 13, 14, 15, 16,	6	50 × 50
18, 20, 22	5	50 × 50
24, 25, 26, 28	4	50 × 50
30, 32	3	50 × 50
35	2	50 × 50
40	4	80 × 80
45, 50	3	80 × 80

(二)方條

每邊長度(公厘)	應軋次數	應用粗軋鐵條
10	7	50 × 50
12	6	50 × 50
15	5	50 × 50
20, 25	4	50 × 50
30	3	50 × 50
35	2	50 × 50
40	1	50 × 50
45, 50	3	80 × 80

(三) 扁條

闊×厚	應軋次數	應用粗軋鐵條
17×11	7	50×50
20×13		
22×15		
25×7		
25×16		
25×17		
28×19		
30×6	6	50×50
30×10		
30×22		
33×24		
35×7		
35×23		
35×20		
38×25		
40×5	5	50×50
40×6		
40×10		
45×6		
45×8		
50×6		

闊×厚	應軋次數	應用粗軋鐵條
50×8	6	110×40
50×10		
50×15		
60×6		
60×8		
60×12		
60×15		
60×16		
60×18		
70×6	5	110×40
70×7		
70×15		
75×6		
75×8		
75×10		
80×10	4	110×40
80×12		
100×8	3	110×40
100×10		
100×12		
100×20		

(九) 成本

(甲) 鐵坯每噸之成本,爲五十一元.其間各項費用之分配如下:

項目	元
廢舊鐵料(1.2噸——每噸二十五元)	30.00
煤 (1.8噸——每噸四元)	7.20
工資 (15人——每人平均七角)	10.50
獎金	1.10
廠費	1.10
雜料	1.10
成本	51.00

(乙) 軋成鐵條之成本,每噸爲七十二元五角五分,其間各項費用之分配如下:

鐵坯(1.1噸——每噸五十一元)……………………56.00
煤(半噸——每噸四元)……………………2.00
工資(16人——每人平均七角)……………………11.20
獎金……………………1.15
廠費……………………1.10
雜料……………………1.10
成本……………………72.55

(丙) 軋鋼每噸之成本爲八十八元,其間各項費用如下:

廢鋼料(1.01噸——每噸六十八元)……………………68.70
煤(1噸——每噸四元)……………………4.00
工資(16人——每人七角)……………………11.20
獎金……………………1.10
廠費……………………1.50
雜料……………………1.50
成本……………………88.00

按新鋼鐵料之市價,每噸須自一百二十元至三百元.較之上述之成本,其有利於經濟,不言而喻矣.

(十) 力量試驗及其評論

近月來,本軋鐵廠排製之鋼鐵條,曾加詳細試驗.其平均結果,特錄如下:

(一) 鐵條 Busheled Iron

試驗之次數	每平方吋彈性限點之拉力 (磅)	每平方吋最高之拉力 (磅)	六吋間之伸長 (%)	斷面縮小 (%)
1	43250	53850	27.1	58.5
2	40500	55400	25	58.2
3	3945)	54900	29.2	58.5
4	40350	55200	29.2	51.0
5	40250	55850	25	57.75
平均數	40760	55040	27.1	56.79

(二) 輪箍複軋鋼 Rerolled Tyre Steel

試驗之次數	每平方吋彈性限點之拉力	每平方吋最高之拉力	六吋間之伸長	斷面縮小
	(磅)	(磅)	(%)	(%)
1	77500	99000	18.75	38.70
2	76400	113000	18.75	29.90
3	70300	113000	18.34	26.10
4	69750	113500	18.75	31.40
5	70500	115400	18.34	30.00
6	69800	112400	18.75	30.00
平均數	723,75	111,050	18.60	31.02

按今日普通低炭鋼類之最高拉力,每方吋不過自六萬至六萬五千磅.就上表力量試驗之結果而論,其差數尙小,不得不爲佳良.惟其間,鐵料複雜之程度如何,火工與工作之周密與否,均有極重大之關係.尤以鋼與鐵之混合,其接合點 Welding Point, 不能同時達乎適當之程度.職是之故此種力量之代表,仍未可一概論焉.

雖然,平漢鐵路自軋鐵廠成立以來,凡螺栓 Bolts, 螺栓帽 Nuts, 鉚釘 Rivets, 機車七字頭銷栓 Cross-head Pins, 十字頭導鈑 Cross-head Guides, 連桿 Connecting Rods, 聯桿 Coupling Rods, 以及機車分佈機械 Valve Gear 之各附件等,大半仰給於上項拼軋之鐵,所幸十餘年來,尙少出險,經濟上固已得益非淺,而工作方面,隨時需要某種鐵料,得隨時製出供應,絕無緩工待料之虞,又爲機廠中絕大之便宜.抑更有進者,在我國今日製鋼事業未發達,而各界經濟窘困之時代,廢舊鋼料既無大用,則此類拼鐵或軋鐵廠,特非鐵路機廠所宜舉辦,亦普通修理機廠甚經濟而甚利便之設備也.

原動力房之現狀

本機廠開辦之時,機器設備,甚爲簡單,所用動力,半屬人力,半屬機械動力 Mechanical Power.自後續漸擴充,人力大半廢除,電動力 Electrical Power 與機械動力之需求因而增加.尤以近年添置機器,類皆電動 Electric Driven.電動力之需要,已日甚一日.惜乎歷來各項設置,未經統盤籌劃,一切自難完善,茲就最近狀况,述之如下:

(一)鍋水源 Feed Water　我國北部水質,甚爲堅硬.就長辛店論,水源之可供鍋水用者有二:曰井水,曰東河水,而以東河水爲較優良.故長地機車鍋爐原動力房鍋爐,並住宅飲水,無不仰給於此焉.

東河在機廠東三哩,水平高出海面 183 呎,路局築抽水房於此,抽吸水量.抽水房長6.780公尺,闊6.280公尺,高3.500公尺,內設直立式鍋爐一具,Worthington Duplex 7½"×7½"×6"汽抽水機一具,25馬工率電動機一具,離心力式抽水機一具等,抽水機吸抽管中心離水平13'—9⅝",抽水機吸抽管中心至水塔水箱底,距離55'—8⅜".

平時送電無所阻礙,日夜開用電動抽水機.汽抽水機一具,備電抽水機停息時用之.河中抽出之水,送入十立方公尺之水塔,由此水塔(東河)而機廠中同容積之水塔,而原動力房之鍋爐,此鍋水之來源也.

(二)燃料 Fuel　燃料爲煙煤,直接運自本路沿線各煤鑛,合價每公噸銀四元.其火量 Calorific Value 約每磅一萬一千 B. T. U.

(三)鍋爐房 Boiler Room　鍋爐房現已裝置單圓筒火箱 Single Flue 內燃式鍋爐四具,雙圓筒 Double Fule 內燃式鍋爐一具,羅年 Rogers 式機車鍋爐二具,社會式 Societe 機車鍋爐一具.其佈置情形詳槪況(一).

各鍋爐用水分二種:曰熱池水 Hot Well Water,曰冷水 Cold Water,熱池水,由一熱水抽水機 Hot Well Water feed Pump 吸抽低水平噴水式凝汽器 Low

Level Jet Condenser 內之出水,而分給各鍋爐.冷水,由各鍋爐附設之注水器 Injector直接吸送機廠水塔之冷水.近年復置有複式鍋水抽水機Duplex Feed Water Pump 二具,迄未動用.

熱水池水溫可自90°F.至100°F.,冷水自60°F.至32°F.鍋爐蒸汽汽表壓爲每平方吋自80磅至120磅.

日間自早晨七時至下午五時半,燒用之鍋爐,爲雙筒內燃式一具,單筒內燃式二,社會式機車鍋爐一.晚間自下午五時半至上午七時,停燒單筒式二具.

查最近數年煤賬,則鍋爐房每年12,1,2,三月間用煤最多.7,8,二月間最少.用煤最多時期,日間用煤自7.5噸至9.5噸,晚間自4.5公噸至5.5公噸.用煤最少時期,日間自5.5公噸,至6公噸,晚間自2.5公噸至3公噸.用煤中常時期,日間自6公噸至8.5公噸,晚間自3公噸至4.5公噸.

(四)發動機房 Engine Room　發動機房,已設置之機器,及其佈排狀況,已如概況(一)所述.現時日間所用之機,爲300 I.H.P.汽機一,220 kw二線直流發電機一,36 kw三線直流發電機一,Ingersoll Rand 壓氣機 Air compressor 一.晚間祇用120 kw三線直流發電機一具.

300 I.H.P.汽機一具,其任務有二:(一)皮帶傳授機力於機器廠統軸 Line Shaft,以供機器廠等各機械工具之機力.(二)棉繩拖動220 kw雙線直流電機,以供給機廠各電動機 Motors 及電燈之電量.36 kw三線直流發電機,專供日間長辛店電燈及東河抽水電機之用.壓氣機,爲供給機廠中高壓氣工具 Pneumatic Tools 及煤爐等高壓氣之用.

300 I.H.P.汽機,係 Coliss Valve,複漲 Closed compound,凝冷 Condensing 式.鍋爐房送給之蒸汽,入高壓汽筒之汽表壓,爲每平方吋95磅,經澎漲,放入積受器 Reservoir,其汽表壓平均爲每平方吋2磅,復入低壓汽筒,經澎漲,而入一噴水式凝汽器 Jet Condenser.凝器內眞空壓,平均爲2 1 ½″水銀.凝水 Condensate

及空氣,由直接於低壓汽筒之濕抽氣機 Wet air pump 送出凝汽器外.出凝器之水,溫度平均爲110°F.大半由一直接於該汽機之熱水抽水機Hot Well Water Feed Pump 送入各鍋爐,餘水及空氣,則由原濕抽氣機 Wet Air Pump 送入冷水池 Cooling pond 待冷.冷水池之水,復由水管導引,與水塔冷水管之水相混和,復被凝器內眞空 Vaccum 吸入,與低壓汽筒出汽相觸,爲凝冷之用.至於熱抽水機抽送各鍋爐之溫凝水,在各鍋爐鍋水閥關閉時,因壓力之增大,可衝開保險閥 Relief Valve,而流入冷水池.反之此項溫水不足供給各鍋爐需要時,可開各鍋爐附設之 Injector 注水器,抽吸水塔冷水,以補救之.

150 I.H.P. 汽機,亦係 Coliss Valve,單,濕冷凝 Condensing 式,此機不用已久,噴式水凝汽器一具,直接於該機,其蒸汽循環情形,與300 I.H.P. 者相似,不再贅.

36 kw發電機二具,爲三線直流,其原動機爲一直立式,單濕,非凝冷汽機.

120 kw 發電機一,爲三線直流,其原動機爲複濕,非凝,蒸汽機.

此外尙有39 kw 二線直流發電機一具,現已遷移螺鉚釘廠作爲電動機用矣.

機廠鍋爐廠所用高壓氣工具,至爲繁多,如壓氣錘 Pneumatic Hammer,壓氣鑽 Pneumatic Drill,壓氣鑿Pneumatic Chisel,壓氣鉚釘機Pneumatic Riveting Machine 等,需用高壓空氣,爲量甚大.故原動力房設置壓氣機 Air Compresser,以供給此項高壓氣.現已設置壓氣機二,一爲蒸汽直接拖動之 Ingersoll Rand Class XPVR," 一爲皮帶轉動之 Ingersoll Rand Class "J"前者每分鐘抽吸空氣 Free Air 800 立方英尺.後者每分鐘 500 立方英尺. Ingersoll Rand Class "XPVR" 壓氣機原動機,爲 155 I.H.P. 複濕,非凝蒸汽機.壓氣分二步 Two Stage,第一步,吸進空氣,壓擠至氣表壓每方吋45磅時,放入積受器 Reservoir,由積受器入高壓汽筒,壓至氣表壓每平方吋100磅,乃放入儲氣箱 Main Reservoir,(修機廠及修車廠各置一箱),備各廠高壓氣工具之應用焉.

(五) 電力與電燈 長辛店位於北平之西二十一公里,遍地皆山,居民大多業農,風尙樸素,絕非繁華之區.平漢路築車站,建機廠於此.並築枝路,東通平奉路之豐台站,於是行車軍事,均稱重要.祗以地不富饒,工商業未能發達.故機廠所發電量,除機廠及東河抽水房之電力,以及車站,辦公室,並在路服務高級職員住宅之電燈外,絕少範圍以外之供應.

現時電力之電壓,在廠內爲110—Volt,廠外(如東河)爲440—Volt,電燈之電壓,日間有110—Volt及220—Volt二種,晚間爲220—Volt.110—Volt電壓,出自二線制之發電機,440—Volt與220—Volt電壓,出自三線制之電機.爲是發動機房中,準屏Switch Board有二組.甲組爲二線制110—Volt者.乙組爲三線制220—Volt者.

日間二線110—Volt準屏,察見最高出電量Out put,爲165 kw.三線440/220—Volt準屏,察見者,爲25 kw.晚間三線準屏上察見者,爲70 kw.

(五)結論　如上述,日間動用鍋爐馬工率Boile Horse Power 33.52,鍋爐壓力平均爲$6\frac{1}{2}$ kg/cm²合絕對壓力Pressure abs. 106 lbs/□″.日間因300 I.H.P.發動機爲凝冷Condensing,而鐵氣機Air Compressor等爲非凝冷Non Condensing,餵水溫Feed Temperature可80°F..設蒸汽乾度爲90%,則每磅蒸汽所含之熱量爲1100 B.T.U.,蒸發係數Factor of Evaporation $=\frac{1100-80+32}{970.4}=1.084$.每小時每一鍋爐馬工率之蒸發量$=\frac{34.5}{1.084}=31.8$磅.日間每小時蒸發之蒸汽$=335.2\times31.8=10660$磅.設一馬工率小時I.H.P.Hr.,用汽22磅,則現時日間所開用之鍋爐,足供$\frac{10660}{22}=485$ I.H.P.之用.按事實,日間所用之發動機爲$300+150$(壓氣機原動機155 I.H.P.)$+(\frac{20}{.8\times.745}=33.5)+2$(廠中雜用抽水機)$=485.5$,與所用鍋爐之載量相去不遠,足知日間所用鍋爐,尙稱充足.

日間用煤,平均爲8公噸(1公噸$=1.102\times2000=2204$ lbs.),每小時用煤$\frac{2204\times8}{9}=1960$ lbs.,每小時每一I.H.P.需煤$\frac{1960}{485}=4.05$ lbs.,故每分鐘馬工率I.H.P.,min.所需之熱量爲$\frac{11000\times4.05}{60}=$ <u>743 B.T.U.</u>

原動力房,今日所有之鍋爐火面$=1572+1500+1500+950+415+415+415+$

415=7182方呎，$\frac{7182}{10}=718.2$ 鍋爐馬工率 Boiler Horse Power.磚烟囪一，根據 Kent's Formula，足供［B. $Hp=3.33\,(A0.6\sqrt{A})\sqrt{H}=3.33-(19\text{-}0.6\sqrt{19})\sqrt{137.8}=640$］640鍋爐馬工率之用.對於718.2鍋爐馬工率完全開用，已逾載量，惟社會式機車鍋爐一具，+ Rogers 機車鍋爐二具，+ 雙筒火箱內燃式一具，單筒火箱內燃式二具，其總鍋爐馬工率爲635.2，尙在烟囪載量之內.如此係上述情形，鍋爐房現時對於機力之最大供給量，$=\frac{635.2\times31.8}{22}=920$ I.H.P..

今日機廠中日間機力之需要，可列表如下：

廠名	機器類別	皮帶傳授機力(H.P.)	電動機力(H.P.)	備註
模型廠	全部機器		25	
鑄冶廠	全部機器		30	
軋鐵廠	全部機器		135	
螺鉚釘廠	全部機器		48.5	36 kw
輪箍廠	風扇	12		
機器廠	鏇機	220	70	
	鏇孔機	40	17	
	鑽機	32	14	
	齒割機	37.5	22.5	
	刨機	30	19	
	成形機	28		
	豎刨機	15	10	
	磨光機	48	8.5	
	水壓機		10.5	
鍋管廠	全部機器	36		
鍋爐廠	全部機器	130	0.5	
銅器廠	電鍍電機		32.5	
電鍀廠	全部機器			
電弔機			22	
修車廠	全部機器		120	
	移車臺		25	
化驗所			4	
車務處存車廠			35	
東河抽水房			25	
電務修理廠			8	
電務處過電			8	
		628.5	710	

按上表除電動機Motor馬工率Horse Power實錄各該電動機之負載量外,皮帶傳授機力一項,依根據各機之大小Size,參照美國Westinghouse Electric & Mfg. Co.機械工具Machine-Tools機力定則規定之.故現時日間機力之需要,共710+628.5 = 1338.5 H.P.晚間電燈爲70 kw.

上表電動機電壓,幾全爲110—volt. 220— volt者,不過十馬工率約7.5 kw.日間全廠工作時,電力一方,原動力房祇有 220—kw發電機一,供給之.而滿載不過220 kw.與上述710 H.P.= 530 kw之需要相比,尙不及其半.發動機一方,有300 I.H.P及150 I.H.P.二具,設機械效率Mechanical Eff,爲80%,則300×.8= 240 B.H.P. = 240×.746=179 kw,單獨拖動220 kw發電機,尙不足($\frac{220-179}{220}$ = 8.6%)百分之二十左右,或單獨供給機器廠,鍋爐廠,鍋管廠等之統軸Line Shaft之機力,其不足之數量,當在($\frac{628.5-240}{62.85}$ = 62%)百分之六十左右.至於150 I.H.P.發動機,其不足之甚,不待論矣.

雖然上述機力,未必全部急需,其間當有動靜及工作輕重之互相調濟.如是平常機力之需要,必在上述半數以上(約669或670 H.P.).而二發動機之總負載量,不過450 I.H.P.=450×.8=360 B.H.P.,祗足勉任二者(皮帶傳授機力或電動機力)之一,决無統括二者之可能.此甚明顯之理也.然而今竟以300 I.H.P.發動機一具,供給上述二種機力,其能妥善乎.

試在準屏Switch Board觀察事實上之現象,則電壓110— volt之時甚少,平均終在80至90之間,有時竟跌落至五十伏爾脫以下.此必發動機負載過度Over Load,速率突爲減低,因而電壓跌落也.再由總電流表推算發電機所供給之電量,約自90至100 kw,最多爲150 kw,此項電力供給,未可謂爲確實之電力需要,蓋發動機所出機力,旣供給二部需要,其量又各相似,(皮帶傳授機力628.5 H.P.電動機力710 H.P.),實無異一箱之水,由同截面之水管,分流甲乙二桶,其終也,全箱之水,必爲二桶平分之.爲是平日100 kw,適合發動機載量百分之五十左右($\frac{300\times.8\times.746}{2}$=89.5 kw),故近年來,機器廠各機器每感速率與機力之不足,電錍廠時受電源不豐之影響,各電動機速率之忽高忽低,乃當然之現象也.

夫原動力與機廠關係之重大,凡稍有工程智識者,類能言之.供給充分機力,機器動作,自能得其相當之程度,出產Production自得其相當之數量,機力不足,則動作遲緩,出產減少,一日之間,一機減少之出產有幾,十機百機之和,其數量不無驚人.不特此也,出產減少,有以招添工人爲得計者,然則人數多矣機力未見增加,各機出產如故,總產額何由增進.職是之故,本原動力房擴充之計,不容稍緩焉.

張陰煊君來函

編輯先生台鑒……查今日我國各大機車廠其工程上重要之權,無不操之工頭之手.所謂工程師者除外國人外,類皆大擺官架.日間說幾句官話,晚間則博弈好飲.迷醉歌色.工程上之職責,早已置之度外.故各廠設施,腐敗不堪.工頭倘經驗,缺學識.就修理機車論,需乎學識上之判斷者,無一工作不有之.而彼大工程師,竟以此判斷之責,亦付與工頭,措置乖方,劣弊叢生.工頭驕氣日大,工程上之眞理全沒.各路年耗巨萬之金於修理機車工程,而所獲代價,竟屬糊裏糊塗.長此以往,實爲我工程界之極大危機.弟自入長廠以來,即抱定躬行實踐之旨.日常服工衣與工人爲伍,相機爲工程學理上之宣傳.然而此在根深蒂固之黑幕,並工程學理早經見棄之環境中,所得效果,殊爲微細.弟不敏,對於此中學理之湮沒,殊爲憾恨.欲就「工程」之力,表而出之.未知先生以爲可行否.倘祈有以教之.即請

公安　　　　小弟張陰煊　十七年七月廿八日

籌設東北水道局經過情形

著者：朱重光

(甲) 原因

東北江河,如松花江,黑龍江,烏數里江,嫩江及額爾古納河等,航線綿亘數千里.出產豐饒,行旅輻輳.就中尤以松花江沿岸所產糧石木材,逐年增加,爲數極巨.輪船往來,亦至爲頻繁.而江道汙淺,航行困難.大小淺灘,約有八九處.內中以三姓之三塊石淺灘,係屬石底,在夏季水瘦時,該處僅有水量二英尺,客貨運輸,幾至停頓,坐視大好利源,爲所阻礙.其餘淺灘,亦復步步荊棘,迂滯難行,貨商航商,交受其困,疾首蹙額,引爲大患.查黑龍江,烏蘇里江水道事宜,名爲中俄合辦,向歸俄人管轄.即松花江本爲我國內江,而管理水道,亦向歸外人管理之海關代辦.是皆我國向無自設之水道局,以致大權旁落,無人過問.亟應由我國自行妥籌辦法,逐漸開濬,以爲一勞永逸之計.俾輪船航行通暢,運輸便利,則不但政府與人民,交蒙其利,且於運輸軍隊,國際主權,亦有莫大之補助,於是沈鴻烈,王順存,宋式善,魏紹周,張廷閣諸君發起,在哈爾濱迭次集議,籌設東北水道局.先從關係最切之松花江開濬入手,次第推行於黑龍江,烏蘇里江嫩江及額爾古納河等國際河流,以爲挽回主權,管理江道之嚆矢.

(乙) 經費

關於松花江挖修江道,籌收經費辦法.官商議決,對於貨商,根據舊有江捐稅率,加增一倍.平約收關秤銀九萬兩.此項收欵,僅爲水道局年需經費之半.另由船商,比照貨商所納新加數目,一律抽收.例如某船第一次所載貨物,按照加收水道經費爲一百兩,則該船商亦照上數繳納一百兩.似此辦理,負擔兩得其平.而水道之經費,即以加收之關秤銀十八萬兩充之.

(丙) 組織

東北水道局之籌設,旣爲官商兩界所提創,其經費亦由貨航各商所認捐.爲羣策羣力起見,由發起人推舉董事,成立董事會,爲水道局之最高機關,主持一切事務,不再另設局長.推定沈鴻烈爲董事長,魏紹周爲常務董事,王順存,宋式善,尹祖蔭,張廷閣,穆文煥,李明遠,于作舟,王衍森,于衡湘諸人爲董事.以下祇設辦理總務及工程人員.特別注重工程事務.玆將章程列后:—

(一)東北水道局暫行簡章

第一條　本局奉鎭威上將軍公署命令組織成立,定名爲東北水道局,直轄於鎭威上將軍公署.

第二條　本局應呈報上將軍公署核奪之事如左:

(一)一切工程計劃及實施時之進度.

(二)預算決算及一切款項出納.

(三)工程師及各主任以上重要職員之任免.

第三條　本局爲開濬東北江河,管理江道及關於船舶一切事務而設.其工程事務,先由開濬松花江道入手,次第推行.

第四條　本局設總局於哈爾濱,遇必要時,得設分局或分工程處於沿江重要地方.

第五條　本局經費,由增收江捐,及由航商運費內,提出若干,共同擔負.

第六條　本局設立董事會,議決一切事務.

第七條　本局各董事,由關係各團體推舉代表,開會選舉.董事名額,暫定爲十一人.呈報上將軍公署備案.其董事會章程另定之.

第八條　本局設董事長常務董事各一人,由全體董事開會選舉之.呈報上將軍公署核准備案.

第九條　本局董事,均係以各團體首領資格當選,其資格變更時,由繼任者繼續擔任之.

第十條　本局組織各團體,列舉於下:—

(一)海關監督公署,(二)東北航務局,(三)東北海軍江運部,(四)東北聯合航務局,(五)航業公會,(六)哈爾濱總商會,(七)濱江商會,(八)糧業公會.

第十一條　本簡章自呈報鎮威上將軍公署核准之日起實行.

第十二條　本簡章如有未盡事宜,得隨時修改呈報備案.

(二)東北水道局董事會章程

第一條　本會以董事十一人組織之.

第二條　本會設董事長常務董事各一人,由董事選舉之.

第三條　董事長常務董事,應常川駐局,執行一切事務.

第四條　董事長因個人職務不能駐局執行事務時,由常務董事執行一切事務.若董事長常務董事同時不能到局執行職務時,由各董事另推董事一人主持之.

第五條　董事長能常川駐局執行事務時,常務董事,輔助董事長執行一切事務.

第六條　本局款項,應就董事會議定之國家銀行,妥爲存放,不得移作他用.關於支出欵項,經董事會議決通過者,由董事長或常務董事簽字支付之.

第七條　本局一應工程計劃及款項出納,均應編製預算,由董事會議決之.

第八條　本會每月開常會一次,遇有特別事件,由董事長或常務董事召集,得開臨時會議.

第九條　本會開會以董事長或常務董事爲主席,如均因事缺席,則就董事中臨時公推一人爲主席。

第十條　本會開會,須過半數之董事到會,方能開議。

第十一條　董事如有事故,不能到會,得委託其他董事爲代表,但須正式函知本會,方爲有效。

第十二條　本會除開會議事外,並得以通信方法商議各事。但此項通信商議之事件,其往來函電等件,均須由本局特別存案備查。

第十三條　本會開會時,應備會議錄,記載會議情形及議决事件,由到會董事簽名蓋章。

第十四條　本會開時,得邀本局職員及總工程師工程師等到會,陳述意見,但無表决權。

第十五條　本章程自呈鎮威上將軍公署核准之日起實行。

第十六條　本章程如有未盡事宜,得隨時修改呈報備案。

(三)東北水道局辦事章程

第一條　本局一切事宜經董事會開會議决,由董事長或常務董事代表執行之。

第二條　本局得設中西文秘書各一人,會計員及庶務員各一人,秉承董事長或常務董事,辦理中西文牘及收支雜務等事項。

第三條　本局依事務之繁簡,得酌設錄事若干人,繕寫文件。

第四條　中西文秘書會計員庶務員錄事等,均由董事長或常務董事分別委任之。

第五條　本局工程職掌事項如左:—

(一)工程調查事項,(二)水道測量事項,(三)工程計畫事項,(四)工程實施事項,(五)材料購買之計畫及收發保管事項,(六)管理工程船及挖河船事項。

第六條　本局設總工程師一人,秉承董事長或常務董事,總持一切工程事務.

第七條　本局設工程師三人,輔助總工程師,辦理工程事務.

第八條　本局得設測量員若干人,調查員若干人,工程船管理員及挖河船管理員若干人,秉承總工程師或工程師,辦理測量調查等事項.

第九條　本局材料事項,得設材料管理員若干人,秉承董事長或常務董事及總工程師工程師,管理材料事務.

第十條　本局總工程師及工程師,由董事會決議選聘,其聘書由董事長或常務董事代表董事會簽定之.

第十一條　總工程師工程師關於辦理一切工程事項,須先擬具計劃書,送由董事長或常務董事,審查核定後,提交董事會,議決施行.

第十二條　總工程師工程師關於實行工作事項,其成績若何,應按每星期報告董事長或常務董事查閱,以便於董事會開會時,提出審核之.

第十三條　本局人員薪金另定之.

第十四條　本局為研究江道情形,得設水道討論會,由本局重要職員,及左列各關係團體組織之:—

(一)水道經驗較深之官商大副及領港,(二)江關稅務司及理船廳,(三)具水道學識之專門家,(四)氣象台台長.

第十五條　本局章程自呈報上將軍公署核准之日起實行.

第十六條　本章程如有未盡事宜,得隨時修改,呈請備案.

(丁)招聘總工程師

此次(民國十六年秋)招聘總工程師,董事會非常慎重.先在國內通商各埠著名中外各報,登載招聘廣告.後致函各國著名水利學教授,請代為物色.

總計先後之應聘者四十六人,共八國.中國二十四人,俄國十二人,德國四人,美國二人,英國荷蘭捷克波蘭各一人,於十七年四月十五日,重光會同諸董事在哈先開審查會,將應聘者之資格學術經驗各項,逐一研究,詳加審核,釐定次序,後寄沈董事長覆核一次.皆以德人佛蘭溪氏學術湛深,經驗宏富,最爲合格.遂決定聘爲總工程師.查佛氏爲德國望族,世代均水利專家,從事水道工程已二十餘年,資格極老.此係沈君託德國哈諾威工科大學著名水利教授代爲物色者.總而言之,此次應聘之工程師,其中以中國人之資格,最爲整齊,學術經驗俱優者又復不少.茲將審查標準列左:—

(一) 審查標準

(一) 出身 (甲) 外國著名大學水利專科,(乙) 外國大學工程科及中國水利專門學校,(丙) 中國大學及工業專門學校.

(二) 資格 (甲) 曾任水利局長以及總工程師,(乙) 曾任水利工程師及科長等,(丙) 曾任其他各科總工程師工程師及科長等.

(三) 經驗 (甲) 曾計劃及修建著名水利工程著有成績者,(乙) 曾帮辦何種著名水利工程者,(丙) 曾辦過何種工程者.

(四) 不及格 未大學畢業及未辦過水利工程者.

(戊) 工程之進行

總工程師因種種問題,一時尚不能來哈.對於工程方面,重光自當努力進行.查從前俄國曾將松花江江道測量一次,製圖一册,計圖五十四幅.惟時日已久,江道變遷甚多,今祗能作爲參攷而已.目前應行各種預備工作要點如后:—

(一) 沿江之山川情形,(二) 沿江一帶之地質,(三) 全江之平面圖,(四) 全江之同高線圖,(五) 全江之縱剖面圖,(六) 施工程地方之橫剖面圖,(七) 全江水勢之漲落,(八) 全江水流之速度,(九) 全江沈澱物情形,(十) 全江雨雪情形,(十一)全江冰凍情形,(十二)關於沿江工程材料之調查.

查疏濬江道,工程初步,須先由測量入手.現已調東北水路測量班來哈,先赴三姓工作.因將來擬以三姓爲工程中心點,次第推行於沿江上下游.如能在本年開凍期間,將一切工程上應實地調查各要點,收集完備,則封凍之後,吾人便可計劃一切工程,俟明春實施工作.

(己) 本局之船隻

本局船隻,或借諸哈爾濱交涉公署,或借諸海軍江運部,或由自置.目下已有大小船隻七艘,列表如左:—

名稱	類別	用途	現在停泊地
攝斯果依	輪船	工程船	哈爾濱八站江運部碼頭
山水	汽艇	測量船	三姓
振武	拖船	測量船	三姓
松花江	舢板	測量船	三姓
黑龍江	舢板	測量船	三姓
嫩江	舢板	渡船	三姓
烏蘇里江	舢板	渡船	哈爾濱八站江運部碼頭

以上諸船,每日上午七時升旗,下午七時降下.

凌鴻勛君來函

子獻吾兄大鑒……現在桂省全省建設會議,當於十八年元旦,在柳州舉行.勛以事不克前往,特派趙君祖康爲代表.並囑其到柳之後,與建設當局聯絡,在某期之「工程」學報上,出一「廣西建設特刊」.因現在桂省,各項事業,正在春筍怒發之時,若能搜羅各項資料,則一期特刊,至爲豐富.此事待趙返後如何,再奉聞.梧分會現得桂省一次補助小洋一千元,此次趙去柳復可多獲結果,而梧市府又已允捐地一段,故梧分會之永久會所,或能先總會會所而成立,未可知也.分會既得省方補助,故於出版事,亦不妨爲之宣傳,兄當贊同.……即頌　大安　　弟凌鴻勛寄自香港　十七,十二,廿五,

世界主要短波廣播無綫電台一覽表

波長 Meters	週波 K. C.	呼號	地點
17.2	17440	AGC	Nanen, Germany
18.4	16300	PCLL	Kootwijk, Holland
24	12500	SSW	Chelinspood, England.
30	10000	LGN	Bergen, Norway.
30.7	9770	EAM	Madrid, Spain.
31.4	9550	PCJJ	Eindhoven, Philipslamp Works, Holland.
32	9380	H9OC	Berne, Switzerland.
32	9380	H9XD	Zurich Radio Clubs, Switzerland.
32.05	9380	D7MK	Copenhagen, Denmark.
37	8110	EATH	Vienna Austria.
37.65	7980	AFK	Doberitz, Germany.
40.2	7460	YR	Lyons, France.
45	6670	I1AX	Rome, Italy.
52.5	5710	SAS	Karlsborg, Sweden.
56.7	5300	AGJ	Naeva, Germany.
61	4918	F8GC	Paris, France.
32.9	9130	6AG	Perth, Australia
32.5	9230	2BL	Sydney, ,,
32	9380	3LO	Melbourne ,,
28.5	1052	2FC	Sydney ,,
28.5	1052	2ME	Sydney ,,
32	9380	JB	Johannesburz, South Africa.
17	1765	ANH	Malabar, Java.
31.86	9435	ANE	Bandoeny, ,,
15.93	1888	ANE	,, ,,
14	21420	WLO	(Amer. T. & T. Co.) Deal Beach N.J., U.S.A.
14.10	21300	WQWW	(R.C.A.) San Francisco, Cal., U.S.A.
14.2	21220	WQA	Rocky Point, N.Y. U.S.A. (R.C.A.)
14.4	20820	KSS	(R.C.A.) Bolinas, Calif., U.S.A.
15.8	19020	KQHH	(R.C.A.) Kahuku, Hawaii
17.2	17420	KNN	(Mackay Radio & Telegraph Co.) Honolulu, Hawaii
20.2	14920	WAZZ	(R.C.A.) New Brunswick, N. Y.,
W23	13000	KNW	(Mackay Radio & Telegraph Co.) Palo Altr. Calef.
28.6	10470	WBF	(Tropical Radio & Telegraph Co.) Boston, Mass.
37.40	8010	WLC	(Michigan Leivestone & Chemical Co.) Pogers City Mich.
39.40	7600	KTZ	Naknek, Alaska. (Alaska Packers Association).
43.60	6890	WGXX	(R.C.A.) San Juan, P.R.

今日者實一較「過癈興銳」之世界,欲求事業發達進展,尤非注意於提高過癈興銳不可,過癈興銳英文爲 Efficieney 意譯之爲效率,效率高則勝,低則敗,殆成爲今日之通例.短電波機效率之高,誠非長電波機所能與之比擬,則今後長電波機之將歸淘汰,實固其宜,亦固其勢也.短電波機不獨能盡收發電報之能事,即電話亦頗爲適用,故各國近年來對於廣播事業亦多採用之.其優點甚多,容後述之,查目前各國新建之短波廣播無線電台,當在百所以上,茲先將電力較大之電台,表而出之.該項電台在國內用一兩管之短波收音機,大概均可接收,國人曷一試驗,而一聆各國之音樂乎.(其清)

短波無線電波波長與射程之關係

無線電機無論其爲長波電機或爲短波電機,其射程之大小,(即通信距離之遠近)每與天時,地理,以及天線佈置之狀況,所用電力之強弱等等,發生絕大之變化與關係,惟在短波無線電機,其電波波長與射程二者關係尤鉅.往往有同一電力,同樣安置之短波電機,晝間能與某台通信者,一至夜間,則完全隔阻.然若變換其波長,(此時其波長宜增加,反之應減小)則兩地間仍能照常通信,又往往有遠距離之電台能與之通信,而較近之電台反不能通者,然若增加其波長,則較近之電台亦能相通.凡此種種,足見電波之修短與射程之關係絕鉅,至其關係之如何,誠爲吾人之所宜亟知者.去年十月萬國無線電會議舉行於美京華盛頓,專家畢集,對於電波波長之分配,頗費討論.結果僉以短波電波之分配,似宜視其射程之大小爲斷,而其電波與射程之關係,據各專家之經驗,約如下表所載.電波之分配,於以決定.查該表所列之通信里數,雖不能完全與實際符合,但電波波長與射程間之關係,大概情形,當約如是.吾人建設電台時.誠不可不注意及之也.(其清)

短波無線電波波長與晝夜射程關係表

週波數(以kc計)	電波波長(以米達計)	平均通信距離(以英里計) 白晝	夜間	業務類別
1500—2000	200—150	100	250	移動,固定及業餘
2000—2250	150—103.5	125	300	移動及固定
2250—2750	133.5—109.1	150	500	移動
2750—2850	109.1—105.1	150	550	固定
2850—3500	105.1—85.5	250	600	移動及固定
3500—4000	85.5—75	300	1000	移動固定及業餘
4000—5500	75 — 54.5	450	2500	移動及固定
5500—5700	54.5—52.5	500	3500	移動
5700—6000	52.5—50	550	4000	固定
6000—6150	50 — 48.5	600	5000 +	廣播
6150—6675	48.5—45	800	,,	移動
6675—7300	45 — 41	1000	,,	固定及業餘
7300—8550	41 — 35.1	1200	,,	固定及移動
8550—8950	35.1—33.5	1500	,,	固定及移動
8950—9500	33.5—31.5	1800	,,	固定
9500—11000	31.5—27.2	2500	,,	固定及廣播
11000—11700	27.2—25.6	3500	,,	固定及移動
11700—12300	25.6—24.4	4000	,,	固定及廣播
12300—12825	24.4—23.4	5000	,,	移動
12825—14000	23.4—21.4	5500	,,	移動及固定
14000—23000	21.4—13	7000	夜間不適用	移動,固定,及廣播業餘

目前堪稱最短之無線電波

自短波無線電學昌明以來,吾人始悉電波愈短,新奇之現象愈多,而奇趣愈生.故世界學者咸聚精會神,不殫煩勞,佈置新電路,竭盡其智力,務求其電波之減短,而可作種種之試驗,以冀或有新發現.惟電波之波長一短其發生也亟難.舉凡接線之長短,人體之近離,電路各部之佈置,附近物質之性質,在在發生關係.結果每每令人失望,他不具論,即二三米達長之電波,其發生已不易易.一切電路佈置,非加以十分考慮不可,乃去歲日本東北帝國大學工學部電氣工學科八木教授,竟能設法得一十二生的米達長之電波,實爲該時世界上最短之無線電波.渠之成功,係利用電磁場而將發振電子管,置諸該磁場之中一切接線,均減至最小限度,此種電子管,渠名之爲 Magnetron 蓋爲發生短無線電波最佳之利器也.又聞今年法國已能得二生的米達長之電波,則較八木氏之電波更短至六倍之多,此誠爲目前最短之無線電波矣.

(其清)

航空站 Airport 之設備

航空事業,日漸發達,歐美大城市間,多有空間交通之聯絡,我國屢議興辦,將來必能實現.惟空航與輪船鐵路一般,在其終點,必須有一番佈置,各種設備,方便飛機行旅之所需求.茲從 Engineering News-Record Vol. 101 No. 10,摘錄數點,以示大概.蓋此項學問,在今日之工程界中,方在萌芽也.

場所面積　最小約六百畝.

地形　方,長方,L形,丁形,圓形或其他不法形隨地勢而異.

寬長　宜寬長有餘,足供最少2,500尺之跑道.

降落地　最好全場各點,均可降停,不然,須劃成地帶,飛機可從四面都下降.

地勢　最好平坦無欹.設不能,略帶頃斜,毋過二度.

地面　最好草地.

排水　地面排水.最須講究.若土質鬆滲,地下宜放瓦筒.

界線　場之界線,須甚明顯.晚間用燈火標明之.

來路　空間來路須清寬無阻.障礙物每高一尺,平地上須放寬七尺.

降落地帶　如全場之地,不盡可用,則須劃出 300尺寬之跑道,中心帶,寬100 尺.道上須加工,俾晴雨寒燠,均宜飛行.

房屋　多寡隨用途而殊,然必須備者,爲掛飛機房,修理房,材料棧,汽車間,事務所,休息室,膳廳.職員宿舍,救火間等.

公用物　自來水,溝渠,燈火電力等均屬必需.燈火電力,且須安設地下.

物料工具　燃料,空氣,水等料之貯藏及邦浦.

標記　場中劃 100尺徑之巨圈.書城名地名.跑道須劃清.在地上畫指南針一.所有阻礙物,均須設法標明,使不致誤.且須有通訊記號,以作地上與飛機通消息.

氣候測驗器　風針全場可見,氣壓儀,寒暑表,氣候地圖等均不可少.與最近天文台須有聯絡.

夜間燈制　爲夜航行安全計,須有以下各種之設備:站標 Airport beacon;風向指針;站界燈誌;洪光 Flood light, 用以照耀房屋場地者;號燈;反射燈,用以照定雲之高低者;他種燈光,阻礙物用紅光,來路用綠光等.

地位　站必須設在空曠鄉間,然須距市場中心愈近愈佳.倫敦之Croydon離 Trafalgar square 約十英里,巴黎之 Le Bourget 離城心約七英里,柏林之Tempelhof 約三英里.

往還便利　汽車,電車,火車等均可通達,道路尤須多而寬,以免擁擠.

建設費用　目下尚未有一定法規可循,設備佈置,極不一致,故無可靠之數.惟全美現有飛行場六十八處,共計資產值一千七百萬美金,每站平均計念一萬金强.

預測水門汀三和土荷重力之方程式

十七年八月廿三 Engineering News-Record 載預計荷重力之方程,係 F. N. Wray 依據水門汀公會試驗 6″×12″ 圓柱體樣子之記錄所製成.試驗品之日期,自七日以至五年,其程式如下.

$$Sa = S_{28} - [(S_{28} + 2,000) \div 3] (1.447 - \log a) \quad (1)$$

上式　S＝荷重力每方英寸之磅數 Compressive strength, lbs./sq.in.

a＝試驗日期, Age, days.

S_{28}＝廿八日試驗之荷重力.

Sa＝任何日期試驗之荷重力.

將上式轉變,即得(2)式.

$$S_{28} = (3\,Sa + 2,900 - 2,000 \log a) \div 1.553 + \log a \quad (2)$$

若單推算七日與二十八日之荷重力,則簡之如下:

$$S_7 = 0.8\,S_{28} - 400 \quad (3)$$

$$S_{28} = 1.25\,S_7 + 500 \quad (4)$$

今將本會在南洋試驗室爲濬浦局試驗之結果比較之如下.

試驗結果		方程推算	相差	附記
S_7	S_{28}	S_{28}		
1416	2220	2270	+3.1%	試品形體
1585	2411	2480	+2.9%	
1552	2477	2440	−1.4%	6″ 正 方
2147	3139	3180	+1.5%	唐山水門汀
1456	2522	2320	−8.2%	
2600	3340 以上	3750		
1271	2008	2095	+4.2%	試品形體
1200	1822	2000	+9.8%	5″×10″圓柱
1071	1530	1840	+20%	唐山水門汀

此圖示西蜀灌縣引流灌溉之工程,功留百世,利澤萬民.規劃周詳,工程浩大.方諸晚近英美各國舉辦之灌溉工程,毫無遜色,參觀上期灌溉工程續論.

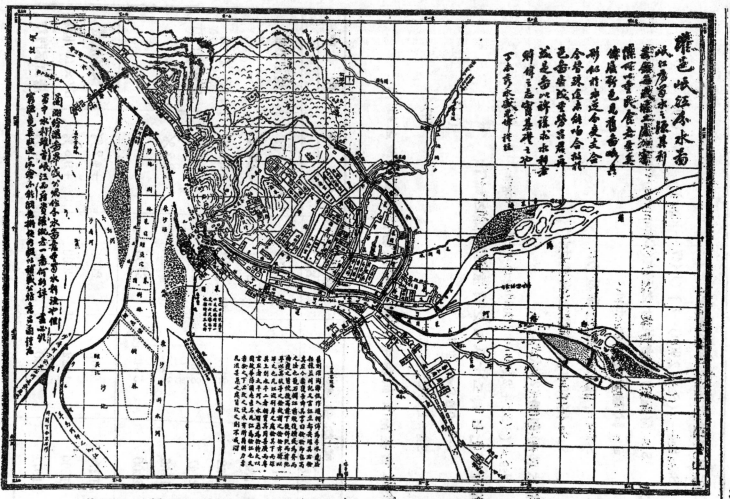

鐵鏈繩索荷重量

Plain Chains 鐵鏈				Studded Chains 檔鏈				Wire Ropes 鋼絲繩					Manila Ropes 白蔴繩				
Diameter in inches 對徑吋	Weight in lbs./ft. 每尺重磅	Working Load in Tons		Diameter in inches 對徑吋	Approxim Weight in lbs./ft. 每尺約重磅	Working Load in Tons		Circumference in inches 圓周吋	Approxim Diameter in inches 對徑吋	Weight in lbs./ft. 每尺重磅	Working Load		Circumference in inches 圓周吋	Approxim Diameter in inches 對徑吋	Weight in lbs./ft. 每尺重磅	Working Load	
		Salvage 救險噸	Ordinary 常時噸			Salvage 救險噸	Ordinary 常時噸				lbs. 磅	tons 噸				lbs. 磅	tons 噸
½	2.50	2.2	1.7	1	13.1	10.0	7.6	¾	¼	.08	790	.4	½	⅛	.02	100	.05
⅝	4.10	3.4	2.5	1¼	20.0	15 0	11.3	1	5/16	.16	1,340	.6	¾	¼	.04	150	.07
¾	6.70	4.9	3.7	1⅜	24.0	17.8	13.3	1¼	7/16	.24	2,249	1.0	1	5/16	.06	230	.10
⅞	8.37	6.4	4.8	1½	28.7	20.8	15.6	1½	½	.33	3,180	1.4	1½	½	.09	570	.30
1	10.50	8.3	6.2	1⅝	33.7	24.2	18.1	1¾	9/16	.47	4,200	9.1	2	⅝	.15	1,000	.40
1⅛	13.62	10.5	7.9	1¾	39.1	27.7	20.8	2	⅝	.60	5,770	2.6	2½	13/16	.21	1,770	.80
1¼	16.00	13.1	9.8	1⅞	44.8	31.6	23.7	2¼	11/16	.78	7,170	3.2	3	1	.32	2,330	1.00
1⅜	19.26	15.8	11.8	2	51.0	35.6	26.8	2½	13/16	.95	9,130	4.1	3½	1⅛	.39	3,070	1.40
1½	23.00	18.7	14.1	2⅛	57.0	40.0	30.0	2¾	⅞	1.13	10,800	4.8	4	1-5/16	.58	4,000	1.80
				2¼	61.0	44.8	33.5	3	1	1.34	12,700	5.7	4½	1-7/16	.67	5,000	2.20
				2½	79.0	54.8	41.1	3½	1⅛	1.88	17,550	7.8	5	1⅝	.81	6,330	2.80
				2⅝	86.0	60.3	45.2	4	1 5/16	2 39	23,080	10.3	5½	1¾	.96	7,830	3.50
				2¾	95.0	64.0	49.5	4½	1-7/16	3.12	28,670	12.8	6	1⅞	1.15	9,000	4.00
				2⅞	103.0	72.0	54.0	5	1⅝	3.78	35,600	15.9	6½	2-1/16	1.32	10,300	4.80
				3	112.0	78.1	58.5	5½	1¾	4.93	44,800	20.0	7	2¼	1.55	12,300	5.50
				3⅛	122.0	84.5	63.3	6	1⅞	5.93	54,000	24.1	8	2-9/16	2.02	16,000	7.10
													9	2⅞	2.64	20,300	9.10
													10	3¼	3.40	25,000	11.20
													11	3½	4.35	30,250	12.60
													12	3¾	5.20	36,000	16.10

上海自流水井之分析

(根據公共租界工部局化驗師之報告)

種 類	高低平均	Total dissolved Solids 溶解的固體物	Temporary Hardness 暫硬性	Permanant Hardness 永硬性	Total Hardness 硬性總量	Chloride in Chlorides	Alkaline Bicarbonate as Na_2CO_3
甲類	最高	45.2	30.0	9.1	35.5	12.5	20.1
	平均	37.2	24.4	2.3	26.7	5.2	
二十五井	最低	29.4	13.0	0.0	13.0	1.7	1.6
乙類	最高	76.0	34.5	16.0	46.5	27.6	28.0
	平均	60.7	25.1	7.6	32.7	16.1	
二十二井	最低	46.6	12.5	0.0	12.5	9.4	19.6
丙類	最高	99.4	31.0	36.0	64.0	38.8	
	平均	85.9	25.7	25.9	51.6	30.9	
八井	最低	78.3	20.0	19.0	44.0	22.8	
丁類	最高	604.0	33.5	144.0	171.0	247.0	
	平均	228.3	28.6	61.4	88.6	97.9	
七井	最低	106.4	25.0	28.0	45.5	44.0	
取給於黃浦之自來水	十五年三月三十日	14.0	4.8	3.4	8.2	2.7	

碼頭營業 (大來碼頭)

水　脚: 上海至紐約　每噸　G$15.00—G$30.00 美金
　　或每四十立方尺　„ 24.00—„ 50.00 „

碼頭租: 裝載中國日本貨物之船,每尺　Tls. 0.35 可停三日
　　裝載煤船長三百尺以上, „　Tls. 0.35 „
　　外洋輪船　Tls. 0.75 可停五日

貨物卸下,堆貯,送出: 平均每擔　Tls. 0.068,　或每噸 Tls. 1.15 十日
　　煤,堆置空場　„ Tls. 0.45 十日

棧　租: 平均第一月每擔 Tls. 0.057 或每噸 Tls. 0.99
　　第二月每擔 Tls. 0.051 或每噸 Tls. 0.86

閩省橋樑工程見聞雜錄

萬壽橋　該橋在福州南台商業繁盛之區,跨越閩江,距馬尾 Pagoda 約六十里.該處江流湍急,江面甚闊,橋係石桁式,可通汽車,長一千二百七十呎,闊平均約十四呎半,中墩共三十五,橋孔三十六,爲閩省著名之石橋也.

洪山橋　在福州西門外,有石橋曰洪山,爲省垣與閩北交通必經之地,其形式與萬壽橋相似,長度不詳.

以下數種橋樑記述,係得自龍岩友人者,蓋龍岩爲閩南之一縣,處於峻山叢嶺之中,其主要河流爲九龍江之上源,橋樑可紀者有下列數種:

雁石浮橋　長約三百呎左右,因該處江水頗深,人民利用水之浮力,編舟爲礅,上擱木板,以渡行人,每礅以三舟爲一組,或四舟爲一組,以粗鐵鏈緊繫之.如遇山流暴漲,則解鏈之一端,使全橋順水流動與岸平行,減其破壞之機也.

南門浮橋　在龍岩南門外,有浮橋一,亦由浮船組成爲墩,其長約在二百呎云.

見龍橋　是橋係石桁橋,全長約二百呎,橋孔跨長自十五呎至二十五呎,闊約八呎云.

東橋　是橋全長亦在二百呎左右,其目的僅供行人,故橋面以木板連接之.

矮橋　是橋與東橋同,長約一百五十呎,在岩永公路中,査該橋石墩成∧形,其尖端正對上游,以期減殺水勢,聞不久將改建公路交通之新橋也.

龍門橋　全長約二百餘呎,適在深流,惟有巨石,乃利用之爲墩基,顧跨度太長,木桁時現灣曲,人行其上振搖不已.近年參用新法,依力學分力原理加添支撐也.

龍岩橋樑大概如上述,此外小跨度橋樑,採用亂石拱弧,惟其結構不見精采耳.　(彭禹謨)

工程新聞

(甲) 國內

湖北全省長途電話進行狀況

湖北省建設廳廳長石瑛(本會會員),鑒於鄂省交通不便,西北與西南兩隅,尤爲閉塞;加以共黨擾亂,民不聊生;爰在省政府提議,建設全省長途電話.當經省政府議決,即刻興辦.已聘請本會會員(前任美國分會書記)孔襄我君爲總工程師,尅日籌辦.聞孔君於去年九月回國,在滬接洽電話材料,逗留兼旬.業於十月二日,由滬赴鄂,八日就技正職,現時專辦長途電話事宜.全鄂長途電話,計分七路幹線,均以武漢爲起點.並設十六路副線及支線.幹線共長四千六百四十二里,支線共長三千七百二十里.兩者合計,約當三千三百英里.擬於漢口設管理處及總局一所,其他如武昌,沙市,宜昌,樊城,則各設一等分局一所.此外,尚擬設二等分局十五所,三等分局四十二所,四等分局或代辦所共廿三處.統計八十五局所.電話通達全省六十九縣,十一重鎮,五大要塞.武漢樊城間,有電路兩副可通.武漢與宜昌及武漢與沙市間,則各有三副電路可通.宜昌與沙市間,則又有兩副電路可通.開辦費一項,分配如下:—

(1) 路線材料	$530,000	佔88.3%
(2) 電話機及交換機	10,000	1.7%
(3) 工司,工匠,工人,工具,	60,000	10.0%
總　　計	$600,000	

關於電話材料等項,現正與美商開洛公司,英商通用公司,德商西門子洋行,瑞典維昌洋行及中國電氣公司等五家.除西門子洋行須將材料表送至德國總廠核計售價外,其餘四家,均已將價單先後開來.至向何家購料,現時尚未確定.以平均計之,則銅線每百磅需大洋四十二元,長途電話機每架五十五元,五十門交換機每付約一千九百餘元.磁頭及彎鈎,日貨每百付約需洋二十二元,歐美貨需三十餘元.關於購置材料一事,已決定不用仇貨.價廉

GENERAL ELECTRIC TURBINES

奇異葛的司銹平車

COMPLETE POWER PLANTS.

全部電燈機器

巧於製造。專於工程。老於經驗。有此三大要素故在中國各省經手承辦工廠電廠市政局所用之機器實難枚舉

繪圖。預算。計劃。及監視工程均可包辦

美商 慎昌洋行 總行上海 分行各埠

LONG LIST OF EFFICIENT PLANTS

installed

THROUGHOUT CHINA

for

CITIES AND INDUSTRIES

COMPLETE DESIGNS SUBMITTED

SUPERVISION of ERECTION UNDERTAKEN.

Andersen, Meyer & Co., Ltd.

Shanghai and Outports

請聲明由中國工程學會『工程』介紹

固無用也,我國官場陋習,向洋行訂貨,多索回扣百分之五.此次鄂省長途電話材料,當於初次接洽時,即由孔工程師鄭重聲明,不得有絲毫回扣.我國貪官污吏,在在皆是,此項辦法,實爲創舉.至工程方面,已由建設廳委派張熙光,盧偉,(二君皆北平工業大學畢業)呂煥義(比國留學,本會會員)及李材棟,等五技士,分途鄂北鄂西鄂南,查勘路線.至電桿一項,完全由各縣自行購備.將來全省長途電話成功之後,約須省縣合辦性質,各縣及各軍事機關,在政務上使用電話,均不收費,商用收費.

又鄂省施南一帶,重山疊嶺,交通困難.設用長途電話,路線之費,約需七萬六千元.據聞孔工程師之意,擬用短波無線電報,相互交通.是否實行,須俟省政府通過後,方能決定云.

鷺島工訊

廈門爲閩南要埠,年來建設事業,足以注意者略記數種如下:

(一)海堤 廈埠雖係通商口岸,少科學上之建設,海岸線彎曲,自然灘沙礁石隱約出沒,既無停泊碼頭,又少登陸要道,自海軍設立堤工處後,建築沿海堤岸開工迄今,已有載半,全堤萬呎,費銀二百餘萬,目下基礎成者有三分之二,完成者有三分之一.預計明年今日,可以全堤告成.

(二)道路 本年廈埠道路工程,除沿堤建築七十呎闊,兩旁人行道各十呎在內,瀝青面道路外,當推中山大同兩路工程爲最巨.沿堤馬路由堤工處辦理,大同中山由市政督辦署計劃.近因市政會暨市政督辦署先後取消,未成道路,在市政府未正式成立前,由司令部設立臨時路政處繼續辦理之,另由民衆團體組織參議會監督之.

(三)公園 在廈市中心設立中山公園,現正從事建築圍牆,大門,體育場,開闢花圃等,全部工程當在八十萬元左右.

(四)航空 華僑航空同意會,在廈島五通地方創辦福建民用航空學校,開闢飛機場,建築校舍,以及各項設備,預計重陽節後,當有一番新氣象也.

(五)鐵路 漳廈鐵路年久失修,因有江東橋橋工未成之阻,未能直達,漳州交通遲緩,營業虧損,茲聞有人提議,將該線改築長途汽車路,實行與否,尚未證實.(彭禹謨)

檢查津浦鐵路黃河橋述要

(詳細報告書下期登載)

津浦鐵路黃河橋,自五月一日被直魯軍炸壞後,以濟案交涉未決,迄今尚未修復.查該橋為中國最大鋼橋,亦為世界有名建築.即以鋼鐵重量而論,已達八千餘噸,修復工程之艱鉅,自不待言.津浦楊局長故特派該路工務處長吳益銘 H. T. Wu 工程司胡升鴻 S. H. Hu 嵇銓 T. C. Chi 陳祖貽 T. Y. Chen 並延請茅以昇 T. E. Mao 陳體誠 T. C. Chen 侯家源 C. Y. Hon 等專家前赴濟南.實地檢查損壞狀況,并籌議修復計劃,事前曾商滬甯濟三處日領,轉向日軍當局交涉,准予通過,全隊人員於八月二十日由浦口出發車至泰安,因交涉尚未妥洽,滯留十日.九月一日全隊人員抵濟,又以日軍三六兩師換防未竣,九月十日方克正式上橋,由各委員以精細儀器分工測驗,至九月二十日各委員始聯袂返浦.目下正在根據檢查結果,研究修復辦法中.茲探得驗橋委員之報告,內容摘述如下:—

津浦黃河橋,全長共一千二百五十五公尺,計有普通橋梁九孔,每孔跨度為九十一公尺五公寸.特別橋梁一座,長約四百二十二公尺.此特別橋梁,即所謂翅式橋梁 Cantilever Bridge,設於河流湍急之處,因水深艱於建築橋墩也.該翅式橋梁,計分三孔,兩旁兩孔,即所謂錨臂孔 Auchor Arm Span 錨臂之一端,繼續伸入正孔中而成.所謂伸臂 Cantilever Arm 正孔居中則為懸樑 Suspended Span 因樑之兩端,均懸掛於兩伸臂上也.是以正孔可分三部,即兩伸臂及一懸樑是也.此次被炸之處,在北首第八橋墩上,適為特別橋梁北端,與普通橋梁南端相接之處,兩樑之支座,均被炸碎散,橋墩亦損壞甚重,橋端猝然下降,全部俱受震動,末端之橫樑及主樑之下肢受傷尤甚.且因特別橋樑錨臂之下落,致使伸臂上舉將懸樑一端提起,懸點之圓栓,橢孔暨擺柱均生意外變動,幾將危及懸樑之安全.尙幸錨臂與伸臂之比例,大於尋常,橋墩雖壞,懸樑猶得免落水中,洵幸事也.

依測量及檢驗結果,橋之內部肢桿,除鄰近被毀橋墩處外,俱未蒙重大損傷,其受力程度,均未超出彈性限以外.惟每樑有一桿因受陷落影響,內力變化,致被伸長.統計修復時,所需購換鋼件不過六七十噸,連同橋端支座四枚,耗費亦不甚鉅.目前最大問題,即爲錨臂陷下,亟須從速舉起;因此臂支座本係活輥式,以備橋身隨氣候伸縮之用.今該座炸毀,全臂兩端固定,天氣日寒,勢必無形發生巨大應力,且橋墩炸後,留有無數罅隙,水隨而入,日後凍結融化循環作用,足使墩頂散碎,錨臂降落,將益影響及懸點各部活節,誠足慮也.報告最後一部份,兼討論各種舉橋方法,并爲籌得妥善計劃,內分舉橋,臨時通車,豫防危險,及正式修理等項,頗爲詳盡.聞其所估全部工料費用,約十餘萬元.

工商部國貨展覽會陳列機器

國民政府工商部舉行規模甚大之國貨展覽會於上海南市新普育堂.十七年十一月一日開幕,歷時兩閱月,至十二月卅一日閉幕.其中陳列物品.非常豐多.尤以機器一項,爲空前之舉.大門之旁,正屋對面,有平房一帶,悉作機器陳列之用.其中有上海大隆鐵廠織布機二座,用八匹馬力雙匹斯登黑油引擎拖動,當場織布.次之爲上海華東機器製造廠,有大號印書機一座,能印全張新聞紙,當場開印,又有裝訂機,澆鉛字機,切紙刀,離心抽水機等.復次爲杭州武林鐵工廠,絲織機,棉織機,提花機,穿紙板機等,作靜止的陳列.次之吳淞中國鐵工廠陳有織布機二座,最大者能織幅寬九十六寸之布,當場試織,又有打線車,提花機,併絲車.紗廠備件等等.復次爲上海新中工程股份有限公司之出品,裝有立式廿四匹馬力雙汽缸黑油引擎,拖動華生發電機,當場發電.又設置立式八匹馬力黑油引擎,拖動五吋徑離心雙進水式抽水機,下掘一井,上開兩口,水從一口抽起,經抽水機提高,從他口直瀉入井,循環不已.復次爲上海華生電氣製造廠,其廿五基羅華脫直流發電機得新中引擎之動力而發電,照耀一方,已如上述.復有二百開維愛變壓器,以及各式電氣風扇.復次爲常州厚生機器製造廠,有臥式八匹馬力半地實耳黑油引擎,拖動六寸徑單進水式抽水機.復次上海益中機器公司,陳列各種變壓器.最大者二百開維愛.十五匹馬力電氣馬達.電爐以及瓷品等等.最後則爲上海中華鐵工廠之火柴排板機,溫州毓蒙機器製造廠之彈花機,上海公勤鐵廠之洋釘以及其他零星出品.綜觀各家陳列,大率工作精細,堪以應用.機器製造一業,向爲社會所不甚注意,咸有機器非外國貨不可之謬見.今者一反舊習,機器廠家奮發勇進,從此吾國社會人心之傾向,當爲之一變.

(乙) 國外

Zenneck教授之榮譽

吾國研究無線電學者,幾無人不知德國有著名之無線電專家 Zenneck 氏,蓋渠所著之"Wireless Telegraphy"一書,吾人類皆作爲無線電之教本故也.Zenneck 氏於西曆一八七一年四月十五日生於德國 Wurttemberg之一小鎮名Ruppertshofen, 年十四進 Maulbrom 地方之 Evangelical-Theological Semivery 肄業,後二年轉入 Blarbeure 之Seminary研究法文拉丁希臘及希伯來文.又二年始進 Tvebivgen 大學研究算學與各種科學.其物理之教師,卽 Ferdinond Braun 氏也.五年得博士學位時年僅二十四歲耳.Zenneck 氏得博士學位後五年,始注意無線電學.由Braun教授之指導,用小艇泛舟北海,從事種種之試驗,其時無線電學中基本原理,不能解釋之處甚多.翌年因更注意於此種問題,加以精深之研究,結果於一九〇六年刊行Electromagnetic Oscillations and Wireless Telegraphy

一書,至今流行於世,奉爲最佳之教科書焉.一九一三年受Munick之Technische Hochschule學校之聘,爲實驗物理講師,歐戰時德政府遣派至美國充大西洋通信社之工程顧問.一九一九年復返 Munich 大學,今已榮膺該大學之校長矣.

美國無線電工程師學會,爲世界著名之學會,每年例有金質名譽獎章,贈與世界對於無線電學貢獻最大之科學家之舉.自今年之獎章已決贈於與Zenneck博士以酬謝Zenneck對於無線電基本學理之貢獻及年來關於課促進無線電教育之功,該學會特又敦請Zenneck博士於今年九月五日,親臨美國開歡迎大會,同時舉行贈章典禮,聞到會參與盛會者,凡三百數十餘人,頗極一時之盛云.（其清）

萬國無線電信科學聯合會消息

萬國無線電信聯合會,組織成立於一九一九年,英文名爲The International Union of Scientific Radio Telegraphy 法文名爲 Union International de Radio-télégraphine Scientifique,縮寫爲 U R S I, 其目的在（一）促進無線電信交通之事業,探討其精深之學說.（二）贊助與組織種種之研究,需各國間之通力合作者,並求其結果之刊佈與討論.（三）關於互相試驗之共同方法,及標準試驗儀器之研究.惟上述種種,實行之工作,全由各國分頭擔任.該聯合會之本身,不過爲上述各種事業之監視管理與聯絡而已.會中設會長一人,副會長四人,書記一人,主持全會事務,正副會長可不常川駐會.上述職員之人,英,法.美,義,腦威.比利時各占一席,計會長爲法國之 Gr. Ferrié 將軍,副會長爲美國之L. W. Austin博士,英國之 W. H. Eccles 博士,義大利之 C. Vauni 博士,腦威之V. Bjerkver 博士,書記則爲比國之R. B. Goldschmit 博士.該會總部設於比利時京城 Brussels之 Avenue des Arts 第五十四號.

聯合會每年開大會一次,地點無定.去年大會於十月舉行於美京華盛頓,時正萬國無線電會議舉行之日也.今年大會則定於九月在比京 Brussels 舉行,凡各國會員,屆時均將到會參與云.　(其清)

世界最大之蒸汽透平發電機

美國 General Electric 公司現正為愛迪生 New York Edison 公司製造一透平發電機,將為世界最大單軸單個的發電機.將裝在該公司新東河之發電站內.發電 160,000 K. W. 或馬力 215,000 匹.

其生火之蒸汽鍋爐,亦為空前之大物.共有四個,每個共有受熱面積 Heating surfore 45,120 平方尺,每小時能蒸汽 550,000 磅,以供透平所需.

再此發電站所設抽水機具,亦將為世界上之最大者.每分鐘共抽送 1,400,000 加侖之水於凝汽桶 Condenser 內.倍於紐約城市,自來水供給之所需.水源取諸東河,用後仍放入河中.　(Engineering News Record Vol. 101, No. 17.)

美國鐵索橋復興

美利堅國內有許多鐵索橋,跨孔寬闊,建築雄偉,早為世所稱道.如紐約之 Manhattan 與 Williamsbury 橋,跨 Hudson 河之 Bear Mountain 橋,過 Delaware 之 Philadelphia-Camden 橋,以及若干在 Ohio 流域之橋,均屬鐵索懸空飛渡之結構.然大率在一九〇五年以前所營造完工者.最近二十五年來,寂然無聞,故懸橋之技術學理,兩無進步.迨最近數年來漸見復活之勢,新建結構,已完工及在進行中者,為紐約城跨 Hudson 之大橋,孔寬 3,500 尺,過 Detroit 河達加拿大邊境之國際大橋,孔寬 1,850 尺,紐約省 Poughkeepsie 之 Mid-Hudson 橋,孔寬 1,500 尺,在 Ohio 流域有孔寬不下 700 尺者四座.蓋前時代之建築,多為鐵路而設近今復興之趨勢,則為道路汽車交通之發達所促成.且此種偉大建築,大率為 Toll Bridge, 由商人承辦,工成之後在橋上設卡徵稅,往來車旅,概須納費,預期於若干年後,將建築費還清,收歸公有.此橋上收取買路錢之制度,原理實事,均已成立,實爲促進新橋計劃,次第實現之一動機,至於工程技術上之設施,則一本以前之要義,無大變更,惟在建造細目上,則力矯從前之缺點,確有不少改良和進步之處.可信鐵索橋之效率,將與他式橋樑建造技術並進也.

法蘭西碼頭稅新章

一千九百二十八年三月廿八日,法國議會通過關於碼頭捐稅之新章程,其中有數項稅率增加,較戰前多三四倍.惟現在法郎之價格較低,以及其他情形,故船舶之進出法國港口者,當不致受影響也.茲摘錄新章數條於下:—

第一條. 碼頭稅爲 30/1/1872 之法律所規定,在法蘭西 French 及埃爾求 Algerian 各口岸,依船隻之淨噸位,航行之用意及重要而徵收之.

第二條. 噸位稅 在每通商口岸,須繳下列之稅:—

(1)船隻從外國口岸來或到外國去,在進來時及出口時,每一登記噸位 Registerted ton 須繳一法郎 1 Franc.

(2)船隻從國際沿岸商埠 International Coasting Trade Ports 來,或到彼去,在進口及出口時,每一登記噸位,僅繳費五十生的 50 Centimes.

船隻一連停泊幾個法蘭西或埃爾求口岸者,在初到之埠及後離之埠,均繳全稅在中間口岸,每次進出,每噸僅繳廿五生的 25 Centimes

第三條 班頭輪船減價率,公衆乘坐按班行駛之輪船,得照下例減稅:—每月進口一次者,得減去30%,兩次者40%,三次者50%,四次者60%,四次以上者 70%.

第六條. 貨物稅. 按照在埠上下貨物之數而徵下例之稅.

國外貿易:— 每 10 噸(10,000 Kg)或其零數,

卸下時:	一等貨 27.50 Francs	二等貨 13.75 Francs.
裝載時:	„ 10.00 „	„ 5.00 „

沿岸貿易:—

卸下時: 一等貨13.75 Fancs., 二等貨 70.0 Fancs.

裝載時: „ 5.00 „ „ 25.0 „

第七條. 乘客稅. 乘客登岸或離埠,繳稅如下例.

(1)乘客從外國來或到外國去者,特等客 dehixe 每人 50 Fanc, 頭等30 Fancs, 二等 20 Fancs. 三等 10 Fancs, 移民 5 Fancs.

(2)乘客往來沿岸商埠者,特等客25 Fancs, 頭等 15 Fancs, 二等三等 10 Fancs, 移民5 Fancs.

第八條. 牲畜稅. 牛馬驢騾,每頭作一噸算,山羊綿羊,每頭作0.25噸算. 乘客行李,船中食糧燃料不稅.

中國噸位稅 Tounage Dues. 我國江海關徵收噸位稅,任何船隻,進任何中國口岸,須繳每噸銀四錢, Tls. 0.40, 若船小在150淨噸以下者,僅須繳 Tls. 0.15. 此項噸位鈔,包括口岸費燈塔費在內.每船一次繳付噸位稅,可在以後四個月內,進出任何中國口岸,不另收費.

往來歐美之海船,每四個月內到中國者,不過二三次.且船身甚重,所出噸位稅甚巨.往來日本之船隻,行程甚短,一月間可往來四五次.且船輕,付稅少.兩者比較,同付一次稅歐美船僅進出二三次,而日本船可進出一二十次,畸輕畸重,情弊立見,結果,歐美船付稅太重,不上算,至不得已時,必拋棄中國口岸而不顧,中國與世界進出之貨物,須由日本船從中駁載.如是不非水脚增高,且使中國口岸之地位降列次等,而仰東洋口岸之支配矣. (黃炎)

會員介紹本刊廣告酬謝辦法

凡本會會員代招廣告每期在二百元以上,由本刊贈登該其員有關係之公司廣告二面.每期在一百元以上至一百九十九元,贈登該會員有關係之公司廣告一面.每期五十元至九十九元,得登該會員有關係之公司廣告半面,不另取費.每期在三十元至四十九元,得登廣告半面,本會僅收成本.三十元以下者,均各贈登題名錄內一格,不另收費.以上所稱有關係之公司,以完全華商組織,而該會員係該公司股東或職員爲限. 總務袁丕烈

請聲明由中國工程學會『工程』介紹

附　錄

REFRIGERATION

C. B. Morrison, B.Sc., Member A.S.R.E.

Refrigeration may be briefly defined as the abstraction of heat from a substance for the purpose of lowering its temperature or changing its physical state. The principal uses for refrigeration comprise the preservation of foods and the making of ice. Various industrial processes require refrigeration but this paper will attempt to describe only a very few of them.

Refrigeration has been used in some form throughout the entire period of history, as high standards of life could not exist, except in the tropics, without the preservation of food from one harvest until the next. From ancient times, people in all parts of the world have used natural methods of refrigeration such as caves, cellars, spring water, wells, etc. Most of us have seen these methods in use. Rochefort cheese, for instance, is cured in caves in southern France where a uniformly cold temperature is available. Another ancient system of refrigeration and one that is still in use is based on the same fundamental as is mechanical refrigeration. This method consists of cooling by evaporation. To apply this principle of refrigeration, liquids were placed in porous vessels and these vessels were placed in currents of dry air. The liquid penetrated the porous walls of the vessels and made the surface moist. The dry air evaporated the moisture from the surface and the heat of evaporation being partly obtained from the contents of the vessels caused a lowering of the temperature. The first record of producing artificial ice was based on this principle.

As evaporation is so important to the process of mechanical refrigeration I will explain briefly how it operates. Evaporation cannot take place without the application of heat. The amount of heat required to evaporate a liquid such as water is very great in proportion to the amount of heat required to raise its temperature as I will show by a few figures. The unit of measuring the quantity of heat added or extracted from a substance is known in British and American engineering practice as the British Thermal Unit and represents the amount of heat required to raise the temperature of one pound of water 1 deg. F.

To raise the temperature of 1 pound of water from the freezing point or 32 degs. F. to the boiling point or 212 degs. F. requires 180 B.T.U. (British Thermal Unit), whereas it will require approximately 1000 B.T.U. to evaporate this same pound of water into steam with no increase in temperature, or in other words it will require about six times as much heat to evaporate a pound of water as it will require to raise its temperature from the freezing to the boiling point. Applying these figures to the cooling of water it would theoretically be possible to reduce the temperature of 1 quart of water in the bottle 31 degs. F. by the evaporation of one ounce of moisture in the cover if all of the heat of evaporation come from the contents. Under experimental conditions ice can be produced in the porous vessels mentioned above by evaporation with very dry air. We still use another system of refrigeration that has been in use for centuries and that is the production of very low temperatures by adding salt to snow or ice. As you know salt water requires a lower temperature to freeze than fresh water and consequently salt put on the surface of ice lowers the temperature of the ice to the freezing point of a salt and water mixture, which causes a more rapid melting of the ice.

The standard method of cooling by the use of ice and snow and the storing of ice in insulated buildings during the winter for use in the summer is well known. In cold climates ice is usually harvested when it is from 18" to 30" thick but in climates like Shanghai one can observe ice being harvested from paddy fields so thin that it is broken up and collected with shovels.

This covers the general history of refrigeration from the earlist times until year 1755 when some experiments were performed with the objects of producing refrigeration mechanically. These first experiments were unsuccessful commercially, but were of scientific interest and for the next 75 years experiments were continued during which time vacuum machines, sulphuric acid machines and water machines were constructed to produce refrigeration, but without success. In 1823 Michael Farady, famed for his discoveries in the field of electrical science, discovered that certain gases could be liquified after being compressed to a high pressure and then cooled by water. Experiments were continued on this basis and in 1834 the first commercial refrigerating machine was built. In 1850 a machine for producing refrigeration by compressed air was developed and this system has been used up to the present time, although its use in recent years has been confined to naval vessels or places where the escape of gases or fumes would be extremely dangerous. Machanical refrigeration as we understand it to-day began in 1873 when the first successful ammonia compression machines were introduced almost simultaneously by C. P. G. Linde of Germany and David Boyle of United States.

It will be necessary here to explain the general principles of refrigeration and why one refrigerant is better than another for certain purposes. It is a law of physics that all matter can exist in three forms, solid, liquid and gaseus. In the solid state a substance contains the least amount of heat and heat must be applied to change it first into a liquid and then into a gas. Water is most useful in our present scheme of thing because it can be so easily changed into whichever of three states is desired. A refrigerant is simply a substance that can be changed readily from a gas to a liquid or from a liquid to a gas within desirable temperature and pressure limits. Ammonia liquid will evaporate into a gas in atmospheric pressure at minus 28 degs. F., CO_2 will evaporate in atmospheric pressure at minus 110 degs. F., and SO_2 at plus 14½ degs. F. If these gases are compressed they will condense into liquids by cooling with water at ordinary temperature. Without going into the thermo-dynamics of this question I will simply state that ammonia has become the standard refrigerant because the power required to operate an ammonia plant is less than a plant using any other gas, the temperatures obtainable are suitable for most practical purpose, and the working pressures are within reasonable limits. 95% of commercial refrigerating machinery manufactured is of the ammonia compressor type. CO_2 is required on board ship because the gas is harmless and odorless while ammonia might easily cause a panic on shipboard if any large quantities escaped. SO is useful in household refrigeration due to its low operating pressure.

From 1873 until 1890 mechanical refrigeration struggled through its infancy and the machinery of this period was clumsy in appearance and uneconomical in operation and had difficulty in competing with refrigeration produced by natural ice, but in 1890 there was a mild winter throughout America and Europe and the scarcity of ice during the following summer for the first time caused people requiring refrigeration to realize that natural ice was not a dependable source of refrigeration and the ice machine industry began to prosper. The first publication of "Ice & Refrigeration" which is still the leading American journal of this industry, was first introduced to the public in 1891 and about this same time many of the present manufactures of ice machinery including the York Ice Machinery Corporation began to turn their attention from other lines of engineering to the manufacture of machinery for producing mechanical refrigeration. At this time the York Ice Machinery Corporation gave up all other lines of engineering and from that time until the present day they have devoted their entire organization to the development and production of refrigerating machinery and during this entire time they have been under the management of Mr. Thomas Shipley whose name is familiar to every one in America who is in any way interested in Refrigeration.

While the refrigeration engineers in America were laying the foundation for the growth of the meat packing industry, the British engineers were developing the transportation of frozen mutton from Australia, and the Germans were applying refrigeration to the making of beer. The use of mechanical refrigeration slowly spread to other uses such as the manufacture of soap, perfumes, high explosives, rubber goods, petroleum products, pig iron, photographic material, chemical products, etc. In also entered into use by florists, motion picture studios, artificial ice skating rinks, silk testing plants, motor car testing plants, hospitals, theatres, office building, etc. Few people realize that more than 200 separate industries depend more or less on refrigeration for the production of their output. For instance the largest refrigerating plant in America is not the cold storage plants of Chicago or New York but the plant at the Eastman Kodak Co. at Rochester for cooling film for the moving picture industry. Another use for refrigeration that you would not think of as within the scope of cooling is its use for drying the air for blast furnaces. There is approximately 100 tons of air blown through the fires of a blast furnace for each ton of iron produced. This air ordinarily carries so much moisture that must be evaporated passing through the furnace that it has been found economical in very humid climates to dry the air first by cooling and condensing the moisture by refrigation and then heating it again before blowing it into the furnace. Another interesting use of refrigeration is freezing quick sand for digging tunnels.

There is no time to go farther into the special uses of refrigeration although the special uses are usually more interesting than the ordinary purpose of cold storage and ice-making.

Probably about 1/2 or all mechanical refrigeration is applied to the making of ice. The output of artificial ice in United States is now over 50 million tons per year and on the basis of value of capital employed the ice-making industry has reached 7th place among American industries. The use of artificial ice long ago passed the volume of natural ice used until now there are three pounds of artificial ice used for each pound of natural ice.

The process of making ice is very complex but the basic principles are very simple, consisting of compression, condensation and evaporation. Ammonia is compressed by a power driven compressor to about 200 lbs. per square inch pressure. At this pressure it is carried to a condenser where cold water reduces the ammonia to a liquid. This liquid passes to the ice-making tank where its pressure is lowered to 20 lbs. per square inch. At this low pressure rapid evaporation takes place and the heat required for evaporation is drawn from the water in the ice moulds. The general methods of producing clear crystal ice have been constantly changing. The desire to improve the quality of the ice and at the same time reduce the manufacturing cost has brought about some radical changes since 1890. The first ice made was called plate ice because the ice formed on the side of a refrigerated metal plate submerged in a tank of water. This system lost favor for many reasons, chief of which was the cost of operation and the fact that the water supply was not always as good as it should be. Distilled water ice into came favor about 1890 to 1900 and on looking backward it would seem that the only excuse for its popularity was the word distilled which was supposed to be a guarantee of its purity. This however was far from an actual fact as we now know. The price of coal was so low at that time that there was little incentive towards the development of economical steam engines. Consequently ice plants were wasting more steam each day than was required to supply distilled water for their output of ice. Chlorination of municipal water supplies was not then in use and distillation was the last word in purification—if the distillation was properly done. In the manufacture of distilled water ice the exhaust steam was taken from the engine, and by various devices most of the lubricating oil mixed with it in the engine was extracted and the steam was condensed, reboiled and filtered. Many of you have heard the remark that ice sometimes tastes of ammonia. This was not and could not be a taste of ammonia but was a taste of the lubricating oil that remained in the distilled water. Distilled water ice maintained its supremacy until about 1912 when almost in one season the demands on the manufacturers turned so completely to raw water ice that many builders of ice-making machinery were caught unprepared for the change. The manufacturers of distilled water ice protested against what they called impure ice until a few samples, analyzed by health official, showed so plainly that the new raw water method produced better ice, that the owners of distilled water ice plants were forced to change over their machinery or lose their position with the public. The change to raw water ice was brought about by the increase in the price of coal and labor, resulting in the introduction of economical steam engines and electric power so that the new steam driven plants had not enough exhaust steam to make their output of ice and motor driven plants had no available steam. It was only after raw water was forced on the public that its better qualities were discovered. Raw water ice is made by putting water of a potable quality in the freezing mould where it requires from 60 to 70 hours to freeze solid. During this entire time a jet of air keeps the water in a state of small air bubbles which prevent any solid matter from freezing into the ice. No difference how much solid matter is held in suspension the ice from a modern plant will be transparent except for a thin opaque center which freezes up after the air supply is shut off. On the other hand if the best quality of filtered water is used the air agitation will remove so much solid matter that at least a gallon of water heavier in solid matter than Whangpoo River water will have to be pumped out before the block of ice is completely frozen. All these solids in suspension collect in small pocket in top of the ice block and a few hours before the ice is completely frozen these pockets are pumped out and fresh water pumped in to complete the full size of the ice block.

The question often asked is whether ice should be permitted to come in contact with food and no satisfactory answer can be given. The process of ice-making is such that the ice should be very much purer than the water supply from which it was made for the reason that there is no handling of ice to contaminate it and, while bacteria are not killed by low temperatures, it is inevitable that a large proportion of the bacteria in water must collect in the heavy mass of solids that are separated by the air agitation and pumped out before the ice is taken from the moulds.

Since 1916 there have been no important changes in the process of making raw water ice. Many details have been improved principally along the lines of economy of power and labour but there does not seem to be any probability of any such changes as marked the earlier developments in ice-making. You may be interested in knowing how the development of the household refrigerating machine is affecting the ice industry. The effect to date has stimulated the ice business rather than hurt it and the probability is that the advertising done by the manufacturer of household machines has reached millions of people who have never used ice and in this way have brought the ice man many new customers. The small household machine may some day partly supplant the ice manufacturer but it will not be until the world is very much wealthier per capita than it is to-day. There is not yet any rivalry between the manufacturers of household machines and the manufacturers of commercial machines, although the manufacture of ice has entered into an active advertising campaign to show the public the virtue of artificial ice as a refrigerant.

The use of mechanical refrigeration for the preservation of perishable goods accounts for about the same amount of machinery as the ice-making industry. This function is probably more essential to our high standards of living than ice and a few reminders of what we would not have without mechanical refrigeration will illustrate better the importance of the subject than the description of its use. Without refrigeration there would be no central packing houses for our meat supply but each town and village would have to supply its own abbattoirs. These would necessarily be small—mostly hand-operated and wasteful. Meat would be cheap in the winter and dear in the summer. Likewise oil refining would have to be done in the winter and some special oil that are now being made could not be produced. A densely populated country like England could not support its present population without importing its meats from other parts of the world in refrigerated ships. Tropical fruits would be unknown in markets like London and New York. Fertile sections of the world like the imperial valley in California could not prosper without refrigerated transportation for its produce. This valley sends to all parts of the world over 200,000 carloads of grapes, citrus fruits and cantaloupes alone each year. Massachusets for instance raises only 15% of its food supply.

Refrigeration maintain uniform prices throughout the year on perishable produce and permits the marketing of tropical fruits in cold climates and the serving of all kinds of fruits and vegetables out of season. Without the ability to store from season to season all perishable fruits and vegetable would be wasted when raised in excess of the current demand. Eggs and milk as well as fruits and vegetables would be so cheap in the producing season that it would not profit the producers and out of season they would not be available. In good years there would be plenty with a great amount of waste and in lean years only the wealthy could have enough. During the producing season the storage space fills up with the excess of production over consumption and as soon as production falls below the consumption demands, the flow of foodstuffs from the cold storage houses not only meets the demand but keeps the price uniform.

A cold storage warehouse consists of a building insulated with carkboard and cooled by the circulation of ammonia, or brine that has been cooled by the evaporation of ammonia. As it is more expensive to remove heat from a building than it is to apply heat, it is necessary to close all openings and line the walls, floor and ceiling with from 4" to8" of corkboard to keep the heat from entering from outside. There are in United States over 600,000,000 cubic feet of cold storage space handling more than a million carloads of goods each year. This means about 200 pounds of cold storage goods are consumed each year by every man, woman and child in America. Monthly reports are available for the amount of goods in cold storage and I will give you a few figures taken from a recent issue of "Ice & Refrigeration." On October 1st there were 618 million pounds of meat in cold storage, 147 million pounds of butter, 44 million pounds of poultry, 8 million cases fresh eggs, 72 million pounds of frozen eggs. The question is often asked, "How long can food be preserved in cold storage?" This is a very much debated question and suggests an article I read some time ago. Some prospectors were doing some digging in the northern part of Siberia. They came upon the frozen body of a mammoth in perfect state of preservation. Scientists say that this species of animal became extinct over 40,000 years ago.

The economical period of storag must be from one production season until the next and most any ordinary product can be stored for one year without loss of flavor provided the proper temperature maintained constantly. Articles that can be frozen such as meat, fish, etc. can be kept indefinitely.

The idea that food loses its flavor in storage is going the same way as the idea of tasting ammonia in ice. Cold storage methods had to develop slowly and until recent years the knowledge of cold storage possibilities was very limited an consequently many prejudice against storage developed through poor storage facilities.

In conclusion I will say that mechanical refrigeration is without doubt one of the most essential industries in our modern industrial system. Without it our highly centralized industries could not exist as a large proportion in each community would have to devote their time to producing food. Our cities could not attain their present size as they would have to depend largely on the surrounding territory for their food supply and bad crops would cause famines. And last but not the least we would have to be satisfied with what the season and climate provided insteaa of being able to obtain almost anything we desire.

定向天線之研究

定向天線之採用反射法者,其反射天線之距離必在傳發天線之後四分之一波長,始得最佳之結果.此說由來甚久,迄今不研究定向學者,倘信任之而無疑.線反射與傳發天線相距在四分之一波長時,其發射電場之電相在前進方向爲同相,而後退方向爲反向.結果後方電場均互消,前方電場反培增,而後定向之作用以生也.不知迄今英國R. M. Witmotte及J. S. Me Petrie二氏,在英國中央物理研究所研究定向天線時,發現反射與傳發天線間之距離,不必一定爲四分之一波長,始爲最佳之距離.凡研究定向天線者,對此不可不加之以注意也.（其清）

無綫電波進行現象之又一學說

太空之中有電導體之大氣一層,包圍吾人所寄托之地球球面,該層大氣由 Kennelly 與 Heaviside 二氏同時發明,故通稱之為 Kennelly Heaviside 層,或簡稱之為 Heaviside 層.對於解釋無線電波進行之現象,貢獻殊多,而短波無線電機,能以弱小之電力作遠程之通信,此種意想不到之成績,尤非賴該層大氣為之說明不可.雖然自 E. Quack 氏於民國十五年十月在德國 Geltow 城接收美國聯合無線電機公司,十二 kw 之短波無線電台發出之信號,(電台電波波長為一六·一七五米達 =18560 KC,呼號為 2×T)發現有回波(Echo)之現象後* 吾人每覺 Heaviside 層,有時不能盡解說此種現象之能事.何則電波回波,固有單波多波之分,有時此種回波於去發電台僅數里之遙,即可發覺,今設盡照 Heaviside 層之學說以解說之.則無線電波之反射至於地面,非在數百數千里以外不可,而决無有在數里以內發現之理,法國 Mauraix 及 Jouast 諸氏最近因另創一新學說,以解釋此種新奇之現象.其學說大意謂太陽陽光於到達地球球面之時,每發現一種所謂曙光 (Aurora),此種曙光,為吾人於侵曉時所常見者,此種光線來自太陽,故太空極高處,均受電子化,換言之,太空之中,富多伊洪已成為電導體是也.故曙光實附帶電子又同時有極可注意者一事,卽有種曙光特呈青色者,可於太空中任何方向見之,換言之,曙光有時常佈滿空際,據此兩說,該二氏於是以為電子必聚成為雲,飄浮空際,而將電波分散之於四方,結果回波隨地隨時均可發現,而前述回波於發電台附近地點發現之理由,亦藉此可以說明矣.

---

* 參閱 Proc. I. R. E. 第十五卷第四號第三百四十一頁.

道路工程名詞

譯者：趙祖康

下列各名詞,先示余所擬定之名;次列英文原名,末附華譯和譯吳譯.華指中國工程師會出版之華英工學字彙,和指日本中島鋭治等所著之英和工學辭典,吳指道路月刊六卷一號吳馥初先生「道路名詞之商榷」中之譯名.

趙譯	英文原名	華譯	和譯	吳譯
混凝材	Aggregate	集成混合料	集成混凝材	混凝土原子
非結晶	Amorphous			非結晶石
水成岩	Aqueous Rocks		水成岩	水成岩
砂長石	Arkose			
土瀝青	Asphalt	煤瀝青土瀝青黑膠	土瀝青	地瀝青
土瀝青凝塊舖路	Asphalt Block Pavement			地瀝青混凝土路
土瀝青膠泥	Asphalt Cement		瀝青膠	地瀝青膠泥
(未定)	Asphaltenes			
岸礫石	Bank gravel			
玄武岩	Basalt	玄武岩黑色硬火石	玄武岩	
路底或人工路基	Base or Artifcial Foundation	底邊底座	底底邊基線	路底人造路基
結合料	Binder		結料	聯結料
聯結層	Binder or Binder Course			聯結層
瀝青	Bitumen	瀝青	瀝青	瀝青
瀝清膠泥	Bituminous Cement		瀝青膠	瀝青膠泥
瀝青凝土路	Bituminous Concrete Pavement			瀝青混凝土路
(未定)	Bituminous Emulsion			
瀝青馬克達路	Bituminous Macadam Pavement			瀝青蔓克特姆路
瀝青材料	Bituminous Material			
甲.液體瀝青材	Liquid Bituminous Material			
乙.半固瀝青材	Semi-Solid Bituminous Material			
丙.固體瀝青材	Solid Bituminous Material			

趙 譯	英文原名	華 譯	和 譯	吳 譯
瀝青鋪路	Bituminous Pavement		瀝青鋪道	
瀝青面	Bituminous Surface			瀝青面
瀝青氈	Blanket or Carpet or Mat			
(未 定)	Blown Petroleum			
黏 結	Bond	接 合	接合附着	黏 結
角礫岩	Breccia		角礫岩	
甎 路	Brick Pavement	甎鋪路	煉瓦鋪道	煉甎路
橋 梁	Bridge	橋梁電橋爐橋	橋梁電橋爐橋	
橋梁拱勢	Camber of a Bridge	橋梁拱勢		
路面拱勢	Camber of a Road			
(未 定)	Carbenes			
細胞狀	Cellular			
水 泥	Cement	洋灰塞門土水泥	膠 灰	水 泥
水泥混凝土	Cement Concrete	洋灰三合土塞門得混合土	膠灰混凝土	水泥混凝土
水泥混凝土路	Cement Concrete Pavement			水泥混凝土路
黑硅石	Chert			砂 石
石 屑	Chips or Stone Chips	屑	屑	
黏 土	Clay	黏 土	黏 土	黏 土
鎔 液	Clinker	硬 燼	溶 液	硬 液
過燒磚	Clinker	過燒甎	燒過甎瓦燒過煉塊	
煤柏油	Coal tar	煤脂吧嗎油白油可太油黑搭油	灰 脂	煤瀝柏油
衣	Coat		塗	衣
上 衣	Coat			
焦炭柏油	Coke-oven Tar			焦煤柏油
膠 狀	Colloidal			
結 度	Consistency		結 度	
層	Course	層	層	層
行	Course	列	行 列	
路 冠	Crown	冠頂拱	頂冠高度	路 冠
碎機石	Crusher Run			
碎機石子	Crusher-Runstone			

趙譯	英文原名	華譯	和譯	吳譯
路身	Crust		路盤	路身
結晶	Crystalline	結晶	結晶	結晶體
涵洞	Culvert	暗溝涵洞	暗渠	涵洞
緣石	Curb	地脚井圈	邊石井欄	路沿
(未定)	Cut-Back Products			
重油	Dead Oils		重油	重油
乾柏油	Dehydrated Tars			乾柏油
(未定)	Diabase			
(未定)	Diorite			
水渠	Ditch	水溝渠	溝渠	
(未定)	Dolerite			
鎂灰石	Dolomite			
排水	Drainage	排水放水	排水	排水
甲.路邊排水	Side-Drainage			路旁排水
乙.路下排水	Sub or Under-Drainage		地下排水	
丙.路面排水	Surface Drainage		地面排水	路面排水
丁.V式排水	V. Drainage			V式排水
灰塵	Dust		塵埃	灰塵
石末	Dust			
止灰鋪	Dust Layer			避灰層
土路	Earth Road	土道	土道	泥路
(未定)	Emulsion			
(未定)	Epidiorite			
伸縮節	Expansion Joint	漲縮節	伸縮接合	伸縮縫
(未定)	Felsite			
塡隙料	Filler		塡隙材	
安定炭	Fixed Carbon			
碎末	Flour			
掃塡	Flushing			
冲洗	Flushing			
溶劑	Flux		溶劑	
邊道	Foot-way or Sidewalk	人道步道	人道步道	子街

趙譯	英文原名	華譯	和譯	吳譯
路基	Foundation	地基基礎	基礎地形	路基
甲.人造路基	Artificial Foundation			人造路基
乙.天然路基	Natural foundation			天然路基
游離炭	Free Carbon			
(未定)	Gabbro			
煤氣柏油	Gas-House Coal-Far			
玻璃狀	Glass	玻璃	玻璃硝子	
片麻岩	Gneiss	片麻石	片麻岩	
坡度	Graue	坡度傾斜度	勾配	傾斜
高度	Grade			
花崗石	Granite	花崗石麻石	花崗石	
(未定)	Granitoid			
粒狀	Granular			
礫石	Gravel	小圓石鵝卵石	礫砂利	卵石
(未定)	Greywacke			
粒屑	Grit		砂石粗粉	石屑或鑛渣屑
水溝	Gutter	水溝天溝水梘	溝下水樋	水槽
路腰	Hannch	拱腰旋腰	拱腰	
道路	Highway	道路人路公道	公道	大道
全結晶	Holocrystalline			
角閃片岩	Horublende Schist			
腐植泥	Humus			
火成岩	Igneous Racks		火成岩	
成帶	Laminated			
鋪	Layer	層	層	層
石灰石	Limestone	灰性石石灰石	石灰石	
肥土	Loam	肥土	壤土	肥土
馬克達路	Macadam or Macadam Road	碎石路	碎石鋪牀	蔓克特姆路
大理石	Marble	大理石	大理石	
灰泥	Marl	灰泥	灰泥	
塊狀	Massive			

趙譯	英文原名	華譯	和譯	吳譯
含礦脂	Mastic	樹　脂	漆喰樹脂	
原　包	Matrix	母體原包	母　體	
網　眼	Mesh	網眼格孔	網　目	
變形岩	Metamorphic Rocks			
膠　泥	Mortar	膠　泥	膠　泥	
膠　泥	Mush			
油　泥	Mush			
天然土瀝青	Native Asphalt		天然土瀝青	
(未　定)	Norite			
常溫度	Normal Temperature			
油氣柏油	Oil-gas Tars			
緩灰鋪	Palliative			
補　修	Patching		補　修	
鋪　路	Pavement	鋪　路	鋪道鋪牀	路
土　煤	Peat	土煤泥炭	泥　炭	
粗花崗石	Pegmatite			
貫入度	Penetration			
瀝固度	Penetration			
貫　入	Penetration	道　入	道　入	
貫入法	Penetration Method			貫入法
石　油	Petroleum	石油煤油	石　油	
瀝青脂	Pitch	瀝　青	瀝青樹脂	
甲.硬性瀝青脂	Hard Pitch			
乙.軟性瀝青脂	Saft Pitch			
火因岩	Plutonic Rocks			
凹　窪	Pocket			
斑岩狀	Porphyritio			
深　潭	Pot-Hole			
縱斷面	Profile	斷　面	斷　面	截　面
縱斷面圖	Profile	縱斷面圖	縱斷面圖	
路　象	Quarters			
磔　解	Ravelling		解　壞	

趙譯	英文原名	華譯	和譯	吳譯
煉柏油	Refined Tar		精製烟脂	
新修	Renewals	改新修改	改新皆修	
繕修	Repairs	修理	修繕	修理
翻修	Resurfacing			重鋪
(未定)	Rhyoli			
鄉路	Road	陸路道路	道路鋪地	
路牀	Road-Bed	路基	路牀	路牀
鋪礫	Road Metal	鋪路石塊	鋪礫	
車道	Roadway	車道	車道	
岩瀝青	Rock Asphalt		岩瀝青	
岩瀝青路	Rock Asphalt Pavement			地瀝青石路
亂石	Rubble	粗石蠻石	粗石	
沙	Sand	沙	砂	沙
沙土路	Sand-Clay Road			泥沙路
砂石	Sandstone	砂石粉石	沙岩	
鬆攪	Scarify			
晶片岩	Schist		片麻岩	
晶片岩狀	Schistose			
眼篩	Screen		篩網	
篩滓	Screenings		篩滓	
封衣	Seal Coat		封袋	
硬化	Setting up			
形成	Shaping	形成	形成	
片瀝青路	Sheet Asphalt Pavement			地瀝青膠泥路
整片路	Sheet Pavement		無接鋪道	
路肩	Shoulders		肩步道縁	路肩
邊道	Siewalk	人道步道	人道步道	于衖
網篩	Sieve	篩	篩	
沈泥	Silt	沈泥	沈泥	
礦滓	Slag	礦滓	礦滓	礦渣
土壤	Soil		土壤	
鑿	Spalls		缺片劊片	

趙譯	英文原名	華譯	和譯	吳譯
皮刷	Squeegee			
皮刷衣	Squeegee Coat			
石塊路	Stone Block Pavement			石塊路
直流瀝青脂	Straight-Run Pitch			
成層	Stratified			
市街	Street	街路	街路	
路牀面	Subgrade	路基面高度	施工基面	路底面
層衣	Superficial Coat			
面衣	Surface Coat		表裝	
路面處理	Surface treatment			
路面	Surfacing			
做面	Surfacing			
整面	Surfacing		整面	
油面	Surfacing			
黑花崗石	Syenite	黑花崗石	黑花崗石	
機尾石	Tailings			
柏油	Tar	黑煤油流質柏油 黑他油吧嗎油	煙脂	
泰爾福路基	Telford or Telford Fundation			泰爾福路基
頂石油	Topped Petroleum			
泰式馬克達路	Telford Macadam			
玄武石	Trap Rock		玄武石類	
保持	Up-Keep or Maintenance	維持保存	維持保存	
養路	Maintenance of Road			
粘度	Viscosity	粘性	粘性	
揮發性	Volatile			
火山岩	Volcanic Rocks		火山岩	
水結	Water-Bound			水性粘結力
水氣柏油	Water-gas Tars			
磨蝕衣	Wearing Coat			
磨蝕層	Wearing Course			
木塊路	Wood Block pavement			

中國工程學會第十一次年會之經過

委員長吳承洛編

本會舉行年會,已經十次,開會宗旨,所以聯絡情誼.交換智識,討論會務及工程問題.關於本會發展影響至鉅.第十一屆年會,恰在北伐成功訓政開始之際,經執董會議議决在首都南京舉行,南京江山雄偉,古蹟繁多,且自首都底定,氣象一新,關於工程建設方面,有賴於本會之建議與實施者至多,而本會成立,迄今亦瞬逾十載,尤不可不有一盛大之集會,以共謀穩固本會之基礎,推廣工程師之事業,此本屆年會之微意也.

(一) 年會籌備情形

(一)十七年七月廿六日年會委員會,開第一次籌備大會在成賢街十四號南京分會會所舉行.到會委員惲震,沈昌,齊兆昌,路敏行,柴志明,吳承洛,茅以新,尹國墉,陳嘉賓,鮑國寶,胡博淵,吳道一,陳章,朱世昀,主席吳承洛報告,今年年會,决定在南京舉行,因現在正值訓政時期.如在首都舉行,對於建設方面,可以有許多貢獻,所以總會議决在南京開會.次由惲震報告南京分會自得知年會在京開會後之進行情形,及委員會人選之推定,以及匆匆草擬會程之緣由.次由分會幹事翁嘉徐報告接洽交通情形.次討論膳宿問題,齊兆昌報告,金陵大學,正在從事修漆,不能借用,當議决兩種辦法,中央大學方面,由王季梁路敏行前往接洽,金陵女子大學方面由朱世昀前往接洽,結果如何,統報告齊兆昌接頭.次討論遊覽參觀,如往龍潭工廠參觀,可在工廠午膳,由齊兆昌擔任接洽.開幕禮擬在中央黨部禮堂舉行,由吳道一擔任接洽.又討論徵集論文問題,年會委員,須全體幫忙徵集.時已六點,遂散會.

(二)八月十七日開第二次年會籌備大會在南京分會,到會委員惲震,鮑國寶,陳良輔,茅以昇,吳承洛,陳章,胡博淵,徐百揆,倪尚達,朱世昀,主席吳承洛

孫總理陵正面

十七年八月黃炎攝

議決會程節目,排定論文程序,及擔任職務等,四時半散會.

(三)八月廿六日開第三次年會籌備大會,在中央大學科學館致知堂,開最後一次籌備大會,到胡博淵,陳廣沅,王縺,朱世昀,沈昌,陳家賓,曾養甫,陳章,惲震,孫多憲,曹粹芝等.委員長吳承洛因公赴滬,由(副委員長)鄭家覺主席,議決年會事務多件.車站招待,由孫雲霄,陳家賓二君負責.會員註冊,由朱世昀君擔任.會員之願住中央大學及南京中學者,由王季梁,孫多憲招待,會員之願住旅館者,由茅以新,董兆龍招待.會場布置,由宗之發主持,野外茶話會,由陳廣沅主持.其他如論文宣讀,專門演講,通俗演講,工廠參觀,名勝游覽,均照原定計劃進行,分頭擔任.

茲列修正年會程序如左.

十七年八月二十八日至九月三日

八月二十八日(星期二)上午八時起,會員登記,(在成賢街十四號南京分會會所).下午二時起,參觀總理陵墓工程及游覽明陵紫霞洞.

八月二十九日(星期三)上午九時至十二時,正式開會,(中央大學科學

(一)開會如儀,(二)年會主席致開會辭,(三)中央黨部代表訓詞,(四)國民政府代表訓詞,(五)中央建設委員會主席演說,(六)工商部部長演說,(七)農鑛部部長演說,(八)交通部部長演說,(九)教育部部長演說,(十)來賓演說,(十一)本會會員演說,(十二)本會會長致詞,(十三)攝影.下午二時至三時半,會務報告,四時至六時半,宣讀論文,晚七時南京分會宴會.(中央大學)

八月卅日(星期四)上午八時至十一時,專門演講,劉紀文,張靜愚,胡博淵,陳立夫,楊承訓.下午一時至六時,工廠參觀(另詳).

八月卅一日(星期五)上午八時至十一時,宣讀論文,下午二時至五時,事務會議,晚七時宴會.

紫霞洞 黃炎

九月一日(星期六)上午,選舉大會,下午四時至六時,野外茶話會(雞鳴寺).

九月二日(星期日)遊覽燕子磯晚,年會宴會在青年會蜀峽飯店.

九月三日(星期一)遊覽龍潭棲霞山.

附錄年會委員及職務表如下.

委員長吳承洛.副委員長鄭家覺.文書委員惲震,(主任)賴璉,柴志明,尹國墉.會計委員鮑國寶.會員登記朱世昀.論文委員茅以昇,(主任)陳章,陳廣沅.會程委員胡博淵,(主任)熊祖同,曾昭掄,朱世昀.招待委員交通陳體榮,(主任)李屋身,楊承訓,周明衡,孫雲霄,徐百揆,柴志明,陳鼎實.膳宿齊兆昌,(主任)路敏行,茅以新,董兆龍.會所王季梁(主任)宗之發,孫多藻,婁榮.參觀沈昌,(主任)康時振,徐恩曾.游覽徐百揆,(主任)鈕澤全,陳嘉賓.宴會吳承洛,惲震,倪尚達,沈昌,陳廣沅.宣傳委員吳道一,(主任)陳立夫,王崇植,曾養甫,周維幹,陳良輔,倪尚達.另聘幹事二人,翁藝徐,劉德曜.

住宿:寧地旅舍,原遜滬杭,自新都底定後,尤形擁擠;茲特商定中央大學寄宿舍,作為會員寓所,清淨幽雅,景色宜人.暫定每人每日納宿費半元,惟須自備薄被,及蚊帳,以免蚊患.(另定大旅館數所,以備未帶帳褥者).

中央大學之一隅　黃炎

飲食:中大宿舍,特約廚房,按時備餐,每客每餐半元.

會費:本屆擬收年會費每人五元,團體遊覽參觀及聚餐費用俱在內,旅費膳宿由會員自理.

(二)年會開會情形

(一)八月二十八日上午九時開始註册.在成賢街十四號會所,由委員朱世昀主持.會員陸續註册者有五十餘人,甚為踴躍.是日下午二時雇公共汽車兩輛,由委員沈昌領導三十餘會員,出城謁總理陵墓,參觀建築工程,並遊覽明陵,七時進城分,駐各旅館及中央大學.

明陵隧道 孫仲良

(二)八月二十九日上午九時,本會假南京中央大學科學館舉行第十一屆年會開會儀式.到會會員,除南京分會各會員外,均來自上海,無錫,蘇州,浦口,福州,太原,北平,河南,杭州,濟南,天津,美國等處,共計有九十三人.來賓到者有國民政府代表等三十餘人,年會委員長吳承洛主席.向黨國旗行三鞠躬禮,主席恭讀總理遺囑,靜默三分鐘後,由吳承洛致開會詞.略謂本會發起於民國六年其時歐戰正烈,同人等旅居美國,見國內民生之凋敝,國外帝國主義之壓迫,爰有斯會之組織,其時會員止二十餘人.十年來會員逐漸增加,訖今已有一千餘人.分會散佈各處,今屆第十一次年會之期,各方同志,聚首一堂,無任忻幸.本會現在之工作,除聯絡同志外,有會刊及名詞之審定,謀以本國文學,將工程常識,傳播民衆,并辦工程材料研究所,以利國人.尚望各代表來賓,予以具體之教訓,以便本會於此訓政開始時期,根據總理計劃,得盡力於眞正之建設.國民政府代表高震龍參事致訓詞,謂中國物質建設,處處落人後,其失在驕與惰,驕則自以爲萬事已備,何事他求.惰則勉强敷衍,且不知工程爲何物,不知人生衣食住行,何莫非工程之產物.我國欲振興實業,非打倒此種思想不可,故望貴會多從工程常識之宣傳入手,編譯各種工程小叢書,說明工程計劃及實施之方法,尤須注重圖解,庶民衆皆能了解工程,然後建設可望云.次工商部孔部長代表許建屏君,農礦部易部長代表楊異君,又次大學院代表副院長楊杏佛致詞,次建委會代表陳立夫君,說明該會與工程學會之關係,深望雙方可以合作.并述該會雖處經費困難之時,仍進行各種工作,發展原動力,如首都電廠,水利如導淮計劃,交通如無線電之建設等情形.後由建委會無線電管理處處長李範一君演說,會長徐佩璜致答詞,至下午一時許始散會.

下午二時繼續開會,由會長徐佩璜報告各項會務,并指定沈昌,曹瑞芝,李俶爲提案審查委員會.施國寶,鄭家覺,陳良輔爲修改會章委員會,從事籌備.

下午四時,開第一次論文宣讀大會,計有以下十篇:(一)中國工程材料之研究.(茅以昇)(二)發展中國運輸之四種計劃.(霍寶樹)(三)建設道路計劃意見書.(戴居正)(四)首都道路工程計劃.(李宗侃)(五)初次應用鋼骨凝土圖解新法.(茅以昇)(六)津浦路黃河橋炸毀情形及修繕意見書.(王節堯)(七)閘北新水電廠之工程經過.(施道元)(八)載貨汽車加掛拖車之商榷.(胡嵩嵒)(九)機車引擎行爲.(陳廣沅)(十)道路工程名詞譯名法之研究.(趙祖康)以上十篇,均極有精彩,宣讀之後,繼以討論,至六時半方畢.

明陵石駝　黃炎

晚七時南京分會會員,在

教育館宴請全體到會會員,由分會委員惲震主席,至晚九時半始盡歡而散.

(三) 八月三十日八時起繼續開會,延請名人專門演講,首爲農礦部司長會員胡博淵君,演講鑛冶建設之預備.略爲吾國礦務不振,皆由軍事之影響,及交通之不便,際此軍事甫定之時,當先從交通着手,並須設置礦冶研究所,作種種研究,以爲各礦之楷模.至於資本,則當採總理建國方略國際資本辦法,祇須運用得宜,決無流弊云.次由總司令部機要科長會員陳立夫君,講五筆檢字方略,謂中國字之部首,計有二百餘類,檢查至爲不便,且有不易歸類者.如承字之歸手類,事之歸亅類,皆非一目所能了然.今以科學方法,分斷中

玄武湖　孫仲良

國字之筆劃可分爲點橫直斜曲五種.所謂點者,包括點與捺,因點與捺本可通用,例如金字之捺,在銀字偏旁內卽成點.所謂斜者,包括趯撇二種,以其形相似也.所謂曲者,則一筆進行順遂,忽然轉變其方向者是也.例如ㄱㄴㄱ皆是.依此五筆,則中國字以第一筆分得五類,各類以第二筆分,又各得五類,共計二十五類.其中「點直」一類,並無其字,故祇二十四類.較之西文檢字分二十六字母者,尤便利多多矣.次建委會無線電管理處處長會員李範一君,講無線電今日之趨勢,對於科學上之進步,如赫志之試驗,馬克司惠之理論,馬可尼之應用,李福勃三極管之發明,均詳述無遺.末謂今日無線電皆用百公

尺以下之短電波,實以其機件之簡單,電力小而能達遠,最爲經濟,故革命軍底定淞滬,即由本人在滬設廠製造,所有軍用及固定電台,現已遍佈全國.今建委會欲統籌全局,故有管理處之設.又謂我國國際通信,久爲列强所壟斷,遠如南京近如濟南事件,皆爲帝國主義者宣傳,外間不明眞相,故建委會於最短期內,決定完成一短波大電台,以與國外通信云.次南京特別市市長劉紀文君,演講市政現況,略謂市政建設,須先固基礎,故先從三事入手,即地圖之測繪,地平之測定,及區域之劃分.現欲以下關爲商業區,淸涼山一帶爲住宅區,鼓樓爲教育區,明故宮爲行政區,八卦洲及浦口爲工業區,并列舉其理

玄武湖　孫仲良

由.對於公用如整自流井,濬秦淮河,電燈,電話皆有計劃.對於公安,則延國外聘請教員,訓練警察,求革以前積弊云.次津浦路局長會員楊承訓君,講工程師眼光觀察之中國現有鐵路狀況,略謂中國鐵路受以前軍閥官僚,種種積弊之影響,已至不可收拾之地位,欲求擴充,必先整理.對於現有組織工人待遇,及已有工程,皆須改良.所舉實例極多,聽衆極爲滿意,至十二時始散會.下午二時往下關參觀工廠,晚六時由科學社在府東街老萬全設宴款待,兩學術團體集於一堂,多所交換意見云.

(四)三十一日上午八時,在中央大學繼續開會,宣讀關於電機及土木工

程之論文,第一篇爲中央黨部廣播電台主任會員吳道一君,報告「中央廣播電台之建築經過及現況」.第二由會員潘銘新,鮑國寶,陸法曾君說明「首都電廠之整理及擴充」.第三由會員朱物華宣讀「濾波器之瞬變電流」,(以上二篇均載本期季刊).第四由會員惲震報告,「無線電譯名草案」之釐訂及討論經過.第五由會員楊簡初宣讀「觸電之研究」.解釋生理學及電學之關係,并說明觸電急救方法.第六由會員齊兆昌宣讀「對於南京道路工程之意見」.指出現在市府所定之中山路線有三種弊病,另擬兩條新路線,一與現在之路線相似,惟取徑較荒僻.一自海陵門走清凉山至漢西門,直趨朝陽門,并說明新路線有利益十端.第七由會員程千雲宣讀「改良電報電鑰之我見」.用意極新穎,并有實現之可能.第八會員趙松森報告長江三峽水電廠之計劃,調查頗精細,關於將來電力發展,極有關係.每次論文均經會員詳細討論,至十二時散會.

正午十二時,工商部孔庸之部長招讌,叙譚盡歡,復由孔部長演說,目前國貨之不振興,無論衣食住行,皆非依賴洋貨不可,希望工程學會努力研究,與工商部合作,飼攝影而散.

秦淮河上之文奎閣　許典蘇

下午二時,開事務會議,由會長徐佩璜主席,議決以下各案:(一)總會設研究委員會,委員長由副會長兼任,土木組研究委員一人,機械組研究委員一人,電工組研究委員一人,化工組研究委員一人,礦冶組研究委員一人,均由會長以董事聯席會議之同意委派之.其職權爲研究精深學術,集中調查統計各種材料,計劃各種建設事業,及宣傳通俗工程智識.(二)各分會照以上分組辦法,分組研究,每組設幹事一人,授命該組研究委員之指揮.(三)擴充會員委員會之職權.(四)總會移京案否決.(五)設立駐京辦事處案否決.

夫子廟前　　許典彝

(六)設立基金監案,由本屆年會公舉基金監初選當選人六人,再由執行部用通信選舉法,請全體會員複選二人,保管基金,常任.(七)籌備工程圖書館案,決議通過.(八)提議本會應切實進行專門學術案,議決交研究委員會核辦.(九)首都建設,交研究委員會儘先研究.(十)下屆大會在重慶或太原舉行案,交執行部核辦.

晚七時會員楊承訓李屋身二君招讌於秦淮河畔之安樂酒店,至十時散.

(五)九月一日上午九時,中國工程學會年會,開下屆職員選舉大會,到會

棲霞山徑 孫仲良

由雞鳴寺遙望關岳廟 孫仲良

選法定人數後,由吳承洛君主席.開會如儀,司選委員長惲震君報告昨日推舉結果後,即散票選舉.計選出會長徐佩璜,副會長周琦,書記施孔懷,會計李俶總務袁丕烈,董事候選人陳立夫,楊承訓,吳承洛,鮑國寶,凌鴻勛,胡博淵,吳曾養甫,薛次莘等九人.基金監候選人惲震,陸法曾,王崇植,裘燮鈞,黃炎王璡等六人.將來再用通信選舉法,由上列人選內選出董事三人,基金監二人,至十二時散會.下午二時至四時,宣讀論文,計爲陳哲航君之改革漢平路電務計劃書,聶肇靈君之鐵路水險之防禦,吳承洛徐善祥君之中華民國權度新制之研究權度名稱之商榷,曹瑞芝君之農田水利調查之建議,噴水井之研究等,均講解詳審,有裨實用.會員惲震君,并在中央黨部廣播電台作通俗工程演講,題爲電氣與人生之關係.用意在將普通科學知識,灌輸民衆.下午四時,在雞鳴寺舉行野外茶話會,六時許盡歡而散.

(六) 九月二日上午七時,有會員三十餘人由中央大學坐大汽車,出發參觀燕子磯.由津浦局長楊承訓,預先派汽船一艘,在江邊迎候,至離三里處上岸,步行抵磯,縱覽良久,並遊五台洞,二日回下關,分在各館午餐後,再乘車進城,時已四時矣.

晚七時年會宴會,在府東街青年會蜀峽飯店設九席,共到來賓會員一百餘人.菜半巡,由委員長吳承洛起立致詞,並請航空司令張靜愚,金陵大學校長陳裕光,大學院秘書張西晨,年會副會長鄭家覺,新會長徐佩璜新舊會計李俶,裘燮鈞等相繼演說,散席已十一點鐘矣.

(七) 九月三日上午七時,會員十餘人,參觀棲霞山及龍潭由陳嘉賓領隊龍潭中國水泥公司,特設午宴,招待殷勤,並導觀全廠焉.是日午後多即隨車分別言旋.

頭台洞　孫仲良

二台洞　孫仲良

廣告目錄

本刊誌謝

本刊承本會會員黃潔,李開第,顧耀鎏,葛學瑄,黃元吉,朱其清,韋榮翰及新中工程公司諸先生介紹廣告多欄.爲前此未有之盛舉.既利讀者參考.復裕本刊經濟.熱忱爲合,銘感無旣.特此附言誌謝.

2503

培裕建築公司

鄭文柱

上海福生路崇儉里三號

建築師陳文偉

上海特別市工務局登記第五〇七號

上海法租界格洛克路四八號

電話中央四八〇九號

實業建築公司

無錫光復門內

電話三七六號

水泥工程師

張國鈞

上海小南門橋家路一零四號

馬蘭舫建築師

營業項目

專理計劃各種土木建築工程

上海香烟橋全家巷路六七五號

卓炳尹建築工程師

利榮測繪建築公司

上海閘北東新民路來安里二十九號

顧樹屏

建築師，測量師，土木工程師

事務所

地址 上海老西門南首救火會斜對過中華路第一三四五號

俞子明

工程師及建築師

事務所上海老靶子路福生路

儉德里六號

華海建築公司

建築師 王克生

建築師 柳士英

建築師 劉士能

上海九江路河南路口電話中央七二五一號

華達工程社

專營鋼骨水泥及鋼鐵工程

及一切土木建築工程

通信處上海老靶子路福生路

儉德里六號

工 THE JOURNAL OF 程
THE CHINESE ENGINEERING SOCIETY
FOUNDED MARCH 1925—PUBLISHED QUARTERLY
OFFICE: ROOM NO. 207, 7 NINGPO ROAD, SHANGHAI, C. 1.
TELEPHONE: NO. 19824

總編輯：黃炎
編輯：朱其清
徐芝田
許應期
周厚坤
吳承洛
張惠康
胡博淵
顧耀鎏

交換書報

凡欲與本刊交換者，請向本會辦事處總務裘燮鈞君接洽，並請先寄樣本。

廣告價目表

ADVERTISING RATES PER ISSUE

地位 POSITION	全面每期 Full Page	半面每期 Half Page
封面 Outside Front Cover		四十元 $40.00
底封面外面 Outside Back Cover	四十元 $40.00	
封面及底面之裏面及其對面 Inside of Covers and Pages Facing Them	三十元 $30.00	二十元 $20.00
普通地位 Ordinary Page	廿四元 $24.00	十六元 $16.00

廣告概用粉紅色及湖色彩紙，繪圖刻圖工價另議，欲知詳細情形，請與本會總務裘燮鈞君接洽。

Let the W be your Guide
大製造廠之信條
節省人工，增進人類幸福，俾人類日進安樂爲威斯汀好司電機製造廠之最大目的。
電氣事業成功，而吾人得利用天然能力以治百業—如黑暗世界得電光而光明—凡此成功，均足予威斯汀好司以至大鼓勵。使能繼續努力，精益求精，以謀人類幸福，與時俱進。
負有重大之責任者，必須具有完善之組織。威斯汀好司電廠，世界各城，均有代表。利用此完善之組織，以供人類之需求及咨詢，而臻幸福與安樂。所詢所購，倘得威斯汀好司之牌名或商標，即其信用之擔保。
茂和公司經理
上海博物院路十五號
81
W
WESTINGHOUSE ELECTRIC
Westinghouse

請聲明由中國工程學會『工程』介紹

Four Stroke Cycle **DEUTZ** *Cold Starting*

SOLID INJECTION DIESEL ENGINES

as Prime Movers

For Stationary Plants as Electric Light and Power Plants, Factories of all kinds, for direct coupling or belt drive; also for Marine Purpose with reversing gear, direct reversible for Tugs, Cargo and Passenger Boats, Barges, Lighters, Fire floats, Pleasure and Ferry Boats; Auxiliary Power for Sailing Vessels, Junks; Motor-driven Anchor and Cargo Winches, Electric Generating Sets, Fire and Bilge Pumps.

In Sizes from 80 H. P. to 1500 H. P.

道馳牌無空氣注射狄思爾引擎

爲岸上原動力廠之發動機,合用於電燈動力及一切實業廠家,可直接聯合或用皮帶拖動他機,又爲船用發動機,可直接逆轉或齒輪逆轉,合用於各種大輪小艇,種類自八十匹至一千五百匹馬力,

在中國裝置者,計一百匹馬力以上之道馳牌引擎已有六十餘座,

船用引擎已裝四十餘艘,成效卓著,信用堅固,省油省力,利益無窮,

Type VM of unrivalled Economy, Reliability, and Efficiency, more than 3,500,000 H. P. of internal Combustion Engines supplied in all sizes by the Factory. More than 70 Engines of 100 H. P. to 525 H. P. are running in China.

More than 5000 Marine Engines are supplied by the Factory and more than 65 boats are running with DEUTZ Marine Engines in China.

THE NEWEST DEUTZ DIESEL ENGINE,
TYPE VMS. 174. 1000 H.P.
FUEL CONSUMPTION: 0.375 LB. PER H.P./HOUR

最新式之道馳牌一千馬力狄思爾引擎

用柴油每匹馬力每點鐘僅八分之三磅

Stocks up to 350 H.P. carried by

Chien Hsin Engineering Co.

10, Kiangse Road, Shanghai

Branches in: All Parts in China

三百五十匹馬力以下均有現貨

上海德商謙信機器有限公司

分行：中國各省

請聲明由中國工程學會「工程」介紹